# 食品安全国家标准 微生物检验方法 实操指南

国家食品药品监督管理总局科技和标准司 / 编著

中国医药科技出版社

## 内 容 提 要

本书对现行有效的微生物检验方法食品安全国家标准进行了系统梳理，从食品微生物检验实际操作的角度，对常用的 29 项食品微生物检验方法标准进行了详细说明，涉及仪器耗材、检验步骤、结果判读、操作要点与注意事项等内容，并附有标准涉及的微生物典型菌落图片。同时，本书还特别针对检验过程中可能遇到的问题进行疑难解析，以帮助食品微生物检验人员准确理解标准、规范实际操作，提升食品微生物检验水平。

**图书在版编目（CIP）数据**

微生物检验方法食品安全国家标准实操指南 / 国家食品药品监督管理总局科技和标准司编著 .— 北京：中国医药科技出版社，2017.10

ISBN 978-7-5067-9590-6

Ⅰ. ①微… Ⅱ. ①国… Ⅲ. ①食品检验－微生物检定－国家标准－中国 Ⅳ. ① TS207.4-65

中国版本图书馆 CIP 数据核字（2017）第 233006 号

**美术编辑** 陈君杞

**版式设计** 也 在

出版 中国医药科技出版社

地址 北京市海淀区文慧园北路甲 22 号

邮编 100082

电话 发行：010 – 62227427 邮购：010 – 62236938

网址 www.cmstp.com

规格 787 × 1092mm $^1/_{16}$

印张 24 $^3/_4$

字数 444 千字

版次 2017 年 10 月第 1 版

印次 2017 年 10 月第 1 次印刷

印刷 北京盛通印刷股份有限公司

经销 全国各地新华书店

书号 ISBN 978-7-5067-9590-6

**定价 120.00 元**

# 编委会

# 前　言

食品微生物检验方法食品安全国家标准是我国食品安全国家标准体系的重要组成部分。为推动食品微生物检验方法标准的宣贯实施，国家食品药品监督管理总局科技和标准司组织中国食品药品检定研究院、国家食品安全风险评估中心等单位的专家，对现行有效的微生物检验方法食品安全国家标准进行系统梳理，从食品微生物检验实际操作的角度，对《食品安全国家标准　食品微生物学检验　总则》（GB 4789.1—2016）、《食品安全国家标准　食品微生物学检验　菌落总数测定》（GB 4789.2—2016）等常用的29项食品微生物检验方法标准进行了详细说明，涉及仪器耗材、检验步骤、结果判读、操作要点与注意事项等内容，并附有标准涉及的微生物典型菌落图片。同时，本书还特别针对检验过程中可能遇到的问题进行疑难解析，以帮助食品微生物检验人员准确理解标准、规范实际操作，提升食品微生物检验水平。

由于编写时间有限，不妥之处敬请各位读者批评指正，我们将在今后工作中修改完善。

编　者

2017年7月

# 目录

第一章

# 《食品安全国家标准 食品微生物学检验总则》（GB 4789.1—2016）

《食品安全国家标准 食品卫生微生物学检验 总则》（GB 4789.1—2016）（以下简称《总则》）是我国食品安全微生物标准方法体系中食品微生物检验的通用基础标准。《总则》规定了食品微生物学检验基本原则和要求，适用于从事食品微生物学检验的实验室检验人员。为了缩短我国与国际标准先进理念之间的差距，加强我国国际食品贸易和国内监管的科学有效性，本标准遵循国际食品安全风险分析的现代理论，借鉴国际食品卫生法典委员会（Codex Committee on Food Hygiene，简称 CCFH）“高危食品——重要致病菌”组合的风险管理模式，采纳了国际社会普遍认同的、先进的分级采样方案。

作为强制执行的食品安全国家标准，《总则》中详细说明了采样方案在我国食品安全标准体系中（致病菌限量标准、产品标准）微生物指标和限量设置的科学性，为采样方案的合理应用、促进食品安全标准间的协调一致，完善食品安全国家标准体系提供了科学支撑。

# 1 实验室基本要求

## 1.1 检验人员

1.1.1 应具有相应的微生物专业教育或培训经历，具备相应的资质，能够理解并正确实施检验。

1.1.2 应掌握实验室生物安全操作和消毒知识。

1.1.3 应在检验过程中保持个人整洁与卫生，防止人为污染样品。

1.1.4 应在检验过程中遵守相关安全措施的规定，确保自身安全。

1.1.5 有颜色视觉障碍的人员不能从事涉及辨色的实验。

## 1.2 环境与设施

1.2.1 实验室环境不应影响检验结果的准确性。

1.2.2 实验区域应与办公区域明显分开。

1.2.3 实验室工作面积和总体布局应能满足从事检验工作的需要，实验室布局宜采用单方向工作流程，避免交叉污染。

1.2.4 实验室内环境的温度、湿度、洁净度及照度、噪声等应符合工作要求。

1.2.5 食品样品检验应在洁净区域进行，洁净区域应有明显标示。

1.2.6 根据目前国内实验室生物安全设施的实际情况，以及对病原微生物病种的检验需求，病原微生物的分离鉴定工作应在二级或二级以上的生物安全实验室进行。

## 1.3 实验设备

1.3.1 实验设备应满足检验工作的需要。微生物实验室常用设备见表 1–1。

1.3.2 实验设备应放置于适宜的环境条件下，便于维护、清洁、消毒与校准，并保持整洁与良好的工作状态。

1.3.3 实验设备应定期进行检查和 / 或检定（加贴标识）、维护和保养，以确保工作性能和操作安全。

1.3.4 实验设备应有日常监控记录或使用记录。

## 1.4 检验用品

1.4.1 检验用品应满足微生物检验工作的需求，微生物实验室常用检验用品见表 1–1。

1.4.2 检验用品在使用前应保持清洁和 / 或无菌。

1.4.3 需要灭菌的检验用品应放置在特定容器内或用合适的材料（如专用包装纸、铝箔纸等）包裹或加塞，应保证灭菌效果。

1.4.4 检验用品的储存环境应保持干燥和清洁，已灭菌与未灭菌的用品应分开存放并明确标识。

1.4.5 灭菌检验用品应记录灭菌的温度与持续时间及有效使用期限。

**表 1–1 微生物实验室常用设备和检验用品**

| 类别 | 用途 | 名称 |
|---|---|---|
| 设备 | 称量 | 天平等 |
| | 消毒灭菌 | 干烤 / 干燥设备，高压灭菌、过滤除菌、紫外线装置等 |
| | 培养基制备 | pH 计等 |
| | 样品处理 | 均质器（剪切式或拍打式均质器）、离心机等 |
| | 稀释 | 移液器 |
| | 培养 | 恒温培养箱、恒温水浴等装置 |
| | 镜检计数 | 显微镜、放大镜、游标卡尺等 |
| | 冷藏冷冻 | 冰箱、冷冻柜等 |
| | 生物安全 | 生物安全柜等 |
| 检验用品 | 常规检验 | 接种环（针）、酒精灯、镊子、剪刀、药匙、消毒棉球、硅胶（棉）塞、吸管、吸球、试管、平皿、锥形瓶、微孔板、广口瓶、量筒、玻棒及 L 形玻棒、pH 试纸、记号笔、均质袋等 |
| | 现场采样 | 无菌采样容器、棉签、涂抹棒、采样规格板、转运管等 |

## 1.5 培养基和试剂

培养基和试剂的制备和质量要求按照 GB 4789.28 的规定执行。

## 1.6 标准菌株

1.6.1 实验室应保存能满足实验需要的标准菌株。

1.6.2 应使用微生物菌种保藏专门机构或专业权威机构保存的、可溯源的标准菌株。

**注：**如 ATCC 保藏菌株，以及国内被认可的专业菌种保藏单位保存的菌株，如中国科学院微生物所、中国食品药品检定研究院、中国食品工业发酵研究院、中国科学院广州微生物所等单位保藏的菌株。

1.6.3 标准菌株的保存、传代按照 GB 4789.28 的规定执行。

1.6.4 质控菌株

在无法得到可溯源的标准菌株的条件下，为满足实验室开展的某些特定检测项目的需求,《总则》中提出质控菌株的要求，对实验室分离菌株（野生菌株），经过鉴定后，可作为实验室内部质量控制的菌株。

# 2 样品的采集

## 2.1 采样原则

2.1.1 样品的采集应遵循随机性、代表性的原则。

2.1.2 采样过程遵循无菌操作程序，防止一切可能的外来污染。

## 2.2 采样方案

2.2.1 根据检验目的、食品特点、批量、检验方法、微生物的危害程度等确定采样方案。

2.2.2 采样方案分为二级和三级采样方案。二级采样方案设有 n、c 和 m 值，三级采样方案设有 n、c、m 和 M 值。

n：同一批次产品应采集的样品件数。

c：最大可允许超出 m 值的样品数。

m：微生物指标可接受水平限量值（三级采样方案）或最高安全限量值（二级采样方案）。

M：微生物指标的最高安全限量值。

**注 1：**按照二级采样方案设定的指标，在 n 个样品中，允许有≤ c 个样品其相应微生物指标检验值大于 m 值。

**注 2：**按照三级采样方案设定的指标，在 n 个样品中，允许全部样品中相应微生物指标检验值小于或等于 m 值；允许有≤c 个样品其相应微生物指标检验值在 m 值和 M 值之间；不允许有样品相应微生物指标检验值大于 M 值。

例如：n=5，c=2，m=100CFU/g，M=1000CFU/g。含义是从一批产品中采 5 个样品，若 5 个样品的检验结果均小于或等于 m 值（≤100CFU/g），则这种情况是允许的；若 2 个样品的结果（X）位于 m 值和 M 值之间（100CFU/g<X ≤ 1000CFU/g），则这种情况也是允许的；若有 3 个及以上样品的检验结果位于 m 值和 M 值之间，则这种情况是不允许的；若有任一样品的检验结果大于 M 值（>1000CFU/g），则这种情况也是不允许的。

2.2.3 各类食品的采样方案按食品安全相关标准的规定执行。

2.2.4 食品安全事故中食品样品的采集：

根据《中华人民共和国食品安全法》，食品安全事故，指食源性疾病、食品污染等源于食品，对人体健康有危害或者可能有危害的事故。

（a）由批量生产加工的食品污染导致的食品安全事故，食品样品的采集和判定原则按 2.2.2 和 2.2.3 执行。重点采集同批次食品样品。

（b）由餐饮单位或家庭烹调加工的食品导致的食品安全事故，重点采集现场剩余食品样品，以满足食品安全事故病因判定和病原确证的要求。

### 2.3 各类食品的采样方法

2.3.1 预包装食品

2.3.1.1 应采集相同批次、独立包装、适量件数的食品样品，每件样品的采样量应满足微生物指标检验的要求。

2.3.1.2 根据目前食品的包装规格现况，为了便于采样，同时保证样品用量和检验质量，将独立包装净含量划分标准从原标准的“500mL/500g”修改为“1000mL/1000g”。即独立包装小于、等于 1000g 的固态食品或小于、等于 1000mL 的液态食品，取相同批次的包装。

2.3.1.3 独立包装大于 1000mL 的液态食品，应在采样前摇动或用无菌棒搅拌液体，使其达到均质后采集适量样品，放入同一个无菌采样容器内作为一件食品样品；大于 1000g 的固态食品，应用无菌采样器从同一包装的不同部位分别采取适量样品，放入同一个无菌采样容器内作为一件食品样品。

2.3.2 散装食品或现场制作食品

用无菌采样工具从 n 个不同部位现场采集样品，放入 n 个无菌采样容器内作为 n 件食品样品。每件样品的采样量应满足微生物指标检验单位的要求。

### 2.4 采集样品的标记

应对采集的样品进行及时、准确的记录和标记，内容包括采样人、采样地点、时间、样品名称、来源、批号、数量、保存条件等信息。

### 2.5 采集样品的贮存和运输

2.5.1 应尽快将样品送往实验室检验。

2.5.2 应在运输过程中保持样品完整。

2.5.3 为了保证检验质量，应在接近原有贮存温度条件下贮存样品，或采取必要措施防止样品中微生物数量的变化。

## 3 检验

### 3.1 样品处理

3.1.1 实验室接到送检样品后应认真核对登记，确保样品的相关信息完整并符合检验要求。

3.1.2 实验室应按要求尽快检验。若不能及时检验，应采取必要的措施，防止样品中原有微生物因客观条件的干扰而发生变化。

3.1.3 各类食品样品处理应按相关食品安全标准检验方法的规定执行。

### 3.2 样品检验

由于各相关食品安全标准已有关于检验方法选择的规定，故不在本标准中重复规定。增加了对各类食品样品处理的原则性要求，即按照相关食品安全标准检验方法的规定执行。

## 4 生物安全要求

应符合 GB 19489 的规定。

## 5 记录与报告

### 5.1 记录

检验过程中应即时、客观地记录观察到的现象、结果和数据等信息。

### 5.2 报告

实验室应按照检验方法中规定的要求，准确、客观地报告检验结果。

## 6 检验后样品的处理

6.1 检验结果报告后，被检样品方能处理。

6.2 检出致病菌的样品要经过无害化处理。

6.3 检验结果报告后，剩余样品和同批产品不进行微生物项目的复检。

扩展阅读

1. ICMSF 食品微生物丛书第七卷（原著 ICMSF），刘秀梅，陆苏飙，田静主译. 微生物检验与食品安全控制，北京：中国轻工业出版社，2012.

2. ICMSF 食品微生物丛书第八卷（原著 ICMSF），刘秀梅，曹敏，毛雪丹主译. 食品加工过程的微生物控制原理与实践，北京：中国轻工业出版社，2017.

3.《食品微生物标准的制定和应用原则》，国际食品法典委员会，CAC/GL 21-1997，2013.

质量控制

1. 实验室应根据需要设置阳性对照、阴性对照和空白对照，定期对检验过程进行质量控制。
2. 实验室应定期对实验人员进行技术考核。
3. 检验人员必须具有相应的微生物专业教育或培训经历，具备相应的资质，能够理解并正确实施检验，以保证微生物检验全过程的安全、准确，以及检验结果的可靠性。
4. 培养基和试剂的制备和质量要求应按照 GB 4789.28 的规定执行，定期进行实验室内的质量验证和评定。
5. 实验需要的标准菌株，应使用微生物菌种保藏专门机构或专业权威机构保存的、可溯源的标准菌株。
6. 样品采样和检验的全过程应严格遵循无菌操作程序，防止一切可能的外来污染。
7. 检验过程中应即时、客观地记录观察到的现象、结果和数据等信息，并按照检验方法中规定的要求，准确、客观地报告检验结果。
8. 检验结果报告后，被检样品方能处理。检出致病菌的样品要经过无害化处理。

疑难解析

**问题 1** 采样人员或微生物实验室的检验人员如何理解和应用采样方案?

原则上讲，应根据检验目的和相关产品标准中规定的采样方案执行。如 GB 29921 中集中规定了沙门菌在肉、水产品、粮食制品等 11 大类预包装食品中的限量要求和采样方案（n5, c0, m0 CFU/25g），那么，在依据该标准判定相关产品是否合格时，就必须采集同批食品 5 件，检验后报告 5 件中沙门菌的检出情况。如果 5 件均未检出沙门菌，报告：5、0、0，合格；只要有一件样品中检出 1 个沙门菌阳性菌落，报告：5、1、1（CFU/25g），即为不合格。

**问题 2　在处理食品安全事故时，也要按照相关食品产品标准中规定的采样方案执行吗?**

原则上不需要，因为检验目的截然不同。在处理可能由食源性致病菌引起的食品安全事故时，重要的是发现病原，尽快明确事故原因，使涉案病人、场所等及时得到妥善、正确的处理。因此，如果由批量生产加工的食品污染导致的食品安全事故，要重点采集同批次食品样品，食品样品的采集和判定原则按相关采样方案执行。如果由餐饮单位或家庭烹调加工的食品导致的食品安全事故，重点采集现场剩余的全部或尽可能多的食品样品，以满足食品安全事故病因判定和病原确证的要求。

**问题 3　在政府监管过程中，经常收到被检方提出复检的要求，如何理解《总则》中“检验结果报告后，剩余样品和同批产品不进行微生物项目的复检”的规定?**

《总则》中的规定是对微生物学检验的规定，主要是基于微生物检验的常规特点和科学基础。国际食品法典委员会（Codex Alimentarius Commission）2013 修订的《食品微生物标准的制定和应用原则》CAC/GL 21- 1997 中亦明确规定：采样方案中应规定每个被检批次食品分析单位的数量和规格，不合格批次不得通过复检否定初次检验的结果。也就是说：作为微生物检验本身，操作全程符合规定，没有外来污染的情况下，如果第一次检验结果为致病菌阳性，那么即使第二次、第三次检验结果都是阴性，也不能推翻第一次检验结果阳性的报告。理由之一，微生物污染是不均匀的，采样方案再科学，也是基于概率分布，不可能检验全部样品。理由之二，目前我国微生物安全标准体系已采用了 ICMSF 的分级采样方案，每批食品采集 n（5）件，不是只检验 1 件，实际等同于进行了微生物“复检”。如果按照这样的采样方案检验与判定，当然缺乏重复检验的必要性。

第二章

# 《食品安全国家标准 食品微生物学检验 菌落总数测定》（GB 4789.2—2016）

本检验方法所检测的菌落总数是指在被检样品的单位重量（g）、体积（mL）或表面积（$cm^2$）内，所含有的能在需氧情况下，37℃培养 48h±2h，在平板计数琼脂培养基上发育而形成能被肉眼识别的细菌集落的总数，其中每个细菌集落是由数以万计的相同细菌聚集而成，而不能满足生长条件的微生物，如厌氧或微需氧微生物、有特殊营养要求的微生物等均不在本方法的计数范围。故此，本方法检出的菌落总数并不表示实际样品中的所有微生物总数。

菌落总数测定是用来判定食品样品被微生物污染的程度及卫生质量，尤其某些对环境因素（如干燥、加热等）抵抗力强的微生物（如芽孢类）可在食品样品中长期存活，此检测结果常常是食品样品生产加工过程中卫生状况的客观记录，检测结果可用于评价被检样品的卫生学状况，菌落总数的多少在一定程度上标志着食品样品在生产、运输、储存等环节卫生质量的优劣。

# 1 仪器与耗材（仅列出标准中不明确或缺少内容）

◎ 样品稀释液

样品稀释液指磷酸盐缓冲液（pH=7.2 ± 0.2）或 0.85% 生理盐水（具体配方见 GB 4789.2—2016）。

◎ 涡旋混匀器

◎ 拍打式均质器或刀头式均质器

◎ 自动平皿旋转仪

◎ 菌落计数仪

# 2 检验步骤

## 2.1 固体和半固体食品样品

2.1.1 用天平无菌称取 25g ± 0.1g 样品。

2.1.2 如使用刀头式均质器，可将样品加入盛有 225mL 样品稀释液的无菌均质杯内，8000~10000r/min 均质 1~2min，制成 1∶10 的样品匀液。

2.1.3 如使用拍打式均质器，可将样品加入盛有 225mL 样品稀释液的无菌均质袋中，230r/min 拍打 1~2min，制成 1∶10 的样品匀液。

## 2.2 液体样品

2.2.1 用无菌吸管吸取 25mL ± 0.1mL 样品。

2.2.2 如使用锥形瓶，可将样品加入盛有 225mL 稀释液的无菌锥形瓶（瓶内预置适当数量的无菌玻璃珠）中，充分混匀，制成 1∶10 的样品匀液。

2.2.3 如使用拍打式均质器，可将样品放入盛有 225mL 稀释液的无菌均质袋中，230r/min 拍打 1~2min，制成 1∶10 的样品匀液。

2.3 用 1mL 无菌吸管取 1∶10 样品匀液 1mL，沿管壁缓慢注于盛有 9mL 稀释液的试管中（注意吸管或吸头尖端不要触及稀释液面）。

2.4 换用 1 支 1mL 无菌吸管反复吹打 10 次以上；或旋紧试管盖，用涡旋混匀器高速混匀 5 秒钟以上，或使其混合均匀，制成 1∶100 的样品匀液。

2.5 依照上述操作，制备 10 倍系列稀释样品匀液。每递增稀释一次，均换用新的 1mL 无菌吸管。

2.6 根据样品污染状况或产品限量标准要求，选择不少于 3 个适宜稀释度的样品匀液（液体样品可包括原液）进行培养检测。

2.7 如果样品匀液静置超过 3 分钟应重新混匀，依次吸取 1mL 样品匀液于明确标识的无菌平皿内，每个稀释度做两个平皿。

2.8 分别吸取 1mL 空白稀释液加入两个明确标识的无菌平皿内做空白对照。

2.9 将高压灭菌后的平板计数琼脂培养基从高压锅中取出，摇匀，置于 46℃ ±1℃恒温水浴箱中保温 1 小时以上，以保证培养基的温度降低到 46℃ ±1℃。

2.10 取冷却至 46℃ ±1℃的平板计数琼脂培养基，混匀，倾注明确标识的无菌平皿中，每个平皿倾注 15~20mL 培养基。

2.11 立刻在水平桌面上旋转和前后移动平皿，使培养基与样品充分混合均匀。

2.12 待琼脂彻底凝固后，将平板翻转，置于培养箱中，36℃ ±1℃培养 48h±2h。如为水产品，则在 30℃ ±1℃条件下，培养 72h±3h。

2.13 如果样品中可能含有在琼脂培养基表面弥漫生长的菌落时，可在凝固后的琼脂表面覆盖 4mL 琼脂培养基，凝固后翻转平板，按上述条件进行培养。

## 3 结果计数

3.1 应对平皿上所有肉眼可见的菌落进行计数。

3.2 平板上菌落计数可使用自动化菌落计数仪，也可用肉眼观察（必要时可用放大镜观察），记录培养基上菌落数量和相应的稀释倍数。

3.3 选取菌落数在 30~300CFU 之间、无蔓延菌落生长的平板计数菌落总数。

3.4 如果在一个稀释度的两个平板中，一个平板的菌落数在 30~300 之间，另一个大于 300 或小于 30 时，则以 30~300 之间平板菌落数作为本稀释度结果记录。

3.5 如所有平板的菌落数均在 30CFU 以下，则记录平板中具体的菌落数；如果没有菌落生长，则记录为小于 1CFU。

3.6 如平板上菌落数大于 300CFU，则记录为多不可计；但如果所有稀释度的平板上菌落数均大于 300CFU，则对稀释度最高的平板进行计数，其他稀释度平板记录为多不可计。

3.7 同一稀释度的两个平行平板中，一个平板有较大片状菌落生长时，应不进行计数，而应以无片状菌落生长的平板作为该稀释度的菌落数。

3.8 如果同一稀释度的两个平行平板均有片状菌落生长，选取片状菌落不到平板一半，而剩余一半菌落分布均匀的平板，计数一半平板菌落数并乘以 2 以代表全皿菌落数。

3.9 当平板上出现菌落间无明显界线的链状生长时，则将每条单链作为一个菌落计数。

# 4 结果计算

4.1 若只有一个稀释度平板上的菌落数在 30~300CFU 之间，计算两个平板菌落数的平均值，再将平均值乘以相应稀释倍数，作为每 g（mL）样品中菌落总数结果。

4.2 若所有稀释度的平板菌落数均小于 30CFU，则应按稀释度最低的平均菌落数乘以稀释倍数计算。

4.3 若所有稀释度的平板菌落数均大于 300CFU，则应按稀释度最高的平均菌落数乘以稀释倍数计算。

4.4 若所有稀释度（包括液体样品原液）平板均无菌落生长，则以小于 1 乘以最低稀释倍数计算。

4.5 若所有稀释度的平板菌落数均不在 30~300CFU 之间，其中一部分小于 30CFU 或大于 300CFU 时，则以最接近 30CFU 或 300CFU 的平均菌落数乘以稀释倍数计算。

4.6 若有两个连续稀释度的平板菌落数在适宜计数范围内时，剔除 30~300CFU 范围之外的平板，按如下公式计算：

$$N=\frac{\Sigma C}{(n_1+0.1n_2)\ d}$$

式中：

N——样品中菌落数；

ΣC——平板（含适宜范围菌落数的平板）菌落数之和；

$n_1$——第一稀释度（低稀释倍数）平板个数；

$n_2$——第二稀释度（高稀释倍数）平板个数；

d——第一稀释度（低稀释倍数）的稀释因子。

# 5 结果报告

5.1 菌落计数以菌落形成单位（colony-forming units，CFU）表示，称重取样以 CFU/g 为单位报告，体积取样以 CFU/mL 为单位报告，表面取样以 $CFU/cm^2$ 为单位报告。

5.2 菌落数小于 100CFU 时，按“四舍五入”原则修约，以整数报告。

5.3 菌落数大于或等于 100CFU 时，将第 3 位数字采用“四舍五入”原则修约后，取前 2 位数字，后面用 0 代替位数，也可用 10 的指数形式来表示，按“四舍五入”原则修约后，采用两位有效数字。

5.4 若所有平板上为蔓延菌落而无法计数，则报告菌落蔓延。

5.5 若空白对照上有菌落生长，则此次检测结果无效。

**注：**菌落总数结果计算与报告方式实例见表 2-1。

**表 2-1 菌落总数结果计算与报告方式实例**

| 编号 | 稀释倍数及菌落数 | | | | | | 菌落总数（CFU/g 或 ml） | 报告方式（CFU/g 或 ml） |
|---|---|---|---|---|---|---|---|---|
| | $10^{-1}$ | | $10^{-2}$ | | $10^{-3}$ | | | |
| | 平皿 1 | 平皿 2 | 平皿 1 | 平皿 2 | 平皿 1 | 平皿 2 | | |
| 1 | 0 | 0 | 0 | 0 | 0 | 0 | <1 × 10 | <10 |
| 2 | 24 | 26 | 5 | 7 | 0 | 0 | 250 | 250 或 $2.5×10^2$ |
| 3 | 多不可计 | 多不可计 | 150 | 160 | 15 | 20 | 15500 | 16000 或 $1.6×10^4$ |
| 4 | 多不可计 | 多不可计 | 236 | 245 | 33 | 35 | 24955 | 25000 或 $2.5×10^4$ |
| 5 | 多不可计 | 多不可计 | 236 | 245 | 33 | 25 | 24476 | 24000 或 $2.4×10^4$ |
| 6 | 多不可计 | 多不可计 | 多不可计 | 多不可计 | 320 | 330 | 325000 | 330000 或 $3.3×10^5$ |
| 7 | 多不可计 | 多不可计 | 310 | 320 | 28 | 26 | 27000 | 27000 或 $2.7×10^4$ |
| 8 | 多不可计 | 多不可计 | 295 | 325 | 22 | 20 | 29500 | 30000 或 $3.0×10^4$ |
| 9 | 菌落蔓延 | 菌落蔓延 | 菌落蔓延 | 菌落蔓延 | 菌落蔓延 | 菌落蔓延 | 菌落蔓延 | 菌落蔓延 |

质量控制

1. 实验过程中，每批样品稀释液都要做空白对照。如果空白对照平板上出现菌落时，应废弃本次实验结果，并对稀释液、吸管、平皿、培养基、实验环境等进行污染来源分析。
2. 为了控制环境污染，在每次检验过程中，于检验工作台上打开两块计数琼脂平板，并在检验环境中暴露不少于 15 分钟，将此平板与本批次样品同时进行培养，以掌握检验过程中是否存在来自检验环境的污染。
3. 在检测食品样品稀释液中有颗粒的样品时，为了避免菌落计数时食品颗粒与细菌菌落发生混淆，可将样品稀释液与计数琼脂混合，放置于 4℃环境中，以便在计数菌落时用作对照。
4. 定期使用大肠埃希菌 ATCC 25922、金黄色葡萄球菌 ATCC 6538 和枯草芽孢杆菌 ATCC 6633 或相应定量活菌参考品，在 P2 实验室或阳性对照实验室内，用适当的食品样品进行阳性对照实验验证，并进行记录，此验证实验至少每 2 个月进行一次。

操作要点与注意事项

1. 应用本检验方法对食品样品进行菌落总数检验时，从一个样品的均质到倾注琼脂平板，应在15分钟内完成，故此，同时进行多个检样操作时应进行统筹安排。
2. 检验中所使用的实验耗材，如培养基、稀释液、平皿、吸管等必须是完全灭菌的，如重复使用的耗材应彻底洗涤干净，不得残留有抑菌物质。
3. 本方法中，稀释液虽可使用生理盐水或磷酸盐缓冲液，但在具体检验过程中建议使用磷酸盐缓冲溶液，因为磷酸盐缓冲溶液能更好地纠正食品样品中pH变化，对细菌具有更好的保护作用。
4. 在进行样品的10倍稀释过程中，吸管应插入检样稀释液液面2.5厘米以下，取液应先高于1mL，而后将吸管尖端贴于试管内壁调整至1mL，这样操作不会有过多的液体黏附于管外。而后将1mL液体加入另一9mL试管内时应沿管壁加入，不要触及管内稀释液，以防吸管外部黏附的液体混入其中影响检测结果。
5. 将1mL样品匀液或稀释液加入平皿内时应从平皿的侧面加入，不要将整个皿盖揭去，以防止污染。
6. 倾碟后将检样与琼脂混合时，可将平皿底在平面上先向一个方向旋转3~5次，然后再向反方向旋转3~5次，以充分混匀。旋转过程中不应力度过大，避免琼脂飞溅到平皿上方。混匀过程也可使用自动平皿旋转仪进行。
7. 本方法移液时可使用可连接吸管的电动移液器，在使用过程中，一旦液体进入电动移液器滤膜中，应立即对滤膜进行更换，以防止污染。
8. 当对易产生较大颗粒的样品（如肉类）进行检测时，建议使用带滤网均质袋，以方便均质后用吸管吸取匀液。
9. 鉴于微量移液器移液头较短，为控制污染，在匀液移液过程中不应使用。
10. 为保证对计数培养基高压灭菌的效果，建议每瓶培养基高压时，体积不宜超过400mL。
11. 高压灭菌后，培养基中的琼脂往往会分层在底部，应摇匀后使用。
12. 当样品中含有吸水性物质（如淀粉、面粉等）时，应以最快速度进行琼脂倾碟，以防凝块产生。
13. 在培养箱中，为防止中间平皿过热，高度不得超过6个平皿。

疑难解析

## 问题 1 本方法所检出的菌落总数是否为单位食品中含有的真正细菌数量?

本方法所检出的菌落总数不是单位食品样品中含有的真正细菌数量。本方法所检测的菌落总数是指单位食品样品中能在需氧条件下,37℃培养 48h±2h,在平板计数琼脂培养基上发育而形成能被肉眼识别的细菌集落的总数,主要包括能在所使用培养基中能发育生长的嗜中温、需氧和兼性厌氧的细菌,而不能满足生长条件的微生物,如厌氧或微需氧微生物、嗜冷微生物、有特殊营养要求的微生物等均不在本方法的计数范围,对这些微生物的培养需要使用不同的营养(如特定的培养基)和培养条件(如温度、培养时间、pH、氧气浓度等)去满足其要求。但在我国食品安全国家标准中,对不同种类食品中菌落总数的规定都是根据本标准方法确定的,故此在食品样品检测时,无需关注这些微生物。此外,食品样品中的细菌细胞通常是以不规则的方式存在,如单个、成双、链状、葡萄状或成堆等形式,而食品样品前处理过程只是通过简单的机械处理,不能将食品样品中不同形式存在的细菌分成单个细胞,故此在培养基中出现的菌落可以来源于不同形式的细胞团块,也正是由于这个原因,本方法所得的菌落总数结果的数字不应报告活菌数,而应以单位食品样品内菌落形成单位数(Colony Forming Units,CFU)报告。

## 问题 2 为什么水产品与其他食品样品中菌落总数检测时所采样的培养条件不同?

水产品产自海水或淡水,其中的温度较低,因而在制定水产品的食品安全国家标准时选择了 30℃ ±1℃进行培养,培养时间为 72h±3h。

## 问题 3 当高稀释度平板上的菌落数反而比低稀释度平板上菌落数高时,如何处理?

当高稀释度平板上的菌落数反而比低稀释度平板上菌落数高时,结果不可直接记录报告。应针对此结果进行原因分析,并对剩余样品进行重复实验,如确认结果如此，则表示样品中含有可影响菌落总数计数结果的抑菌物质，应使用稀释、中和剂、过滤等方式去除样品中的抑菌物质后再进行检测、报告。

## 问题 4　当所有平板上都菌落密布时，结果如何报告？

当所有平板上都菌落密布时，也不应报告多不可计，而应在稀释度最高的两个平板上，分别任意取 $2cm^2$，计数其中的菌落数，计算每 $cm^2$ 的平均菌落数，乘以平皿面积（如平皿直径为 90mm，则乘以平皿面积 $63.6cm^2$），再乘以稀释倍数报告。

## 问题 5　方法中规定，每个平皿平板计数培养基的使用体积是 15~20mL，培养基体积的变化是否会影响计数结果？

经过实验室验证，培养基体积在 15~20mL 范围内变化不会影响计数结果。

## 问题 6　平板计数培养基的温度是否会影响计数结果？

经实验室验证，平板计数培养基的温度在 45℃ ~50℃范围内变化，不会影响计数结果。

## 问题 7　不同品牌的平板计数培养基的使用是否影响检验结果？

目前我国市场上常见培养基生产厂家有数十个，多生产干粉和即用型两类培养基，鉴于不同厂家的培养基间的确存在一定差异，建议实验室应向培养基生产厂家索要依照 GB 4789.28—2013 出具的第三方检验报告，或依照 GB 4789.28—2013，实验室做好验收工作。

**问题 8** 是否可以使用其他非选择性培养基替代平板计数培养基进行检验？

不可以。我国诸多类型的食品产品限量标准是参照平板计数培养基的计数结果制定的，如果使用其他非选择性培养基会影响结果的判定。

第三章

# 《食品安全国家标准 食品微生物学检验 大肠菌群计数》（GB 4789.3—2016）

肠道致病菌是食品中威胁人类健康的主要因素之一，因此如何控制食品中肠道致病菌成了人们关注焦点，但是直接检测食品中肠道致病菌要求高、成本大，所以有了指示菌的概念。理想的粪便污染指示菌，要求属于人或动物肠道菌群，数量上占有优势；检验方法简单，便于检出和计数；随粪便排出体外，其存活时间应与常见的肠道致病菌相似或稍长，与其他细菌相比，大肠菌群数量占优势，存活时间长。大肠菌群存在与否，表明食品是否直接或间接受到粪便污染，从而推断食品受到肠道致病菌污染的可能性。因此，大肠菌群被列为食品是否受到粪便污染的指示菌。

大肠菌群并非细菌学分类命名，而是卫生细菌领域的用语，它不代表某一种或某一属的细菌，而指的是具有某些特性的一组与粪便污染有关的细菌。这一群细菌包括埃希菌属、枸橼酸菌属、肠杆菌属（又叫产气杆菌属，包括阴沟肠杆菌和产气肠杆菌）、克雷伯菌属中的一部分和沙门菌属的第Ⅲ亚属（能发酵乳糖）的细菌。

本检验方法所检测的大肠菌群计数是指在被检样品的单位重量（g）或体积（mL），在一定的培养条件下能发酵乳糖、产酸产气的需氧或兼性厌氧革兰阴性无芽孢杆菌。最大可能数计数法（Most Probable Number，MPN）适用于大肠菌群污染较低的食品，根据待测样品经系列稀释并培养后，根据其未生长的最低稀释度与生长的最高稀释度，用统计学概率论推算出待测样品中大肠菌落的最大可能数。平板计数法适用于大肠菌群污染较高的食品。然而具体使用哪种方法主要依据检验目的和食品安全相关标准的规定。

# 1　仪器与耗材（仅列出标准中不明确或缺少内容）

◎ 样品稀释液

本方法中的样品稀释液特指磷酸盐缓冲液（pH=7.2 ± 0.2）或 0.85% 生理盐水（具体配方见 GB 4789.3—2016）。

◎ 涡旋混匀器

◎ 拍打式均质器或刀头式均质器

◎ 自动平皿旋转仪

◎ 菌落计数仪

# 2　检验步骤

## 2.1　第一法　大肠菌群 MPN 计数法

2.1.1　检验流程：大肠菌群 MPN 计数的检验程序见图 3-1。

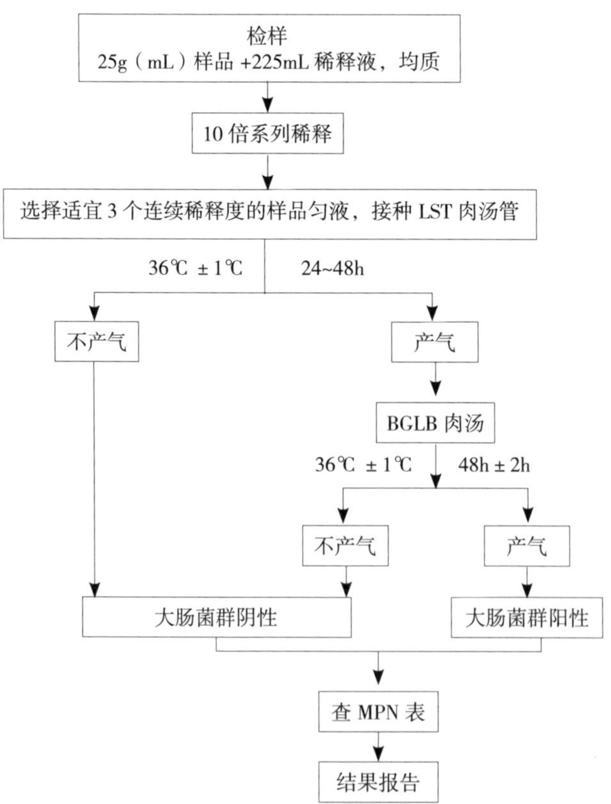


图 3-1　大肠菌群 MPN 计数法检验程序

2.1.2 样品稀释

2.1.2.1 固体和半固体食品样品

2.1.2.1.1 用天平无菌称取 25g ±0.1g 样品。

2.1.2.1.2 如使用刀头式均质器，可将样品加入盛有 225mL 样品稀释液的无菌均质杯内，8000~10000r/min 均质 1~2min，制成 1∶10 的样品匀液。

2.1.2.1.3 如使用拍打式均质器，可将样品加入盛有 225mL 样品稀释液的无菌均质袋中，230r/min 拍打 1~2min，制成 1∶10 的样品匀液。

2.1.2.2 液体样品

2.1.2.2.1 用无菌吸管吸取 25mL±0.1mL 样品。

2.1.2.2.2 如使用锥形瓶，可将样品加入盛有 225mL 稀释液的无菌锥形瓶（瓶内预置适当数量的无菌玻璃珠）中，充分混匀，制成 1∶10 的样品匀液。

2.1.2.2.3 如使用拍打式均质器，可将样品放入盛有 225mL 稀释液的无菌均质袋中，230r/min 拍打 1~2min，制成 1∶10 的样品匀液。调节样品匀液 pH 值在 6.5~7.5 之间。

2.1.2.3 用 1mL 无菌吸管取 1∶10 样品匀液 1mL，沿管壁缓慢注于盛有 9mL 稀释液的试管中（注意吸管或吸头尖端不要触及稀释液面）。

2.1.2.4 换用 1 支 1mL 无菌吸管反复吹打 10 次以上；或旋紧试管盖，用涡旋混匀器高速混匀 5 秒钟以上，或使其混合均匀，制成 1∶100 的样品匀液。

2.1.2.5 依照上述操作，制备 10 倍系列稀释样品匀液。每递增稀释一次，均换用新的 1mL 无菌吸管；从制备样品匀液至样品接种完毕，全过程不得超过 15 分钟。

2.1.2.6 根据样品污染状况或产品限量标准要求，选择不少于 3 个适宜稀释度的样品匀液（液体样品可包括原液）进行培养检测。

2.1.3 初发酵试验

2.1.3.1 每个样品，选择 3 个适宜的连续稀释度的样品匀液（液体样品可以选择原液），每个稀释度接种 3 管月桂基硫酸盐胰蛋白胨（LST）肉汤。

2.1.3.2 每管接种 1mL（如接种量超过 1mL，则用双料 LST 肉汤）。

2.1.3.3 36℃ ±1℃培养 24h±2h，观察倒管内是否有气泡产生。

2.1.3.4 24h±2h 产气者进行复发酵试验（证实试验）。

2.1.3.5 24h±2h 未产气，则继续培养至 48h±2h，产气者进行复发酵试验。未产气者为大肠菌群阴性。见图 3-2。

2.1.4 复发酵试验（证实试验）

2.1.4.1 接种环从产气的 LST 肉汤管中分别取培养物 1 环，移种于煌绿乳糖胆盐肉汤（BGLB）管中。

2.1.4.2 36℃ ±1℃培养 48h±2h，观察产气情况。产气者，计为大肠菌群阳性管。见图 3-3。

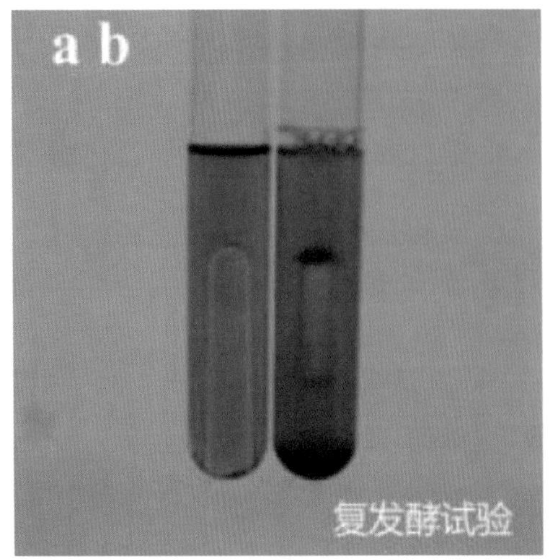


a：空白对照；
b：月桂基硫酸盐胰蛋白胨（LST）阳性

图 3-2 初发酵试验结果

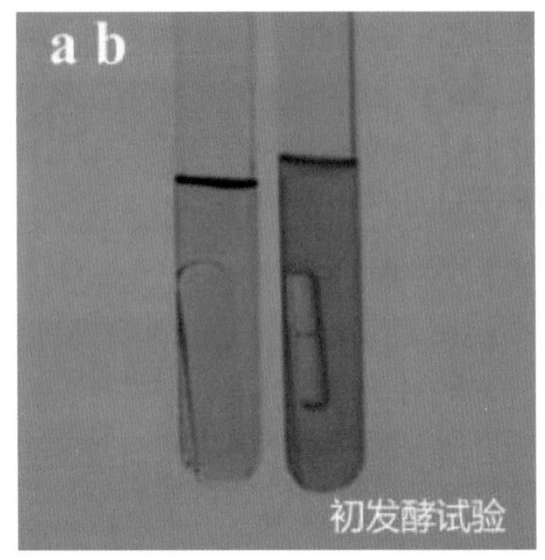


a：空白对照；
b：煌绿乳糖胆盐肉汤（BGLB）阳性

图 3-3 复发酵试验结果

### 2.1.5 大肠菌群最可能数（MPN）报告

确证的大肠菌群 BGLB 阳性管数，检索 MPN 表（见表 3-1），报告每 1g（mL）样品中大肠菌群的 MPN 值。

**表 3-1 大肠菌群最可能数（MPN）检索表**

| 阳性管数 | | | MPN | 95% 可信限 | | 阳性管数 | | | MPN | 95% 可信限 | |
|---|---|---|---|---|---|---|---|---|---|---|---|
| 0.10 | 0.01 | 0.001 | | 下限 | 上限 | 0.10 | 0.01 | 0.001 | | 下限 | 上限 |
| 0 | 0 | 0 | <3.0 | — | 9.5 | 2 | 2 | 0 | 21 | 4.5 | 42 |
| 0 | 0 | 1 | 3.0 | 0.15 | 9.6 | 2 | 2 | 1 | 28 | 8.7 | 94 |
| 0 | 1 | 0 | 3.0 | 0.15 | 11 | 2 | 2 | 2 | 35 | 8.7 | 94 |
| 0 | 1 | 1 | 6.1 | 1.2 | 18 | 2 | 3 | 0 | 29 | 8.7 | 94 |
| 0 | 2 | 0 | 6.2 | 1.2 | 18 | 2 | 3 | 1 | 36 | 8.7 | 94 |
| 0 | 3 | 0 | 9.4 | 3.6 | 38 | 3 | 0 | 0 | 23 | 4.6 | 94 |
| 1 | 0 | 0 | 3.6 | 0.17 | 18 | 3 | 0 | 1 | 38 | 8.7 | 110 |
| 1 | 0 | 1 | 7.2 | 1.3 | 18 | 3 | 0 | 2 | 64 | 17 | 180 |

续 表

| 阳性管数 | | | MPN | 95% 可信限 | | 阳性管数 | | | MPN | 95% 可信限 | |
|---|---|---|---|---|---|---|---|---|---|---|---|
| 0.10 | 0.01 | 0.001 | | 下限 | 上限 | 0.10 | 0.01 | 0.001 | | 下限 | 上限 |
| 1 | 0 | 2 | 11 | 3.6 | 38 | 3 | 1 | 0 | 43 | 9 | 180 |
| 1 | 1 | 0 | 7.4 | 1.3 | 20 | 3 | 1 | 1 | 75 | 17 | 200 |
| 1 | 1 | 1 | 11 | 3.6 | 38 | 3 | 1 | 2 | 120 | 37 | 420 |
| 1 | 2 | 0 | 11 | 3.6 | 42 | 3 | 1 | 3 | 160 | 40 | 420 |
| 1 | 2 | 1 | 15 | 4.5 | 42 | 3 | 2 | 0 | 93 | 18 | 420 |
| 1 | 3 | 0 | 16 | 4.5 | 42 | 3 | 2 | 1 | 150 | 37 | 420 |
| 2 | 0 | 0 | 9.2 | 1.4 | 38 | 3 | 2 | 2 | 210 | 40 | 430 |
| 2 | 0 | 1 | 14 | 3.6 | 42 | 3 | 2 | 3 | 290 | 90 | 1000 |
| 2 | 0 | 2 | 20 | 4.5 | 42 | 3 | 3 | 0 | 240 | 42 | 1000 |
| 2 | 1 | 0 | 15 | 3.7 | 42 | 3 | 3 | 1 | 460 | 90 | 2000 |
| 2 | 1 | 1 | 20 | 4.5 | 42 | 3 | 3 | 2 | 1100 | 180 | 4100 |
| 2 | 1 | 2 | 27 | 8.7 | 94 | 3 | 3 | 3 | >1100 | 420 | — |

注 1：本表采用 3 个稀释度 [0.1g（mL）、0.01g（mL）、0.001g（mL）]，每个稀释度接种 3 管。

注 2：表内所列检样量如改用 1g(mL)、0.1g(mL)和 0.01g(mL)时，表内数字应相应降低 10 倍；如改用 0.01g（mL）、0.001g（mL）和 0.00001g（mL）时，则表内数字应相应增高 10 倍，其余类推。

## 2.2 第二法 大肠菌群平板计数法

2.2.1 检验流程：大肠菌群平板计数法的检验程序见图 3-4。

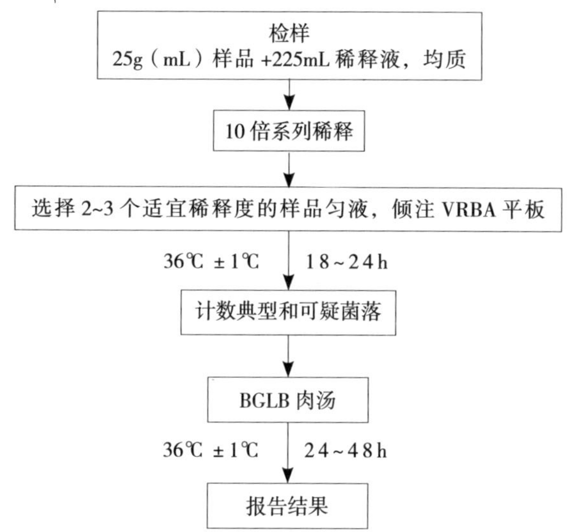


图 3-4 大肠菌群平板计数法检验程序

2.2.2　样品稀释（按照第一法进行）

2.2.3　平板计数

2.2.3.1　选取 2~3 个适宜的连续稀释度，每个稀释度接种 2 个无菌平皿，每皿 1mL。同时取 1mL 生理盐水加入无菌平皿作空白对照。

2.2.3.2　将置于 46℃ ±1℃恒温水浴箱中保温 1 小时以上的结晶紫中性红胆盐琼脂（VRBA）取出，倾注于每个平皿中，每个平皿倾注 15~20mL 培养基。

2.2.3.3　立刻在水平桌面上旋转（前后移动容易摇出），将培养基与样液充分混匀，待琼脂凝固后，再加 3~4mL VRBA 覆盖平板表层。

2.2.3.4　待琼脂彻底凝固后，将平板翻转，置于培养箱中，36℃ ±1℃培养 18~24h。

2.2.4　平板菌落数的选择

2.2.4.1　选取菌落数在 15~150CFU 之间的平板，分别计数平板上出现的典型和可疑大肠菌群菌落（如菌落直径较典型菌落小）；典型菌落为紫红色，菌落周围有红色胆盐沉淀环，菌落直径为 0.5mm 或更大，见图 3–5。

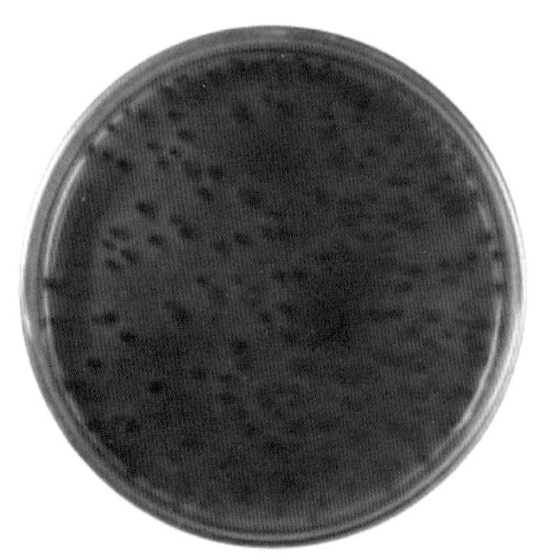

图 3–5　结晶紫中性红胆盐琼脂菌落形态

2.2.4.2　最低稀释度平板低于 15CFU 的记录具体菌落数。

2.2.5　证实试验

2.2.5.1　从 VRBA 平板上挑取 10 个不同类型的典型和可疑菌落，少于 10 个菌落的挑取全部典型和可疑菌落，分别移种于 BGLB 肉汤管内。

2.2.5.2　36℃ ±1℃培养 24~48h，观察产气情况。凡 BGLB 肉汤管产气，即可报告为大肠菌群阳性。见图 3–3。

2.2.6　大肠菌群平板计数的报告

2.2.6.1　经最后证实为大肠菌群阳性的试管比例乘以计数的平板菌落数，再乘以稀释倍数，即为每 1g（mL）样品中大肠菌群数，例：$10^{-4}$ 样品稀释液 1mL，在 VRBA 平板上有 100 个典型和可疑菌落，挑取其中 10 个接种 BGLB 肉汤管，证实有 6 个阳性管，则该样品的大肠菌群数为：$100 \times 6/10 \times 10^4$/g（mL）=$6.0 \times 10^5$CFU/g（mL）。

2.2.6.2　若所有稀释度（包括液体样品原液）平板均无菌落生长，则以小于 1 乘以最低稀释倍数计算。

## 质量控制

1. 实验过程中，每批样品稀释液都要做空白对照。如果空白对照平板上出现菌落时，应废弃本次实验结果，并对稀释液、吸管、平皿、培养基、实验环境等进行污染来源分析。
2. 为了控制环境污染，在每次检验过程中，于检验工作台上打开两块计数琼脂平板，并在检验环境中暴露不少于 15 分钟，将此平板与本批次样品同时进行培养，以掌握检验过程中是否存在来自检验环境的污染。
3. 定期使用大肠埃希菌 ATCC 25922 或相应定量活菌参考品，在 P2 实验室或阳性对照实验室内，用适当的食品样品进行阳性对照实验验证，并进行记录。此验证实验至少每 2 个月进行一次。

## 操作要点与注意事项

1. 取样和稀释：样品前处理一定按照要求进行取样、混匀和稀释，确保结果的准确性。
2. 培养基检查：加入样品前应观察倒管内是否有气泡，若有，应适当倾斜试管，让气体释放出来。
3. 结果观察：某些食品样品可能会堵塞小倒管底部，影响倒管内气泡的观察，可将试管微微倾斜，用手指轻轻弹一下管壁，观察是否有一串小气泡沿着管壁升起，若有，则可判定产气。
4. 检验时间掌控：从一个样品取样到倾注琼脂平板，应在 15 分钟内完成。因此，同时进行多个检样操作时应进行统筹安排。
5. 检验中所使用的实验耗材，如培养基、稀释液、平皿、吸管等必须是完全灭菌的，如重复使用的耗材应彻底洗涤干净，不得残留有抑菌物质。
6. 本方法中，稀释液虽可使用生理盐水或磷酸盐缓冲液，但在具体检验过程中建议使用磷酸盐缓冲溶液，原因是磷酸盐缓冲溶液能更好地纠正食品样品中 pH 变化，对细菌具有更好的保护作用。
7. 在进行样品的 10 倍稀释过程中，吸管应插入检样稀释液液面 2.5 厘米以下，取液应先高于 1mL，而后将吸管尖端贴于试管内壁调整至 1mL，这样操作不会有过多的液体黏附于管外。而后将 1mL 液体加入另一 9mL 试管内时应沿管壁加入，不要触及管内稀释液，以防吸管外部黏附的液体混入其中影响检测结果。
8. 将 1mL 样品匀液或稀释液加入平皿内时应从平皿的侧面加入，不要将整个皿盖揭去，以防止污染。

9. 倾碟后将检样与琼脂混合时，可将平皿底在平面上先向一个方向旋转 3~5 次，然后再向反方向旋转 3~5 次，以充分混匀。旋转过程中不应力度过大，避免琼脂飞溅到平皿上方；混匀过程也可使用自动平皿旋转仪进行。
10. 本方法移液时可使用可连接吸管的电动移液器，在使用过程中，一旦液体进入电动移液器滤膜中，应立即对滤膜进行更换，以防止污染。
11. 当对易产生较大颗粒的样品（如肉类）进行检测时，建议使用带滤网均质袋，以方便均质后用吸管吸取匀液。
12. 鉴于微量移液器移液头较短，为控制污染，在匀液移液过程中不宜使用。

疑难解析

**问题 1　本方法所检出的大肠菌群是否为单位食品中含有某一种或某一属细菌？**

大肠菌群并非细菌学分类命名，而是卫生细菌领域的用语，它不代表某一种或某一属的细菌，而指的是具有某些特性的一组与粪便污染有关的细菌。这一群细菌包括埃希菌属、枸橼酸菌属、肠杆菌属（又叫产气杆菌属，包括阴沟肠杆菌和产气肠杆菌）、克雷伯菌属中的一部分和沙门菌属的第Ⅲ亚属（能发酵乳糖）的细菌。

**问题 2　MPN 和平板计数法的选择？**

大肠菌群污染较低的食品使用 MPN 法，根据待测样品经系列稀释并培养后，根据其未生长的最低稀释度与生长的最高稀释度，用统计学概率论推算出待测样品中大肠菌落的最大可能数，污染较高的食品使用平板计数法。

**问题 3　部分实验结果在 MPN 表中无法查找到 MPN 值，如阳性管数为 122、123、232、233，如何做？**

可增加稀释度（可做 4~5 个稀释度），使样品的最高稀释度能达到获得阴性终点（如果污染程度不能判定，则多加一稀释度），然后再遵循相关的规则进行查找，最终确定 MPN。

**问题 4** 方法中规定，每个平皿平板计数培养基的使用体积是 15~20mL，培养基体积的变化是否会影响计数结果？

经过实验室验证，培养基体积在 15~20mL 范围内变化不会影响计数结果。

第四章

# 《食品安全国家标准 食品微生物学检验 沙门氏菌检验》（GB 4789.4—2016）

沙门菌属是社区获得性食源性细菌性肠胃炎的首要病原菌，属肠杆菌科，革兰阴性无芽孢杆菌，典型菌株多具有周生鞭毛、能运动、能分解葡萄糖并产气。每年全球因食品中沙门菌污染而引起的感染病例数以亿计，在原国家卫生部办公厅关于 2012 年全国食物中毒事件情况的通报中，沙门菌占食源性致病菌引起食物中毒总数的 56.1%。

沙门菌属由两个种组成：肠道沙门菌（*S.enterica*）和邦哥沙门菌（*S.bongori*）。目前已知沙门菌血清型有2500多种（表4-1），其中在食品中常见的血清型有数十种。沙门菌广泛存在于人类、动物的肠道中，常通过动物接触、养殖动物的屠宰、不当加工操作等方式污染食品，进而导致感染社区人群。

**表4-1　沙门菌属不同种和亚种所包含的血清型**

| 种名 | 亚种名称 | 血清型数量 |
|---|---|---|
| *S. enterica* | | 2 557 |
| | *S. enterica* subsp. enterica | 1 531 |
| | *S. enterica* subsp. salamae | 505 |
| | *S. enterica* subsp. arizonae | 99 |
| | *S. enterica* subsp. diarizonae | 336 |
| | *S. enterica* subsp. houtenae | 73 |
| | *S. enterica* subsp. indica | 13 |
| *S. bongori* | / | 22 |
| 沙门菌属血清型 总计 | | 2 579 |

鉴于沙门菌的广泛存在和对社区人群健康造成的危害，我国《食品安全国家标准 食品中致病菌限量》（GB 29921—2013）中对多种食品中沙门菌的安全标准进行了明确要求，并规定食品中的沙门菌检验应按照《食品安全国家标准 食品微生物学检验 沙门氏菌检验》（GB 4789.4—2016）开展。本方法对食品中可能存在的沙门菌通过前增菌、增菌、分离培养、生化鉴定、血清分型等过程进行检验。

## 1　仪器与耗材（仅列出标准中不明确或缺少内容）

◎ 涡旋混匀器

◎ 拍打式均质器或刀头式均质器

◎ 接种针

◎ 接种环

◎ 涡旋混匀器

# 2 检验步骤

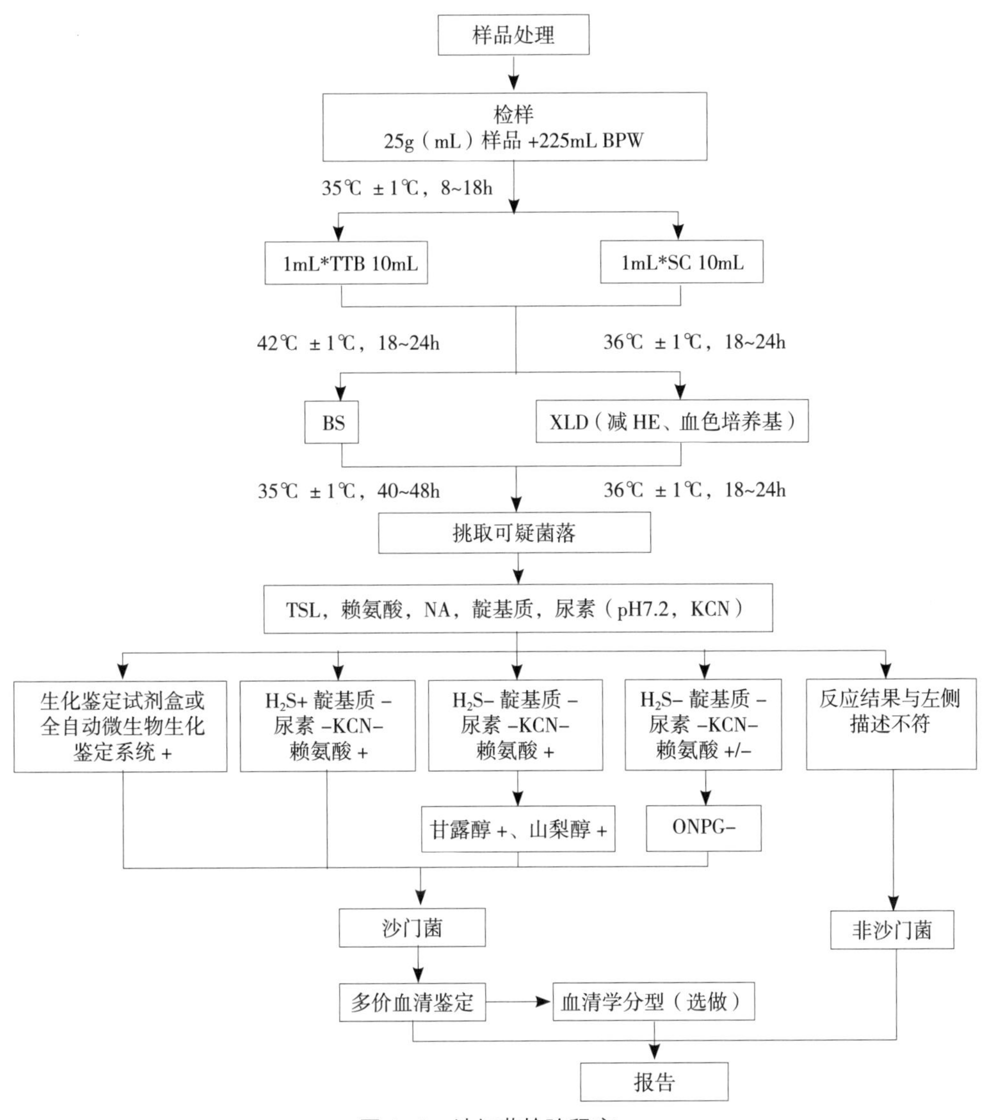


图 4–1 沙门菌检验程序

## 2.1 预增菌

### 2.1.1 固体和半固体食品样品

2.1.1.1 用天平无菌称取 25g ± 0.1g 样品。

2.1.1.2 如使用刀头式均质器，可将样品加入盛有 225mL BPW 的无菌均质杯内，8000~10000r/min 均质 1~2min，制成 1∶10 的样品匀液。

2.1.1.3 如使用拍打式均质器，可将样品加入盛有 225mL BPW 的无菌均质袋中，230r/min 拍打 1~2min，制成 1∶10 的样品匀液。

2.1.2　液体样品

2.1.2.1　用无菌吸管吸取 25mL ± 0.1mL 样品。

2.1.2.2　如使用锥形瓶，可将样品加入盛有 225mL BPW 的无菌锥形瓶中，充分混匀。

2.1.2.3　如使用均质袋，可将样品放入盛有 225mL BPW 的无菌均质袋中，充分混匀。

**注 1：** 如为冷冻产品，应在 45℃以下（如水浴中）不超过 15min 解冻，或 2℃~5℃冰箱中不超过 18h 解冻。

**注 2：** 如需调整 pH，用 1mol/mL 无菌 NaOH 或 HCl 调 pH 至 6.8 ± 0.2。

2.1.3　将样品匀液于 36℃ ± 1℃培养 16~18h。

## 2.2　增菌

2.2.1　将预增菌后的培养物混匀，用 1mL 吸管移取 1mL 前增菌液，转种于 10mL TTB 肉汤，涡旋混匀，于 42℃ ± 1℃培养 18~24h。

2.2.2　另取 1mL 预增菌后的培养物，转种于 10mL SC 肉汤，涡旋混匀，于 36℃ ± 1℃培养 18~24h。

## 2.3　分离

2.3.1　用直径 3mm 的接种环取 TTB 增菌液 1 环（约 10 微升），分别划线接种于一个 BS 琼脂平板和一个 XLD 琼脂平板（或 HE 琼脂平板或沙门菌属显色培养基平板）。

2.3.2　另用直径 3mm 的接种环取 SC 增菌液 1 环（约 10 微升），分别划线接种于一个 BS 琼脂平板和一个 XLD 琼脂平板（或 HE 琼脂平板或沙门菌属显色培养基平板）。

2.3.3　将平板于 36℃ ± 1℃培养，BS 琼脂平板需培养 44~48h，其他平板需培养 22~24h。

2.3.4　观察各个平板上生长的菌落，各个平板上的菌落特征见表 4-2。

**表 4-2　典型沙门菌在不同琼脂平板上的形态特征**

| 名称 | 形态描述 | 典型菌落 | |
|---|---|---|---|
| BS 琼脂 | 菌落为黑色有金属光泽、棕褐色或灰色，菌落周围培养基可呈黑色或棕色；有些菌株形成灰绿色的菌落，周围培养基不变 | 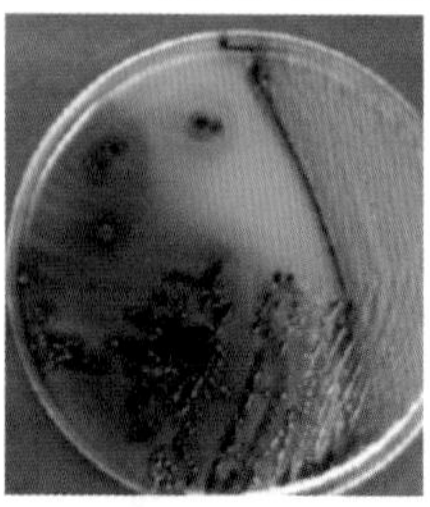 | 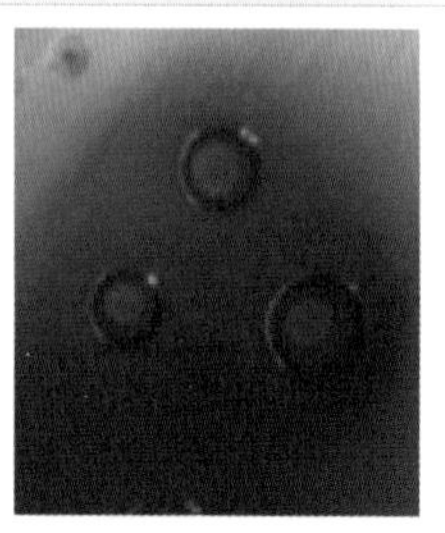 |

续 表

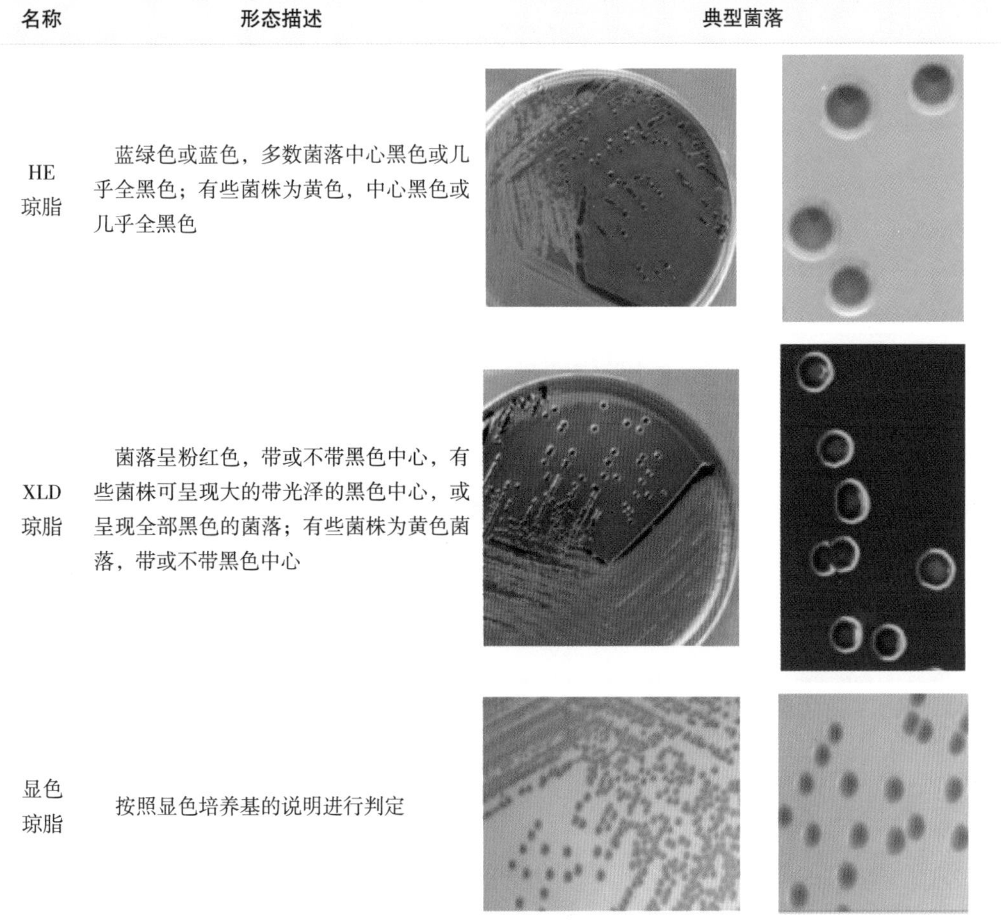

| 名称 | 形态描述 | 典型菌落 |
|---|---|---|
| HE 琼脂 | 蓝绿色或蓝色，多数菌落中心黑色或几乎全黑色；有些菌株为黄色，中心黑色或几乎全黑色 | |
| XLD 琼脂 | 菌落呈粉红色，带或不带黑色中心，有些菌株可呈现大的带光泽的黑色中心，或呈现全部黑色的菌落；有些菌株为黄色菌落，带或不带黑色中心 | |
| 显色琼脂 | 按照显色培养基的说明进行判定 | |

## 2.4 生化实验

2.4.1 在培养 22~24h 后，如果平板上有可疑典型沙门菌菌落，应自每个琼脂平板上（包括 BS 平板）分别用接种针自菌落中心挑取 2 个可疑典型沙门菌菌落，接种 XLD 或 HE 平板进行纯化，于 36℃ ±1℃培养 22~24h。

2.4.2 如果 XLD 或 HE 平板或显色平板上未见可疑沙门菌菌落，应自每个平板上分别用接种针自菌落中心挑取 2 个非可疑沙门菌菌落，接种 XLD 或 HE 平板进行纯化，于 36℃ ±1℃培养 22~24h。

2.4.3 在培养 22~24h 后，如果在 BS 平板上未见沙门菌可疑菌落，应继续培养 22~24h，如仍未见可疑菌落，应自每个平板上分别用接种针自菌落中心挑取 2 个非可疑沙门菌菌落，接种 XLD 或 HE 平板进行纯化，于 36℃ ±1℃培养 22~24h。

2.4.4 从上述纯化后的平板上，用接种针自菌落中心挑取少量培养物，先在三糖铁琼脂斜面划线，再于底层穿刺；接种针不要灭菌，直接接种赖氨酸脱羧酶试验培养基和营养琼脂平板，于 36℃ ±1℃培养 22~24h。

2.4.5 接种三糖铁琼脂和赖氨酸脱羧酶试验培养基的同时，可直接接种蛋白胨水（供做靛基质试验）、尿素琼脂（pH7.2）、缓冲葡萄糖蛋白胨水、邻硝基酚 β-D 半乳糖苷培养基，也可在初步判断结果后从营养琼脂平板上挑取可疑菌落接种。

2.4.6 于 36℃ ±1℃培养 22~24h，结果按表 4-3 进行判定。

2.4.7 沙门菌属进行不同生化反应时，其出现阴性或阳性结果情况各有不同，具体出现的百分率见表 4-4。

2.4.8 如选择生化鉴定试剂盒或全自动微生物生化鉴定系统，从营养琼脂平板上挑取可疑菌落，参照说明书，用生化鉴定试剂盒或全自动微生物生化鉴定系统进行鉴定。

表 4-3 沙门菌生化反应图表对照

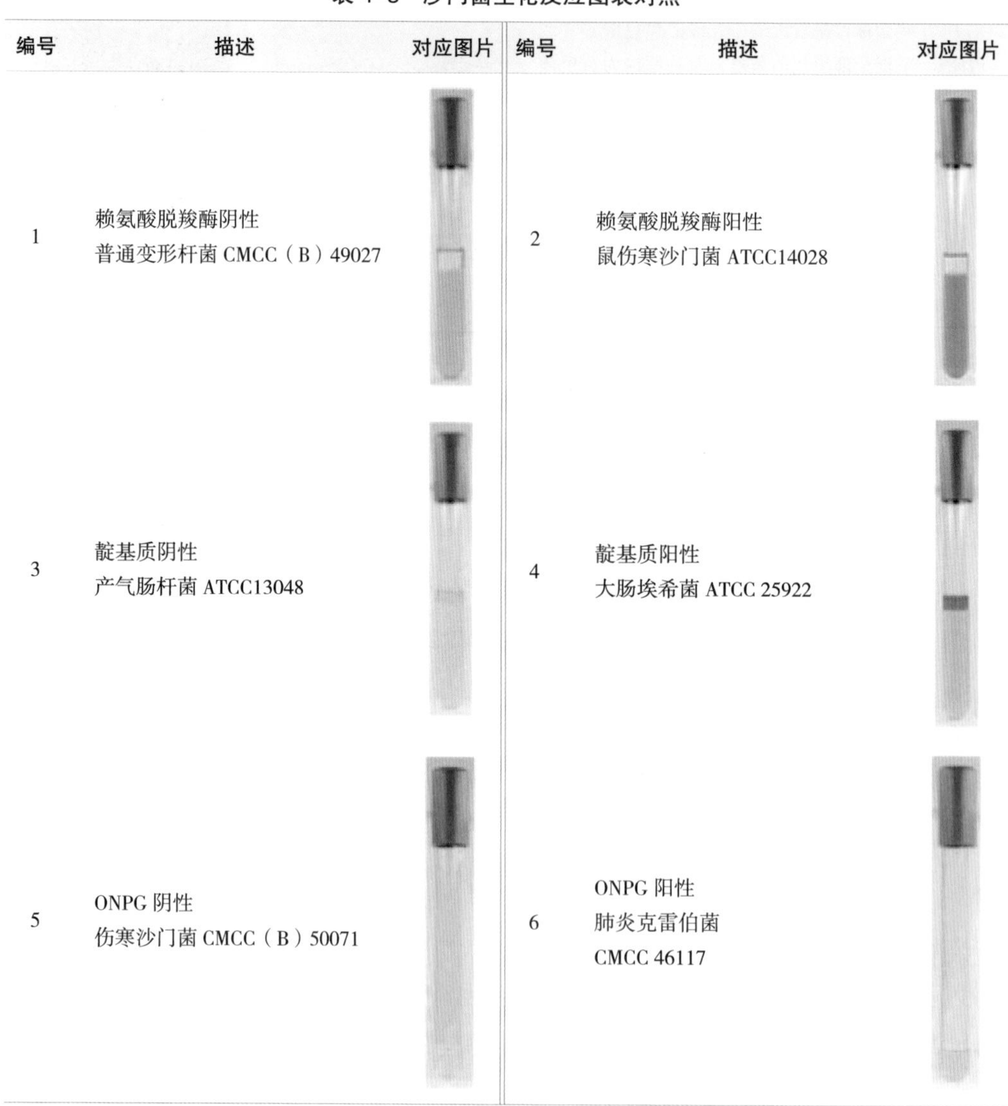

| 编号 | 描述 | 对应图片 | 编号 | 描述 | 对应图片 |
|---|---|---|---|---|---|
| 1 | 赖氨酸脱羧酶阴性<br>普通变形杆菌 CMCC（B）49027 | | 2 | 赖氨酸脱羧酶阳性<br>鼠伤寒沙门菌 ATCC14028 | |
| 3 | 靛基质阴性<br>产气肠杆菌 ATCC13048 | | 4 | 靛基质阳性<br>大肠埃希菌 ATCC 25922 | |
| 5 | ONPG 阴性<br>伤寒沙门菌 CMCC（B）50071 | | 6 | ONPG 阳性<br>肺炎克雷伯菌<br>CMCC 46117 | |

续 表

| 编号 | 描述 | 对应图片 | 编号 | 描述 | 对应图片 |
|---|---|---|---|---|---|
| 7 | 尿素（pH7.2）<br>大肠埃希菌 ATCC 25922 | | 8 | 尿素（pH7.2）<br>普通变形杆菌 CMCC（B）49027 | |
| 9 | VP 实验阴性<br>大肠埃希菌 ATCC 25922 | | 10 | VP 实验阳性<br>产气肠杆菌 ATCC13048 | |
| 11 | TSI 斜面产碱，底层产酸，产硫化氢<br>肠炎沙门菌 CMCC（B）50335 |  | 12 | TSI 斜面产酸，底层产酸，不产硫化氢，产气<br>大肠埃希菌 ATCC 25922 | |
| 13 | TSI 斜面产碱，底层产酸，不产硫化氢<br>福氏志贺菌 CMCC（B）51572 | | 14 | TSI 斜面产酸，底层产酸，产硫化氢<br>普通变形杆菌 ATCC13315 | |

续 表

| 编号 | 描述 | 对应图片 | 编号 | 描述 | 对应图片 |
|---|---|---|---|---|---|
| 15 | TSI 斜面产碱，底层不产酸，不产硫化氢<br>铜绿假单胞菌 ATCC 27853 | | | | |

**表 4-4 沙门菌属不同生化反应结果出现百分率**

| 实验名称 | 反应结果 | 沙门菌比例（%） |
|---|---|---|
| TSI 发酵葡萄糖产酸 | 阳性 | 100 |
| TSI 发酵葡萄糖产气 | 阳性 | 91.93 |
| TSI 发酵乳糖 | 阴性 | 99.24 |
| TSI 发酵蔗糖 | 阴性 | 99.5 |
| TSI 产硫化氢 | 阳性 | 91.6 |
| 尿素（pH7.2） | 阴性 | 99 |
| 赖氨酸脱羧酶 | 阳性 | 94.65 |
| ONPG | 阴性 | 98.44 |
| VP 实验 | 阴性 | 100 |
| 靛基质实验 | 阴性 | 98.9 |

## 2.5 血清学鉴定

2.5.1 检查培养物有无自凝性：使用接种在 1.2%~1.5% 固体琼脂平板上的新鲜培养物。在洁净的玻片上滴加一滴生理盐水，将待试培养物混合于生理盐水滴内，使成为均一性的混浊悬液，将玻片轻轻摇动 30~60s，在黑色背景下观察反应（必要时用放大镜观察），若出现可见的菌体凝集，即认为有自凝性，反之无自凝性。对无自凝的培养物参照下面方法进行血清学鉴定。

2.5.2 多价菌体抗原（O）鉴定：使用接种在 1.2%~1.5% 固体琼脂平板上的新鲜培养物。在玻片上划出 2 个约 1cm × 2cm 的区域，挑取 1 环待测菌，各放 1/2 环于玻片上的每一区域上部，在其中一个区域下部加 1 滴多价菌体（O）抗血清，在另一区域下部加入 1 滴生理盐水，作为对照。再用无菌的接种环分别将两个区域内的菌苔研成乳状液。将玻片倾斜摇动混合 1min，并对着黑暗背景进行观察，任何程度的凝集现象皆为阳性反应。O 血清不凝集时，将菌株接种在琼脂量较高的（如 2%~3%）培养基上再检查；如果是由于 Vi 抗原的存在而阻止了 O 凝集反应时，可挑取菌苔于 1mL 生理盐水中做成浓菌液，于酒精灯火焰上煮沸后再检查。

2.5.3 多价鞭毛抗原（H）鉴定：将菌株接种在 0.55%~0.65% 半固体琼脂平板的中央，待菌落蔓延生长时，在其边缘部分取菌检查。具体操作同上。

2.5.4 将已鉴定完成的沙门菌用无菌棉签从营养琼脂平板上刮取，加入 50% 甘油 –BHI 肉汤中，标识清晰，–80℃长期保存备查。

# 3 结果判定

按表 4–5 对可疑菌落进行判定。

**表 4–5 沙门菌鉴定判定表格**

| 三糖铁琼脂 | | | 赖氨酸脱羧酶 | 靛基质 | 尿素（pH7.2） | 补充实验 | O 与 H 多价 | 结果判定 |
|---|---|---|---|---|---|---|---|---|
| 斜面 | 底层 | 硫化氢 | | | | | | |
| 红色 | 黄色 | 产 | 紫色 | 不变色 | 不变色 | 无需补充 | 均凝集 | 沙门菌属 |
| 红色 | 黄色 | 不产 | 紫色 | 不变色 | 不变色 | ONPG 阴性 | 均凝集 | 沙门菌属 |
| 黄色 | 黄色 | 产 | 紫色 | 不变色 | 不变色 | 无需补充 | 均凝集 | 沙门菌属 |
| 黄色 | 黄色 | 不产 | 黄色 | 无需测试 | 无需测试 | 无需补充 | 无需测试 | 非沙门菌 |
| 红色 | 红色 | 产 / 不产 | 紫 / 黄色 | 无需测试 | 无需测试 | 无需补充 | 无需测试 | 非沙门菌 |

上述结果判定仅适用于典型沙门菌，如出现非典型结果，应进行系统生化鉴定和血清学分型进行确认或按疑难解析处理。

# 4 结果报告

综合以上生化试验和血清学鉴定的结果：

如所有选择性平板中均未分离到沙门菌，则报告“25g（mL）样品中未检出沙门菌”。

如任意选择性平板中分离到沙门菌，则报告“25g（mL）样品中检出沙门菌”。

## 质量控制

1. 实验过程中，每批样品预增菌液、选择性增菌液、分离平板等都要做空白对照。如果空白对照平板上出现沙门菌可疑菌落时，应废弃本次实验结果，并对增菌液、吸管、平皿、培养基、实验环境等进行污染来源分析。
2. 定期使用鼠伤寒沙门菌 ATCC14028 菌种或相应定量活菌参考品，在 P2 实验室或阳性对照实验室内，用适当的食品样品进行阳性对照实验验证，染菌剂量应控制在 10~100CFU/25g 样品，并进行记录，此验证实验至少每 2 个月进行一次。
3. 每 2 个月将所使用的培养基和生化试剂用 GB 4789.28—2013 推荐的阳性和阴性对照标准菌种进行验证，并进行记录。

## 操作要点与注意事项

1. 使用均质袋进行预增菌培养时，应使用带有底托的均质袋架子，防止培养过程中预增菌液泄露污染培养箱。
2. 在进行 TSI 培养时，应将试管口松开，保持管内有充足的氧气，否则会产生过量的 $H_2S$。
3. 由于三糖铁琼脂试验中底部糖分解需要厌氧环境，琼脂底部与斜面最低点的距离应不少于 4 厘米。
4. 如果在培养 22~24 小时后，BS 平板上未见沙门菌可疑菌落，应再培养 22~24 小时，如果仍没有可疑菌落，应挑取非典型菌落进行鉴定。
5. 在培养箱中，为防止中间平皿过热，高度不得超过 6 个平皿。
6. 本方法移液时可使用可连接吸管的电动移液器，在使用过程中，一旦液体进入电动移液器滤膜中，应立即对滤膜进行更换，以防止交叉污染。
7. 当对易产生较大颗粒的样品（如肉类）进行检测时，建议使用带滤网均质袋，以方便均质后用吸管吸取匀液。
8. 鉴于微量移液器移液头较短，为控制污染，在本方法移液过程中不应使用。
9. BS 平板应制备后避光常温保存，并在 24 小时内使用。

疑难解析

**问题 1** 是否所有沙门菌均有致病力？

目前，所有已知的沙门菌对人、动物或二者均有致病力。

**问题 2** 是否所有沙门菌均能产生硫化氢？

绝大多数沙门菌是硫化氢阳性，但也有例外，如甲型副伤寒、猪伤寒等沙门菌为硫化氢阴性。

**问题 3** 为什么在没有典型菌落时仍要挑取非典型菌落进行鉴定？

根据经验，有 3%~5% 的沙门菌在选择性分离平板上呈现非典型性菌落。

**问题 4** 是否所有沙门菌都有动力？

的确有少量的沙门菌缺失鞭毛，在半固体上不能呈现蔓延生长。

**问题 5** 从哪里获得最新的沙门菌血清分型资料？

目前，最新版沙门菌血清分型方法及血清型抗原式为 WHO 与法国巴斯德研究所在 2007 年出版（第九版），其中共计包括了 2579 个血清型（http：//www.scacm.org/free/Antigenic%20Formulae%20of%20the%20Salmonella%20Serovars%202007%209th%20edition.pdf），之后更新的血清型不在其中。

## 问题 6　50% 甘油 –BHI 肉汤菌种冻存液如何配置和使用？

取 BHI 肉汤干粉，按说明书加入 1/2 体积的水彻底溶解后，再加入等体积的甘油，混匀，分装于 2mL 菌种冻存管中（1.5mL/ 管），121℃高压灭菌 15min，-20℃储存备用。使用时，将 BHI 肉汤冻存管从 -20℃取出，恢复至室温，将已鉴定完成的沙门菌用无菌棉签从营养琼脂平板上刮取，加入 50% 甘油 -BHI 肉汤中，混匀，用防冻记号笔标识清晰，-80℃长期保存备查。

## 问题 7　从哪里可以获取沙门菌形态相关图片？

在以下网址中，作者整理了大量沙门菌形态相关图片，读者可通过其网站获取相关信息（http://www.fda.gov/downloads/Food/FoodScienceResearch/RFE/UCM517352.pdf）。

## 问题 8　如果在前增菌或选择增菌结束后，肉汤中未见微生物生长，是否可以终止实验？

不可以。因为肉眼可见的细菌浓度为 $10^7$ CFU/mL，在此浓度以下，肉眼是不能发现的。

## 问题 9　如检验中遇到非典型性沙门菌，想对菌种进行确认怎么办？

建议将菌种接种半固体琼脂试管，快递至如下地址：北京市东城区天坛西里 2 号中检院食品所生物检测实验室崔生辉，电话：13124715332，E-mail: cuishenghui@aliyun.com。该实验室会通过形态、生化、血清分型、基因、质谱等多种手段对可疑菌种进行系统鉴定。

第五章

# 《食品安全国家标准 食品微生物学检验 志贺氏菌检验》（GB 4789.5—2012）

志贺菌属（*Shigella*）是人类细菌性痢疾最为常见的病原菌，通称痢疾杆菌，属肠杆菌科，革兰阴性无芽孢杆菌，无动力，无荚膜、无鞭毛、有菌毛，在营养培养基上生长良好。志贺菌常寄居在人及较高猿类等的肠道里，根据宿主的健康状况和年龄，一般只要10个菌体以上就能使人致病，其致病因素主要是侵袭力（菌毛）、菌体内毒素以及个别菌株产生的外毒素。食品接触人员个人卫生差、从事食品加工行业人员患菌痢或带菌者污染食品、存放已污染的食品温度不适当等是食源性志贺菌流行的最主要原因。

志贺菌属共有A、B、C、D四个亚群，分别是痢疾志贺菌、福氏志贺菌、鲍氏志贺菌和宋氏志贺菌，结合生化和血清上的各个特征可以区别四个亚群。A群主要由不发酵甘露醇的菌组成（有些菌株例外），其他三个亚群的菌都发酵甘露醇。B群中的菌在血清学上有内在联系，C群中的菌彼此之间或与其他亚群血清上是无关的，D群中的菌培养几天后一般能发酵乳糖和蔗糖。

鉴于志贺菌的广泛存在和对社区人群健康造成的危害，我国规定食品中志贺菌检验应按照《食品安全国家标准 食品微生物学检验 志贺氏菌检验》（GB 4789.5—2012）进行。本方法对食品中可能存在的志贺菌通过增菌、分离、生化试验和血清学鉴定等过程进行检验。

## 1 仪器与耗材（仅列出标准中不明确或缺少内容）

◎ 涡旋混匀器

◎ 拍打式均质器或刀头式均质器

◎ 接种针

◎ 接种环

◎ 厌氧罐（无厌氧培养箱者可以使用）

◎ 厌氧指示剂

◎ 厌氧产气袋

## 2 检验程序

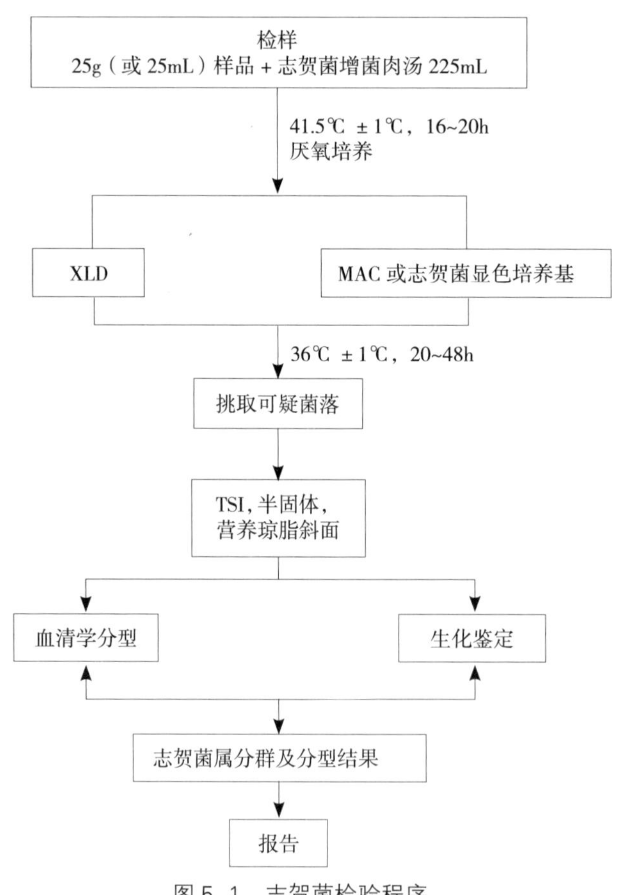


图5-1　志贺菌检验程序

# 3 检验步骤

## 3.1 增菌

3.1.1 固体和半固体食品样品

3.1.1.1 用天平无菌称取 25g ± 0.1g 样品。

3.1.1.2 如使用刀头式均质器，可将样品加入盛有 225mL 志贺菌增菌肉汤的无菌均质杯内，8000~10000r/min 均质 1~2min，制成 1∶10 的样品匀液。

3.1.1.3 如使用拍打式均质器，可将样品加入盛有 225mL 志贺菌增菌肉汤的无菌均质袋中，230r/min 拍打 1~2min，制成 1∶10 的样品匀液。

3.1.2 液体样品

3.1.2.1 用无菌吸管吸取 25mL ± 0.1mL 样品。

3.1.2.2 如使用锥形瓶，可将样品加入盛有 225mL 志贺菌增菌肉汤的无菌锥形瓶中，充分混匀。

3.1.2.3 如使用均质袋，可将样品放入盛有 225mL 志贺菌增菌肉汤的无菌均质袋中，充分混匀。

3.1.3 将样品匀液于 41.5℃ ±1℃厌氧培养 16~20h。

**注：**如无厌氧培养箱，则采用厌氧罐，并且以厌氧指示剂指示培养全过程的厌氧状态。

## 3.2 分离

3.2.1 用直径 3mm 的接种环取上述增菌液 1 环（约 10 微升），分别划线接种于一个 XLD 琼脂平板和一个志贺菌显色培养基平板（或 MAC 琼脂平板）。

3.2.2 将平板于 36℃ ±1℃培养 20~24h。若出现的菌落不典型或菌落较小不易观察，则继续培养至 48h 再进行观察。

3.2.3 观察各个平板上生长的菌落，各个平板上的菌落特征见表 5-1。

**表 5-1 志贺氏菌在不同琼脂平板上的菌落特征示例**

| 名称 | 形态描述 | 典型菌落 |
| --- | --- | --- |
| XLD 琼脂 | 粉红色至无色，半透明、光滑、湿润、圆形、边缘整齐或不齐 | |

续 表

| 名称 | 形态描述 | 典型菌落 |
| --- | --- | --- |
| MAC 琼脂 | 无色至浅粉红色，半透明、光滑、湿润、圆形、边缘整齐或不齐 | |
| 显色琼脂 | 按照显色培养基的说明进行判定 | |

## 3.3 初步生化试验

在培养 20~24h 后，如果平板上有典型或可疑志贺菌菌落，选取 2 个以上菌落，用接种针自菌落中心挑取少量培养物，先在三糖铁琼脂斜面划线，再于底层穿刺；接种针不要灭菌，半固体培养基上底层穿刺，并接种营养琼脂斜面，于 36℃ ±1℃培养 20~24h。

## 3.4 生化试验及附加生化试验

初步判断结果后，挑取已培养的营养琼脂斜面上生长的菌苔，进行生化试验和血清型分型。按表 5-2 判定结果。各生化试验原理如下。

3.4.1 三糖铁试验：该培养基含有乳糖、蔗糖和葡萄糖的比例为 10：10：1，只能利用葡萄糖的细菌，葡萄糖被分解产酸可使斜面先变黄，但因量少，生成的少量酸，因接触空气而氧化，加之细菌利用培养基中含氮物质，生成碱性产物，故使斜面后来又变红，底部由于是在厌氧状态下，酸类不被氧化，所以仍保持黄色。而发酵乳糖的细菌，则产生大量的酸，使整个培养基呈现黄色。如培养基接种后产生黑色沉淀，是因为某些细菌能分解含硫氨基酸，生成硫化氢，硫化氢和培养基中的铁盐反应，生成黑色的硫化亚铁沉淀。

3.4.2 β－半乳糖苷酶试验：有些细菌可产生 β－半乳糖苷酶，能分解邻硝基酚－β半乳糖苷（ONPG），生成黄色的邻硝基酚。

3.4.3 尿素试验：有些细菌能产生尿素酶，将尿素分解、产生 2 个分子的氨，使培养基变为碱性，酚红呈粉红色。

3.4.4 氨基酸脱羧酶试验：具有氨基酸脱羧酶的细菌，能分解氨基酸使其脱羧生成胺（赖氨酸→尸胺，鸟氨酸→腐胺，精氨酸→精胺）和二氧化碳，使培养基变碱。

3.4.5 糖（醇、苷）类发酵试验：由于各种细菌含有发酵不同糖（醇、苷）类的酶，故分解糖类的能力各不相同，有的能分解多种糖类，有的仅能分解 1~2 种糖类，还有的不能分解。细菌分解糖类后的终末产物亦不一致，有的产酸、产气，有的仅产酸，故可利用此特点以鉴别细菌。

3.4.6 靛基质试验：细菌分解蛋白胨中色氨酸生成的吲哚与试剂中的二甲氨基苯甲醛作用生成红色的玫瑰吲哚。两层液体交界处出现红色为阳性，无色为阴性。

3.4.7 甘油试验：某些细菌可分解甘油成为丙酮酸，并进一步脱羧生成乙醛，乙醛与无色品红生成醌式化合物，呈深紫红色，以此鉴别细菌。

3.4.8 葡萄糖铵试验：用于鉴别细菌利用铵盐作为唯一氮源并分解葡萄糖的试验。溴麝香草酚蓝是指示剂，产酸时培养基由绿色变为黄色。

3.4.9 西蒙氏柠檬酸盐试验：细菌能利用柠檬酸盐作为唯一的碳源，能在除柠檬酸盐外不含其他碳源的培养基上生长，分解柠檬酸盐生成碳酸钠，使培养基变碱性。

3.4.10 黏液酸盐试验：某些细菌能利用黏液酸盐，分解产酸，使培养基中的溴麝香草酚蓝变黄色。

**表 5-2 志贺菌生化反应图表对照示例**

| 编号 | 描述 | 对应图片 | 编号 | 描述 | 对应图片 |
|---|---|---|---|---|---|
| 1 | β-半乳糖苷酶阴性<br>福氏志贺菌 CMCC51571 | | 2 | β-半乳糖苷酶阳性<br>大肠埃希菌 ATCC25922 | |
| 3 | 尿素阴性<br>福氏志贺菌 CMCC51571 | | 4 | 尿素阳性<br>普通变形杆菌 CMCC49027 | |

续 表

| 编号 | 描述 | 对应图片 | 编号 | 描述 | 对应图片 |
| --- | --- | --- | --- | --- | --- |
| 5 | 赖氨酸脱羧酶阴性<br>福氏志贺菌 CMCC51571 | 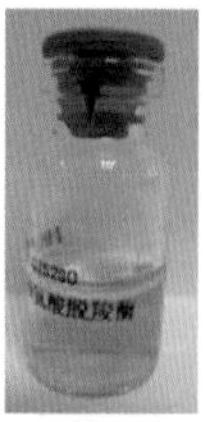 | 6 | 赖氨酸脱羧酶阳性<br>鼠伤寒沙门菌 ATCC14028 | 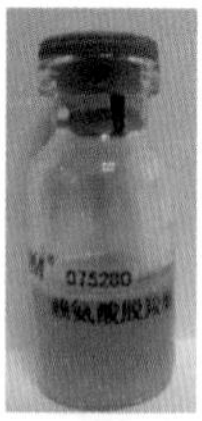 |
| 7 | 鸟氨酸脱羧酶阴性<br>福氏志贺菌 CMCC51571 | 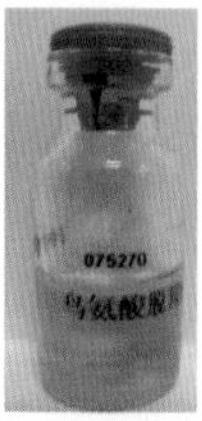 | 8 | 鸟氨酸脱羧酶阳性<br>鼠伤寒沙门菌 ATCC14028 | 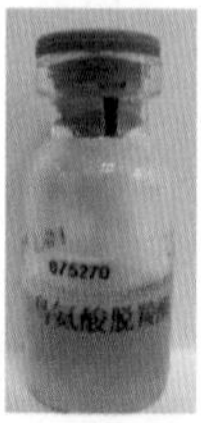 |
| 9 | 水杨苷阴性<br>福氏志贺菌 CMCC51571 |  | 10 | 水杨苷阳性<br>大肠埃希菌 ATCC25922 | 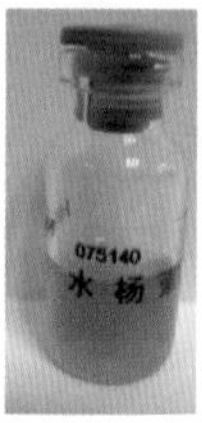 |
| 11 | 七叶苷阴性<br>福氏志贺菌 CMCC51571 | 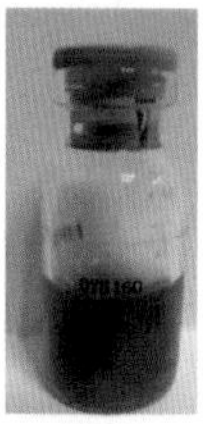 | 12 | 七叶苷阳性<br>大肠埃希菌 ATCC25922 | 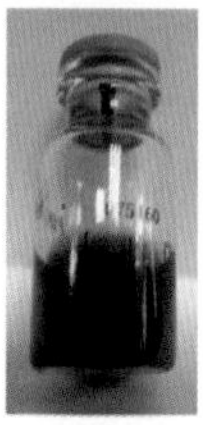 |
| 13 | 靛基质（蛋白胨）阴性<br>产气肠杆菌 ATCC13048 | 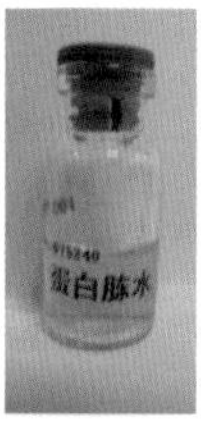 | 14 | 靛基质（蛋白胨）阳性<br>大肠埃希菌 ATCC25922 | 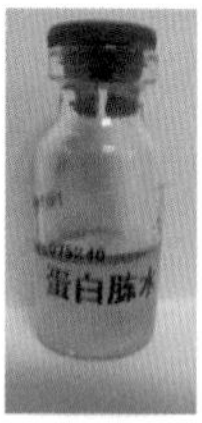 |
| 15 | 甘露醇阴性<br>痢疾志贺菌 CMCC51105 |  | 16 | 甘露醇阳性<br>福氏志贺菌 CMCC51571 | 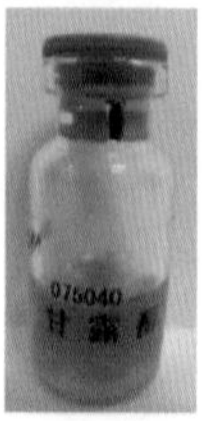 |

续 表

| 编号 | 描述 | 对应图片 | 编号 | 描述 | 对应图片 |
| --- | --- | --- | --- | --- | --- |
| 17 | 棉子糖阴性<br>大肠埃希菌 ATCC25922 | 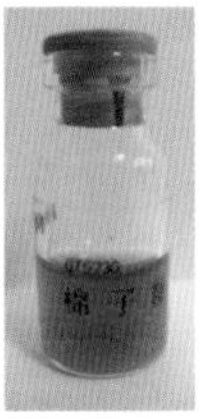 | 18 | 棉子糖阳性<br>产气肠杆菌 ATCC13048 | 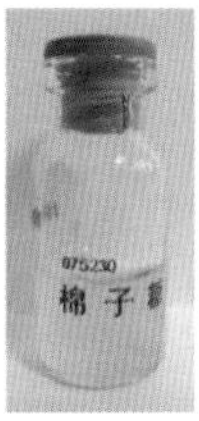 |
| 19 | 甘油阴性<br>福氏志贺菌 CMCC51571 |  | 20 | 甘油阳性<br>产气肠杆菌 ATCC13048 |  |
| 21 | 葡萄糖胺阴性<br>福氏志贺菌 CMCC51571 | 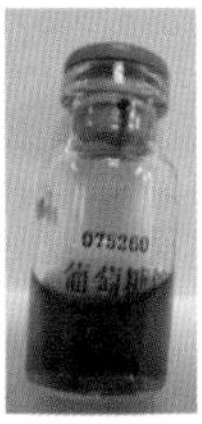 | 22 | 葡萄糖胺阳性<br>鼠伤寒沙门菌 ATCC14028 | 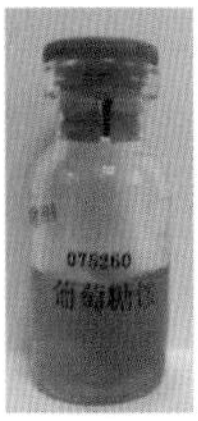 |
| 23 | 西蒙氏柠檬酸盐阴性<br>福氏志贺菌 CMCC51571 | 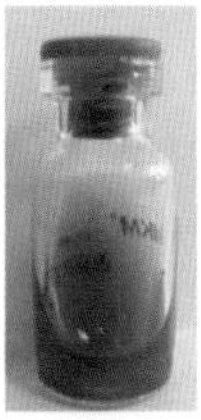 | 24 | 西蒙氏柠檬酸盐阳性<br>产气肠杆菌 ATCC13048 |  |
| 25 | 黏液酸盐阴性<br>福氏志贺菌 CMCC51571 |  | 26 | 黏液酸盐阳性<br>大肠埃希菌 ATCC25922 |  |
| 27 | 半固体阴性<br>福氏志贺菌 CMCC51571 | | 28 | 半固体阳性<br>鼠伤寒沙门菌 ATCC14028 | |

续 表

| 编号 | 描述 | 对应图片 | 编号 | 描述 | 对应图片 |
|---|---|---|---|---|---|
| 29 | TSI 斜面产碱，底层产酸，产硫化氢<br>肠炎沙门菌 CMCC（B）50335 | | 30 | TSI 斜面产酸，底层产酸，不产硫化氢，产气<br>大肠埃希菌 ATCC 25922 | |
| 31 | TSI 斜面产碱，底层产酸，不产硫化氢<br>福氏志贺菌 CMCC（B）51572 | | 32 | TSI 斜面产酸，底层产酸，产硫化氢<br>普通变形杆菌 ATCC13315 | |
| 33 | TSI 斜面产碱，底层不产酸，不产硫化氢<br>铜绿假单胞菌 ATCC 27853 | | | | |

注：生化试验结果按照说明书判定。

初步判断结果后，如选择生化鉴定试剂盒或全自动微生物生化鉴定系统，从营养琼脂斜面上挑取可疑菌落，参照说明书，用生化鉴定试剂盒或全自动微生物生化鉴定系统进行鉴定。

## 3.5 血清学鉴定

3.5.1 多价血清凝集反应：在玻片上划出 2 个约 1cm×2cm 的区域，挑取一环待测菌，各放 1/2 环于玻片上的每一区域上部，在其中一个区域下部加 1 滴抗血清，在另一区域下部加入 1 滴生理盐水，作为对照。再用无菌的接种环或针分别将两个区域内的菌落研成乳状液。将玻片倾斜摇动混合 1min，并对着黑色背景进行观察，如果抗血清中出现凝结成块的颗粒，而且生理盐水中没有发生自凝现象，那么凝集反应为阳性。如果生理盐水中出现凝集，视作为自凝。这时，应挑取同一培养基上的其他菌落继续进行试验。

如果待测菌的生化特征符合志贺菌属生化特征，而其血清学试验为阴性的话，可能由两个原因造成：

（1）一些志贺菌如果因为 K 抗原的存在而不出现凝集反应时，可挑取菌苔于 1mL 生理盐水做成浓菌液，100℃煮沸 15~60min 去除 K 抗原后再检查。

（2）D 群志贺菌既可能是光滑型菌株也可能是粗糙型菌株，与其他志贺菌群抗原不存在交叉反应。与肠杆菌科不同，宋氏志贺菌粗糙型菌株不一定会自凝。宋氏志贺菌没有 K 抗原。

3.5.2 将已鉴定完成的志贺菌用无菌棉签从营养琼脂斜面上刮取，加入 50% 甘油 –BHI 肉汤中，标识清晰，–80℃长期保存备查。

## 4 结果报告

综合以上生化试验和血清学鉴定的结果：

如所有选择性平板中均未分离到志贺菌，则报告“25g（mL）样品中未检出志贺氏菌”。

如任意选择性平板中分离到志贺菌，则报告“25g（mL）样品中检出志贺氏菌”。

**质量控制**

1. 实验过程中，每批样品前增菌液、选择性增菌液、分离平板等都要做空白对照。如果空白对照平板上出现志贺菌可疑菌落时，应废弃本次实验结果，并对增菌液、吸管、平皿、培养基、实验环境等进行污染来源分析。
2. 定期使用福氏志贺菌 CMCC51571 菌种或相应定量活菌参考品，在二级生物安全实验室或阳性对照实验室内，用适当的食品样品进行阳性对照实验验证，染菌剂量应控制在 10~100CFU/25g 样品，并进行记录。
3. 将所使用的培养基和生化试剂用 GB 4789.28—2013 推荐的阳性和阴性对照标准菌种进行验证，并进行记录。

**操作要点与注意事项**

1. 使用均质袋进行前增菌培养时，应使用带有底托的均质袋架子，防止培养过程中前增菌液泄露污染培养箱。
2. 在进行 TSI 培养时，应将试管口松开，保持管内有充足的氧气，否则会产生过量的 $H_2S$。由于三糖铁琼脂试验中底部的糖分解需要厌氧环境，琼脂底部与斜面最低点的距离应不少于 4 厘米。
3. 在培养箱中，为防止中间平皿过热，高度不得超过 6 个平皿。
4. 本方法移液时可使用可连续吸液的电动移液器，在使用过程中，一旦液体进入电动移液器滤膜中，应立即对滤膜进行更换，以防止交叉污染。
5. 当对易产生较大颗粒的样品（如肉类）进行检测时，建议使用带滤网均质袋，以方便均质后用吸管吸取匀液。

6. 鉴于微量移液器移液头较短，为控制污染，在本方法移液过程中不应使用。
7. 如使用厌氧罐培养时，应放置厌氧指示剂，监控整个培养期间的厌氧环境。
8. 如果典型可疑菌落与其他杂菌连成一片，应自每个琼脂平板上分别用接种针自菌落中心挑取 2 个典型或可疑志贺菌菌落，接种于 XLD 或志贺菌显色平板上进行分离纯化，于 36℃ ±1℃培养 20~24h，得到单个典型或可疑志贺菌菌落，以便进行下一步生化试验。
9. 进行氨基酸脱羧酶实验时，在实验管和氨基酸对照管中滴加菌液后需分别向各管中滴加 2~3 滴液体石蜡，进行液封。因为某些菌在特定氨基酸存在情况下，诱导产生相应氨基酸脱羧酶，使氨基酸脱羧，产生一种碱性物质——尸胺，而该物质在厌氧条件下可稳定存在，使得培养基环境 pH 升高，克服培养基本身的酸性环境以及葡萄糖代谢产生的酸，从而使培养基呈蓝绿色（指示剂为溴麝香草酚蓝）或紫色（指示剂为溴甲酚紫）；而对照管中不含氨基酸，菌株利用葡萄糖产酸，培养基环境 pH 下降，使得培养基变黄。滴加液体石蜡主要目的是创造厌氧环境，并防止酸挥发。
10. 由于某些不活泼的大肠埃希菌与志贺菌在显色平板上的菌落特征相似，部分生化特性也相似，因此建议采用多种鉴定方法来支撑试验结果的准确性。

疑难解析

**问题 1　对厌氧罐和厌氧袋进行密封性能和厌氧状态的检查主要有哪些方法?**

指示剂法：①选择配套的指示剂，按照商品说明书，根据指示剂在有氧和无氧条件下的变化确定厌氧罐的密封情况和罐内氧气的状态。②选择硫乙醇酸盐流体培养基，作为氧化还原指示剂。该培养基中含有刃天青，在有氧情况下呈现红色，无氧情况下呈黄色。

生物指示剂法：培养严格厌氧菌（如生孢梭菌）或严格好氧菌（如铜绿假单胞菌），以生长或不生长来指示。

**问题 2** 放入冰箱中的培养基颜色会发生变化，为什么？

培养基保存于4℃冰箱中，培养基内$CO_2$会逐渐溢出，造成培养基越来越偏碱性，而培养基中酸碱指示剂的颜色也会随碱性变化而变化。

**问题 3** 50%甘油-BHI肉汤菌种冻存液如何配置和使用？

取BHI肉汤干粉，按说明书加入1/2体积的水彻底溶解后，再加入等体积的甘油，混匀，分装于2mL菌种冻存管中（1.5mL/管），121℃高压灭菌15min，–20℃储存备用。使用时，将BHI肉汤冻存管从–20℃取出，恢复至室温，将已鉴定完成的志贺菌用无菌棉签从营养琼脂平板上刮取，加入50%甘油-BHI肉汤中，混匀，用防冻记号笔标识清晰，–80℃长期保存备查。

第六章

# 《食品安全国家标准 食品微生物学检验 致泻大肠埃希氏菌检验》

（GB 4789.6—2016）

大肠埃希菌为两端钝圆的革兰阴性短小杆菌，分类学上属于肠杆菌科大肠埃希菌属。多数菌株具有周生鞭毛，能运动，有的菌株具有荚膜或微荚膜、菌毛，无芽孢。能发酵多种糖类产酸、产气。

大肠埃希菌是人类和动物肠道正常寄生菌，统称大肠杆菌，它们能够合成维生素 B 和维生素 K 供机体利用，同时也能够抑制腐败菌、致病菌和真菌的增殖。20 世纪中叶，人们发现大肠埃希菌中的一些特殊血清型能够引起人和动物疾病，尤其是对于免疫力低下者，常引起严重腹泻、败血症和溶血性尿毒综合征（HUS）等疾病，这类大肠菌称为致泻大肠埃希菌。2011 年德国暴发的肠道出血性大肠埃希菌 O104：H4 疫情世界瞩目。在国内，致泻大肠埃希菌在腹泻疾病监测中感染人数仅次于细菌性痢疾及轮状病毒。根据致病机制的不同，目前世界公认的致泻大肠埃希菌致病型别包括肠道致病性大肠埃希菌（Enteropathogenic *Escherichia coli*，EPEC）、肠道侵袭性大肠埃希菌（Enteroinvasive *Escherichia coli*，EIEC）、产肠毒素大肠埃希菌（Enterotoxigenic *Escherichia coli*，ETEC）、产志贺毒素大肠埃希菌（Shiga toxin-producing *Escherichia coli*，STEC）也叫肠道出血性大肠埃希菌（Enterohemorrhagic *Escherichia coli*，EHEC）、肠道集聚性大肠埃希菌（Enteroaggregative *Escherichia coli*，EAEC）。

以前，人类对致泻大肠埃希菌致病机制研究不足以及分子生物学检测方法没有出现或者发展不成熟，致泻大肠埃希菌的判定和致病型别区分只能依据血清型别进行判断。根据不同临床症状划分出致泻大肠埃希菌的致病型别，再分析引起人类发病的大肠埃希菌的血清型别，形成当前广泛应用的五种致泻大肠埃希菌与血清型别对照表。随着分子生物学的飞速发展，人类对致泻大肠埃希菌的致病机制有了充分的认识，并找到了引起不同致病型别的致泻大肠埃希菌的特征性毒力基因。肠道致病性大肠埃希菌（EPEC）的主要毒力因子有能够引起宿主肠黏膜上皮细胞黏附及擦拭性损伤的菌毛（BAF 基因）、LEE 毒力岛等。肠道侵袭性大肠埃希菌（EIEC）具有侵袭性毒力因子。产肠毒素大肠埃希菌（ETEC）的主要毒力因子为热不稳定肠毒素、热稳定肠毒素及与致病性相关的定居因子。肠道出血性大肠埃希菌（EHEC）的主要毒力因子有志贺样毒素（SLTs）、溶血素、LEE 毒力岛等，其中大肠埃希菌 O157：H7 是其主要的血清型。肠道集聚性大肠埃希菌（EAEC）的毒力因子有菌毛和热稳定肠毒素等。因此利用毒力基因来鉴定致泻大肠埃希菌得到广泛应用。

鉴于致泻大肠埃希菌广泛存在和对人群健康造成的危害，我国《食品安全国家标准 食品中致病菌限量》（GB 29921—2013）中对牛肉制品和生食果蔬制品中致泻大肠埃希菌（大肠埃希菌 O157：H7）的安全标准进行了明确要求，在《鲜冻分割牛肉》（GB/T 17238—2008）、《鲜、冻四分体牛肉》（GB/T 9960—2008）和《鲜冻胴体羊肉》（GB/T 9961—2008）等标准中均要求对致泻大肠埃希菌进行检验。本方法对食品中可能存在的致泻大肠埃希菌通过前增菌、增菌、分离、生化试验、PCR 确认试验、血清学试验等过程进行检验。

## 1 仪器与耗材（仅列出标准中不明确或缺少内容）

◎ 涡旋混匀器

◎ 拍打式均质器或刀头式均质器

◎ 接种针

◎ 毛细管电泳仪

◎ 微型离心机

# 2 检验程序

致泻大肠埃希菌检验程序见图 6–1。

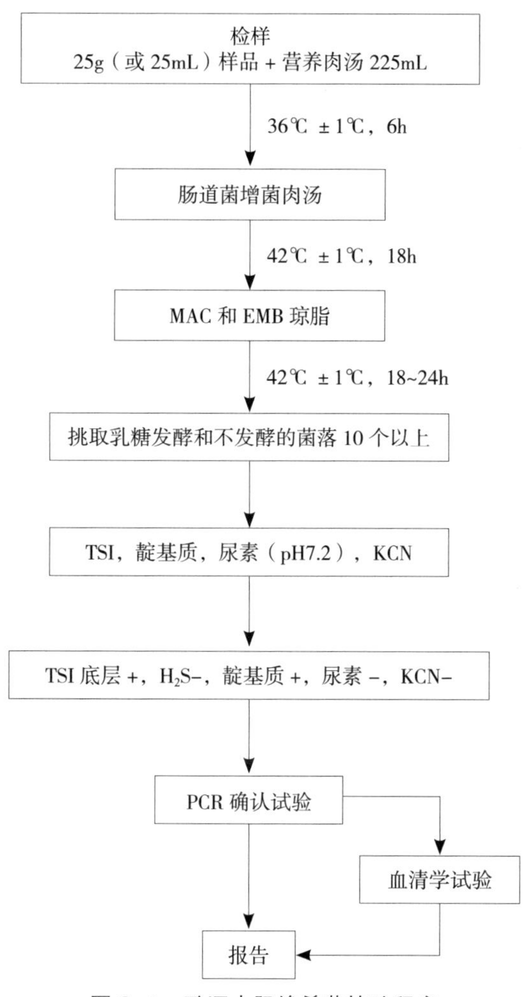


图 6–1 致泻大肠埃希菌检验程序

# 3 检验步骤

## 3.1 样品制备

### 3.1.1 固体和半固体食品样品

3.1.1.1 用天平无菌称取 25g ± 0.1g 样品。

3.1.1.2　如使用刀头式均质器，可将样品加入盛有 225mL 营养肉汤的无菌均质杯内，8000~10000r/min 均质 1~2min，制成 1：10 的样品匀液。

3.1.1.3　如使用拍打式均质器，可将样品加入盛有 225mL 营养肉汤的无菌均质袋中，300~360 次 /min，拍打 1~2min，制成 1：10 的样品匀液。

3.1.2　液体样品

3.1.2.1　用无菌吸管吸取 25mL ± 0.1mL 样品。

3.1.2.2　如使用锥形瓶，可将样品加入盛有 225mL 营养肉汤的无菌锥形瓶中，充分混匀。

3.1.2.3　如使用均质袋，可将样品放入盛有 225mL 营养肉汤的无菌均质袋中，充分混匀。

**注 1**：如为冷冻产品，应在 45℃以下（如水浴中）不超过 15min 解冻，或 2℃~5℃冰箱中不超过 18h 解冻。

**注 2**：如需调整 pH，用 1mol/L 无菌 NaOH 或 HCl 调 pH 至 6.8 ± 0.2。

## 3.2　增菌

3.2.1　将样品匀液于 36℃ ± 1℃培养 6h，进行前增菌。

3.2.2　将前增菌后的培养物混匀，取 10μL 前增菌液接种于 30mL 肠道菌增菌肉汤管内，涡旋混匀，于 42℃ ± 1℃培养 18~24h。

## 3.3　分离

3.3.1　用 10μL 接种环取肠道菌增菌肉汤 1 环分别划线于 MAC 和 EMB 琼脂平板，于 36℃ ± 1℃培养 18~24h。

3.3.2　观察各个平板上的菌落特征，见表 6-1。

**表 6-1　致泻大肠埃希菌在不同琼脂平板上的形态特征**

| 名称 | 形态描述 | 典型菌落 | |
|---|---|---|---|
| MAC 琼脂 | 分解乳糖的典型菌落为砖红色至桃红色 | 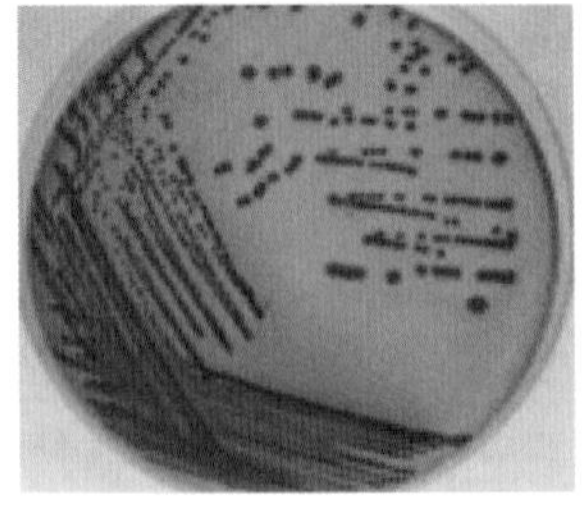 | 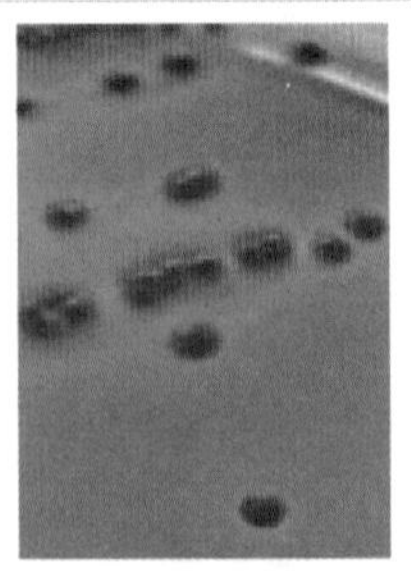 |

续 表

| 名称 | 形态描述 | 典型菌落 |
| --- | --- | --- |
| MAC 琼脂 | 不分解乳糖的菌落为无色或淡粉色 | 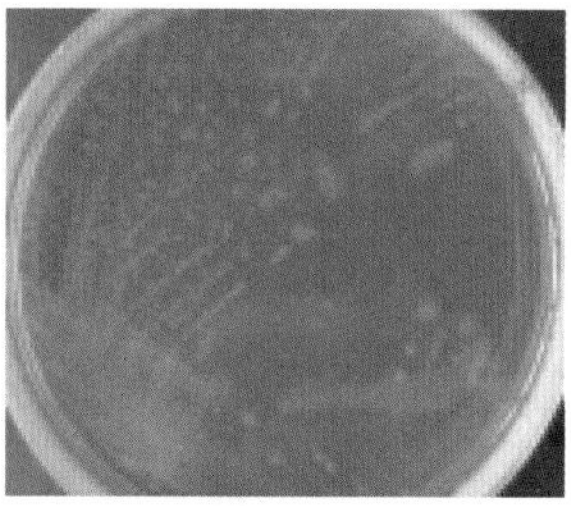 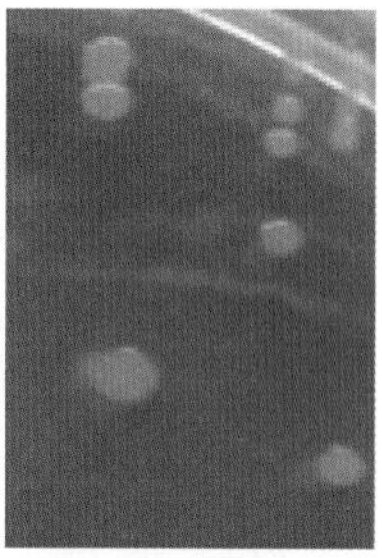 |
| EMB 琼脂 | 分解乳糖的典型菌落为中心紫黑色带或不带金属光泽 |  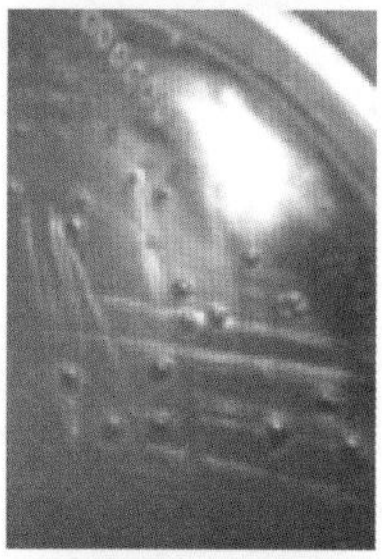 |
| EMB 琼脂 | 不分解乳糖的菌落为无色或淡粉色 | 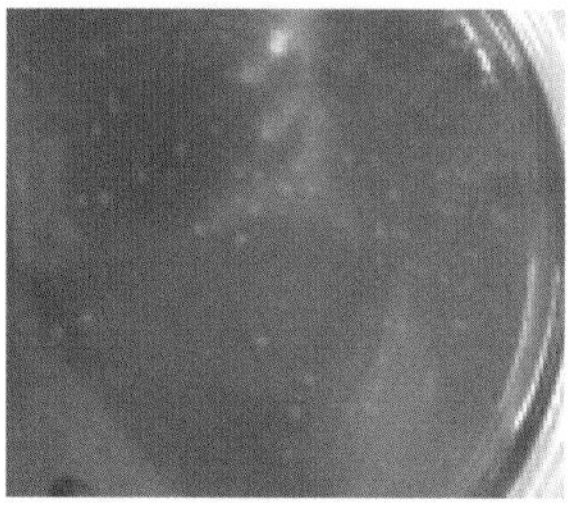 |

## 3.4 生化试验

3.4.1 在培养 18~24h 后，如果平板上有可疑致泻大肠埃希菌菌落（发酵乳糖和不发酵乳糖的菌落），应自每个琼脂平板上分别用接种针自单个菌落中心分别挑取 10~20 个（10 个以下全选）发酵乳糖和不发酵乳糖的可疑致泻大肠埃希菌菌落接种三糖铁琼脂斜面培养基（先在三糖铁琼脂斜面划线，再于底层穿刺），接种针不要灭菌，直接接种营养琼脂平板，于 36℃ ±1℃培养 22~24h。

3.4.2 三糖铁琼脂上在初步判断结果为可疑致泻大肠埃希菌后，从营养琼脂平板上挑取可疑菌落（按照生化试剂盒说明书）接种蛋白胨水（靛基质试验）、尿素琼脂（pH7.2）和 KCN 肉汤（试验管和对照管都接种），于 36℃ ±1℃培养 22~24h。

3.4.3 三糖铁斜面产酸或不产酸，底层产酸，靛基质阳性，$H_2S$ 阴性和尿素酶阴性的培养物为大肠埃希菌。三糖铁斜面底层不产酸，或 $H_2S$、KCN、尿素有任一项为阳性的培养物，均非大肠埃希菌。参照表 6–2 判定。

表 6-2 致泻大肠埃希菌生化反应图表对照

| 编号 | 描述 | 对应图片 | 编号 | 描述 | 对应图片 |
|---|---|---|---|---|---|
| 1 | 三糖铁斜面产酸，底层产酸，不产硫化氢，产气<br>大肠埃希菌 ATCC 25922 | | 2 | 三糖铁斜面产碱，底层产酸，不产硫化氢<br>福氏志贺菌 CMCC（B）51572 | |
| 3 | 靛基质阴性<br>产气肠杆菌 ATCC13048 | | 4 | 靛基质阳性<br>大肠埃希菌 ATCC 25922 | |
| 5 | 尿素（pH7.2）阴性<br>大肠埃希菌 ATCC 25922 | | | 尿素（pH7.2）阳性<br>普通变形杆菌 CMCC（B）49027 | |

3.4.4 各生化试验原理如下

3.4.4.1 三糖铁试验：该培养基含有乳糖、蔗糖和葡萄糖的比例为 10∶10∶1，只能利用葡萄糖的细菌，如志贺菌、大多数的沙门菌，葡萄糖被分解产酸可使斜面先变黄，但因量少，生成的少量酸因接触空气而氧化，加之细菌利用培养基中含氮物质，生成碱性产物，故使斜面后来又变红，底部由于是在厌氧状态下，酸类不被氧化，所以仍保持黄色。而发酵乳糖或蔗糖的细菌如大肠埃希菌，则产生大量的酸，使整个培养基呈现黄色。如培养基接种后产生黑色沉淀，是因为某些细菌能分解含硫氨基酸，生成硫化氢，硫化氢和培养基中的铁盐反应，生成黑色的硫化亚铁沉淀。

3.4.4.2 靛基质试验：细菌分解蛋白胨中的色氨酸生成吲哚，与试剂中的二甲氨基苯甲醛作用生成红色的玫瑰吲哚。两层液体交界处出现红色为阳性，无色为阴性。

3.4.4.3　尿素试验的原理：有些细菌能产生尿素酶，分解培养基中的尿素，产生氨，使培养基变为碱性，酚红呈粉红色。

3.4.4.4　KCN 试验的原理：氰化钾是细菌呼吸酶系统的抑制剂，可与呼吸酶作用使酶失去活性，抑制细菌的生长，但有的细菌在一定浓度的氰化钾存在时仍能生长，以此鉴别细菌。

3.4.5　如选择生化鉴定试剂盒或全自动微生物生化鉴定系统，从营养琼脂平板上挑取可疑菌落，参照说明书，用生化鉴定试剂盒或全自动微生物生化鉴定系统进行鉴定。

## 3.5　PCR 确认试验

3.5.1　取生化反应符合大肠埃希菌特征的菌落进行 PCR 确认试验。

3.5.2　DNA 模板制备：使用 1μL 接种环刮取琼脂平板上生长 18~24h 的菌落，混悬在 200μL 0.85% NaCl 生理盐水中，充分打散形成菌悬液，13000rpm 离心 3min；弃掉上清液，使用 1mL 无菌水充分混匀菌体；100℃水浴或者金属浴维持 10min；冰浴冷却后，13000rpm 离心 3min，收集上清液；1∶10 稀释上清液，取 2μL 作为 PCR 检测的模板；所有处理后的 DNA 模板在 -20℃以下保存备用。也可用细菌基因组提取试剂盒提取基因组 DNA，操作方法按照“细菌基因组提取试剂盒说明书”进行。

3.5.3　每次 PCR 反应使用 EPEC、EIEC、ETEC、STEC/EHEC、EAEC 标准菌株作为阳性对照。同时使用大肠埃希菌 ATCC25922 或等效标准菌株作为阴性对照，以灭菌去离子水作为空白对照，控制 PCR 体系污染。致泻大肠埃希菌特征性基因见表 6-3。

**表 6-3　五种致泻大肠埃希菌特征基因**

| 致泻大肠埃希菌类别 | 特征性基因 | |
|---|---|---|
| EPEC | *escV* 或 *eae*、*bfpB* | |
| EHEC | *escV*、*eae*、*stx1*、*stx2* | |
| EIEC | *invE*、*ipaH* | *uidA* |
| ETEC | *lt*、*stp*、*sth* | |
| EAEC | *aggR*、*astA*、*pic* | |

3.5.4　PCR 反应体系配制

每个样品初筛需配制 12 个 PCR 扩增反应体系，对应检测 12 个目标基因，具体操作如下。

3.5.4.1　使用 TE 溶液（pH8.0）将合成的引物干粉稀释成 100μM 的储存液。

3.5.4.2 根据表 6-4 中每种目标基因对应 PCR 体系内引物的终浓度，使用灭菌去离子水配制 12 种目标基因扩增所需的 10× 引物工作液（以 u*idA* 基因为例，如表 6-5）；

**表 6-4 五种致泻大肠埃希菌目标基因引物序列及每个 PCR 体系内的终浓度**

| 引物名称 | 引物序列 *** | 终浓度 n（μM/L） | PCR 产物长度（bp） |
|---|---|---|---|
| *uidA*–F | 5′–ATG CCA GTC CAG CGT TTT TGC–3′ | 0.2 | 1487 |
| *uidA*–R | 5′–AAA GTG TGG GTC AAT AAT CAG GAA GTG–3′ | 0.2 | |
| *escV*–F | 5′–ATT CTG GCT CTC TTC TTC TTT ATG GCT G–3′ | 0.4 | 544 |
| *escV*–R | 5′–CGT CCC CTT TTA CAA ACT TCA TCG C–3′ | 0.4 | |
| *eae*-F* | 5′–ATT ACC ATC CAC ACA GAC GGT–3′ | 0.2 | 397 |
| *eae*-R* | 5′–ACA GCG TGG TTG GAT CAA CCT–3′ | 0.2 | |
| *bfpB*–F | 5′–GAC ACC TCA TTG CTG AAG TCG–3′ | 0.1 | 910 |
| *bfpB*–R | 5′–CCA GAA CAC CTC CGT TAT GC–3′ | 0.1 | |
| *stx1*–F | 5′–CGA TGT TAC GGT TTG TTA CTG TGA CAG C–3′ | 0.2 | 244 |
| *stx1*–R | 5′–AAT GCC ACG CTT CCC AGA ATT G–3′ | 0.2 | |
| *stx2*–F | 5′–GTT TTG ACC ATC TTC GTC TGA TTA TTG AG–3′ | 0.4 | 324 |
| *stx2*–R | 5′–AGC GTA AGG CTT CTG CTG TGA C–3′ | 0.4 | |
| *lt*–F | 5′–GAA CAG GAG GTT TCT GCG TTA GGT G–3′ | 0.1 | 655 |
| *lt*–R | 5′–CTT TCA ATG GCT TTT TTT TGG GAG TC–3′ | 0.1 | |
| *stp*–F | 5′–CCT CTT TTA GYC AGA CAR CTG AAT CAS TTG–3′ | 0.4 | 157 |
| *stp*–R | 5′–CAG GCA GGA TTA CAA CAA AGT TCA CAG–3′ | 0.4 | |
| *sth*–F | 5′–TGT CTT TTT CAC CTT TCG CTC–3′ | 0.2 | 171 |
| *sth*–R | 5′–CGG TAC AAG CAG GAT TAC AAC AC–3′ | 0.2 | |
| *invE*–F | 5′–CGA TAG ATG GCG AGA AAT TAT ATC CCG–3′ | 0.2 | 766 |
| *invE*–R | 5′–CGA TCA AGA ATC CCT AAC AGA AGA ATC AC–3′ | 0.2 | |
| *ipaH-F*** | 5′–TTG ACC GCC TTT CCG ATA CC–3′ | 0.1 | 647 |
| *ipaH-R*** | 5′–ATC CGC ATC ACC GCT CAG AC–3′ | 0.1 | |
| *aggR*–F | 5′–ACG CAG AGT TGC CTG ATA AAG–3′ | 0.2 | 400 |
| *aggR*–R | 5′–AAT ACA GAA TCG TCA GCA TCA GC–3′ | 0.2 | |
| *pic*–F | 5′–AGC CGT TTC CGC AGA AGC C–3′ | 0.2 | 1111 |
| *pic*–R | 5′–AAA TGT CAG TGA ACC GAC GAT TGG–3′ | 0.2 | |
| *astA*–F | 5′–TGC CAT CAA CAC AGT ATA TCC G–3′ | 0.4 | 102 |
| *astA*–R | 5′–ACG GCT TTG TAG TCC TTC CAT–3′ | 0.4 | |
| *16SrDNA-F* | 5′–GGA GGC AGC AGT GGG AATA–3′ | 0.25 | 1062 |
| *16S rDNA-R* | 5′–TGA CGG GCG GTG TGT ACAAG–3′ | 0.25 | |

注：*escV 和 eae 基因选作其中一个即可。

**invE 和 ipaH 基因选作其中一个即可。

*** 表中不同基因的引物序列可采用可靠验证的其他序列代替。

表 6-5 每种目标基因扩增所需 10× 引物工作液配制表

| 引物名称 | 体积(μL) |
|---|---|
| 100μM/*LuidA*-F | 10×n |
| 100μM/*LuidA*-R | 10×n |
| 灭菌去离子水 | 100-2×(10×n) |
| 总体积 | 100 |

n:每条引物在反应体系内的终浓度(详见表 6-4)。

3.5.4.3 将 10× 引物工作液、10×PCR 反应缓冲液、25mM $MgCl_2$、2.5mM dNTPs、灭菌去离子水融化并平衡至室温,使用前颠倒混匀;5U/μL Taq 酶在加样前从 -20℃冰箱中取出。

3.5.4.4 每个样品按照表 6-6 的加液量配制 12 个 25μL 反应体系,分别使用 12 种目标基因对应 10× 引物工作液。

表 6-6 五种致泻大肠埃希菌目标基因扩增体系配制表

| 试剂名称 | 加样体积(μL) |
|---|---|
| 灭菌去离子水 | 12.1 |
| 10×PCR 反应缓冲液 | 2.5 |
| 25mM $MgCl_2$ | 2.5 |
| 2.5mM dNTPs | 3.0 |
| 10× 引物工作液 | 2.5 |
| 5U/μL Taq 酶 | 0.4 |
| DNA 模板 | 2.0 |
| 总体积 | 25 |

3.5.5 按照如下反应条件设置 PCR 仪:预变性 94℃ 5min;变性 94℃ 30s,复性 63℃ 30s,延伸 72℃ 1.5min,30 个循环;最后 72℃延伸 5min。

3.5.6 将配制完成的 PCR 反应管放入 PCR 仪中,核查 PCR 反应条件正确后,启动反应程序。

3.5.7 琼脂糖凝胶电泳分析 PCR 产物

3.5.7.1 称量 4g 琼脂糖粉,加入至 200mL 的 1×TAE 电泳缓冲液中,充分混匀。

3.5.7.2 使用微波炉反复加热至沸腾,直到琼脂糖粉完全融化形成清亮透明的溶液。

3.5.7.3 待琼脂糖溶液冷却至 60℃左右时,加入溴化乙锭(EB)至终浓度为 0.5μg/mL,

充分混匀后，轻轻倒入已放置好梳子的模具中，凝胶长度要大于 10cm，适宜厚度宜为 3~5mm。检查梳齿下或梳齿间有无气泡，用一次性吸头小心排掉琼脂糖凝胶中的气泡。

3.5.7.4 待琼脂糖凝胶完全凝结硬化后，轻轻拔出梳子，小心将胶块和胶床放入电泳槽中，样品孔在阴极端。

3.5.7.5 向电泳槽中加入 1×TAE 电泳缓冲液，液面高于胶面 1~2mm。

3.5.7.6 将 5μL PCR 产物与 1μL 6× 上样缓冲液混匀后，一次性吸头吸取混合液垂直伸入液面下胶孔中，小心上样于孔中；阳性对照的 PCR 反应产物加入到最后一个泳道；第一个泳道中加入 2μL 分子量 Marker。

3.5.7.7 接通电泳仪电源，根据公式：电压 = 电泳槽正负极间的距离（cm）×5V/cm 计算并设定电泳仪电压数值；启动电压开关，电泳开始以正负极铂金丝出现气泡为准。

3.5.7.8 电泳 30~45min 后，切断电源，取出凝胶放入凝胶成像系统或紫外成像仪中观察结果，并拍照记录数据。

3.5.7.9 也可以使用毛细管电泳仪进行电泳，按照仪器使用说明书进行操作。

3.5.8 结果判定

3.5.8.1 电泳结果中空白对照无条带出现，阴性对照仅有 *uid* 扩增，阳性对照中出现所有目标条带，PCR 检测结果成立。

3.5.8.2 根据电泳图中目标条带大小，判断目标条带的种类，记录每个泳道中目标条带的种类。

3.5.8.3 在表 6–7 中查找不同目标条带种类及组合所对应的致病型别。五种致泻大肠埃希菌目标条带的电泳图谱示例见图 6–2。

3.5.8.4 如用商品化 PCR 试剂盒，应按照 PCR 试剂盒说明书进行操作和结果判定。

**表 6–7 五种致泻大肠埃希菌目标条带与致病型别对照表**

| 致病型别 | 目标条带的种类组合 | |
|---|---|---|
| EAEC | *astA*、*aggR*，*pic* 一条或一条以上阳性 | uidA（+/–）*** |
| EPEC | *bfpB*（+/–），*escV*（+）*，*stx1*（–），*stx2*（–） | |
| EHEC | *escV*（+/–）*，*stx1*（+），*stx2*（–），*bfpB*（–）<br>*escV*（+/–）*，*stx1*（–），*stx2*（+），*bfpB*（–）<br>*escV*（+/–）*，*stx1*（+），*stx2*（+），*bfpB*（–） | |
| ETEC | *lt*，*stp*，*sth* 中一条或一条以上阳性 | |
| EIEC | *invE*（+）** | |

注：* 在判定 EPEC 或 SETC 时，escV 与 eae 基因等同效果。

** 在判定 EIEC 时，invE 与 iapH 基因等同效果。

***97% 以上大肠埃希菌为 uidA 阳性。

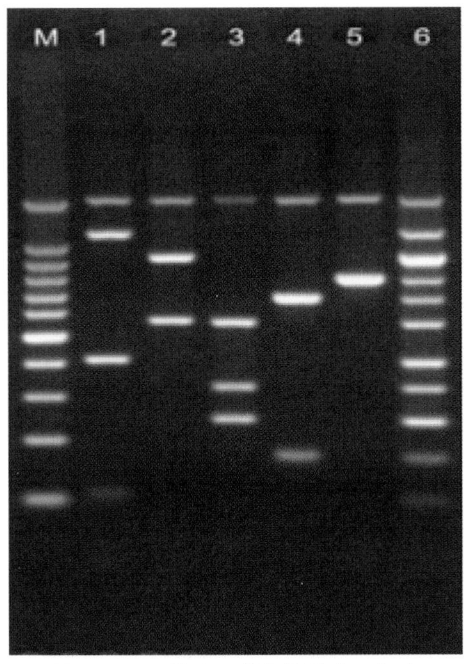


图 6-2 五种致泻大肠埃希菌目标条带的电泳图谱示例图

注：M 表示 100bp DNA Marker，条带大小从上到下依次是 100bp、200bp、300bp、400bp、500bp、600bp、700bp、800bp、900bp、1000bp、1500bp；1 表示 EAEC，含 uidA、pic、aggR、astA 基因；2 表示 EPEC，含 uidA、bfpB、escV 基因；3 表示 EHEC，含 uidA、escV、stx2、stx1 基因；4 表示 ETEC，含 uidA、lt、stp、sth 基因（两个条带依据相对位置区分）；5 表示 EIEC，含 uidA、invE 基因；6 表示五种致泻大肠埃希菌混合扩增结果。五种致泻大肠埃希菌携带典型毒力基因扩增结果可能与实际扩增结果有所不同，应以《五种致泻大肠埃希菌目标条带与致病型别对照表》为依据判定型别。

3.5.9 血清学试验（选做项目）

应按照生产商提供的使用说明进行 O 抗原和 H 抗原的鉴定。当生产商的使用说明与下面的描述可能有偏差时，按生产商提供的使用说明进行。

3.5.9.1 取 PCR 试验确认为致泻大肠埃希菌的菌株进行血清学试验。

3.5.9.2 O 抗原鉴定

3.5.9.2.1 检查培养物有无自凝性：使用接种在营养琼脂平板上的新鲜培养物。在洁净的玻片上滴加一滴生理盐水，将待试培养物混合于生理盐水滴内，使成为均一性的混浊悬液，将玻片轻轻摇动 30~60s，在黑色背景下观察反应（必要时用放大镜观察），若出现可见的菌体凝集，即认为有自凝性，反之无自凝性。对无自凝的培养物参照下面方法进行血清学鉴定。对于自凝的培养物用 3% 血清肉汤返祖传代，再划线到营养琼脂平板上进行鉴定。

3.5.9.2.2 假定试验：挑取经生化试验和 PCR 试验证实为致泻大肠埃希菌的营养琼脂平板菌落，用大肠埃希菌多价 O 血清做玻片凝集试验。使用接种在营养琼脂平板上的新鲜培养物。在玻片上划出 2 个约 1cm × 2cm 的区域，挑取 1 环待测菌，各放 1/2 环于玻片上的每一区域上部，在其中一个区域下部加 1 滴诊断血清。再用无菌的接种环分别将两个区域内的菌液和血清充分混合研成乳状液。将玻片倾斜摇动混合 1min，并对着黑暗背景进行观察，任何程度的凝集现象皆为阳性反应。如不易观察，可同时用非大肠菌株做阴性对照。

当与某一种多价 O 血清凝集时，再与该多价血清所包含的单价 O 血清做试验。如与某一单价 O 血清呈现强凝集反应，即为假定试验阳性。

3.5.9.2.3　证实试验：用无菌生理盐水制备 O 抗原悬液，稀释至与 Mac Farland3 号比浊管相当的浓度。原效价为 1∶160~1∶320 的 O 血清，用 0.5% 盐水稀释至 1∶40。稀释血清与抗原悬液在 10mm×75mm 试管内等量混合，做单管凝集试验。混匀后放于 50℃ ±1℃水浴箱内，经 16h 后观察结果。如出现凝集，可证实为该 O 抗原。

3.5.9.3　H 抗原鉴定

3.5.9.3.1　取菌株穿刺接种半固体琼脂管，36℃ ±1℃培养 18~24h，取顶部培养物 1 环接种至 BHI 液体培养基中，36℃ ±1℃培养 18~24h。加入福尔马林至终浓度 5%，做玻片凝集或试管凝集试验。

3.5.9.3.2　若待测抗原与血清均无明显凝集，应从首次穿刺培养管中挑取培养物，再进行 2~3 次半固体管穿刺培养，按照 3.5.9.3.1 进行试验。

# 4　结果报告

根据生化试验、PCR 确认试验的结果，报告 25g（或 25mL）样品中检出或未检出致泻大肠埃希菌。

如果进行血清学试验，根据血清学试验的结果，报告 25g（或 25mL）样品中检出的致泻大肠埃希菌血清型别。

质量控制

1. 实验过程中，每批样品前增菌液、选择性增菌液、分离平板等都要做空白对照。如果空白对照平板上出现致泻大肠埃希菌可疑菌落时，应废弃本次实验结果，并对增菌液、吸管、平皿、培养基、实验环境等进行污染来源分析。
2. 定期使用致泻大肠埃希菌标准菌株或相应定量活菌参考品，在 P2 实验室或阳性对照实验室内，用适当的食品样品进行阳性对照实验验证，染菌剂量应控制在 10~100CFU/25g 样品，并进行记录，此验证实验至少每 2 个月进行一次。
3. 每 2 个月将所使用的培养基和生化试剂用 GB 4789.28-2013 推荐的阳性和阴性对照标准菌种进行验证，并进行记录。

4. 可以使用全自动或半自动的核酸提取仪提取 DNA，但必须经过验证后，方可使用。
5. 每次 PCR 反应使用 EPEC、EIEC、ETEC、STEC/EHEC、EAEC 标准菌株作为阳性对照。同时使用大肠埃希菌 ATCC25922 或等效标准菌株作为阴性对照，以灭菌去离子水作为空白对照，控制 PCR 体系污染。
6. EPEC、EIEC、ETEC、STEC/EHEC、EAEC 标准菌株的来源需清楚，可以从有资质的标准菌株供应商处购买或从上级机构获得，无论哪个途径获得的菌株在使用前均要经过验证方可保存使用。

## 操作要点与注意事项

1. 使用均质袋进行前增菌培养时，应使用带有底托的均质袋架子，防止培养过程中前增菌液泄露污染培养箱。
2. 在进行三糖铁培养时，应将试管口松开，保持管内有充足的氧气，否则由于氧气的不足，斜面酸性产物不能氧化，会出现假阳性现象（黄色，补充氧气后慢慢恢复成红色）。
3. 由于三糖铁琼脂试验中底部糖分解需要厌氧环境，琼脂底部与斜面最低点的距离应不少于 4 厘米。
4. 在培养箱中，为防止中间平皿过热，高度不得超过 6 个平皿。
5. 使用移液器时，应慢慢吸取，并使用带有滤芯的吸头，防止增菌液对移液器的污染。
6. 当对易产生较大颗粒的样品（如肉类）进行检测时，建议使用带滤网均质袋，以方便均质后用吸管吸取匀液。
7. 大肠埃希菌的 H 抗原在传代过程中容易丢失或发育不良，应用半固体 3 次传代培养，并观察生长情况，若不扩散生长，则表示 H 抗原丢失，不再进行凝集试验，若扩散生长，再进行试管凝集试验。

## 疑难解析

### 问题 1 仅用毒力基因的检测就能对致泻大肠埃希菌进行确认吗？

按照 GB 4789.6—2016 要求，需要先对可疑菌落进行生化鉴定，生化鉴定为大肠埃希菌属后，再进行毒力基因的检测，来判定是何种致泻大肠埃希菌。不能对可疑菌落直接进行毒力基因检测来判定是何种致泻大肠埃希菌，因为在肠杆菌科中，一些致病菌也存在相同的毒力基因。

## 问题 2　如何看待血清型别和 PCR 结果不符的情况？

大肠埃希菌的血清型是利用大肠埃希菌菌体抗原（O 抗原、K 抗原和 H 抗原）不同定为不同的血清型。起初，人类对致泻大肠埃希菌致病机制研究不足以及分子生物学检测方法没有出现或者发展不成熟，致泻大肠埃希菌的判定和致病型别区分只能依据血清型别进行判断。根据不同临床症状划分出致泻大肠埃希菌的致病型别，再分析引起人类发病的大肠埃希菌的血清型别，形成当前广泛应用的五种致泻大肠埃希菌与血清型别对照表。

但是，随着分子生物学的飞速发展，人类对致泻大肠埃希菌的致病机制有了充分的认识，并找到了引起不同致病型别的致泻大肠埃希菌的特征性毒力基因。研究人员发现血清型别鉴定致泻大肠埃希菌的不足之处。首先，根据血清型别判定的"血清型"致泻大肠埃希菌并非都有致病力，其中存在大量的非致病性菌株，这主要因为血清型判定依据是菌体抗原（O 抗原、H 抗原和 K 抗原），这些抗原并不是致泻大肠埃希菌发病的根本原因；其次，相同"血清型"致泻大肠埃希菌中，存在不同致病型的大肠埃希菌，也就是说不同的致泻大肠埃希菌"共享"同一个血清型。从以上两个方面，我们可以得出结论，通过血清型别来区分致泻大肠埃希菌及其致病型别是不完善的。在研究血清型 EPEC 时，血清型别与致病型别的一致性最低达 3%，最高到 78.4%。

## 问题 3　血清学鉴定在何种情况下使用？

一般情况下，不需要进行血清学鉴定，在食源性疾病溯源调查中，在确定了何种致泻大肠埃希菌后，可以对不同来源的菌株进行血清学分型，以确定是否同源；另外在研究工作中，根据研究的需要进行血清学分型。

**问题 4** *EscV* 和 eae 等效基因是同时存在吗？在试验过程中是选做一个或是两个都做？如何看待有些菌只有其中的一个？

选做等效基因的基因在细菌致病过程的不同阶段中起关键作用或协同作用，如 *escV* 基因（蛋白分泌物调节基因）位于 LEE 毒力岛，负责编码 III 型分泌系统的功能基因，*eae* 基因（紧密素基因）位于染色体上，负责细菌和肠黏膜细胞的紧密黏附，二者均是 EPEC 致病的特征性基因，在 EPEC 致病的不同阶段起重要作用，2 个基因在试验过程中选做其中的一个即可。一般情况下，2 个基因都会存在，但不排除传代过程中基因丢失，或试验条件不是都适合 2 种基因导致其中一种基因检测不到的情况。

# 第七章 《食品安全国家标准 食品微生物学检验 副溶血性弧菌检验》（GB 4789.7—2013）

副溶血性弧菌属于弧菌科弧菌属，革兰染色阴性，菌体一端有单鞭毛，运动活泼，无芽孢，兼性厌氧菌，呈弧状、杆状、丝状等多形性，对葡萄糖、甘露醇、麦芽糖等发酵产酸。副溶血性弧菌是一种嗜盐性细菌，主要存在于温带地区的海水、海水沉积物和鱼虾、贝类等海产品中，是沿海国家和及地区食物中毒的主要致病菌，主要污染水产制品或交叉污染肉制品等其他食品，人食用这些生、半生或交叉污染的海产品，可能导致急性肠胃炎、反应性关节炎等，有时甚至引起原发性败血症。该菌的致病性与带菌量和是否携带致病基因（TDH 和／或 TRH）密切相关。2015 年国家卫生计生委办公厅公布的全国食物中毒事件情况的通报中，微生物性食物中毒报告的中毒人数最多，占总中毒人数的 43%，副溶血性弧菌是首要的致病因子。

鉴于副溶血性弧菌在沿海及内陆地区的广泛存在和对人群健康造成的危害，我国《食品安全国家标准 食品中致病菌限量》（GB 29921—2013）中对水产制品和水产调味品中副溶血性弧菌的安全标准进行了明确要求，并规定食品中的副溶血性弧菌检验应按照《食品安全国家标准 食品微生物学检验 副溶血性弧菌检验》（GB 4789.7—2013）开展。本方法对食品中可能存在的副溶血性弧菌通过增菌、分离培养、生化鉴定、血清分型等过程进行了定性和定量检验。

# 1　仪器与耗材（仅列出标准中不明确或缺少内容）

◎ 涡旋混匀器

◎ 拍打式均质器或刀头式均质器

◎ 接种针

◎ 接种环

# 2　检验步骤

## 2.1　样品制备

2.1.1　非冷冻样品采集后应立即置 7℃ ~10℃冰箱保存，尽可能及早检验。

2.1.2　冷冻样品应在 45℃以下不超过 15min 或在 2℃ ~5℃不超过 18h 解冻。

2.1.3　鱼类和头足类动物取表面组织、肠或鳃。贝类取全部内容物，包括贝肉和体液；甲壳类取整个动物，或者动物的中心部分，包括肠和鳃。带壳贝类或甲壳类，处理前则应先在自来水中洗刷外壳并甩干表面水分，然后以无菌操作打开外壳取样。

2.1.4　固体和半固体食品样品

2.1.4.1　用天平无菌称取 25g ± 0.1g 样品。

2.1.4.2　如使用刀头式均质器，可将样品加入盛有 3% 氯化钠碱性蛋白胨水 225mL 的无菌均质杯内，8000r/min 均质 1min，制成 1：10 的样品匀液。

2.1.4.3　如使用拍打式均质器，可将样品加入盛有 3% 氯化钠碱性蛋白胨水 225mL 的无菌均质袋中，8000r/min 拍打 2min，制成 1：10 的样品匀液。

2.1.5　液体样品

2.1.5.1　用无菌吸管吸取 25mL ± 0.1mL 样品。

2.1.5.2　如使用锥形瓶，可将样品加入盛有 225mL 3% 氯化钠碱性蛋白胨水的无菌锥形瓶中，充分混匀。

2.1.5.3　如使用均质袋，可将样品放入盛有 225mL 3% 氯化钠碱性蛋白胨水的无菌均质袋中，充分混匀。

2.1.5.4　如无均质器，则将样品放入无菌乳钵，自 225mL 3% 氯化钠碱性蛋白胨水中取少量稀释液加入无菌乳钵，样品磨碎后放入 500mL 无菌锥形瓶，再用少量稀释液冲洗乳钵中的残留样品 1~2 次，洗液放入锥形瓶，最后将剩余稀释液全部放入锥形瓶，充分振荡，制备 1：10 的样品匀液。

## 2.2 增菌

### 2.2.1 定性检测

将上述 1∶10 样品匀液于 36℃ ±1℃培养 16~18h，进行前增菌。

### 2.2.2 定量检测

2.2.2.1 用无菌吸管吸取 1∶10 样品匀液 1mL，注入含有 9mL 3% 氯化钠碱性蛋白胨水的试管内，用涡旋混匀器振摇试管混匀，制备 1∶100 的样品匀液。

2.2.2.2 另取 1mL 无菌吸管，按 2.2.2.1 操作程序，依次制备 10 倍系列稀释样品匀液，每递增稀释一次，换用一支 1mL 无菌吸管。

2.2.2.3 根据对检样污染情况的估计，选择 3 个适宜的连续稀释度，每个稀释度接种 3 支含有 9mL 3% 氯化钠碱性蛋白胨水的试管，每管接种 1mL。置 36℃ ±1℃恒温箱内，培养 8~18h。

## 2.3 分离培养

2.3.1 对所有显示生长的增菌液，用直径 3mm 接种环在距离液面以下 1cm 内沾取一环增菌液（约 10 微升），于 TCBS 平板或弧菌显色培养基平板上划线分离。一支试管划线一块平板。

2.3.2 将平板于 36℃ ±1℃培养 18~24h。

2.3.3 典型的副溶血性弧菌在 TCBS 上呈圆形、半透明、表面光滑的绿色菌落，用接种环轻触，有类似口香糖的质感，直径 2~3mm。从培养箱取出 TCBS 平板后，应尽快（不超过 1h）挑取菌落或标记要挑取的菌落。典型的副溶血性弧菌在弧菌显色培养基上的特征按照产品说明进行判定。

2.3.4 观察各个平板上生长的菌落，各个平板上的菌落特征见表 7-1。

**表 7-1 典型副溶血性弧菌在不同琼脂平板上的形态特征**

| 名称 | 形态描述 | 典型菌落 | |
|---|---|---|---|
| TCBS 琼脂 | 圆形、半透明、表面光滑的绿色菌落，用接种环轻触，有类似口香糖的质感，直径 2~3mm | 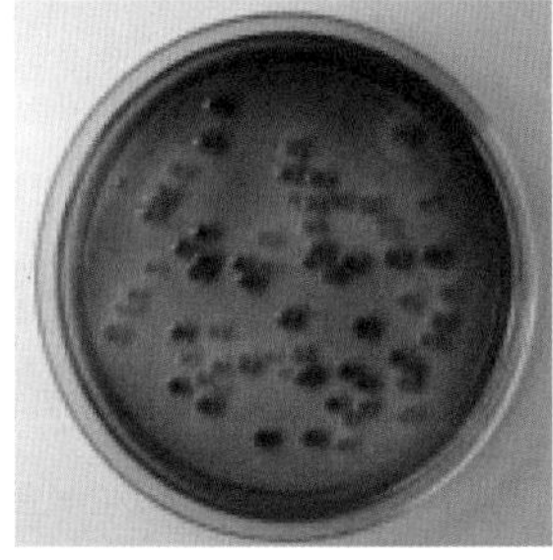 | 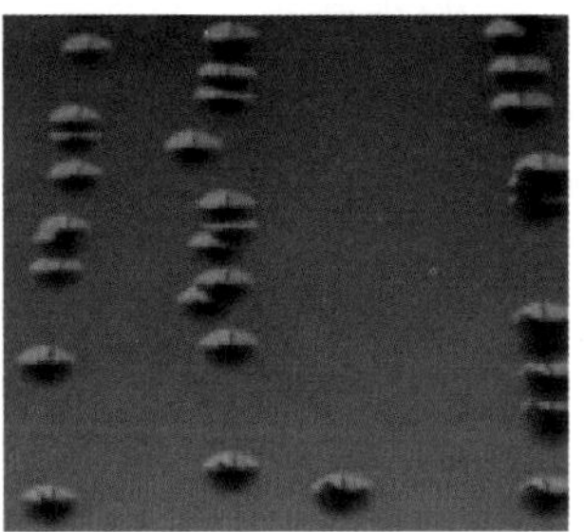 |

续 表

| 名称 | 形态描述 | 典型菌落 | |
|---|---|---|---|
| 弧菌显色琼脂 | 大的、圆形紫红色、边缘透明或半透明，斗笠状菌落直径 2~3mm | 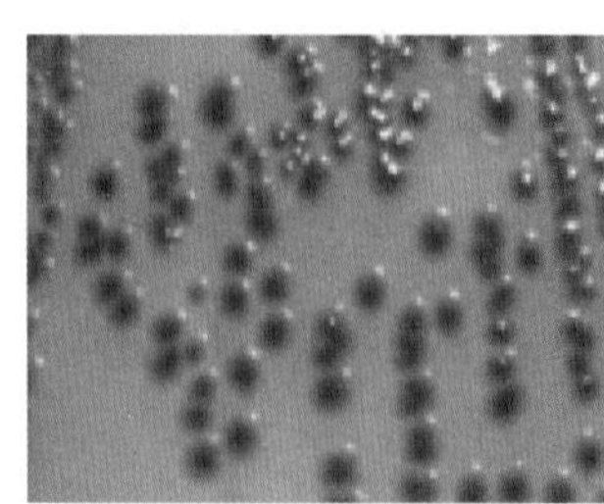 | 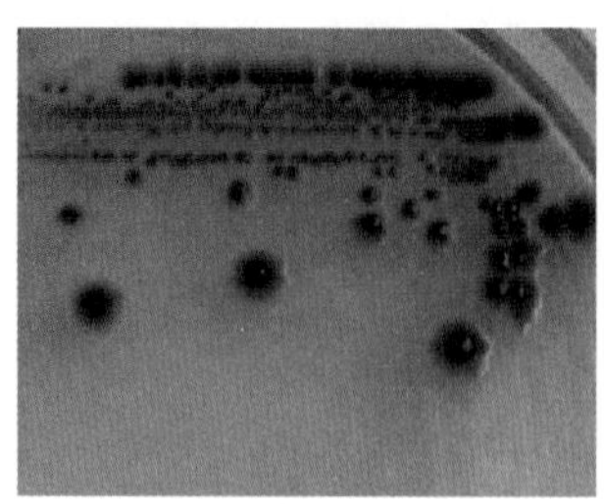 |

## 2.4 纯培养

用接种针自菌落中心挑取 3 个或以上可疑菌落，不足 3 个则全挑，划线接种 3% 氯化钠胰蛋白胨大豆琼脂平板，36℃ ±1℃培养 18~24h。

## 2.5 初步鉴定

2.5.1 氧化酶试验：从上述纯化后的平板上，用接种针自菌落中心挑取单个菌落进行氧化酶试验，副溶血性弧菌为氧化酶阳性。

2.5.2 涂片镜检：将可疑菌落涂片，进行革兰染色，镜检观察形态。副溶血性弧菌为革兰阴性，呈棒状、弧状、卵圆状等多形态，无芽孢，有鞭毛。

2.5.3 挑取纯培养的单个可疑菌落，转种 3% 氯化钠三糖铁琼脂斜面并穿刺底层，36℃ ±1℃培养 24h 观察结果。副溶血性弧菌在 3%氯化钠三糖铁琼脂中的反应为底层变黄不变黑，无气泡，斜面颜色不变或红色加深，有动力。

2.5.4 嗜盐性试验：挑取纯培养的单个可疑菌落，分别接种 0%、6%、8% 和 10% 不同氯化钠浓度的胰胨水，36℃ ±1℃培养 24h，观察液体混浊情况。副溶血性弧菌在无氯化钠和 10% 氯化钠的胰胨水中不生长或微弱生长，在 6% 氯化钠和 8% 氯化钠的胰胨水中生长旺盛。

## 2.6 确定鉴定

2.6.1 取纯培养物分别接种含 3% 氯化钠的甘露醇试验培养基、赖氨酸脱羧酶试验培养基、MR-VP 培养基，36℃ ±1℃培养 24~48h 后观察结果。

2.6.2 使用 3% 氯化钠三糖铁琼脂隔夜培养物进行 ONPG 试验。

2.6.3 API 20E 生化鉴定试剂盒：刮取 3%氯化钠胰蛋白胨大豆琼脂平板上的单个菌落，用 3%氯化钠溶液制备成 0.5 麦氏浊度适当的细胞悬浮液，使用生化鉴定试剂盒鉴定。

2.6.4 全自动微生物生化鉴定系统，从 3% 氯化钠胰蛋白胨大豆琼脂平板上挑取可疑菌落，参照说明书进行鉴定。

2.6.5 将已鉴定完成的副溶血性弧菌用无菌棉签从营养琼脂平板上刮取，加入 50% 甘油 -BHI 肉汤中，标识清晰，-80℃长期保存备查。

## 2.7 血清学分型（选做项目）

2.7.1 制备

接种两管 3% 氯化钠胰蛋白胨大豆琼脂试管斜面，36℃ ± 1℃培养 18~24h。用含 3% 氯化钠的 5% 甘油溶液冲洗 3% 氯化钠胰蛋白胨大豆琼脂斜面培养物，获得浓厚的菌悬液。

2.7.2 K 抗原的鉴定

2.7.2.1 取一管 2.7.1 制备好的菌悬液，首先用多价 K 抗血清进行检测，出现凝集反应时再用单个的抗血清进行检测。

2.7.2.2 用蜡笔在一张玻片上划出适当数量的间隔和一个对照间隔。在每个间隔内各滴加一滴菌悬液，并对应加入一滴 K 抗血清。在对照间隔内加一滴 3% 氯化钠溶液。

2.7.2.3 轻微倾斜玻片，使各成分相混合，再前后倾动玻片 1min。阳性凝集反应可以立即观察到。

2.7.3 O 抗原的鉴定

2.7.3.1 在洁净的玻片上滴加一滴生理盐水，将待试培养物混合于生理盐水滴内，使成为均一性的混浊悬液，将玻片轻轻摇动 30~60s，在黑色背景下观察反应（必要时用放大镜观察），若出现可见的菌体凝集，即认为有自凝性，反之无自凝性。对无自凝的培养物参照下面方法进行血清学鉴定。

2.7.3.2 将 2.7.1 做好的另外一管的菌悬液转移到离心管内，121℃灭菌 1h。

2.7.3.3 灭菌后 4 000r/min 离心 15min，弃去上层液体，沉淀用生理盐水洗 3 次，每次 4000r/min 离心 15min，最后一次离心后留少许上层液体，混匀制成菌悬液。

2.7.3.4 用蜡笔将玻片划分成相等的间隔。在每个间隔内加入一滴菌悬液，将 O 群血清分别加一滴到间隔内，轻微倾斜玻片，使各成分相混合，再前后倾动玻片 1min。阳性凝集反应可以立即观察到。

2.7.3.5 如果未见到与 O 群血清的凝集反应，将菌悬液 121℃再次高压 1h 后，重新检测。如果仍为阴性，则培养物的 O 抗原属于未知。根据表 7-4 报告血清学分型结果。

## 2.8 神奈川试验（选做项目）

神奈川试验是在我妻氏琼脂上测试是否存在特定溶血素。神奈川试验阳性结果与副溶血性弧菌分离株的致病性显著相关。

2.8.1 用接种环将测试菌株的 3% 氯化钠胰蛋白胨大豆琼脂 18h 培养物点种于表面干燥的我妻氏血琼脂平板。每个平板上可以环状点种几个菌。

2.8.2 36℃ ±1℃培养不超过24h，并立即观察。阳性结果为菌落周围呈半透明环的β溶血。

# 3 结果与报告

综合以上生化试验和血清学鉴定的结果。

## 3.1 定性检测结果

根据检出的可疑菌落生化性状，当检出的可疑菌落生化学性状符合表7-2要求时，可以报告"25g（或25mL）样品中检出副溶血性弧菌"；如所有选择性平板中均未分离到副溶血性弧菌，则报告"25g（mL）样品中未检出副溶血性弧菌"。

## 3.2 定量检测结果

根据证实为副溶血性弧菌阳性的试管管数，查最可能数（MPN）检索表（表7-6），报告每g（mL）副溶血性弧菌的MPN值。副溶血性弧菌菌落生化性状和与其他弧菌的鉴别情况分别见表7-2和表7-3。

表7-2 副溶血性弧菌的生化性状

| 试验项目 | 结果 |
|---|---|
| 革兰染色镜检 | 阴性，无芽孢 |
| 氧化酶 | + |
| 动力 | + |
| 蔗糖 | - |
| 葡萄糖 | + |
| 甘露醇 | + |
| 分解葡萄糖产气 | - |
| 乳糖 | - |
| 硫化氢 | - |
| 赖氨酸脱羧酶 | + |
| V-P | - |
| ONPG | - |

注：+阳性，-阴性。

**表 7–3　副溶血性弧菌主要性状与其他弧菌的鉴别**

| 名称 | 氧化酶 | 赖氨酸 | 精氨酸 | 鸟氨酸 | 明胶 | 脲酶 | V–P | 42℃生长 | 蔗糖 | D–纤维二糖 | 乳糖 | 阿拉伯糖 | D–甘露糖 | D–甘露醇 | ONPG | 嗜盐性试验 氯化钠含量 /% | | | | |
|---|---|---|---|---|---|---|---|---|---|---|---|---|---|---|---|---|---|---|---|---|
| | | | | | | | | | | | | | | | | 0 | 3 | 6 | 8 | 10 |
| 副溶血性弧菌 *V. parahaemolyticus* | + | + | − | + | + | V | − | + | − | V | − | + | + | + | − | − | + | + | + | − |
| 创伤弧菌 *V. vulnificus* | + | + | − | + | + | − | − | + | − | + | + | − | + | V | + | − | + | + | − | − |
| 溶藻弧菌 *V.alginolyticus* | + | + | − | + | + | − | + | + | + | − | − | − | + | + | − | − | + | + | + | + |
| 霍乱弧菌 *V. cholerae* | + | + | − | + | + | − | V | + | + | − | − | − | + | + | + | + | + | − | − | − |
| 拟态弧菌 *V. mimicus* | + | + | − | + | + | − | − | + | − | − | − | − | + | + | + | + | + | − | − | − |
| 河弧菌 *V. fluvialis* | + | − | + | − | + | − | − | V | + | + | − | + | + | + | + | − | + | + | V | − |
| 弗氏弧菌 *V. furnissii* | + | − | + | − | + | − | − | − | + | − | − | + | + | + | + | − | + | + | + | − |
| 梅氏弧菌 *V. metschnikovii* | − | + | + | − | + | − | + | V | + | − | − | − | + | + | + | − | + | + | V | − |
| 霍利斯弧菌 *V. hollisae* | + | − | − | − | − | − | − | nd | − | − | − | + | + | − | − | − | + | + | − | − |

注：nd 表示未试验；V 表示可变。

**表 7–4　副溶血性弧菌的抗原**

| O 群 | K 型 |
|---|---|
| 1 | 1，5，20，25，26，32，38，41，56，58，60，64，69 |
| 2 | 3，28 |
| 3 | 4，5，6，7，25，29，30，31，33，37，43，45，48，54，56，57，58，59，72，75 |
| 4 | 4，8，9，10，11，12，13，34，42，49，53，55，63，67，68，73 |
| 5 | 15，17，30，47，60，61，68 |
| 6 | 18，46 |
| 7 | 19 |
| 8 | 20，21，22，39，41，70，74 |

续 表

| O 群 | K 型 |
|---|---|
| 9 | 23，44 |
| 10 | 24，71 |
| 11 | 19，36，40，46，50，51，61 |
| 12 | 19，52，61，66 |
| 13 | 65 |

**表 7-5　副溶血性生化反应图表对照**

| 编号 | 描述 | 对应图片 | 描述 | 对应图片 |
|---|---|---|---|---|
| 1 | 副溶血性弧菌为氧化酶试验阳性副溶血性弧菌 ATCC17802 | 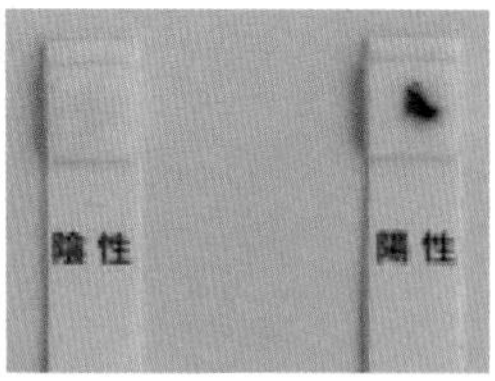 | | |
| 2 | 副溶血性弧菌 ATCC17802 | 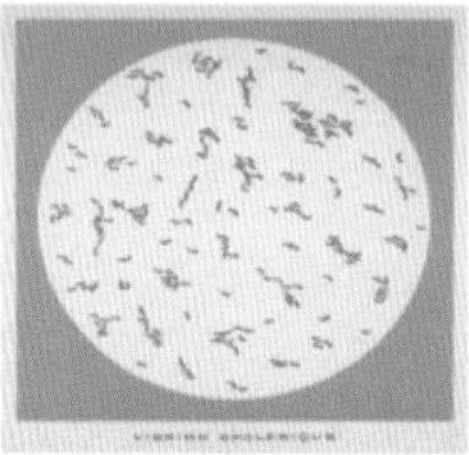 | | |
| 3 | 赖氨酸脱羧酶阳性副溶血性弧菌 ATCC17802 | | 赖氨酸脱羧酶阴性福氏志贺菌 CMCC（B）51572 | |
| 4 | MR-VP 试验阴性副溶血性弧菌 ATCC17802 | 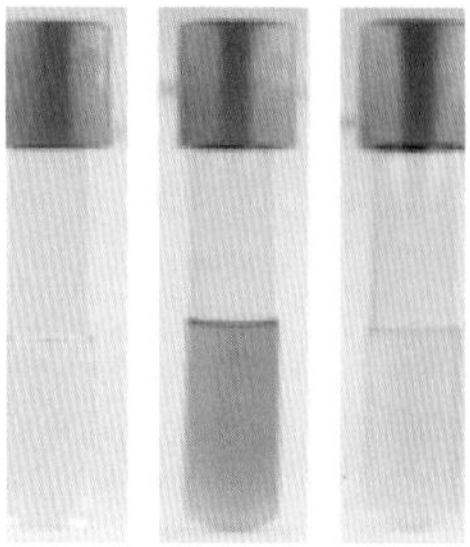 | MR-VP 试验阳性溶藻弧菌 ATCC33787 | |

续 表

| 编号 | 描述 | 对应图片 | 描述 | 对应图片 |
| --- | --- | --- | --- | --- |
| 5 | ONPG 阴性副溶血性弧菌 ATCC17802 | | ONPG 阳性肺炎克雷伯菌 CMCC46117 | |
| 6 | TSI 斜面产碱，底层产酸，产硫化氢副溶血性弧菌 ATCC17802 | 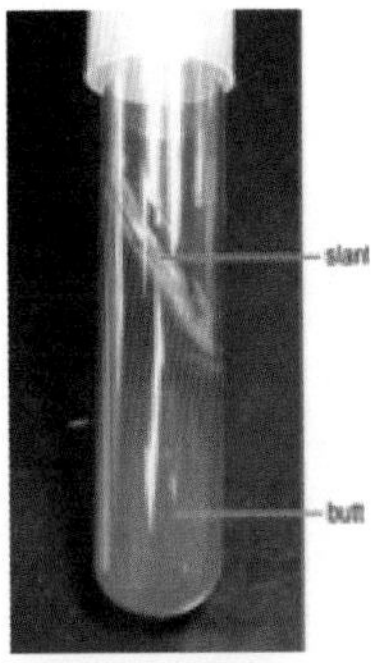 | TSI 斜面产酸，底层产酸，不产硫化氢，产气大肠埃希菌 ATCC 25922 |  |
| 7 | 神奈川试验副溶血性弧菌 ATCC17802 |  | | |

**表 7-6　1g（mL）检样中最可能数（MPN）检索表**

| 阳性管数 | | | MPN | 95% 置信区间 | | 阳性管数 | | | MPN | 95% 置信区间 | |
| --- | --- | --- | --- | --- | --- | --- | --- | --- | --- | --- | --- |
| 0.10 | 0.01 | 0.001 | | 低 | 高 | 0.10 | 0.01 | 0.001 | | 低 | 高 |
| 0 | 0 | 0 | <3.0 | — | 9.5 | 2 | 2 | 0 | 21 | 4.5 | 42 |
| 0 | 0 | 1 | 3.0 | 0.15 | 9.6 | 2 | 2 | 1 | 28 | 8.7 | 94 |
| 0 | 1 | 0 | 3.0 | 0.15 | 11 | 2 | 2 | 2 | 35 | 8.7 | 94 |
| 0 | 1 | 1 | 6.1 | 1.2 | 18 | 2 | 3 | 0 | 29 | 8.7 | 94 |
| 0 | 2 | 0 | 6.2 | 1.2 | 18 | 2 | 3 | 1 | 36 | 8.7 | 94 |
| 0 | 3 | 0 | 9.4 | 3.6 | 38 | 3 | 0 | 0 | 23 | 4.6 | 94 |

续 表

| 阳性管数 | | | MPN | 95% 置信区间 | | 阳性管数 | | | MPN | 95% 置信区间 | |
|---|---|---|---|---|---|---|---|---|---|---|---|
| 0.10 | 0.01 | 0.001 | | 低 | 高 | 0.10 | 0.01 | 0.001 | | 低 | 高 |
| 1 | 0 | 0 | 3.6 | 0.17 | 18 | 3 | 0 | 1 | 38 | 8.7 | 110 |
| 1 | 0 | 1 | 7.2 | 1.3 | 18 | 3 | 0 | 2 | 64 | 17 | 180 |
| 1 | 0 | 2 | 11 | 3.6 | 38 | 3 | 1 | 0 | 43 | 9 | 180 |
| 1 | 1 | 0 | 7.4 | 1.3 | 20 | 3 | 1 | 1 | 75 | 17 | 200 |
| 1 | 1 | 1 | 11 | 3.6 | 38 | 3 | 1 | 2 | 120 | 37 | 420 |
| 1 | 2 | 0 | 11 | 3.6 | 42 | 3 | 1 | 3 | 160 | 40 | 420 |
| 1 | 2 | 1 | 15 | 4.5 | 42 | 3 | 2 | 0 | 93 | 18 | 420 |
| 1 | 3 | 0 | 16 | 4.5 | 42 | 3 | 2 | 1 | 150 | 37 | 420 |
| 2 | 0 | 0 | 9.2 | 1.4 | 38 | 3 | 2 | 2 | 210 | 40 | 430 |
| 2 | 0 | 1 | 14 | 3.6 | 42 | 3 | 2 | 3 | 290 | 90 | 1，000 |
| 2 | 0 | 2 | 20 | 4.5 | 42 | 3 | 3 | 0 | 240 | 42 | 1，000 |
| 2 | 1 | 0 | 15 | 3.7 | 42 | 3 | 3 | 1 | 460 | 90 | 2，000 |
| 2 | 1 | 1 | 20 | 4.5 | 42 | 3 | 3 | 2 | 1100 | 180 | 4，100 |
| 2 | 1 | 2 | 27 | 8.7 | 94 | 3 | 3 | 3 | >1100 | 420 | — |

注：1. 本表采用 3 个稀释度 [0.1g（mL）、0.01g（mL）和 0.001g（mL）]、每个稀释度接种 3 管。
2. 表内所列检样量如改用 1g（mL）、0.1g（mL）和 0.01g（mL）时，表内数字应相应降低 10 倍；如改用 0.01g（mL）、0.001g（mL）、0.0001g（mL）时，则表内数字应相应增加 10 倍，其余类推。

质量控制

1. 实验过程中，每批样品前增菌液、分离平板等都要做空白对照。如果空白对照平板上出现副溶血性弧菌可疑菌落时，应废弃本次实验结果，并对增菌液、吸管、平皿、培养基、实验环境等进行污染来源分析。
2. 定期使用副溶血性弧菌 ATCC17802 菌种或相应定量活菌参考品，在 P2 实验室或阳性对照实验室内，用适当的食品样品进行阳性对照实验验证，染菌剂量应控制在 10~100CFU/25g 样品，并进行记录，此验证实验至少每 2 个月进行一次。
3. 每 2 个月将所使用的培养基和生化试剂用 GB 4789.28—2013 推荐的阳性和阴性对照标准菌种进行验证，并进行记录。

1. 样本在收集后应该立即被冷却(7℃~10℃),然后尽快检验。
2. 建议实验前将样品直接放置于冰上,能避免弧菌的复苏。
3. 快速冷冻可以损伤弧菌,但弧菌可以在适宜温度的海产品中迅速生长,尽管弧菌对极热、极冷都不耐受,但在适度冷藏后它们的存活率将会提高。
4. 当需要冷冻储存样本时,在样品中加等量缓冲甘油-氯化钠溶液(液体样品应加双料),推荐贮存温度为 -80℃。
5. 带壳贝类或甲壳类样品前处理时,应先在符合生活饮用水卫生标准的流水中洗刷外壳并甩干表面水分,然后以无菌操作打开外壳后取样。
6. 水产品取样时应使用不透水、不外溢的样品包装。
7. 使用均质袋进行前增菌培养时,应使用带有底托的均质袋架子,防止培养过程中前增菌液泄露污染培养箱。
8. 样品存放的时候不同样品要有效隔离,防止不同样品上流出的液体混杂避免造成样品间的交叉污染。
9. 鱼类和头足类动物样品取样部位规定是取表面组织、肠或鳃。《食品卫生微生物学检验 水产食品检验》(GB/T 4789.20—2003)规定如需检验水产食品是否带染某种致病菌时,其检验部位应采胃肠消化道和鳃等呼吸器官,鱼类检取肠管和鳃;虾类检取头胸节内的内脏和腹节外沿处的肠管;蟹类检取胃和鳃条;贝类中的螺类检取腹足肌肉以下的部分;贝类中的双壳类检取覆盖在斧足肌肉外层的内脏和瓣鳃。
10. 应避免体表取样造成交叉污染,原因是如果检样在含有副溶血性弧菌的水体中生活,表面污染是不可避免的,不论其用于生食或熟食,都可能通过案板、刀或厨师的手在厨房中造成交叉污染。
11. 注意分离时所选增菌液的部位,副溶在 3% 氯化钠碱性蛋白胨水中增菌后呈均匀混浊生长,培养基表面易形成菌膜,分离时,要求“液面以下 1cm 内”,在这个范围内,应该是目标菌最多、没有干扰的区域。
12. TCBS 琼脂培养基:Thiosulfate Citrate Bile Salts Sucrose Agar 硫代硫酸盐(T)-柠檬酸盐(C)-胆盐(B)-蔗糖(S)琼脂是广泛用于选择性分离致病性弧菌的基本培养基。其中牛胆汁:能抑制 $G^+$ 细菌;硫代硫酸钠+柠檬酸铁:硫化氢生成;蔗糖:利用与否可区分不同弧菌(VP-);pH:碱性利于复苏 VP,而抑制绝大多数细菌;溴麝香草酚蓝和麝香草酚蓝:pH 指示剂。
13. 副溶血性弧菌不发酵蔗糖,不会使培养基 pH 值降低,因而在 TCBS 平板上为绿色或蓝绿色菌落，创伤弧菌和拟态弧菌，都不发酵蔗糖，因此需要进一步确证试验进行鉴定，霍乱弧菌发酵蔗糖为黄色。

14. 一般样品中含有多种弧菌比较常见，分离的时候一定要在平板上多级稀释划线，不要一条线划到底，培养出来发现没有分开。
15. 副溶血性弧菌在 4℃以下不稳定，14~49 天可进入 VBNC（viable but non-culturable，活的非可培养状态），建议短期内可于室温保存，效果良好。如果已低温保存可通过升温（37℃）、添加营养物质、添加 Tween 20 将其恢复为可培养状态。
16. 在进行 TSI 培养时，应将试管口松开，保持管内有充足的氧气，否则会产生过量的 $H_2S$。
17. 由于三糖铁琼脂试验中底部糖分解需要厌氧环境，琼脂底部与斜面最低点的距离应不少于 4 厘米。
18. 在培养箱中，为防止中间平皿过热，高度不得超过 6 个平皿。
19. 本方法移液时可使用可连接吸管的电动移液器，在使用过程中，一旦液体进入电动移液器滤膜中，应立即对滤膜进行更换，以防止交叉污染。
20. 当对易产生较大颗粒的样品进行检测时，建议使用带滤网均质袋，以方便均质后用吸管吸取匀液。
21. 鉴于微量移液器移液头（即一次性吸头）较短，为控制污染，在本方法移液过程中不应使用。

## 疑难解析

### 问题 1　在 TCBS 平板上生长为绿色或蓝绿色菌落可确定是副溶血性弧菌吗？

因为创伤弧菌和拟态弧菌都不发酵蔗糖，在 TCBS 上同样是蓝绿色菌落，必须做确证试验鉴定。

### 问题 2　使用 VITEK2 GN 卡做副溶血性弧菌生化鉴定结果不稳定怎么办?

建议增做氯化钠三糖铁和嗜盐试验确证，最好再使用手工生化或

API 确证。

## 问题 3. 如何保存副溶血性弧菌菌株？

副溶血性弧菌在 4℃以下不稳定，14~49 天可进入 VBNC（活的非可培养状态），建议短期室温保存用作工作菌株。

第八章

# 《食品安全国家标准 食品微生物学检验 小肠结肠炎耶尔森氏菌检验》

（GB 4789.8—2016）

小肠结肠炎耶尔森菌是一种人兽共患病原菌，广泛分布于自然界中，可感染人类、家畜、家禽、啮齿类动物、鸟类及昆虫等，在海产品、蛋类、鲜（生）奶、市售糕点、饮料、速（冷）冻食品中可分离到该菌，同时也是少数能在冷藏、低氧环境中生长的肠道致病菌之一，是家用、餐馆用冰箱中存放食品的重要污染菌，也曾在医院冰箱中检出该菌，因此由其引起的疾病也被称为“冰箱病”。在我国，猪是造成人类感染小肠结肠炎耶尔森菌的最重要宿主，家犬也是一类重要宿主。

小肠结肠炎耶尔森菌主要通过人畜接触和粪－口途径传播，感染后的主要症状为腹泻、肠炎等。在欧洲，该菌是继沙门菌和空肠弯曲菌之后第三大人类腹泻致病菌。更为严重的是，由其引起的右下腹痛症状极易被误诊为阑尾炎，甚至导致手术误切。不仅如此，小肠结肠炎耶尔森菌还能引起呼吸系统、心血管系统、骨骼、结缔组织和其他一些全身性疾病症状。调查证实，欧洲很多关节炎患者是由于小肠结肠炎耶尔森菌感染所致。在我国，一线医务人员对小肠结肠炎耶尔森菌病的认知较少，临床诊断比较困难，易造成漏诊或误诊延误治疗，甚至导致慢性并发症发生或迁延不愈，严重危害消费者健康，造成较大的疾病负担。

小肠结肠炎耶尔森菌革兰染色为阴性，菌体呈球杆状，大小为（0.8~3.0）μm×0.8μm，不形成芽孢；在22℃~30℃培养时周身可形成丰富鞭毛（图8-1）；在各种非选择性培养基及多数选择性培养基上、需氧或厌氧条件下均可生长，生长温度范围为0℃~45℃，最佳生长温度为26℃。目前我国发现的致病性小肠结肠炎耶尔森菌仅有O∶3和O∶9血清型，主要宿主为家畜和家禽，其中猪是最主要的宿主，并且致病性菌株的分布有明显的地区性差异，多分布于北方寒冷地区。在我国尚未发现致病性O∶8血清型菌株。

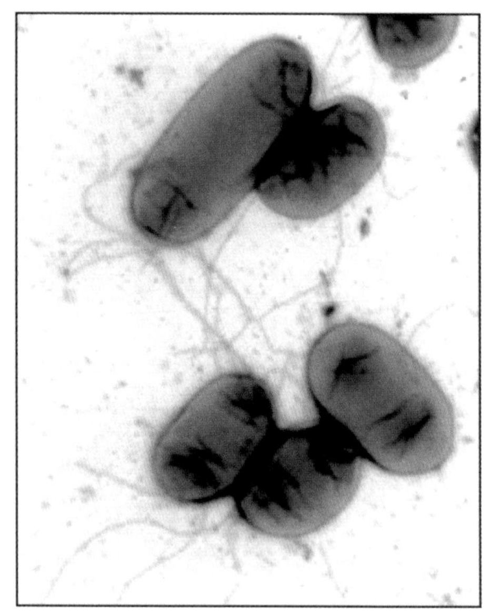

图8-1　小肠结肠炎耶尔森菌的电镜照片（26℃培养，可见菌体鞭毛）

鉴于小肠结肠炎耶尔森菌分布的广泛性和对社区人群健康造成的危害，我国制定了食品中小肠结肠炎耶尔森菌的检验方法国家标准《食品安全国家标准 食品微生物学检验 小肠结肠炎耶尔森氏菌检验》（GB 4789.8—2016）。本方法对食品中可能存在的小肠结肠炎耶尔森菌通过增菌、分离培养、生化鉴定、血清分型等过程进行检验。

## 1　仪器与耗材（仅列出标准中不明确或缺少内容）

◎ 涡旋混匀器

◎ 拍打式均质器或刀头式均质器

◎ 接种针

◎ 接种环

# 2 检验步骤（图 8-2）

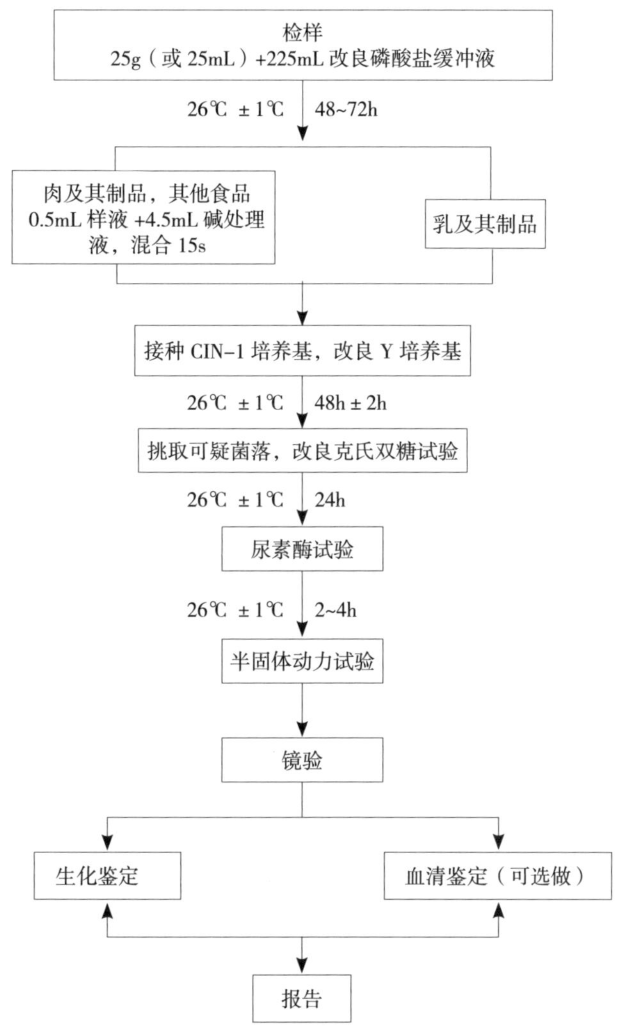


图 8-2 小肠结肠炎耶尔森菌检验程序

## 2.1 前处理

### 2.1.1 固体和半固体食品样品

2.1.1.1 用天平无菌称取 25g ± 0.1g 样品。

2.1.1.2 如使用刀头式均质器，可将样品加入盛有 225mL 改良磷酸盐缓冲液增菌液的无菌均质杯内，8000~10000r/min 均质 1min，制成 1：10 的样品匀液。

2.1.1.3 如使用拍打式均质器，可将样品加入盛有 225mL 改良磷酸盐缓冲液增菌液的无菌均质袋中，230r/min 拍打 1~2min，制成 1∶10 的样品匀液。

2.1.2 液体样品

2.1.2.1 用无菌吸管吸取 25mL ± 0.1mL 样品。

2.1.2.2 如使用锥形瓶，可将样品加入盛有 225mL 改良磷酸盐缓冲液增菌液的无菌锥形瓶中，充分混匀。

2.1.2.3 如使用均质袋，可将样品放入盛有 225mL 改良磷酸盐缓冲液增菌液的无菌均质袋中，充分混匀。

2.1.3 如为冷冻产品，应在 45℃以下（如水浴中）不超过 15min 解冻，或 2℃ ~5℃冰箱中不超过 18h 解冻。

## 2.2 增菌

将样品匀液于 26℃ ±1℃培养 48~72h，进行增菌。增菌时间可根据小肠结肠炎耶尔森菌对样品污染程度的估计延长或缩短。

## 2.3 碱处理

完成增菌培养后，除乳与乳制品外，吸取其他食品（包括固体食品和液体食品）的改良磷酸盐缓冲液增菌液 0.5mL 与碱处理液 4.5mL 充分混匀 15s。

## 2.4 分离

2.4.1 用直径 3mm 的接种环取改良磷酸盐缓冲液增菌液（乳及乳制品）或增菌液的碱处理液（除乳与乳制品外的其他食品）1 环（约 10μL），分别划线接种于两个 CIN-1 琼脂平板和两个改良 Y 琼脂平板。

2.4.2 将平板于 26℃ ±1℃培养 48h ± 2h。

2.4.3 观察各个平板上生长的菌落，各个平板上的菌落特征见表 8-1。

**表 8-1 典型小肠结肠炎耶尔森菌在不同琼脂平板上的形态特征**

| 名称 | 形态描述 | 典型菌落 |
| --- | --- | --- |
| CIN-1 琼脂 | 菌落为深红色中心，周围具有无色透明圈（红色牛眼状菌落），菌落大小为 1~2mm | |

续 表

| 名称 | 形态描述 | 典型菌落 |
| --- | --- | --- |
| 改良 Y 琼脂 | 菌落为无色透明、不黏稠菌落 | |

## 2.5 改良克氏双糖试验

分别挑取 CIN-1 琼脂平板和改良 Y 琼脂平板上可疑菌落 3~5 个，分别接种于改良克氏双糖铁琼脂，接种时先在斜面划线，再从斜面到底层穿刺，26℃ ±1℃培养 22~24h，将斜面和底部皆变黄且不产气的培养物（表 8-2）做进一步的生化鉴定。

## 2.6 尿素酶试验

用接种环挑取一满环经改良克氏双糖试验检验得到的可疑培养物，接种到尿素培养基中，接种量要足够大，振摇几秒钟，26℃ ±1℃培养 2~4h，观察尿素培养基是否变为粉红色或红色（表 8-2），若阳性结果不明显，继续培养到 24h 后再观察。

## 2.7 动力观察

将尿素酶试验阳性菌落分别接种于两管半固体培养基，于 26℃ ±1℃和 36℃ ±1℃培养 24h，将 26℃有动力而 36℃无动力（表 8-2）的可疑菌培养物划线接种营养琼脂平板或 BHI 平板，进行纯化培养，用纯培养物进行革兰染色镜检和生化试验。

## 2.8 革兰染色镜检

小肠结肠炎耶尔森菌呈革兰阴性球杆状，有时呈椭圆或杆状，大小为（0.8~3.0）μm×0.8μm，见表 8-2。

**表 8-2 改良克氏双糖试验、尿素酶试验、动力观察和革兰染色镜检图表对照**

| 项目 | 描述 | 原理 | 对应图片 |
| --- | --- | --- | --- |
| 改良克氏双糖试验 | 斜面和底部皆变黄且不产气的培养物为阳性 | 山梨醇、葡萄糖提供可发酵糖类；硫代硫酸钠可被某些细菌还原成 $H_2S$，与铁离子生成黑色硫化铁；酚红是 pH 指示剂，细菌发酵糖类产酸变黄，产碱变红 | 左：空白对照；右：阳性 |

续 表

| 项目 | 描述 | 原理 | 对应图片 |
| --- | --- | --- | --- |
| 尿素酶试验 | 使尿素变为粉红色或红色 | 小肠结肠炎耶尔森菌可产生脲酶，能分解尿素产生大量的氨和 $CO_2$，氨使培养基的 pH 值升高呈碱性而变色 | 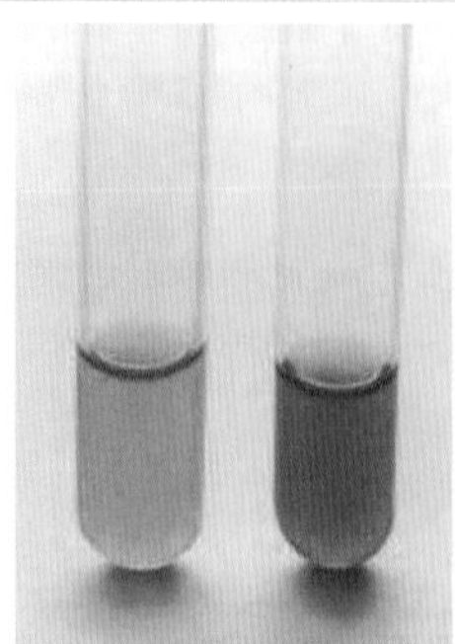 左：空白对照；右：阳性 |
| 动力观察 | 在半固体琼脂培养基中，小肠结肠炎耶尔森菌 26℃培养时延穿刺线呈扩散生长，而 36℃培养时无扩散生长现象 | 小肠结肠炎耶尔森菌在 22℃ ~30℃培养时形成丰富鞭毛，有动力；33℃培养仅形成少量鞭毛；35℃以上培养时则无鞭毛形成，无动力 | 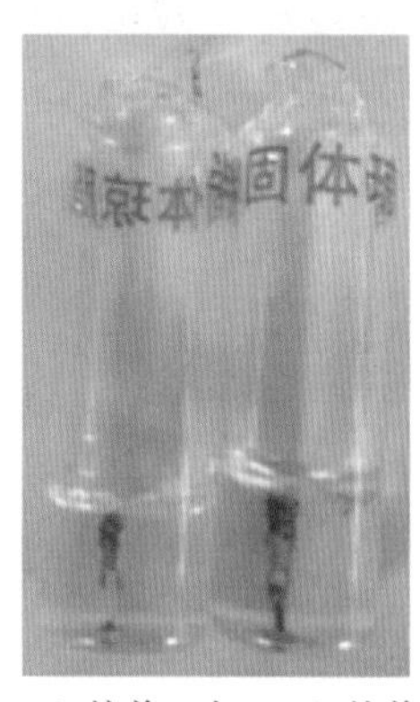 左：36℃培养；右：26℃培养（半固体培养基中加入了红色指示剂） |
| 革兰染色镜检 | 革兰阴性球杆菌，有时呈椭圆或杆状，大小为（0.8 ~3.0）μm × 0.8μm | — | 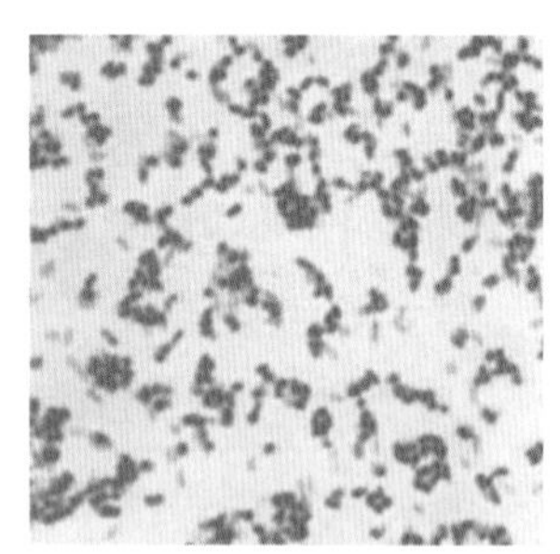 |
| V–P 试验（26℃） | 阳性 | 细菌在葡萄糖蛋白胨水培养液中能分解葡萄糖产生丙酮酸，丙酮酸缩合，脱羧成乙酰甲基甲醇，后者在强碱环境下，被空气中的氧气氧化为二乙酰，二乙酰与蛋白胨中的胍基生成红色化合物，称 V–P（+）反应 |  左：阳性；右：空白对照 |

续 表

| 项目 | 描述 | 原理 | 对应图片 |
| --- | --- | --- | --- |
| 鸟氨酸脱羧酶 | 阳性 | 具有鸟氨酸脱羧酶的细菌，能分解鸟氨酸使其脱羧生成腐胺 | 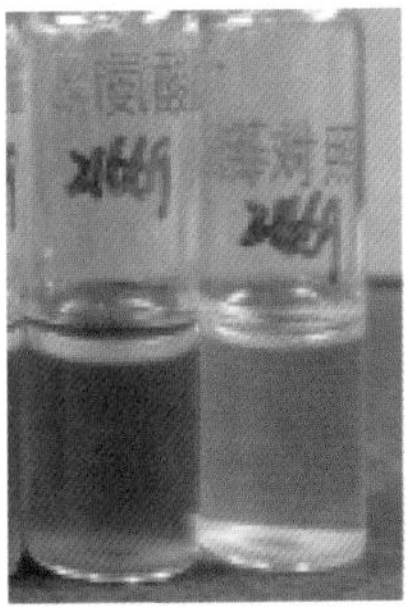 左：阳性；右：空白对照 |
| 蔗糖 | 有不同生化型 | 某些细菌可分解利用糖产酸，在糖发酵培养基中加入指示剂溴甲酚紫，其 pH 在 5.2 以下呈黄色，pH 在 6.8 以上呈紫色，若培养基变为黄色，则说明该细菌利用糖类产生了酸 | 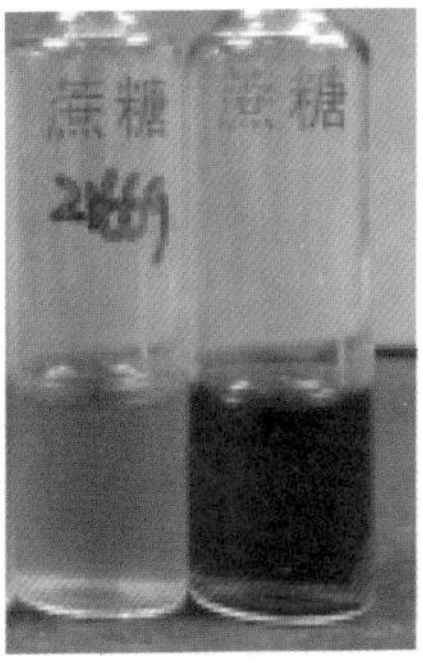 左：阳性；右：空白对照 |
| 棉子糖 | 阴性 | |  左：阴性；右：空白对照 |
| 鼠李糖 | 阴性 | |  左：阴性；右：空白对照 |

续 表

| 项目 | 描述 | 原理 | 对应图片 |
| --- | --- | --- | --- |
| 山梨醇 | 阳性 | 某些细菌可分解利用醇产酸，在醇发酵培养基中加入指示剂溴甲酚紫，其 pH 在 5.2 以下呈黄色，pH 在 6.8 以上呈紫色，若培养基变为黄色，则说明该细菌利用醇类产生了酸 | 左：阳性；右：空白对照 |
| 甘露醇 | 阳性 | | 左：阳性；右：空白对照 |

## 2.9 生化鉴定

2.9.1 若革兰染色镜检结果正确，从可疑小肠结肠炎耶尔森菌的纯培养琼脂平板和 BHI 平板上挑取单个菌落接种生化反应管，生化反应在 26℃ ±1℃进行，小肠结肠炎耶尔森菌的主要生化特征以及与其他相似菌的区别见表 8-3。

**表 8-3 小肠结肠炎耶尔森菌与其他相似菌的生化性状鉴别表**

| 项目 | 小肠结肠炎耶尔森菌 | 中间耶尔森菌 | 弗氏耶尔森菌 | 克氏耶尔森菌 | 假结核耶尔森菌 | 鼠疫耶尔森菌 |
| --- | --- | --- | --- | --- | --- | --- |
| 动力（26℃） | + | + | + | + | + | - |
| 尿素酶 | + | + | + | + | + | - |
| V-P 试验（26℃） | + | + | + | - | - | - |
| 鸟氨酸脱羧酶 | + | + | + | + | - | - |
| 蔗糖 | d | + | + | - | - | - |
| 棉子糖 | - | + | - | - | - | d |
| 山梨醇 | + | + | + | + | - | - |

续 表

| 项目 | 小肠结肠炎耶尔森菌 | 中间耶尔森菌 | 弗氏耶尔森菌 | 克氏耶尔森菌 | 假结核耶尔森菌 | 鼠疫耶尔森菌 |
|---|---|---|---|---|---|---|
| 甘露醇 | + | + | + | + | + | + |
| 鼠李糖 | - | + | + | - | - | - |

注：+ 阳性；- 阴性；d 有不同生化型。

2.9.2 如选择生化鉴定试剂盒或全自动微生物生化鉴定系统，从营养琼脂平板或 BHA 平板上挑取可疑菌落，参照说明书，用生化鉴定试剂盒或全自动微生物生化鉴定系统进行鉴定。

2.10 血清型鉴定（选做项目）

2.10.1 检查培养物有无自凝性：使用接种在 1.2%~1.5% 固体琼脂平板上的新鲜培养物。在洁净的玻片上滴加一滴生理盐水，将待试培养物混合于生理盐水滴内，使之成为均一性的混浊悬液，将玻片轻轻摇动 30~60s，在黑色背景下观察反应（必要时用放大镜观察），若出现可见的菌体凝集，即认为有自凝性，反之无自凝性。对无自凝的培养物参照下面方法进行血清型鉴定。

2.10.2 血清型（O）鉴定：使用接种在 1.2%~1.5% 固体琼脂平板上的新鲜培养物。在每个玻片上划出 2 个约 1cm × 2cm 的区域，挑取 1 环待测菌，各放 1/2 环于玻片上的每一区域上部，在其中一个区域下部加 1 滴 O 因子血清，在另一区域下部加入 1 滴生理盐水作为对照。再用无菌的接种环分别将两个区域内的菌苔研成乳状液。将玻片倾斜轻轻摇动混合 30~60s，并对着黑暗背景进行观察，如 O 因子血清区在 2min 内出现比较明显的小颗粒状凝集者，且生理盐水区无凝集现象，即为阳性反应，反之为阴性反应。

2.11 将已鉴定完成的小肠结肠炎耶尔森菌用无菌棉签从营养琼脂平板或 BHI 平板上刮取，加入 50% 甘油 -BHI 肉汤中，标识清晰，-80℃长期保存备查。

# 3 结果报告

综合以上生化试验和血清学鉴定结果：

如所有选择性平板中均未分离到小肠结肠炎耶尔森菌，则报告“25g（mL）样品中未检出小肠结肠炎耶尔森菌”。

如任意选择性平板中分离到小肠结肠炎耶尔森菌，则报告“25g（mL）样品中检出小肠结肠炎耶尔森菌”。

## 质量控制

1. 实验过程中，每批样品前增菌液、选择性增菌液、分离平板等都要做空白对照。如果空白对照平板上出现小肠结肠炎耶尔森菌可疑菌落时，应废弃本次实验结果，并对增菌液、吸管、平皿、培养基、实验环境等进行污染来源分析。
2. 定期使用小肠结肠炎耶尔森菌的标准株，在 P2 实验室或符合国家要求和相关规定的阳性对照实验室内，用适当的食品样品进行阳性对照实验验证，染菌剂量应控制在 10~100CFU/25g 样品，并进行记录，此验证实验至少每 2 个月进行一次。
3. 每 2 个月将所使用的培养基和生化试剂用小肠结肠炎耶尔森菌的标准菌株或阴性菌株（如大肠杆菌 ATCC 25922）进行验证，并进行记录。

## 操作要点与注意事项

1. 使用均质袋进行前增菌培养时，应使用带有底托的均质袋架子，防止培养过程中前增菌液袋子歪倒泄露污染培养箱。
2. 在 CIN-1 琼脂平板和改良 Y 琼脂平板上划线分离时，应三区划线，且线条应稀疏不宜过密，以免杂菌生长过大，掩盖可疑小肠结肠炎耶尔森菌的检出。
3. 改良克氏双糖试验中，应先在斜面划线，再于底层穿刺。由于培养 36~48h 后小肠结肠炎耶尔森菌会产碱，造成斜面变红，因此应注意培养时效，在培养 24h 时观察结果。
4. 在培养箱中叠放培养皿时，为防止中间平皿过热，高度不得超过 6 个平皿。
5. 本方法移液时可使用可连接吸管的电动移液器，在使用过程中，一旦液体进入电动移液器滤膜中，应立即对滤膜进行更换，以防止交叉污染。
6. 当对易产生较大颗粒的样品（如肉类）进行检测时，建议使用带滤网均质袋，以方便均质后用吸管吸取匀液。
7. 鉴于微量移液器移液头较短，为控制污染，在本方法移液过程中不推荐使用微量移液器。
8. CIN-1 平板制备后应避光冷藏保存，并在 24 小时内使用完毕。

**问题 1** 是否所有小肠结肠炎耶尔森菌均有致病力?

小肠结肠炎耶尔森菌并非都有致病力，其可分为 1A、1B、2、3、4、5 型 6 个生物型，生物 1A 型中的菌株均属于非致病型菌株，而生物 1B、2~5 型中大多数为致病型菌株。

**问题 2** 如果生化鉴定为小肠结肠炎耶尔森菌的培养物和 O 因子血清不凝集，是否还可判定为小肠结肠炎耶尔森菌?

可以。因为小肠结肠炎耶尔森菌目前发现了 60 多种 O 抗原，但几个较大血清生产商的产品都不全，如日本生研有 O：1，2、O：3、O：5、O：8、O：9 等血清型，丹麦 SSI 有 O：3、O：9 等主要致病型的血清，因此如果出现生化鉴定正确的菌株和 O 因子血清均不凝集，也应判定为小肠结肠炎耶尔森菌。

**问题 3** 为什么增菌时间长短可根据对样品污染程度的估计来确定?

因为某些样品中小肠结肠炎耶尔森菌赋存量较低，26℃ ±1℃培养 48~72h 时增菌液中的小肠结肠炎耶尔森菌的增菌量难以达到检出水平，在此情况下可适当延长增菌时间，以提高检验的准确性。

**问题 4** 是否所有培养状态下小肠结肠炎耶尔森菌都有动力?

不是。小肠结肠炎耶尔森菌在 22℃ ~30℃培养条件下形成丰富鞭毛；33℃仅形成少量鞭毛；35℃以上培养时则无菌毛形成。

**问题5** 如果小肠结肠炎耶尔森菌在半固体培养基中，于26℃ ±1℃培养24h无动力现象，是继续进行下一步检验还是舍弃？

需要保留菌株进行下一步检验。因为小肠结肠炎耶尔森菌从糖发酵管或尿素培养基转种至半固体培养基，会造成部分菌株动力丧失，可通过接种血琼脂平板或BHI平板恢复其动力。即使26℃ ±1℃和36℃ ±1℃两个温度均无动力的菌株，也应保留进行下一步检验。

**问题6** 为什么除乳与乳制品外，其他食品的增菌液需经碱处理？

由于小肠结肠炎耶尔森菌相对耐碱，所以用碱处理可以降低杂菌干扰，提高目的菌的检出率。由于乳品加碱后蛋白会变性成团，增加该菌的检出难度，所以乳与乳制品不需加碱处理。

**问题7** 如何配置和使用50%甘油–BHI肉汤菌种冻存液？

取BHI肉汤干粉，按说明书加入1/2体积的水彻底溶解后，再加入等体积的甘油，混匀，分装于2mL菌种冻存管中（1.5mL/管），121℃高压灭菌15min，–20℃储存备用。使用时，将BHI肉汤冻存管从–20℃取出，恢复至室温，将已鉴定完成的小肠结肠炎耶尔森菌用无菌棉签从营养琼脂平板上刮取，加入50%甘油-BHI肉汤中，混匀后用防冻记号笔标识清晰，–80℃长期保存备查。

**问题8** 如果在前增菌或选择增菌结束后，肉汤中未见微生物生长，是否可以终止实验？

不可以。因为肉眼可见的细菌浓度为$10^7$CFU/ml，在此浓度以下，肉眼虽不能发现微生物生长，但实际上溶液中已经有微生物生长。

**问题 9　为什么使用 VITEK 2 Compact 全自动微生物生化鉴定系统不能准确鉴定出小肠结肠炎耶尔森菌？**

用 VITEK 2 Compact 全自动微生物生化鉴定系统可以将小肠结肠炎耶尔森菌鉴定到属，但不能鉴定到种，还需结合其他生化反应进一步鉴定到种。

**问题 10　使用微生物生化鉴定试剂盒鉴定小肠结肠炎耶尔森菌，生化反应应于多少度下进行？**

由于小肠结肠炎耶尔森菌的最佳生长代谢温度为 25~28℃，在此温度下生长的小肠结肠炎耶尔森菌方能表现出某些生化特性，因此使用微生物生化鉴定试剂盒应于 26℃进行反应。

**问题 11　如检验中遇到非典型性小肠结肠炎耶尔森菌，想对菌种进行确认怎么办？**

建议将菌种接种半固体琼脂试管，快递至如下地址：北京市天坛西里 2 号，中国食品药品检定研究院，崔生辉，电话：13124715332，E-mail: cuishenghui@aliyun.com。本实验室会通过形态、生化、血清分型、基因、质谱等多种手段对可疑菌种进行系统鉴定。

第九章

# 《食品安全国家标准 食品微生物学检验 空肠弯曲菌检验》（GB 4789.9—2014）

弯曲菌属细菌是一类耐热微需氧菌，革兰染色阴性。弯曲菌菌体弯曲如小逗点状，菌体两端相接时呈“S”形、螺旋状或海鸥展翅状，菌体一端或两端有鞭毛，运动活泼，无芽孢。弯曲菌包括 17 个种和 8 个亚种，在引起人类感染致病的弯曲菌中 80% ~ 90% 是空肠弯曲菌。空肠弯曲菌是人畜共患致病微生物，广泛分布于自然界，主要宿主包括各种家畜、禽类、宠物以及野生动物，因此养殖过程中与动物接触、动物屠宰和加工操作不当等方式均可污染该菌。人类感染空肠弯曲菌的途径以食用生的、未彻底加热的禽肉和消毒不充分的牛奶为主，在卫生条件较差的地区和国家则以水源性传播多见。

全世界每年由空肠弯曲菌引起的食源性腹泻病例达 4 亿 ~5 亿人次。弯曲菌病典型的临床表现为急性或自限性肠炎，症状和普通肠炎类似，但 20% 以上的患者会出现病情复发或病程延长现象，严重者会并发格林 – 巴利综合征，因此弯曲菌感染已成为危害消费者健康的重要公共卫生问题。

鉴于空肠弯曲菌的广泛分布和对社区人群健康造成的危害，我国食品安全国家标准规定，食品中的空肠弯曲菌检验应按照《食品安全国家标准 食品微生物学检验 空肠弯曲菌检验》（GB 4789.9—2014）开展。本方法对食品中可能存在的空肠弯曲菌通过预增菌、增菌、分离培养、生化鉴定等过程进行检验。

## 1 仪器与材料（仅列出标准中不明确或缺少内容）

◎ 接种针

◎ 接种环

◎ 涡旋混匀器

◎ 均质器与配套均质袋

◎ 无菌脱纤维绵羊血或马血

## 2 检验程序

空肠弯曲菌检验程序见图 9-1。

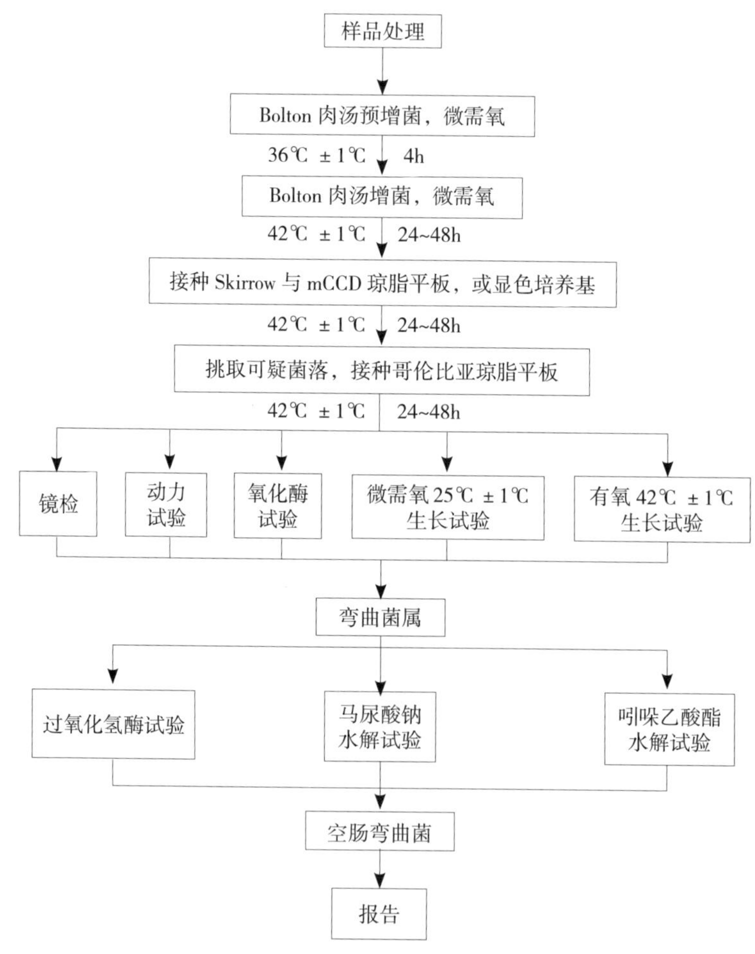


图 9-1 空肠弯曲菌检验程序

# 3 检验步骤

## 3.1 样品处理

### 3.1.1 一般样品

取 25g（或 25mL）样品（水果、蔬菜、水产品为 50g）加入盛有 225mL Bolton 肉汤的有滤网的均质袋中（若为无滤网均质袋可使用无菌纱布过滤），用拍击式均质器均质 1~2min，经滤网或无菌纱布过滤，将滤过液进行培养。

### 3.1.2 整禽等样品

用 200mL 0.1% 的蛋白胨水中充分冲洗样品的内外部，并振荡 2~3min，经无菌纱布过滤至 250mL 离心管中，16000g 离心 15min 后弃去上清，用 10mL 0.1% 蛋白胨水悬浮沉淀，吸取 3mL 于 100mL Bolton 肉汤中进行培养。

### 3.1.3 贝类

取至少 12 个带壳样品，除去外壳后将所有内容物放到均质袋中，用拍击式均质器均质 1~2min，取 25g 样品至 225mL Bolton 肉汤中（1：10 稀释），充分震荡后再转移 25mL 于 225mL Bolton 肉汤中（1：100 稀释），将 1：10 和 1：100 稀释的 Bolton 肉汤同时进行培养。

### 3.1.4 蛋黄液或蛋浆

取 25g（或 25mL）样品于 125mL Bolton 肉汤中并混匀（1：6 稀释），再转移 25mL 于 100mL Bolton 肉汤中并混匀（1：30 稀释），同时将 1：6 和 1：30 稀释的 Bolton 肉汤进行培养。

### 3.1.5 鲜乳、冰淇淋、奶酪等

若为液体乳制品称取 50g；或若为固体乳制品称取 50g 加入盛有 50mL 0.1% 蛋白胨水的有滤网均质袋中，用拍击式均质器均质 15~30s，保留滤过液。将液体乳制品或滤过液以 20000g 离心 30min 后弃去上清，用 10mL Bolton 肉汤悬浮沉淀（尽量避免带入油层），再转移至 90mL Bolton 肉汤进行培养。

如需调整 pH，用 1mol/mL 无菌 NaOH 或 HCl 调 pH 至 7.5 ± 0.2。

### 3.1.6 需表面涂拭检测的样品

无菌棉签擦拭检测样品的表面，擦拭面积至少 $100cm^2$ 以上，将棉签头剪落到 100mL Bolton 肉汤中进行培养。

### 3.1.7 水样

将 4L 的水（对于氯处理的水，在过滤前每升水中加入 5mL 1mol/L 硫代硫酸钠溶液）经 0.45μm 滤膜过滤，把滤膜浸没在 100mL Bolton 肉汤中进行培养。

## 3.2 预增菌与增菌

在微需氧条件下，以100r/min的振荡速度，36℃ ±1℃培养4h。如需调整pH，用1mol/mL无菌NaOH或HCl调pH至7.4±0.2。42℃ ±1℃继续培养24~48h。

## 3.3 分离

3.3.1 用直径3mm的接种环取24h增菌液的原液1环（约10微升），另用直径3mm的接种环取24h增菌液的1∶50稀释液1环（约10微升），分别划线接种于Skirrow与mCCDA琼脂平板上，微需氧条件下42℃ ±1℃培养24~48h。

3.3.2 用直径3mm的接种环取48h增菌液的原液1环（约10微升），另用直径3mm的接种环取48h增菌液的1∶50稀释液1环（约10微升），分别划线接种于Skirrow与mCCDA琼脂平板上，微需氧条件下42℃ ±1℃培养24~48h。

3.3.3 可选择使用空肠弯曲菌显色平板作为补充。

3.3.4 观察24h培养与48h培养的琼脂平板上的菌落形态，mCCDA琼脂平板上的可疑菌落通常有光泽、潮湿、扁平，呈扩散生长的倾向。Skirrow琼脂平板上的第一型可疑菌落为灰色、扁平、湿润有光泽，呈沿接种线向外扩散的倾向；第二型可疑菌落常呈分散凸起的单个菌落，边缘整齐、发亮。空肠弯曲菌显色培养基上的可疑菌落按照说明进行判定。各个平板上的菌落特征见表9-1。

表9-1 典型空肠弯曲菌菌在不同琼脂平板上的形态特征

| 名称 | 形态描述 | 典型菌落 |
| --- | --- | --- |
| mCCDA琼脂 | 可疑菌落通常有光泽、潮湿、扁平，呈扩散生长的倾向 |  |
| Skirrow琼脂 | 第一型可疑菌落为灰色、扁平、湿润有光泽，呈沿接种线向外扩散的倾向；第二型可疑菌落常呈分散凸起的单个菌落，边缘整齐、发亮 | 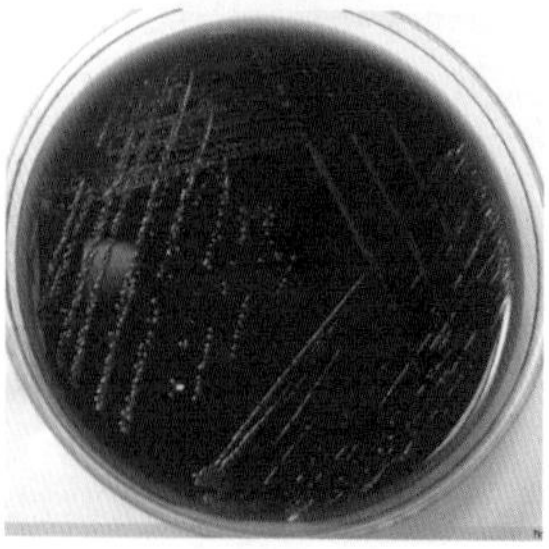 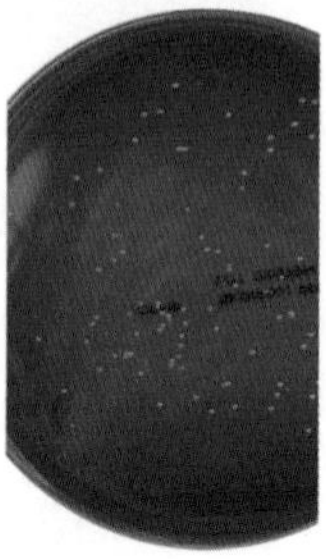 |
| 显色琼脂 | 按照显色培养基的说明进行判定 | |

## 3.4 鉴定

### 3.4.1 弯曲菌属的鉴定

从上述分离平板上，挑取 5 个或更多的可疑菌落接种到哥伦比亚血琼脂平板上，微需氧条件下 42℃ ±1℃培养 24~48h，按照 4.1.1 至 4.1.5 五个步骤进行鉴定，结果符合表 9-2 的可疑菌落确定为弯曲菌属。

**表 9-2 弯曲菌属的鉴定**

| 项目 | 弯曲菌属特性 |
| --- | --- |
| 形态观察 | 革兰阴性，菌体弯曲如小逗点状，两菌体的末端相接时呈 S 形、螺旋状或海鸥展翅状[a] |
| 动力观察 | 呈现螺旋状运动[b] |
| 氧化酶实验 | 阳性 |
| 微需氧条件下 25℃ ±1℃生长试验 | 不生长 |
| 有氧条件下 42℃ ±1℃生长实验 | 不生长 |

注：[a] 有些菌株的形态不典型。

[b] 有些菌株的运动不明显。

#### 3.4.1.1 形态观察

挑取可疑菌落进行革兰染色，镜检。

#### 3.4.1.2 动力观察

挑取可疑菌落用 1mL 布氏肉汤悬浮，用相差显微镜观察运动状态。

#### 3.4.1.3 氧化酶试验

用铂 / 铱接种环或玻璃棒挑取可疑菌落至氧化酶试剂润湿的滤纸上，如果在 10s 内出现紫红色、紫罗兰或深蓝色为阳性。

#### 3.4.1.4 微需氧条件下 25℃ ±1℃生长试验

挑取可疑菌落，接种到哥伦比亚琼脂平板上，微需氧条件下 25℃ ±1℃培养 44h ± 4h，观察细菌生长情况。

#### 3.4.1.5 有氧条件下 42℃ ±1℃生长试验

挑取可疑菌落，接种到哥伦比亚琼脂平板上，有氧条件下 42℃ ±1℃培养 44h ± 4h，观察细菌生长情况。

3.4.2 空肠弯曲菌的鉴定

3.4.2.1 过氧化氢酶试验

用直径 3mm 的接种环挑取适量菌落，加到干净玻片上的 3% 过氧化氢溶液中，如果在 30s 内出现气泡则判定结果为阳性。

3.4.2.2 马尿酸钠水解试验

用直径 3mm 的接种环挑取新鲜菌落（菌量要大），加到盛有 0.4mL 1% 马尿酸钠的试管中制成菌悬液。混合均匀后在 36℃ ±1℃水浴中温育 2h 或 36℃ ±1℃培养箱中温育 4h。沿着试管壁缓缓加入 0.2mL 茚三酮溶液，不要振荡，在 36℃ ±1℃的水浴或培养箱中再温育 10min 后判读结果。若出现深紫色则为阳性；若出现淡紫色或没有颜色变化则为阴性。

3.4.2.3 吲哚乙酸酯水解试验

挑取足量的菌落至羟基吲哚醋酸盐纸片上，再滴加一滴灭菌水。如果吲哚乙酸酯水解，则在 5~10min 内出现深蓝色；若无颜色变化则表示没有发生水解。空肠弯曲菌的鉴定结果见表 9–3，弯曲菌形态和生化反应图表对照结果见表 9–4。

**表 9–3 空肠弯曲菌的鉴定**

| 特征 | 空肠弯曲菌（*C. jejuni*） | 结肠弯曲菌（*C. coli*） | 海鸥弯曲菌（*C. lari*） | 乌普萨拉弯曲菌（*C. upsaliensis*） |
|---|---|---|---|---|
| 过氧化氢酶试验 | + | + | + | –或微弱 |
| 马尿酸盐水解试验 | + | – | – | – |
| 吲哚乙酸酯水解试验 | + | + | – | + |

注：+表示阳性；–表示阴性。

**表 9–4 弯曲菌形态和生化反应图表对照**

| 编号 | 描述 | 对应图片 | 编号 | 描述 | 对应图片 |
|---|---|---|---|---|---|
| 1 | 革兰染色空肠弯曲菌 ATCC33560 | | 2 | 电镜下形态空肠弯曲菌 ATCC33291 =CICC22936 | |

续 表

| 编号 | 描述 | 对应图片 | 编号 | 描述 | 对应图片 |
|---|---|---|---|---|---|
| 3 | 氧化酶试验阳性空肠弯曲菌ATCC33560 | | 4 | 过氧化氢酶试验阴性 | |
| 5 | 过氧化氢酶试验阳性空肠弯曲菌ATCC33560 | | 6 | 过氧化氢酶试验阳性结肠弯曲菌ATCC33559 | |
| 7 | 马尿酸钠水解试验阳性ATCC33291=CICC22936 | | 8 | 吲哚乙酸酯水解试验阳性ATCC33291=CICC22936 | |

3.4.2.4 替代试验

对于确定为弯曲菌属的菌落，可以选择生化鉴定试剂盒或全自动微生物生化鉴定系统，从哥伦比亚血平板上挑取可疑菌落，参照说明书，用生化鉴定试剂盒或全自动微生物生化鉴定系统进行鉴定。

# 4 结果报告

综合以上试验结果，报告检样单位中检出或未检出空肠弯曲菌。

质量控制

1. 实验过程中，每批样品前增菌液、选择性增菌液、分离平板等都要做空白对照。如果空白对照平板上出现弯曲菌可疑菌落时，应废弃本次实验结果，并对增菌液、吸管、平皿、培养基、实验环境等进行污染来源分析。
2. 定期使用空肠弯曲菌 ATCC33560 和结肠弯曲菌 ATCC33559 标准菌株或相应定量活菌参考品，在 P2 实验室或符合国家规定的相关阳性对照实验室内，用适当的食品样品进行阳性对照实验验证，染菌剂量应控制在 10~100CFU/25g 样品，并进行记录，此验证实验至少每 2 个月进行一次。
3. 每 2 个月将所使用的培养基和生化试剂用 GB 4789.28—2013 推荐的阳性和阴性对照标准菌种进行验证，并进行记录。

操作要点与注意事项

1. 使用均质袋进行前增菌培养时，应使用带有底托的均质袋架子，防止培养过程中前增菌液袋子倾倒造成液体泄露污染培养箱。
2. 在培养箱中叠放平皿进行培养时，为防止中间平皿过热，高度不得超过 6 个平皿。
3. 采用微需氧培养箱等其他装置时，使用前应仔细检查装置内的湿度是否合适、气体比例是否正确、供气气瓶内的气体是否充足、装置的气密性是否良好等。
4. 本方法移液时可使用可连接吸管的电动移液器，在使用过程中，一旦液体进入电动移液器滤膜中，应立即对滤膜进行更换，以防止交叉污染。
5. 当对易产生较大颗粒的样品（如肉类、贝类等）进行检测时，建议使用带滤网均质袋，以方便均质后用吸管吸取匀液。
6. 鉴于微量移液器移液头较短，为控制污染，本方法移液过程中不推荐使用微量移液器。
7. 当检测含乳制品时，均质后应检测 pH 值。如有必要，用 1mol/mL 无菌 NaOH 或 HCl 调整 pH 值至 7.5 ± 0.2。
8. 马尿酸钠水解试验和吲哚乙酸酯水解试验中，为保证试验结果的准确性，需要挑取培养状态良好的新鲜菌落，菌量应足够大。
9. 马尿酸钠水解试验中，加入茚三酮溶液后，不要振荡，36℃ ±1℃水浴或培养箱温育 10min 后及时观察结果，不可放置时间过长，以免干扰结果判读。
10. 鉴于各地水质的 pH 值不同，培养基制备后应测量 pH 值，若 pH 值没有达到实验所需的范围，则用氢氧化钠或盐酸将 pH 调至所需的范围。

**问题 1** 是否所有弯曲菌感染的人或动物均有临床病症?

空肠弯曲菌是人畜共患致病微生物，广泛分布于自然界，可通过动物、食物、水、牛奶等途径传播，主要宿主包括各种家畜、禽类、宠物以及野生动物。

受空肠弯曲菌感染的动物通常无明显症状，但可长期向外界排菌而污染环境。

人类感染空肠弯曲菌的途径以食用生的、未彻底加热的禽肉和消毒不充分的牛奶为主，在卫生条件较差的地区和国家则以水源性传播多见。

全世界每年由空肠弯曲菌引起的食源性腹泻病例达 4 亿 ~5 亿人次。弯曲菌病典型的临床表现为急性或自限性肠炎，症状和普通肠炎类似，但 20% 以上的患者会出现病情复发或病程延长现象，严重者会并发格林 – 巴利综合征。

**问题 2** 空肠弯曲菌在 mCCDA 琼脂的形态是否仅限于正文所述？还有无其他形态?

根据经验，空肠弯曲菌在 mCCDA 琼脂平板上的形态与在 Skirrow 琼脂平板上相似，但也可能会出现两种形态，一种为有光泽、潮湿、扁平的菌落，呈扩散生长的倾向，另一种为分散凸起、有金属光泽的单个菌落，直径约为 1~2mm。

**问题 3** 含 50% 甘油和 5% 无菌脱纤维羊血的 BHI 肉汤菌种冻存液如何配制和使用?

取 BHI 肉汤干粉，按说明书加入 1/2 体积的水彻底溶解后，再加入等体积的甘油混匀后，121℃高压灭菌 15min，冷却至室温后，无菌操作加入 5% 体积的无菌脱纤维羊血，混匀后，无菌操作分装于 2mL 菌种冻存管中（1.5mL/管），–20℃储存备用。使用时，将 BHI 肉汤冻存管从 –20℃取出，平衡至室温，用无菌棉签将生长良好的空肠弯曲菌第二代菌落从哥伦比亚血平板上刮取，菌量需尽可能充足，置于菌种保存管中混匀，用防冻记号笔标识清晰，-80℃长期保存备查。

**问题 4**　如果在前增菌或选择增菌 24h 结束后，肉汤中未见微生物生长，是否可以终止实验？

不可以。因为肉眼可见的细菌浓度为 $10^7$ CFU/ml，在此浓度以下，即使有菌生长肉眼也不能看见，在此情况下应持续增菌至 48h 后，继续进行检测。

**问题 5**　如检验中遇到非典型性空肠弯曲菌，想对菌种进行确认怎么办？

建议将菌种保存在上述菌种保藏管中，冷冻后，低温条件下快递至如下地址：北京市天坛西里 2 号，中国食品药品检定研究院，崔生辉，电话：13124715332，E-mail：cuishenghui@aliyun.com。该实验室会通过形态、生化、基因、质谱等多种手段对可疑菌种进行系统鉴定。

# 第十章

# 《食品安全国家标准 食品微生物学检验 金黄色葡萄球菌检验》

（GB 4789.10—2016）

金黄色葡萄球菌是一种常见的病原菌，属葡萄球菌属，革兰阳性球菌，排列呈葡萄球状，无芽孢，无荚膜，直径约为0.5~1 μm。金黄色葡萄球菌广泛分布于自然界、健康人的皮肤和鼻咽部等，可导致人类皮肤和软组织感染、败血症、骨髓炎和肺炎等多种疾病。该菌在适宜的基质和环境条件下可产生肠毒素，人类摄入被金黄色葡萄球菌肠毒素污染的食品后可导致食物中毒。研究显示，食品被携带（或感染）金黄色葡萄球菌的牲畜或养殖人员（或食品加工人员）污染、污染的食品加工处理不当等是食物中毒的主要原因。

鉴于金黄色葡萄球菌的广泛存在和对社区人群健康造成的危害，我国《食品安全国家标准 食品中致病菌限量》（GB 29921—2013）中对多种食品中金黄色葡萄球菌的安全标准进行了明确要求，并规定食品中的金黄色葡萄球菌检验应按照《食品安全国家标准 食品微生物学检验 金黄色葡萄球菌检验》（GB 4789.10）开展。本方法对食品中可能存在的金黄色葡萄球菌通过增菌、分离培养、生化鉴定等过程进行定性检验，并进行定量检验。

# 1　仪器与耗材（仅列出标准中不明确或缺少内容）

◎ 涡旋混匀器

◎ 拍打式均质器或刀头式均质器

◎ 接种针

◎ 接种环

# 2　金黄色葡萄球菌定性检验

## 2.1　检验流程

金黄色葡萄球菌定性检验程序见图 10-1。

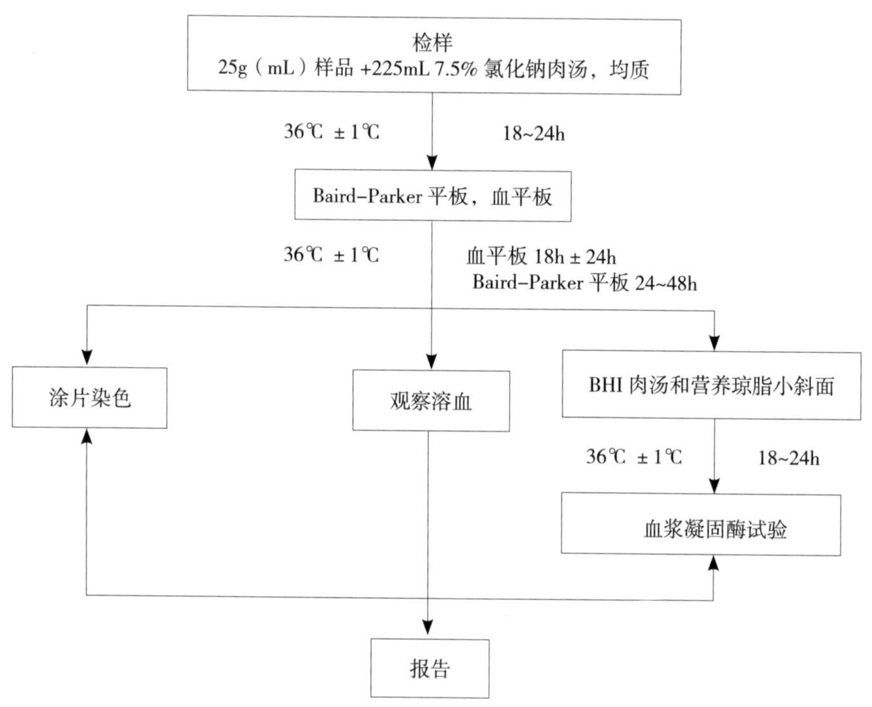


图 10-1　金黄色葡萄球菌定性检验程序

## 2.2　检验步骤

### 2.2.1　样品的处理

#### 2.2.1.1　固体和半固体食品样品

用天平无菌称取 25g ± 0.1g 样品。

如使用刀头式均质器，可将样品加入盛有225mL 7.5%氯化钠肉汤的无菌均质杯内，8000~10000r/min均质1~2min，制成1∶10的样品匀液。

如使用拍打式均质器，可将样品加入盛有225mL 7.5%氯化钠肉汤的无菌均质袋中，230r/min拍打1~2min，制成1∶10的样品匀液。

2.2.1.2 液体样品

用无菌吸管吸取25mL±0.1mL样品加入盛有225mL 7.5%氯化钠肉汤的无菌锥形瓶中（瓶内预置适当数量的无菌玻璃珠），充分混匀。

2.2.1.3 如为冷冻产品，应在45℃以下（如水浴中）不超过15min解冻，或2℃~5℃冰箱中不超过18h解冻。

2.2.2 增菌

将样品匀液于36℃ ±1℃培养18~24h，进行前增菌。

2.2.3 分离

2.2.3.1 将前增菌后的培养物混匀，用直径3mm的接种环取1环（约10微升），分别划线接种于一个Baird-Parker平板和一个血平板。

2.2.3.2 将平板于36℃ ±1℃培养，Baird-Parker平板需培养24~48h，血平板需培养18~24h。

2.2.4 初步鉴定

观察各个平板上生长的菌落，各个平板上的菌落特征见表10-1。如果平板上有可疑典型金黄色葡萄球菌菌落，应自每个琼脂平板上分别用接种针自菌落中心挑取可疑典型金黄色葡萄球菌菌落，进行革兰染色镜检及血浆凝固酶试验。

2.2.5 确证鉴定

2.2.5.1 革兰染色

在洁净载玻片上滴一滴无菌蒸馏水，用灼烧过的接种针取少量菌体。置载玻片的水滴中混合并涂抹开，涂抹要均匀平坦，涂抹后直径约为1cm的薄膜；将载玻片在火焰上方快速来回通过一两次，以载玻片的加热面接触手背皮肤，不觉过烫为佳，待冷却后再在火焰上方来回通过一两次，再冷却，这样重复操作直到薄层干了为止；在制好的片上滴一滴草酸铵结晶紫，染色1min后用水洗，注意水流不要直接对准薄层；加路哥式碘液一滴，作用1min后用水冲洗，注意流水不要直接往薄层上冲，用过滤纸吸干；用95%乙醇脱色，一般脱色时间大概为30s，水洗后用过滤纸吸干；滴加0.5%的番红染色一滴，染色30s后，水洗并用过滤纸吸干。干燥后，用油镜镜检观察，并做好记录。菌落特征见表10-1。

表 10–1　典型金黄色葡萄球菌的特征

| 名称 | 形态描述 | 典型菌落 | |
|---|---|---|---|
| Baird–Parker 平板 | 呈圆形，表面光滑、凸起、湿润、菌落直径为 2~3mm，颜色呈灰黑色至黑色，有光泽，常有浅色（非白色）的边缘，周围绕以不透明圈（沉淀），其外常有一清晰带。当用接种针触及菌落时具有黄油样黏稠感。有时可见到不分解脂肪的菌株，除没有不透明圈和清晰带外，其他外观基本相同。从长期贮存的冷冻或脱水食品中分离的菌落，其黑色常较典型菌落浅些，且外观可能较粗糙，质地较干燥 |  | 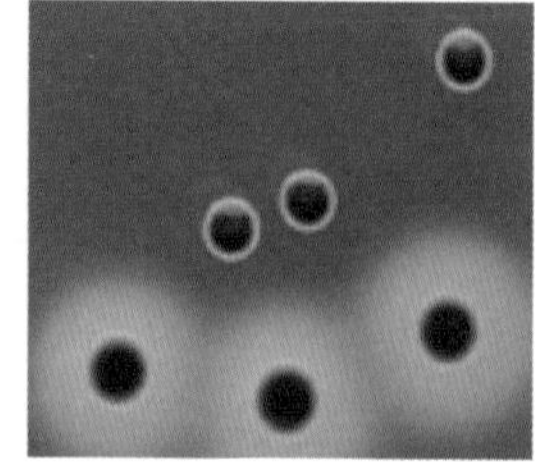 |
| 血平板 | 血平板上形成菌落较大，圆形、光滑凸起、湿润、金黄色（有时为白色），菌落周围可见完全透明溶血圈 | 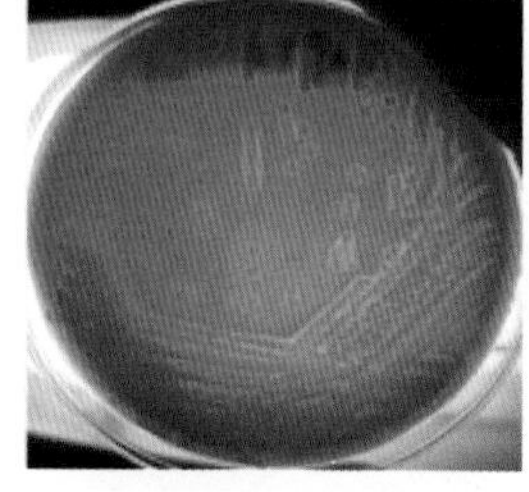 | 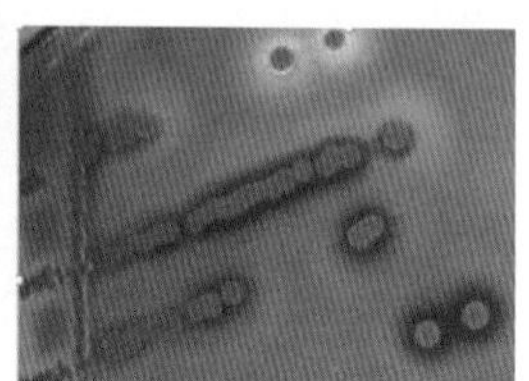 |
| 革兰染色 | 革兰阳性球菌，排列呈葡萄球状，无芽孢，无荚膜，直径约为 0.5~1μm | 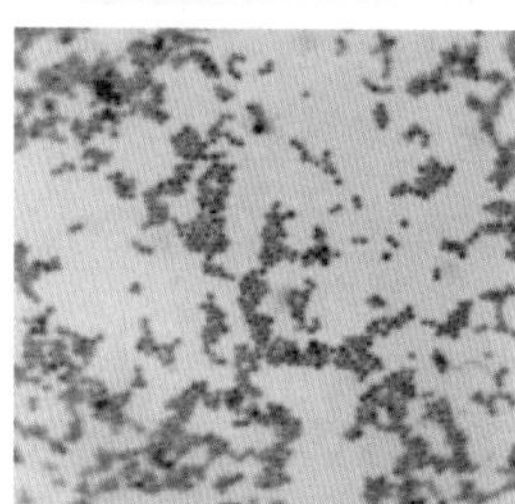 | |
| 血浆凝固酶 | 呈现凝固（即将试管倾斜或倒置时，呈现凝块）或凝固体积大于原体积的一半，被判定为阳性结果 | 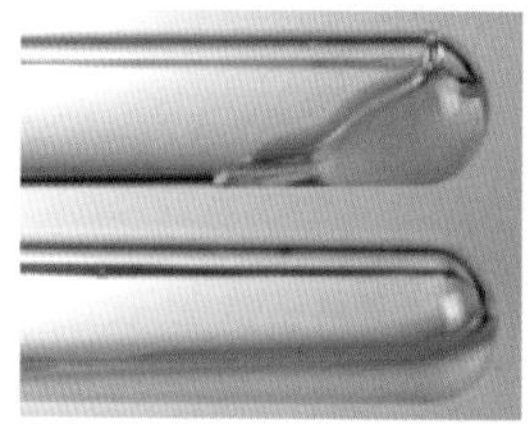 | |

2.2.5.2　血浆凝固酶试验

挑取 Baird–Parker 平板或血平板上至少 5 个可疑菌落（小于 5 个全选），分别接种到 5mL BHI 和营养琼脂小斜面，36℃ ±1℃培养 18~24h。

取新鲜配制兔血浆 0.5mL，放入小试管中，再加入 BHI 培养物 0.2~0.3mL，振荡摇匀，置 36℃ ±1℃温箱或水浴箱内，每半小时观察一次，观察 6h，如呈现凝固（即将试管倾斜或倒置时，呈现凝块）或凝固体积大于原体积的一半，被判定为阳性结果。同时以血浆凝固酶试验阳性和阴性葡萄球菌菌株的肉汤培养物作为对照。也可用商品化的试剂，按说明书操作，进行血浆凝固酶试验。

结果如可疑，挑取营养琼脂小斜面的菌落到 5mL BHI，36℃ ±1℃培养 18~48h，重复试验。

2.2.6 将已鉴定完成的金黄色葡萄球菌用无菌棉签从营养琼脂平板上刮取，加入 50% 甘油 -BHI 肉汤中，标识清晰，-80℃长期保存备查。

### 2.3 结果判定

按表 10-1 中 Baird-Parker 平板和血平板上典型形态特征及革兰染色和血浆凝固酶试验典型表征进行判定。

### 2.4 结果报告

综合以上平板、革兰染色及血浆凝固酶试验鉴定的结果：

如所有选择性平板中均未分离到金黄色葡萄球菌，则报告“25g（mL）样品中未检出金黄色葡萄球菌”；

如任意选择性平板中分离到金黄色葡萄球菌，则报告“25g（mL）样品中检出金黄色葡萄球菌”。

## 3 金黄色葡萄球菌平板计数法检验

### 3.1 检验流程

金黄色葡萄球菌平板计数法检验程序见图 10-2。

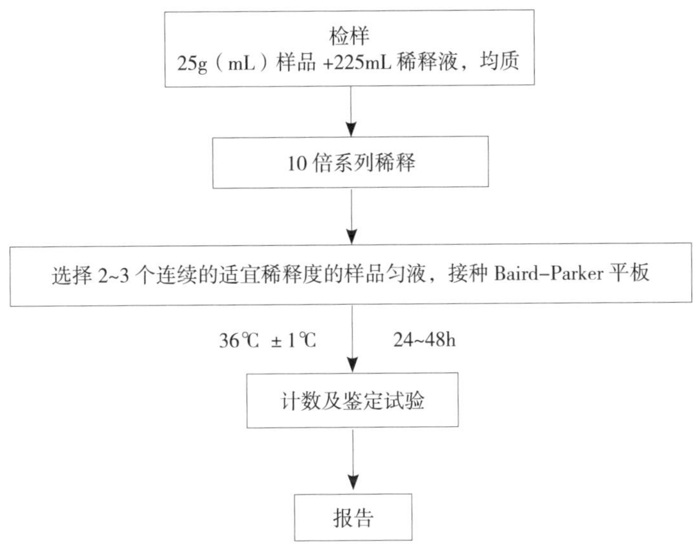


图 10-2 金黄色葡萄球菌平板计数法检验程序

## 3.2 检验步骤

### 3.2.1 样品的稀释

#### 3.2.1.1 固体和半固体食品样品

用天平无菌称取 25g ± 0.1g 样品。

如使用刀头式均质器，可将样品加入盛有 225mL 磷酸盐缓冲液或生理盐水的无菌均质杯内，8000~10000r/min 均质 1~2min，制成 1∶10 的样品匀液。

如使用拍打式均质器，可将样品加入盛有 225mL 磷酸盐缓冲液或生理盐水的无菌均质袋中，230r/min 拍打 1~2min，制成 1∶10 的样品匀液。

#### 3.2.1.2 液体样品

用无菌吸管吸取 25mL ± 0.1mL 样品加入盛有 225mL 磷酸盐缓冲液或生理盐水的无菌锥形瓶中（瓶内预置适当数量的无菌玻璃珠），充分混匀，制成 1∶10 的样品匀液。

3.2.1.3 如为冷冻产品，应在 45℃以下（如水浴中）不超过 15min 解冻，或 2℃ ~5℃冰箱中不超过 18h 解冻。

3.2.1.4 用 1mL 无菌吸管取 1∶10 样品匀液 1mL，沿管壁缓慢注于盛有 9mL 磷酸盐缓冲液或生理盐水的无菌试管中（注意吸管或吸头尖端不要触及稀释液面）。

3.2.1.5 换用 1 支 1mL 无菌吸管反复吹打 10 次以上；或旋紧试管盖，用涡旋混匀器高速混匀 5 秒钟以上，或使其混合均匀，制成 1∶100 的样品匀液。

3.2.1.6 依照上述操作，制备 10 倍系列稀释样品匀液。每递增稀释一次，均换用新的 1mL 无菌吸管或吸头。

### 3.2.2 样品的接种

根据对样品污染状况的估计，选择 2~3 个适宜稀释度的样品匀液（液体样品可包括原液）在进行 10 倍递增稀释的同时，每个稀释度分别吸取 1mL 样品匀液以 0.3mL、0.3mL、0.4mL 接种量分别加入三块 Baird-Parker 平板，然后用无菌涂布棒涂布整个平板，注意不要触及平板边缘。使用前如 Baird-Parker 平板表面有水珠，可放在 25℃ ~50℃的培养箱里干燥，直到平板表面的水珠消失。

### 3.2.3 培养

涂布后，将平板静置 10min 待样品匀液样液吸收，如样品匀液样液不易吸收，可将平板放在培养箱 36℃ ±1℃培养 1h，等样品匀液吸收后翻转平板，倒置后于 36℃ ±1℃培养 24h ± 48h。

### 3.2.4 典型菌落计数和确认

观察 Baird-Parker 平板上生长的菌落，菌落特征见表 10-1。

选择有典型金黄色葡萄球菌菌落的平板，且同一稀释度 3 个平板所有菌落数合计在20~200CFU之间的平板，计数典型菌落。

从典型菌落中至少选5个可疑菌落（小于5个全选）进行鉴定试验。

革兰染色镜检（见前述）。

血浆凝固酶试验（见前述）。

划线接种到血平板36℃ ±1℃培养18~24h后观察菌落形态（见前述）。

3.3 结果计算

3.3.1 若只有一个稀释度平板的典型菌落数在20~200CFU之间，计数该稀释度平板上的典型菌落，按式（1）计算。

3.3.2 若最低稀释度平板的典型菌落数小于20CFU，计数该稀释度平板上的典型菌落，按式（1）计算。

3.3.3 若某一稀释度平板的典型菌落数大于200CFU，但下一稀释度平板上没有典型菌落，计数该稀释度平板上的典型菌落，按式（1）计算。

3.3.4 若某一稀释度平板的典型菌落数大于200CFU，而下一稀释度平板上虽有典型菌落但不在20~200CFU范围内，应计数该稀释度平板上的典型菌落，按式（1）计算。

3.3.5 若2个连续稀释度的平板典型菌落数均在20~200CFU之间，按式（2）计算。

3.3.6 计算公式

式（1）：

$$T=\frac{AB}{Cd} \quad \cdots\cdots (1)$$

式中：

T——样品中金黄色葡萄球菌菌落数；

A——某一稀释度典型菌落的总数；

B——某一稀释度鉴定为阳性的菌落数；

C——某一稀释度用于鉴定试验的菌落数；

d——稀释因子。

式（2）：

$$T=\frac{A_1B_1/C_1+A_2B_2/C_2}{1.1d} \quad \cdots\cdots (2)$$

式中：

T——样品中金黄色葡萄球菌菌落数；

$A_1$——第一稀释度（低稀释倍数）典型菌落的总数；

$B_1$——第一稀释度（低稀释倍数）鉴定为阳性的菌落数；

$C_1$——第一稀释度（低稀释倍数）用于鉴定试验的菌落数；

$A_2$——第二稀释度（高稀释倍数）典型菌落的总数；

$B_2$——第二稀释度（高稀释倍数）鉴定为阳性的菌落数；

$C_2$——第二稀释度（高稀释倍数）用于鉴定试验的菌落数；

1.1——计算系数；

d——稀释因子（第一稀释度）。

### 3.4 报告

根据上述结果计算的情况，报告每 g（mL）样品中金黄色葡萄球菌数，以 CFU/g（mL）表示；如 T 值为 0，则以小于 1 乘以最低稀释倍数报告。

## 4 金黄色葡萄球菌 MPN 计数检验

### 4.1 检验流程

金黄色葡萄球菌 MPN 计数检验程序见图 10–3。

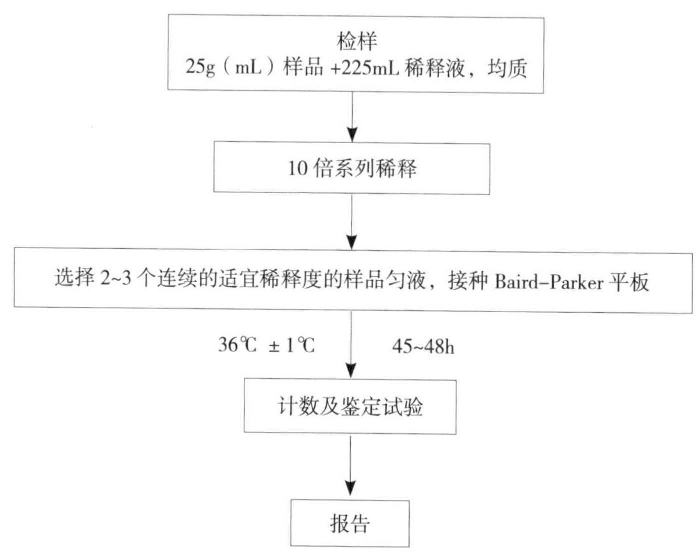


图 10–3 金黄色葡萄球菌 MPN 法检验程序

### 4.2 检验步骤

4.2.1 样品的稀释

4.2.1.1 固体和半固体食品样品

用天平无菌称取 25g ± 0.1g 样品。

如使用刀头式均质器，可将样品加入盛有 225mL 磷酸盐缓冲液或生理盐水的无菌均质杯内，8000~10000r/min 均质 1~2min，制成 1∶10 的样品匀液。

如使用拍打式均质器，可将样品加入盛有 225mL 磷酸盐缓冲液或生理盐水的无菌均质袋中，230r/min 拍打 1~2min，制成 1∶10 的样品匀液。

4.2.1.2 液体样品

用无菌吸管吸取 25mL ± 0.1mL 样品加入盛有 225mL 磷酸盐缓冲液或生理盐水的无菌锥形瓶中（瓶内预置适当数量的无菌玻璃珠），充分混匀，制成 1∶10 的样品匀液。

4.2.1.3 如为冷冻产品，应在 45℃以下（如水浴中）不超过 15min 解冻，或 2℃ ~5℃冰箱中不超过 18h 解冻。

4.2.1.4 用 1mL 无菌吸管取 1∶10 样品匀液 1mL，沿管壁缓慢注于盛有 9mL 磷酸盐缓冲液或生理盐水的无菌试管中（注意吸管或吸头尖端不要触及稀释液面）。

4.2.1.5 换用 1 支 1mL 无菌吸管反复吹打 10 次以上；或旋紧试管盖，用涡旋混匀器高速混匀 5 秒钟以上，或使其混合均匀，制成 1∶100 的样品匀液。

4.2.1.6 依照上述操作，制备 10 倍系列稀释样品匀液。每递增稀释一次，均换用新的 1mL 无菌吸管或吸头。

4.2.2 接种和培养

4.2.2.1 根据对样品污染状况的估计，选择 3 个适宜稀释度的样品匀液（液体样品可包括原液），在进行 10 倍递增稀释的同时，每个稀释度分别接种 1mL 样品匀液至 7.5% 氯化钠肉汤管（如接种量超过 1mL，则用双料 7.5% 氯化钠肉汤），每个稀释度接种 3 管。将上述接种物 36℃ ±1℃培养，18~24h。

4.2.2.2 用接种环从培养后的 7.5% 氯化钠肉汤管中分别取培养物 1 环，移种于 Baird–Parker 平板，36℃ ±1℃培养 24h ± 48h。

4.2.3 典型菌落确认

观察 Baird–Parker 平板上生长的菌落，菌落特征见表 10–1。

从典型菌落中至少选 5 个可疑菌落（小于 5 个全选）进行鉴定试验。

革兰染色镜检（见前述）。

血浆凝固酶试验（见前述）。

划线接种到血平板 36℃ ±1℃培养 18 ~24h 后观察菌落形态（见前述）。

### 4.3 结果与报告

根据证实为金黄色葡萄球菌阳性的试管管数，查 MPN 检索表（表 10–2），报告每 1g（mL）样品中金黄色葡萄球菌的最可能数，以 MPN/g（mL）表示。

表 10-2　金黄色葡萄球菌最可能数（MPN）检索表

| 阳性管数 | | | MPN | 95% 置信区间 | | 阳性管数 | | | MPN | 95% 置信区间 | |
|---|---|---|---|---|---|---|---|---|---|---|---|
| 0.10 | 0.01 | 0.001 | | 下限 | 上限 | 0.10 | 0.01 | 0.001 | | 下限 | 上限 |
| 0 | 0 | 0 | <3.0 | — | 9.5 | 2 | 2 | 0 | 21 | 4.5 | 42 |
| 0 | 0 | 1 | 3.0 | 0.15 | 9.6 | 2 | 2 | 1 | 28 | 8.7 | 94 |
| 0 | 1 | 0 | 3.0 | 0.15 | 11 | 2 | 2 | 2 | 35 | 8.7 | 94 |
| 0 | 1 | 1 | 6.1 | 1.2 | 18 | 2 | 3 | 0 | 29 | 8.7 | 94 |
| 0 | 2 | 0 | 6.2 | 1.2 | 18 | 2 | 3 | 1 | 36 | 8.7 | 94 |
| 0 | 3 | 0 | 9.4 | 3.6 | 38 | 3 | 0 | 0 | 23 | 4.6 | 94 |
| 1 | 0 | 0 | 3.6 | 0.17 | 18 | 3 | 0 | 1 | 38 | 8.7 | 110 |
| 1 | 0 | 1 | 7.2 | 1.3 | 18 | 3 | 0 | 2 | 64 | 17 | 180 |
| 1 | 0 | 2 | 11 | 3.6 | 38 | 3 | 1 | 0 | 43 | 9 | 180 |
| 1 | 1 | 0 | 7.4 | 1.3 | 20 | 3 | 1 | 1 | 75 | 17 | 200 |
| 1 | 1 | 1 | 11 | 3.6 | 38 | 3 | 1 | 2 | 120 | 37 | 420 |
| 1 | 2 | 0 | 11 | 3.6 | 42 | 3 | 1 | 3 | 160 | 40 | 420 |
| 1 | 2 | 1 | 15 | 4.5 | 42 | 3 | 2 | 0 | 93 | 18 | 420 |
| 1 | 3 | 0 | 16 | 4.5 | 42 | 3 | 2 | 1 | 150 | 37 | 420 |
| 2 | 0 | 0 | 9.2 | 1.4 | 38 | 3 | 2 | 2 | 210 | 40 | 430 |
| 2 | 0 | 1 | 14 | 3.6 | 42 | 3 | 2 | 3 | 290 | 90 | 1，000 |
| 2 | 0 | 2 | 20 | 4.5 | 42 | 3 | 3 | 0 | 240 | 42 | 1，000 |
| 2 | 1 | 0 | 15 | 3.7 | 42 | 3 | 3 | 1 | 460 | 90 | 2，000 |
| 2 | 1 | 1 | 20 | 4.5 | 42 | 3 | 3 | 2 | 1100 | 180 | 4，100 |
| 2 | 1 | 2 | 27 | 8.7 | 94 | 3 | 3 | 3 | >1100 | 420 | — |

注 1：本表采用 3 个稀释度 [0.1g（mL）、0.01g（mL）和 0.001g（mL）]、每个稀释度接种 3 管。

注 2：表内所列检样量如改用 1g（mL）、0.1g（mL）和 0.01g（mL）时，表内数字应相应降低 10 倍；如改用 0.01g（mL）、0.001g（mL）、0.0001g（mL）时，则表内数字应相应增高 10 倍，其余类推。

质量控制

1. 实验过程中，每批样品稀释液、分离平板等都要做空白对照。如果空白对照平板上出现金黄色葡萄球菌可疑菌落时，应废弃本次实验结果，并对增菌液、吸管、平皿、培养基、实验环境等进行污染来源分析。
2. 为了控制环境污染，在每次检验过程中，于检验工作台上打开两块计数琼脂平板，并在检验环境中暴露不少于 15 分钟，将此平板与本批次样品同时进行培养，以掌握检验过程中是否存在来自检验环境的污染。
3. 定期使用金黄色葡萄球菌 ATCC6538 菌种或相应定量活菌参考品，在 P2 实验室或阳性对照实验室内，用适当的食品样品进行阳性对照实验验证，染菌剂量应控制在10~100CFU/25g样品，并进行记录，此验证实验至少每2个月进行一次。

4. 每2个月将所使用的培养基和生化试剂用GB 4789.28—2013推荐的阳性和阴性对照标准菌种进行验证，并进行记录。

## 操作要点与注意事项

1. 使用均质袋进行前增菌培养时，应使用带有底托的均质袋架子，防止培养过程中前增菌液泄露污染培养箱。
2. 检验中所使用的实验耗材，如培养基、稀释液、平皿、吸管等必须是完全灭菌的，如重复使用的耗材应彻底洗涤干净，不得残留有抑菌物质。
3. 本方法移液时可使用可连接吸管的电动移液器，在使用过程中，一旦液体进入电动移液器滤膜中，应立即对滤膜进行更换，以防止交叉污染。
4. 鉴于微量移液器移液头较短，为控制污染，在本方法移液过程中不应使用。
5. 高压灭菌后，培养基中的琼脂往往会分层在底部，应摇匀后使用。
6. 在进行样品的10倍稀释过程中，吸管应插入检样稀释液液面2.5厘米以下，取液应先高于1mL，而后将吸管尖端贴于试管内壁调整至1mL，这样操作不会有过多的液体黏附于管外。而后将1mL液体加入另一9mL试管内时应沿管壁加入，不要触及管内稀释液，以防吸管外部黏附的液体混入其中影响检测结果。
7. 金黄色葡萄球菌在血平板上大部分为金黄色，但有时为白色，形态鉴定时需要注意。
8. 如果在培养24小时后，Baird-Parker平板上未见金黄色葡萄球菌可疑菌落，应再培养24小时，如果仍没有可疑菌落，应挑取非典型菌落进行鉴定。
9. 金黄色葡萄球菌在Baird-Parker平板上有时可见到不分解脂肪的菌株，除没有不透明圈和清晰带外，其他外观基本相同。此外，从长期贮存的冷冻或脱水食品中分离的菌落，其黑色常较典型菌落浅些，且外观可能较粗糙，质地较干燥。形态鉴定时需特别注意。
10. Baird-Parker平板应尽量现用现配，在4℃冰箱中存放不要超过48h。
11. 在培养箱中，为防止中间平皿过热，高度不得超过6个平皿。
12. 有些金黄色葡萄球菌在进行血浆凝固酶试验时，可能会出现若凝集现象，需与空白对照进行区分，必要时重复试验加以确认。

疑难解析

**问题 1**　是否所有金黄色葡萄球菌均能产生肠毒素？

目前，据报道大概有 50% 以上的金黄色葡萄球菌菌株在实验室条件下可产生肠毒素，并且 1 个菌株能产生两种或两种以上的肠毒素。

**问题 2**　金黄色葡萄球菌溶血属于哪种类型？

细菌溶血的类型可分为三种，α 溶血、β 溶血和 γ 溶血。γ 溶血即不溶血，α 溶血和 β 溶血虽都出现溶血现象，但区别在 α 溶血环中的红细胞未完全溶解，而 β 溶血环中的红细胞完全溶解，因此会出现透明溶血环，金黄色葡萄球菌引起的溶血即属于 β 溶血。

**问题 3**　血浆凝固酶试验对血浆来源是否有要求？比如动物血、人血等，哪种血源最佳？为什么？

最好使用 EDTA 抗凝的无菌兔血浆，不主张用人的抗凝血，除非经过试验证实其中不含感染因子、没有凝血能力和没有抑制因子。不同种动物血浆因子不同，凝固状态也不同，兔血浆凝块结实，凝固速度快，优于人血浆。

**问题 4**　做血浆凝固酶试验时需对血浆进行稀释，血浆的最佳稀释比例是多少？血浆过稀或过浓对结果有影响吗？

大部分认为最近稀释比例 1∶4 左右，但也有人认为 1∶16 至 1∶32。血浆过稀或过浓对结果的影响，血浆浓度与所含的纤维蛋白原直接相关，理论上应该是越浓，阳性反应时间越短，检出率也就越高，浓度过稀，反应时间越长，对于某些凝固酶活性不强的菌株或者会产生葡激酶的凝固酶阳性菌株有漏检的可能。

**问题 5** **50% 甘油 -BHI 肉汤菌种冻存液如何配置和使用？**

取 BHI 肉汤干粉，按说明书加入 1/2 体积的水彻底溶解后，再加入等体积的甘油，混匀，分装于 2mL 菌种冻存管中（1.5mL/ 管），121℃高压灭菌 15min，-20℃储存备用。使用时，将 BHI 肉汤冻存管从 -20℃取出，恢复至室温，将已鉴定完成的金黄色葡萄球菌用无菌棉签从营养琼脂平板上刮取，加入 50% 甘油 -BHI 肉汤中，混匀，用防冻记号笔标识清晰，-80℃长期保存备查。

**问题 6** **如果在增菌结束后，肉汤中未见微生物生长，是否可以终止实验？**

不可以。因为肉眼可见的细菌浓度为 $10^7$ CFU/ml，在此浓度以下，肉眼是不能发现的。

# 第十一章 《食品安全国家标准 食品微生物学检验 β型溶血性链球菌检验》（GB 4789.11—2014）

β型溶血性链球菌广泛分布于自然界、人及动物粪便和健康人的鼻咽部，致病力强，常引起人类和动物的多种疾病。β型溶血性链球菌属于链球菌属，革兰染色阳性球菌，球形或卵圆形，在液体培养基中易呈长链，固体培养基中常呈短链，不形成芽孢，无鞭毛，触酶阴性，链激酶阳性。β型溶血性链球菌包括能够产生β型溶血的化脓（或A群）链球菌（*Streptococcuspyogenes*）和无乳（或B群）链球菌（*Streptococcusagalactiae*）。

产生β型溶血的A群链球菌引起化脓性感染、中毒性疾病及超敏反应性疾病。产生β型溶血的B群链球菌能引起牛乳房炎，严重危害畜牧业，该菌也能感染人类，尤其是新生儿，可引起败血症、脑膜炎、肺炎等，死亡率极高，并可产生神经系统后遗症。

β型溶血性链球菌常通过以下途径污染食品：食品加工或销售人员口腔、鼻腔、手、面部有化脓性炎症时造成食品的污染；食品在加工前就已带菌、奶牛患化脓性乳腺炎或畜禽局部化脓时，其奶和肉某些部位污染；熟食制品因包装不善而使食品受到污染。本方法对食品中可能存在的β型溶血性链球菌通过增菌、分离培养、染色镜检、触酶、生化鉴定等过程进行定性检验。

# 1　仪器与耗材（仅列出标准中不明确或缺少内容）

◎ 涡旋混匀器

◎ 拍打式均质器或刀头式均质器

◎ 接种环

◎ 载玻片

◎ 厌氧盒或厌氧罐

◎ 厌氧产气袋

# 2　检验步骤

## 2.1　样品处理

### 2.1.1　固体样品

2.1.1.1　非冷冻样品采集后应立即置 7℃ ~10℃冰箱保存，尽可能及早检验。

2.1.1.2　冷冻样品应在 45℃以下不超过 15min 或在 2℃ ~5℃不超过 18h 解冻。

2.1.1.3　用天平无菌称取 25g ± 0.1g 样品。

2.1.1.4　如使用刀头式均质器，可将样品加入盛有 mTSB 的 225mL 的无菌均质杯内，8000r/min 均质 1~2min；制成 1∶10 的样品匀液。

2.1.1.5　如使用拍打式均质器，可将样品加入盛有 mTSB 的 225mL 的无菌均质袋中，8000r/min 拍打 2min，制成 1∶10 的样品匀液。

### 2.1.2　液体样品

如无均质器，则将样品放入无菌乳钵，自 225mL mTSB 中取少量稀释液加入无菌乳钵，样品磨碎后放入 500mL 无菌锥形瓶，再用少量稀释液冲洗乳钵中的残留样品 1~2 次，洗液放入锥形瓶，最后将剩余稀释液全部放入锥形瓶，充分振荡，制备 1∶10 的样品匀液。

## 2.2　增菌

将上述样品匀液于 36℃ ±1℃培养 18~24h，进行前增菌。

## 2.3　分离培养

对所有显示生长的增菌液，用直径 3mm 接种环在距离液面以下 1cm 内沾取一环增菌液（约 10 微升）划线接种于哥伦比亚 CNA 血琼脂平板，36℃ ±1℃厌氧培养 18~24h。

观察菌落形态。β型溶血性链球菌在哥伦比亚CNA血琼脂平板上的典型菌落形态为直径约2~3mm，灰白色、半透明、光滑、表面突起、圆形、边缘整齐，并产生β型溶血（图11-1）。

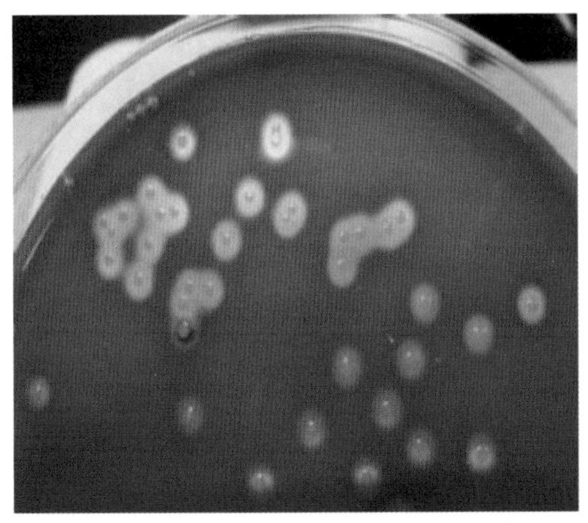

图11-1 β型溶血性链球菌在哥伦比亚CNA血琼脂平板上的典型菌落

## 2.4 鉴定

### 2.4.1 分纯培养

用接种针自菌落中心挑取5个或以上可疑菌落，不足5个则全挑，划线接种哥伦比亚血琼脂平板和TSB增菌液，36℃ ±1℃培养18~24h。

### 2.4.2 革兰染色镜检

挑取可疑菌落染色镜检。β型溶血性链球菌为革兰染色阳性，0.5~1μm球形或卵圆形，常排列成短链状，不形成芽孢，无鞭毛无动力（图11-2）。

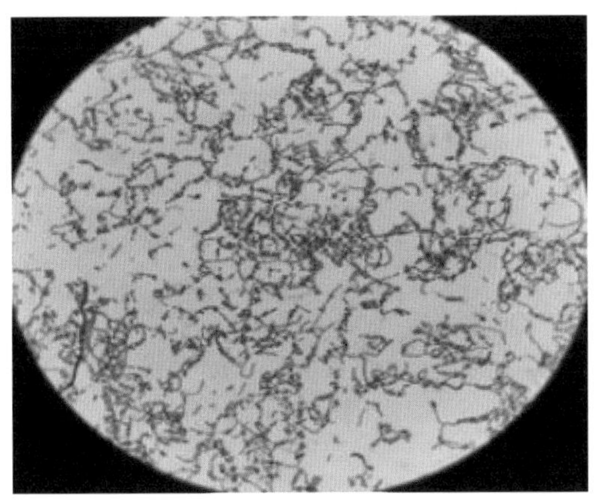

图11-2 β型溶血性链球菌显微镜下革兰染色形态

### 2.4.3 触酶试验

挑取可疑菌落于洁净的载玻片上，滴加适量3%过氧化氢溶液，立即产生气泡者为阳性。β型溶血性链球菌触酶为阴性（图11-3）。

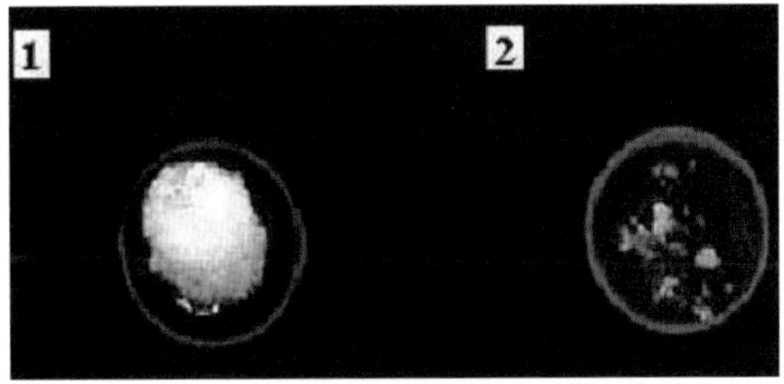


图11-3 触酶试验

2.4.4 链激酶试验（选做项目）

吸取草酸钾血浆 0.2mL 于 0.8mL 灭菌生理盐水中混匀，再加入经 36℃ ±1℃培养 18~24h 的可疑菌的 TSB 培养液 0.5mL 及 0.25% 氯化钙溶液 0.25mL，振荡摇匀，置于 36℃ ±1℃水浴中 10min，血浆混合物自行凝固（凝固程度至试管倒置，内容物不流动）。继续 36℃ ±1℃培养 24h，凝固块重新完全溶解为阳性，不溶解为阴性，β 型溶血性链球菌为阳性。致病性乙型溶血性链球菌能产生链激酶（溶纤维蛋白酶），此酶能激活正常人体血液中血浆蛋白酶原，使成血浆蛋白酶，而后溶解纤维蛋白。（图 11–4，图 11–5）

图 11–4 凝固 CICC10373

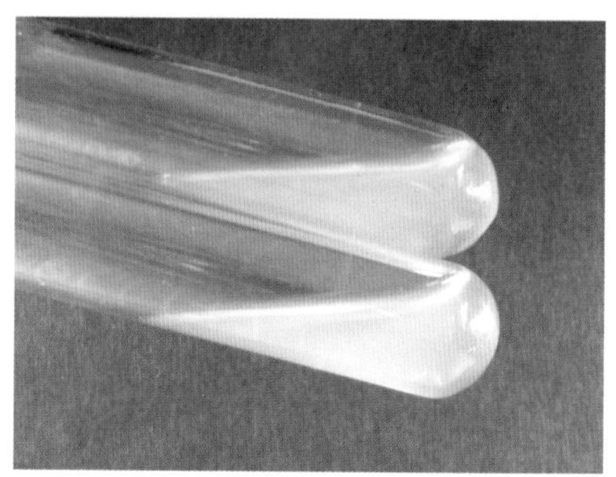
图 11–5 溶解 CICC10373

2.4.5 生化鉴定

使用生化鉴定试剂盒或生化鉴定卡对可疑菌落进行鉴定。参照说明书进行鉴定。

2.4.6 将已鉴定完成的 β 型溶血性链球菌用无菌棉签从营养琼脂平板上刮取，加入 50% 甘油 –BHI 肉汤中，标识清晰，–80℃长期保存备查。

## 3 结果报告

综合以上试验结果，可以报告“25g（或 25mL）样品中检出 β 型溶血性链球菌”；如所有选择性平板中均未分离到 β 型溶血性链球菌，则报告“25g（mL）样品中未检出 β 型溶血性链球菌”。

## 质量控制

1. 实验过程中，每批样品前增菌液、分离平板等都要做空白对照。如果空白对照平板上出现β型溶血性链球菌可疑菌落时，应废弃本次实验结果，并对增菌液、吸管、平皿、培养基、实验环境等进行污染来源分析。
2. 定期使用β型溶血性链球菌ATCC19615菌种或相应定量活菌参考品，在P2实验室或阳性对照实验室内，用适当的食品样品进行阳性对照实验验证，染菌剂量应控制在10~100CFU/25g样品，并进行记录，此验证实验至少每2个月进行一次。
3. 每2个月将所使用的培养基和生化试剂用GB 4789.28—2013推荐的阳性和阴性对照标准菌种进行验证，并进行记录。

## 操作要点与注意事项

1. 分离β型溶血性链球菌应在生物安全柜中进行，同时应做好个人防护。
2. 哥伦比亚CNA血琼脂平板上如有β溶血菌落出现，应与葡萄球菌区别。
3. 在厌氧环境下（10%二氧化碳和90%氮气），哥伦比亚CAN选择性琼脂平板比普通血琼脂平板更适合β型溶血性链球菌的分离培养，主要表现为菌落形态典型、溶血显现更为明显，同时抑制了需氧菌及干扰菌的生长，从而提高辨别率，利于该菌的分离和筛选。
4. 在使用VITEK2 Compact全自动微生物分析系统进行鉴定时，应结合其他生物学特性综合评价后判断结果。如遇待检菌鉴定评分过低、多个生化反应结果不符或48h生化反应仍不明显的情况，应考虑链球菌乳化程度不够，呈颗粒状，不能形成均匀的菌悬液有关，此时应重复试验或改用其他方法鉴定，如API 20 STREP快速生化鉴定系统。
5. 使用均质袋进行前增菌培养时，应使用带有底托的均质袋架子，防止培养过程中前增菌液泄露污染培养箱。
6. 本方法移液时可使用可连接吸管的电动移液器，在使用过程中，一旦液体进入电动移液器滤膜中，应立即对滤膜进行更换，以防止交叉污染。
7. 当对易产生较大颗粒的样品进行检测时，建议使用带滤网均质袋，以方便均质后用吸管吸取匀液。
8. 鉴于微量移液器移液头较短，为控制污染，在本方法移液过程中不应使用。

疑难解析

**问题 1** β型溶血与α型溶血在观察时有什么区别？

β型溶血：菌落周围出现较宽的透明溶血环；α型溶血：菌落周围出现较窄的草绿色溶血。

**问题 2** β型溶血性链球菌和乙型溶血性链球菌是一种菌吗？

是的。同一种的不同名称。

**问题 3** 为什么β型溶血性链球菌实验要在生物安全柜中操作？

β型溶血性链球菌可通过直接接触、空气飞沫传播或通过皮肤、黏膜伤口感染，被污染的食品如奶、肉、蛋及其制品也可能会感染人。且该菌致病力强，应做好相应的个人防护，在生物安全柜中进行实验操作。

**问题 4** β型溶血性链球菌为什么要在厌氧条件下培养？

厌氧条件下（10%二氧化碳和90%氮气）哥伦比亚CAN选择性琼脂平板更适合溶血性链球菌的分离培养，主要表现为菌落形态典型、溶血现象更为明显，同时抑制了需氧菌及干扰菌的生长。

# 第十二章

# 《食品安全国家标准 食品微生物学检验 肉毒梭菌及肉毒毒素检验》

## （GB 4789.12—2016）

肉毒梭状芽孢杆菌简称为肉毒梭菌，为革兰阳性短粗杆菌，芽孢呈椭圆型，直径大于菌体，位于次极端，使细菌呈汤匙状或网球拍状，严格厌氧，可在卵黄琼脂平板和血平板上生长。肉毒梭菌在自然界中分布广泛，常污染的食品依地域不同而异。美国以罐头食品为主，日本为水产品，我国则以发酵食品如豆瓣酱、面酱、豆豉、臭豆腐等为主，其他食品如蜂蜜及发酵肉制品等也可被肉毒梭菌污染。

根据所产生毒素的抗原性不同，肉毒梭菌被分为 A、B、C、D、E、F、G 共 7 个型，能引起人类疾病的有 A、B、E、F 型，其中以 A、B 型最为常见。A 型毒素为蛋白水解型，E 型毒素为非蛋白水解型，B 及 F 型毒素中既有蛋白水解型又有非蛋白水解型。肉毒毒素是一种神经毒素，经胃肠道吸收后，通过淋巴和血液扩散，作用于脑神经核和外周神经肌肉接头以及自主神经末梢，阻碍乙酰胆碱释放，从而影响神经冲动的传递，导致肌肉松弛性麻痹。肉毒梭菌毒素毒性剧烈，0.1μg 即可致人死亡。鉴于肉毒梭菌和肉毒毒素对人群健康造成的危害，许多国家制定了食品中肉毒梭菌及肉毒毒素的检测方法，我国《食品安全国家标准 食品卫生微生物学检验 肉毒梭菌及肉毒毒素检验》（GB/T 4789.12—2016）中规定了对食品中肉毒梭菌和肉毒毒素的检验方法。

# 1 仪器与耗材（仅列出标准中不明确或缺少内容）

◎ 涡旋混匀器

◎ 隔水加热装置

◎ 接种环

◎ 高压灭菌器

# 2 检验步骤

## 2.1 样品制备

### 2.1.1 样品保存

待检样品检测前应放置 2℃ ~5℃冰箱冷藏保存。

### 2.1.2 固态与半固态食品

用天平以无菌操作称取 25g ± 0.1g 样品，放入无菌均质袋或无菌乳钵中，块状食品以无菌操作切碎，继而根据待检测样品的状态不同加入稀释液。如含水量较高的固态食品用无菌吸管或量筒加入 25mL 明胶磷酸盐缓冲液，乳粉、牛肉干等含水量低的食品用无菌吸管或量筒加入 50mL 明胶磷酸盐缓冲液，浸泡 30min 后，用拍击式均质器以 230r/min 的速度拍打 2min，或用无菌研杵研磨制备样品匀液备用。

### 2.1.3 液态食品

液态待检测食品混匀后，无菌吸管或量筒以无菌操作量取 25mL ± 0.1mL 样品用于检验。

### 2.1.4 剩余样品处理

取样后的剩余样品经无菌密封后放于 2℃ ~5℃冰箱冷藏保存至检验结果报告发出。若检验结果为阴性，则按感染性废弃物要求对剩余样品进行无害化处理，若检验结果为阳性，则样品应采用 121℃高压灭菌 30min 以上的方式进行无害化处理。检验流程图详见图 12–1。

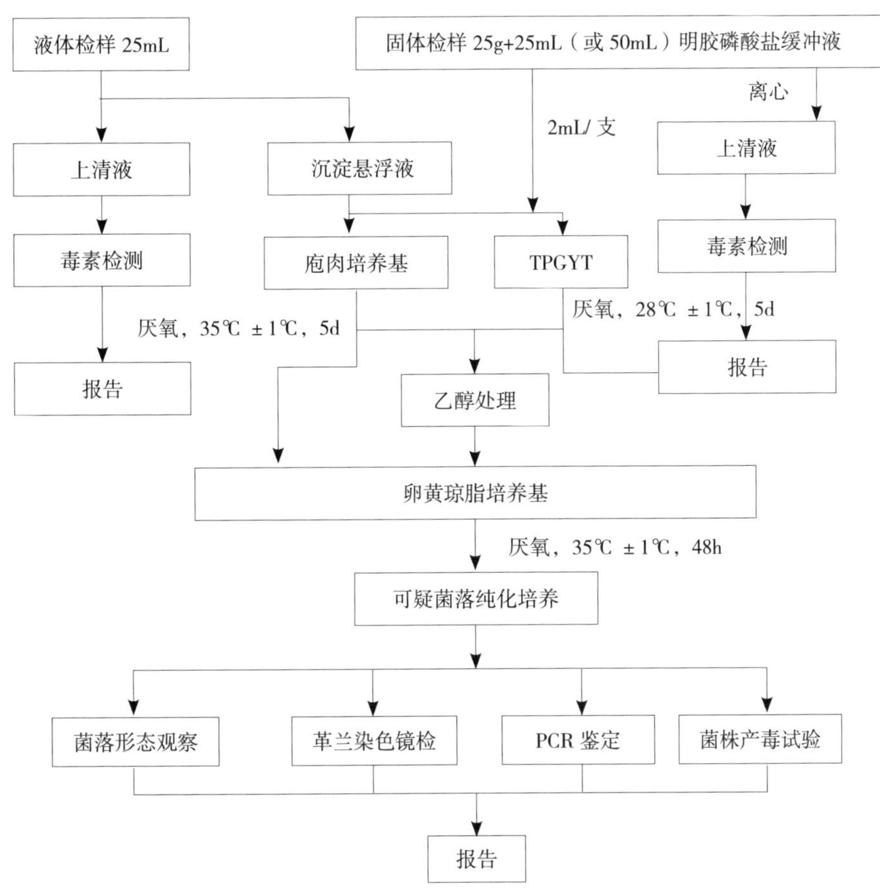


图 12-1 食品中肉毒梭菌及肉毒毒素检验程序

## 2.2 肉毒毒素检测

### 2.2.1 毒素样液的制备

固体或半固体样品用无菌吸管或量筒取样品匀液约 40mL，液体样品充分混匀后，用无菌吸管或量筒取样品约 25mL 放入 50mL 无菌离心管内，4℃条件下以 3000r/min 速度离心 10~20min，收集上清液分为两份，分别放入 10mL 无菌试管中，一份直接用于毒素检测，一份用于胰酶处理后进行毒素检测。液体样品保留底部沉淀及液体约 12mL，重悬后制备成沉淀悬浮液以备后用。

### 2.2.2 毒素样液的胰酶处理

将 2.2.1 中离心后的一份上清液用 1mol/L 氢氧化钠或 1mol/L 盐酸调节 pH 至 6.2，按 9 份上清液加 1 份 10% 胰酶（活力 1：250）水溶液的比例混匀，混匀后的液体置于 37℃孵育 60min，期间每隔 10~20min 轻轻摇动反应液。

### 2.2.3 毒素检测

用 5 号针头注射器分别取离心后直接用于毒素检测的上清液和胰酶处理上清液，

腹腔注射小鼠，每只注射 0.5mL，每种上清液注射 3 只小鼠。观察和记录小鼠 48h 内的中毒表现。典型肉毒毒素中毒症状多在 24h 内出现，通常在 6h 内发病和死亡，其主要表现为竖毛、四肢瘫软、呼吸困难、呈现风箱式呼吸、腰腹部凹陷、宛如峰腰，多因呼吸衰竭而死亡，可初步判定为肉毒毒素所致。若小鼠在 24h 后发病或死亡，应仔细观察小鼠发病症状，必要时将上清液浓缩后重复试验，以排除肉毒毒素中毒。若小鼠出现猝死（30min 内）导致症状不明显时，应将毒素上清液进行适当稀释后重复试验。

**注：** 毒素检测动物试验应遵循《食品安全国家标准 食品毒理学实验室操作规范》（GB 15193.2）的规定。

2.2.4　确证试验

上清液或（和）胰酶处理上清液的毒素试验阳性者，取相应阳性试验液 3 份，每份 0.5mL，其中第一份加等量多型混合肉毒毒素诊断血清，混匀后置于 37℃孵育 30min；第二份加等量明胶磷酸盐缓冲液，混匀后煮沸 10min；第三份加等量明胶磷酸盐缓冲液，混匀即可。将三份混合液分别腹腔注射小鼠各 2 只，每只 0.5mL，观察 96h 内小鼠的中毒和死亡情况。

结果判定：在观察时间内，若注射第一份和第二份混合液的小鼠未死亡，而第三份混合液小鼠发病死亡，并出现肉毒毒素中毒的特有症状，则判定检测样品中检出肉毒毒素。

2.2.5　毒力测定（选做项目）

取确证试验后的阳性试验液，用明胶磷酸盐缓冲液稀释制备一定倍数稀释液，如 10 倍、50 倍、100 倍、500 倍等，每个稀释度分别腹腔注射小鼠各 2 只，每只 0.5mL，观察和记录小鼠发病与死亡情况至 96h，计算最低致死剂量（MLD /mL 或 MLD/g），评估样品中肉毒毒素毒力，MLD 等于小鼠全部死亡的最高稀释倍数乘以样品试验液稀释倍数。例如，样品稀释 2 倍制备的上清液，再稀释 100 倍试验液使小鼠全部死亡，而 500 倍稀释液组存活，则该样品 MLD 值为 2 倍稀释 × 100 倍稀释 =200MLD/g（mL）。

2.2.6　定型试验（选做项目）

根据毒力测定结果，用明胶磷酸盐缓冲液将上清液稀释至 10~1000MLD/g（mL）作为定型试验液，分别与各单型肉毒毒素诊断血清等量混合（国产诊断血清一般为冻干血清，用 1mL 无菌生理盐水或水溶解）后置于 37℃孵育 30min，每种混液分别腹腔注射小鼠 2 只，每只 0.5mL，观察和记录小鼠发病与死亡情况至 96h。同时，用明胶磷酸盐缓冲液代替诊断血清，与试验液等量混合作为小鼠试验对照。

结果判定：某一单型诊断血清组动物未发病且正常存活，而对照组和其他单型诊断血清组动物发病死亡，则判定样品中所含肉毒毒素为未死亡组型别肉毒毒素。

**注：**未经胰酶激活处理的样品上清液的毒素检出试验或确证试验为阳性者，则毒力测定和定型试验可省略胰酶激活处理试验。

## 2.3 肉毒梭菌检验

### 2.3.1 增菌培养与检出试验

2.3.1.1 取出高压灭菌后的庖肉肉汤培养基 4 支和 TPGY 肉汤培养基 2 支，隔水煮沸 10~15min，排除培养基内部溶解氧后放入冰水或碎冰内迅速冷却，冷却过程中切勿摇动。冷却后用无菌吸管或微量移液器在 TPGY 肉汤管中缓慢加入胰酶液至液体石蜡液面下肉汤培养基中，每支肉汤管内加入 1mL，加入时切勿加入气泡，制备成 TPGYT。

2.3.1.2 用无菌吸管吸取样品匀液或步骤 2.2.1 中的离心沉淀悬浮液 2mL 接种至庖肉肉汤培养基中，每份样品接种 4 支，其中 2 支直接放置 35℃ ±1℃厌氧培养至 5d，另 2 支放 80℃保温 10min 后再放置 35℃ ±1℃厌氧培养至 5d；同样方法接种 2 支 TPGYT 肉汤培养基，置于 28℃ ±1℃厌氧培养至 5d。

**注：**接种时，用无菌吸管轻轻吸取样品匀液或离心沉淀悬浮液，将吸管口小心插入肉汤管底部，缓缓放出样液至肉汤中，切勿搅动或吹气。

2.3.1.3 检查记录增菌培养物的浊度、产气、肉渣颗粒消化情况，并注意气味。肉毒梭菌培养物为产气、肉汤浑浊（庖肉培养基中 A 型和 B 型肉毒梭菌肉汤变黑）、消化或不消化肉粒、有异臭味。

2.3.1.4 用无菌接种环取一环增菌培养物进行革兰染色镜检，观察菌体形态，注意是否有芽孢、芽孢的相对比例、芽孢在细胞内的位置。

2.3.1.5 若增菌培养物 5d 无菌生长，应延长培养至 10d，观察生长情况。培养液肉毒梭菌生长情况见表 12-1。

**表 12-1 样品增菌培养后肉毒梭菌生长情况观察表**

| 编号 | 描述 | 图片 | 编号 | 描述 | 图片 |
|---|---|---|---|---|---|
| 1 | 空白培养基（TPGY 和庖肉肉汤培养基） |  | 2 | 培养后浑浊 |  |

续 表

| 编号 | 描述 | 图片 | 编号 | 描述 | 图片 |
|---|---|---|---|---|---|
| 3 | 培养后产气 | | 4 | 培养后肉粒消化 | |

2.3.1.6 用无菌吸管取增菌培养物阳性管的上清液，按 2.2 方法进行毒素检出和确证试验，必要时进行定型试验，阳性结果可证明样品中有肉毒梭菌存在。

**注：**TPGYT 增菌液的毒素试验无需添加胰酶处理。

2.3.2 分离与纯化培养

2.3.2.1 用无菌吸管吸取 1mL 增菌液至无菌螺旋帽试管中，加入等体积无水乙醇，混匀后在室温下放置 1h。

2.3.2.2 用无菌接种环取增菌培养物和经乙醇处理的增菌液分别划线接种至卵黄琼脂平板，35℃ ±1℃厌氧培养 48h。

2.3.2.3 观察平板培养物菌落形态，肉毒梭菌菌落隆起或扁平、光滑或粗糙，易成蔓延生长，边缘不规则，在菌落周围形成乳色沉淀晕圈（E 型较宽、A 型和 B 型较窄），在斜视光下观察，菌落表面呈现珍珠样虹彩，这种光泽区可随蔓延生长扩散到不规则边缘区外的晕圈。

2.3.2.4 在分离培养平板上选择 5 个肉毒梭菌可疑菌落，分别接种卵黄琼脂平板，35℃ ±1℃，厌氧培养 48h，按 2.3.2.3 观察菌落形态及其纯度。肉毒梭菌典型菌落特征见表 12-2。

**表 12-2 肉毒梭菌典型菌落特征表**

| 编号 | 名称 | 描述 | 图片 |
|---|---|---|---|
| 1 | 卵黄琼脂培养基 | 菌落隆起或扁平、光滑或粗糙，易成蔓延生长，边缘不规则，在菌落周围形成乳色沉淀晕圈，表面呈现珍珠样虹彩 | |

续 表

| 编号 | 名称 | 描述 | 图片 |
| --- | --- | --- | --- |
| 2 | 革兰染色 | 革兰阳性粗大杆菌、芽孢卵圆形、直径大于菌体、位于次端，菌体呈网球拍状 | |

2.3.3 分离株鉴定试验

2.3.3.1 染色镜检

用无菌接种环挑取可疑菌落进行涂片、革兰染色和镜检，肉毒梭菌菌体形态为革兰阳性粗大杆菌、芽孢卵圆形、直径大于菌体、位于次端，菌体呈网球拍状。

2.3.3.2 毒素基因检测

（1）菌株活化：用无菌接种环挑取可疑菌落或待鉴定菌株接种TPGY肉汤培养基，35℃ ±1℃厌氧培养24h。

（2）DNA模板制备：用无菌吸管或微量移液器吸取TPGY培养液1.4mL至2mL无菌离心管中，以14000×g离心力离心2min，弃上清，加入1.0mL PBS悬浮菌体，14000×g离心力离心2min，弃上清，用400μL PBS重悬沉淀，加入10mg/mL溶菌酶溶液100μL，摇匀，37℃水浴15min，加入10mg/mL蛋白酶K溶液10μL，摇匀，60℃水浴1h，再沸水浴10min，14000×g离心力离心2min，上清液转移至无菌小离心管中，加入3mol/L NaAc溶液50μL和95%乙醇1mL，摇匀，-70℃或-20℃放置30min，14000×g离心力离心10min，弃去上清液，沉淀干燥后溶于200μL TE缓冲液，置于-20℃保存备用。

**注：**根据实验室实际情况，也可采用常规水煮沸法或商品化试剂盒制备DNA模板。

（3）核酸浓度测定（必要时）：取5μL DNA模板溶液，加超纯水稀释至1mL，用核酸蛋白分析仪或紫外分光光度计分别检测260nm和280nm波段的吸光值$A_{260}$和$A_{280}$。按式（1）计算DNA浓度。当浓度在0.34~340μg/mL或$A_{260}/A_{280}$比值在1.7~1.9之间时，适宜于PCR扩增。

$$C=A_{260}\times N\times 50 \quad (1)$$

式中：

C——DNA 浓度，单位为微克每毫升（μg/mL）；

$A_{260}$——260nm 处的吸光值；

N——核酸稀释倍数。

（4）PCR 扩增：

1）分别采用针对各型肉毒梭菌毒素基因设计的特异性引物（见表 12–3）进行 PCR 扩增，包括 A 型肉毒毒素（botulinum neurotoxin A，bont/A）、B 型肉毒毒素（botulinum neurotoxin B，bont B）、E 型肉毒毒素（botulinum neurotoxin E，bont/E）和 F 型肉毒毒素（botulinum neurotoxinF，bont/F），每个 PCR 反应管检测一种型别的肉毒梭菌。

**表 12–3　肉毒梭菌毒素基因 PCR 检测的引物序列及其产物**

| 检测肉毒梭菌类型 | 引物序列 | 扩增长度 /bp |
|---|---|---|
| A 型 | F5' – GTGATACAACAGATGGTAGTTATAG – 3'<br>R5' – AAAAAACAAGTCCAATATAACTT – 3' | 983 |
| B 型 | F5' – GAGATG TTGTGAATATATGATC CAG – 3'<br>R5' –GTTCATGCATTAATATCAAGGCTGG – 3' | 492 |
| E 型 | F5' –CA GGCGGTTGTCAAGAATTTTAT – 3'<br>R5' –TCAAATAAATCAGGCTCTGCTCC – 3' | 410 |
| F 型 | F5' – GCTTCATAAAGAACGAAGCAGTGCT – 3'<br>R5' –GTGGCGCTTTGTACCTTTTCTAGG – 3' | 1137 |

2）反应体系中各试剂的量可根据具体情况或不同的反应总体积进行相应调整。反应体系配制见表 12–4。

**表 12–4　肉毒梭菌毒素基因 PCR 检测的反应体系**

| 试剂 | 终浓度 | 加入体积 /μ L |
|---|---|---|
| 10 × PCR 缓冲液 | 1 × | 5.0 |
| 25mmol/L Mg C 12 | 2.5mmol/L | 5.0 |
| 10mmol/LdNTP s | 0.2mmol/L | 1.0 |
| 10μmo l/L 正向引物 | 0.5μmol/L | 2.5 |
| 10μmo l/L 反向引物 | 0.5μmol/L | 2.5 |
| 5U/μ LTa q 酶 | 0.05U/μ L | 0.5 |
| DNA 模板 | — | 1.0 |
| $dH_2O$ | — | 32.5 |
| 总体积 | — | 50.0 |

3）反应程序，预变性 95℃，5min；变型 94℃，1min；退火 60℃，1min；延伸 72℃，1min；循环数 40；后延伸 72℃，10min；4℃保存备用。

4）PCR 扩增体系应设置阳性对照、阴性对照和空白对照。用含有已知肉毒梭菌菌株或含肉毒毒素基因的质控品作阳性对照、非肉毒梭菌基因组 DNA 作阴性对照、无菌水作空白对照。

（5）凝胶电泳检测 PCR 扩增产物，用 0.5×TBE 缓冲液配制 1.2%~1.5% 的琼脂糖凝胶，凝胶加热融化后冷却至 60℃左右加入溴化乙锭至 0.5μg/mL 或 Goldview5μL/100mL，混匀后制备胶块。取 10μL PCR 扩增产物与 2.0μL 6× 加样缓冲液混合后用微量移液器将混合液全部加入胶孔中，其中一孔加入 DNA 分子量标准。用 0.5×TBE 电泳缓冲液，在 10V/cm 恒压下进行电泳，根据溴酚蓝的移动位置确定电泳时间，电泳结束后，用紫外检测仪或凝胶成像系统观察和记录结果。PCR 扩增产物也可采用毛细管电泳仪进行检测。

（6）结果判定，阴性对照和空白对照均未出现条带，阳性对照出现预期大小的扩增条带（扩增长度见表 12-3），判定本次 PCR 检测成立；待测样品出现预期大小的扩增条带，判定为 PCR 结果阳性，根据表 12-3 判定肉毒梭菌菌株型别，待测样品未出现预期大小的扩增条带，判定 PCR 结果为阴性。

**注：**PCR 试验环境条件和过程控制应参照 GB/T 27403《实验室质量控制规范食品分子生物学检测》规定执行。

2.3.3.3 菌株产毒试验

用无菌接种环取经 PCR 确证的阳性菌株或可疑肉毒梭菌菌株接种庖肉肉汤培养基或TPGYT肉汤培养基（用于E型肉毒梭菌），按2.3.1.2条件厌氧培养5d，按步骤2.2方法进行毒素检测和（或）定型试验，毒素确证试验阳性者，判定为肉毒梭菌，根据定型试验结果判定肉毒梭菌型别。

**注：**根据 PCR 阳性菌株型别，可直接用相应型别的肉毒毒素诊断血清进行确证试验。

# 3 结果报告

## 3.1 肉毒毒素检测结果报告

根据 2.2.3 和 2.2.4 试验结果，报告 25g（mL）样品中检出或未检出肉毒毒素。

根据 2.2.6 定型试验结果，报告 25g（mL）样品中检出某型肉毒毒素。

## 3.2 肉毒梭菌检验结果报告

根据步骤2.3中各项试验结果，报告样品中检出或未检出肉毒梭菌或检出某型肉毒梭菌。

质量控制

1. 实验过程中，每批样品肉毒毒素检测、肉毒梭菌分离等都要做空白对照。如果空白对照结果为可疑时，应废弃本次实验结果，并对增菌液、吸管、平皿、培养基、实验环境等进行污染源调查、分析并排除。
2. 每个PCR反应均应设立阴性对照，如果阴性对照出现阳性结果，应废弃本次试验，并对实验用PCR试剂及水等进行污染源调查、分析并排除。
3. 菌株分离培养过程中，应设立阳性对照，并应在厌氧环境中放置厌氧指示剂。
4. 鉴于肉毒梭菌为国家管控菌株，标准菌株不易获得，因此为了检查梭菌情况，建议定期使用生胞梭菌标准菌株在实验室内用适当的食品样品进行阳性对照实验验证，染菌剂量应控制在10~100CFU/25g样品，并进行记录，此验证实验至少每2个月进行一次。
5. 每2个月使用生孢梭菌作为标准菌株，将所使用的培养基和试剂等按照GB 4789.28—2013进行验证，并进行记录。
6. 为了控制环境污染，在每次检验过程中，于检验工作台上打开两块计数琼脂平板，并在检验环境中暴露不少于15分钟，将此平板与样品同时进行培养，以掌握检验过程中是否存在来自检验环境的污染。

操作要点与注意事项

1. 操作过程中产生的废弃物均应高压灭菌后再进行处理。
2. 实验过程中增菌用庖肉肉汤和TPGY肉汤培养基最好为现配制现使用，若想储备后使用，应在2℃~8℃条件下存储，存储期限不得大于4周。
3. 庖肉肉汤和TPGY肉汤培养基隔水煮沸时，应在培养基自身煮沸后开始计时。
4. 固态和半固态样品进行稀释时，应尽量少加稀释液，保证增菌培养时加入足够体积或重量的样品。
5. 增菌培养前接种样液时，吸取了样液的无菌吸管应插入至庖肉肉汤培养基的底部，然后慢慢释放样液，使样液充分与培养基内的牛肉粒接触，切勿搅动并应避免加入气泡。
6. 如果增菌培养液毒素检出实验为阳性，但肉毒梭菌检出实验为阴性，则应重新进行肉毒梭菌检出，必要时可将增菌培养液离心后取沉淀物进行平板涂布培养。

7. 在肉毒梭菌分离培养时，为防止中间平皿过热影响检测结果，平板叠加后进行培养时高度不得超过 6 个平皿。
8. 本方法移液时可使用可连接吸液的电动移液器，在使用过程中，一旦液体进入电动移液器滤膜中，应立即更换滤膜，以防止交叉污染下一个样品。
9. 鉴于微量移液器移液头较短，为控制污染，本方法移液过程中不推荐使用微量移液器。
10. 从样品处理到完成增菌液的制备不宜超过 15min。
11. 卵黄琼脂培养基平板应现用现制备。
12. 肉毒梭菌培养过程中严格厌氧，中间观察菌的生长情况时严禁打开厌氧罐。
13. 经乙醇处理的培养物划线接种于卵黄琼脂培养基时，平皿使用前应充分干燥以防菌落扩散。
14. 厌氧培养时应加入厌氧指示剂或生孢梭菌标准菌株，以保证严格厌氧环境。

## 疑难解析

**问题 1** 乳粉等粉状样品在前处理时应加入多少体积的明胶磷酸盐缓冲液？

根据经验，25g 乳粉等粉状样品加入 35~40mL 明胶磷酸盐缓冲液较为适宜。

**问题 2** 如果增菌肉汤培养管内只出现浑浊，无产气、消化肉粒和臭味，是否还需要进行菌株分离？

绝大多数肉毒梭菌培养后可出现浑浊、产气、消化肉粒和产生臭味，但也有少数菌株上述现象不明显，如遇该种情况建议仍需对增菌液进行菌株分离。

**问题 3　为什么样品经增菌培养后肉毒毒素检出试验为阳性，肉毒梭菌检出试验为阴性?**

实验用庖肉肉汤培养基和TPGY肉汤培养基均为弱选择性培养基，增菌培养过程中虽然有肉毒梭菌的生长，但由于其他杂菌生长繁殖速度优于肉毒梭菌，导致肉毒梭菌的生长受抑制，菌浓度低难于分离。若遇此情况，分离时建议增加分离平板的数量，必要时可将增菌培养液进行离心后取沉淀物直接进行平板涂布培养。

**问题 4　肉毒毒素和肉毒梭菌检出实验均为阳性，为什么毒力基因检出实验为阴性?**

肉毒梭菌为革兰阳性梭状芽孢杆菌，部分菌株培养48h后即可产生芽孢，芽孢形成后使菌体DNA提取较为困难，建议提取缩短培养时间的菌株DNA作为PCR分析的模板，DNA提取完成后严格测定浓度后方可使用。

**问题 5　肉毒毒素检出实验为阳性，定型实验过程中多价肉毒诊断血清可对小鼠起保护作用，但为什么所有单价肉毒诊断血清均不能保护小鼠?**

样品中有两种以上型别的肉毒毒素存在，一种情况是存在两种以上不同型别的肉毒梭菌菌株，另一种情况是存在可表达两种以上毒素的肉毒梭菌菌株，抑或是两种情况同时具备。

# 第十三章

# 《食品安全国家标准 食品微生物学检验 产气荚膜梭菌检验》

## （GB 4789.13—2012）

产气荚膜梭菌（C.perfringens）多以芽孢形式广泛分布于土壤等自然环境中，并见于人或动物及其肠道中，是肠道正常菌群成员之一，同时也是一种条件致病菌。

产气荚膜梭属于厚壁菌门梭状芽孢杆菌类属，革兰阳性粗短大杆菌，有时可见芽孢体，有荚膜，无鞭毛，两端钝圆，单个或成双排列，偶见链状。芽孢椭圆形，位于菌体中央或次极端，芽孢直径不大于菌体，因能分解肌肉和结缔组织中的糖，产生大量气体，以及本菌在体内能形成荚膜而得名。产气荚膜梭菌为非专性厌氧菌，在加葡萄糖，血液的普通培养基上生长良好。产气荚膜梭菌是引起食源性胃肠炎最常见的病原之一，可引起典型的食物中毒爆发。目前统计数据表明，在美国产气荚膜梭菌引起的食源性疾病暴发事件占细菌性食物中毒的30%，产气荚膜梭菌肠毒素（CPE）是引起食物中毒的致病因子，根据其产生外毒素种类的不同，可将产气荚膜梭菌分成A、B、C、D、E 5个毒素型。5型中对人致病的主要是A型和C型，且A型最常见。美国CDC 2011年评估结果显示：导致人类疾病的前5种病原中，A型产气夹膜梭菌引起的食物中毒在美国等西方国家已居第3位，约占总病例的10%。引起食物中毒的食品大多是畜禽肉类和鱼类食物，牛奶也可因污染而引起中毒，原因是食品加热不彻底，使芽孢在食品中大量繁殖所致，由于在食品中该菌数量必须达到很高时（$1.0\times10^7$或更多），才能在肠道中产生毒素，因此产气荚膜梭菌的计数结果和肠毒素检测是判定致病因子关键因素。

本方法对食品中可能存在的产气荚膜梭菌通过样品前处理、倍比稀释、分离培养、确证鉴定等过程进行定量计数检验。

# 1 仪器与耗材（仅列出标准中不明确或缺少内容）

◎ 涡旋混匀器

◎ 拍打式均质器或刀头式均质器

◎ 厌氧盒或厌氧罐

◎ 厌氧产气袋

◎ 接种针

◎ 接种环

# 2 检验步骤

## 2.1 样品制备

2.1.1 非冷冻样品采集后应立即置 2℃ ~5℃冰箱保存，尽可能及早检验；如 8h 内不能进行检验，应以无菌操作称取 25g（mL）样品加入等量缓冲甘油 – 氯化钠溶液（液体样品应加双料），并尽快置于 –60℃低温冰箱中冷冻保存或加干冰保存。

2.1.2 固体和半固体食品样品

2.1.2.1 用天平无菌称取 25g ± 0.1g 样品。

2.1.2.2 如使用刀头式均质器，可将样品加入盛有 225mL 0.1% 蛋白胨水的无菌均质杯内，8000r/min 均质 1min，制成 1 : 10 的样品匀液。（如为冷冻保存样品，室温解冻后，加入 200mL 0.1% 蛋白胨水）。

2.1.2.3 如使用拍打式均质器，可将样品加入盛有 225mL 0.1% 蛋白胨水的无菌均质袋中，8000r/min 拍打 2min，制成 1 : 10 的样品匀液。

2.1.3 液体样品

2.1.3.1 用无菌吸管吸取 25mL ± 0.1mL 样品。

2.1.3.2 如使用锥形瓶，可将样品加入盛有 225mL 0.1% 蛋白胨水的无菌锥形瓶中，充分混匀。制成 1 : 10 的样品匀液。（如为冷冻保存样品，室温解冻后，加入 200mL 0.1% 蛋白胨水）。

2.1.3.3 如使用均质袋，可将样品放入盛有 225mL 0.1% 蛋白胨水的无菌均质袋中，充分混匀。制成 1 : 10 的样品匀液。

2.1.4 以上述 1 : 10 稀释液按 1mL 加 0.1% 蛋白胨水 9mL 制备 $10^{-2}$~$10^{-6}$ 的系列稀释液，每递增稀释一次，换用一支 1mL 无菌吸管。

## 2.2 培养

2.2.1 吸取各稀释液 1mL 加入无菌平皿内，每个稀释度做两个平行。

2.2.2 每个平皿倾注冷却至 50℃的 TSC 琼脂（可放置于 50℃ ±1℃恒温水浴箱中保温）15mL，缓慢旋转平皿，使稀释液和琼脂充分混匀。

2.2.3 琼脂平板凝固后。再加 10mL 冷却至 50℃的 TSC 琼脂（可放置于 50℃ ±1℃恒温水浴箱中保温）均匀覆盖平板表层。

2.2.4 待琼脂凝固后，正置于厌氧培养装置内，36℃ ±1℃培养 20~24h，典型的产气荚膜梭菌在 TSC 琼脂平板上为黑色菌落（见图 13-1）。

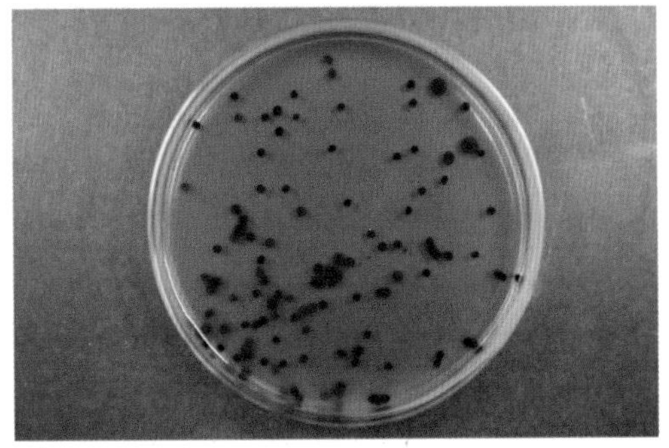

图 13-1 CICC22949 产气荚膜梭菌在 TSC 琼脂平板上形态

图 13-2 FTG 培养基培养结果

## 2.3 确证试验

2.3.1 培养液纯培养

从单个平板上任选 5 个（小于 5 个全选）黑色菌落，分别接种到 FTG 培养基（见图 13-2），36℃ ±1℃培养 18~24h。

2.3.2 用上述培养液涂片，革兰染色镜检并观察其纯度。产气荚膜梭菌为革兰阳性粗短的杆菌，有时可见芽孢体（见图 13-3）。

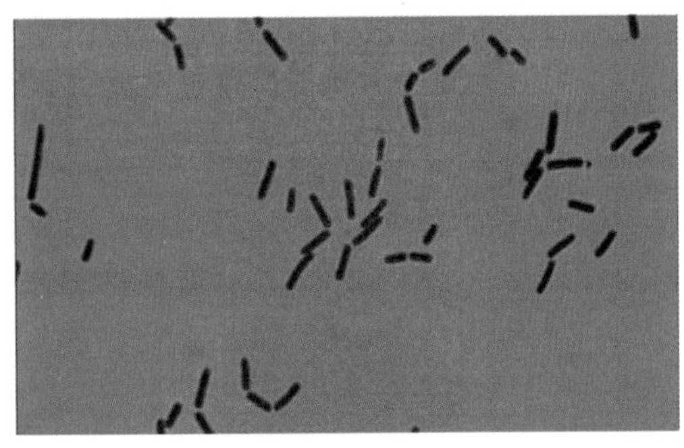

图 13-3 产气荚膜梭菌革兰染色镜检图

2.3.3 平板分纯

如果培养液不纯，应划线接种 TSC 琼脂平板进行分纯，36℃ ±1℃厌氧培养 20~24h，挑取单个典型黑色菌落接种到 FTG 培养基，36℃ ±1℃培养 18~24h，用于后续的确证试验。

2.3.4 取生长旺盛的 FTG 培养液 1mL 接种于含铁牛乳培养基，在 46℃ ±0.5℃水浴中培养 2h 后，每小时观察一次有无“暴烈发酵”现象。该现象的特点是乳凝结物破碎后快速形成海绵样物质，通常会上升到培养基表面。

2.3.5 产气荚膜梭菌发酵乳糖，凝固酪蛋白并大量产气，呈“暴烈发酵”现象，但培养基不变黑（图 13–4）。5h 内不发酵者为阴性。

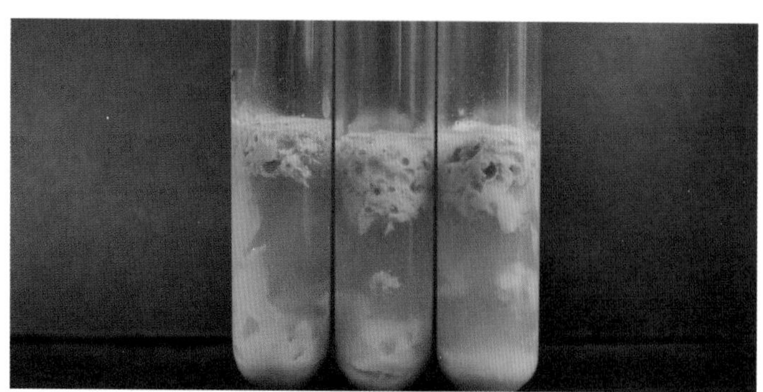

图 13–4 CICC22429 产气荚膜梭菌发酵结果

2.3.6 动力 – 硝酸盐试验

用接种环（针）取 FTG 培养液穿刺接种缓冲动力 – 硝酸盐培养基，于 36℃ ±1℃培养 24h。在透射光下检查细菌沿穿刺线的生长情况，判定有无动力。有动力的菌株沿穿刺线呈扩散生长，无动力的菌株只沿穿刺线生长。然后滴加 0.5mL 试剂甲和 0.2mL 试剂乙以检查亚硝酸盐的存在。15min 内出现红色者，表明硝酸盐被还原为亚硝酸盐；如果不出现颜色变化，则加少许锌粉，放置 10min，出现红色者，表明该菌株不能还原硝酸盐。产气荚膜梭菌无动力，能将硝酸盐还原为亚硝酸盐。（图 13–5）

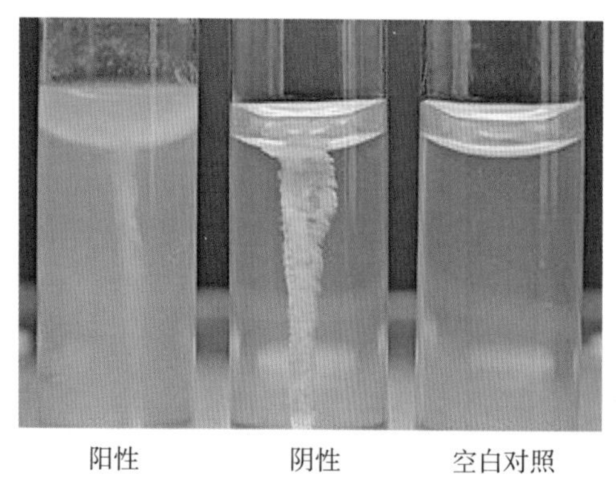

阳性　　阴性　　空白对照

（a）

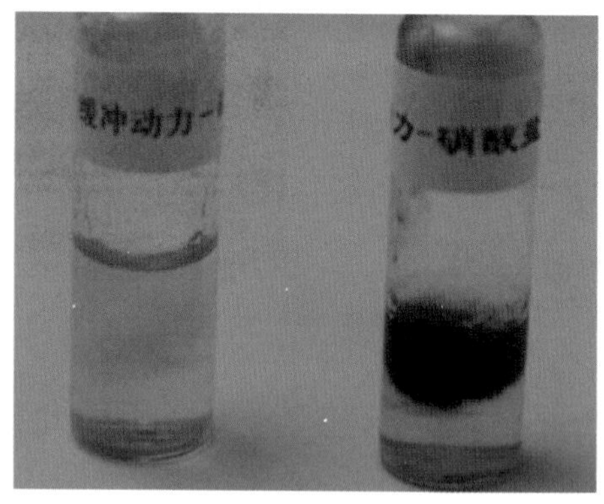


（b）

图 13–5 动力 – 硝酸盐试验

2.3.7 乳糖 – 明胶液化实验

用接种环（针）取 FTG 培养液穿刺接种乳糖 – 明胶培养基，于 36℃ ±1℃培养 24h，观察结果。如发现产气和培养基由红变黄，表明乳糖被发酵并产酸。将试管于

5℃左右放置 1h，检查明胶液化情况。如果培养基是固态，于 36℃ ±1℃再培养 24h，重复检查明胶是否液化。产气荚膜梭菌能发酵乳糖，使明胶液化。（图 13-6）

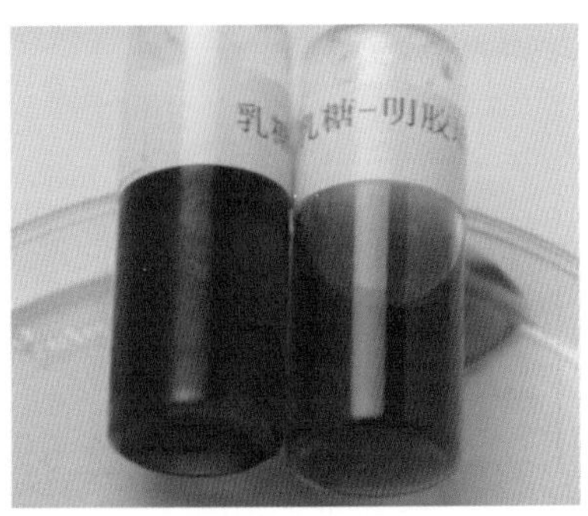

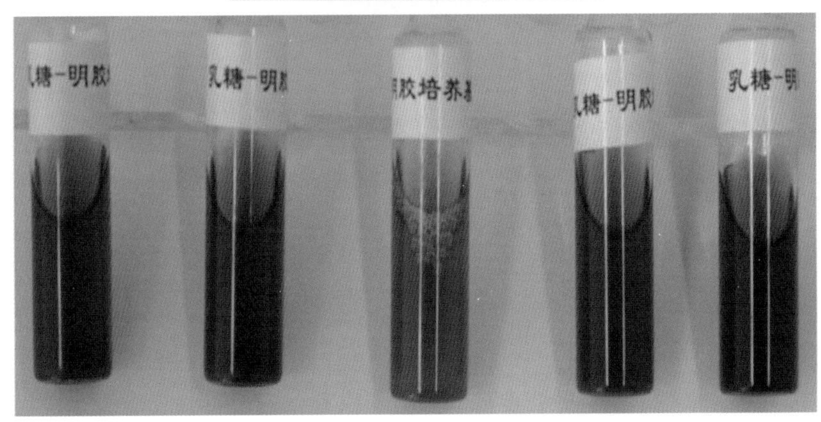

| 项目 | 索氏梭菌 ATCC9714 | 双酶梭菌 ATCC638 | 产气荚膜梭菌 ATCC13124 | 生孢梭菌 ATCC64941 | 艰难梭菌 ATCC43593 |
|---|---|---|---|---|---|
| 乳糖 | − | − | + | − | − |
| 明胶 | + | + | + | + | − |

图 13-6 乳糖 - 明胶液化实验

将已确证完成的产气荚膜所均用无菌棉签从营养琼脂平板上刮取，加入甘油原液中，标识清晰，-80℃长期保存备查。

# 3 典型菌落计数

选取典型菌落数在 20~200CFU 之间的平板，计数典型菌落数。如果：

3.1 只有一个稀释度平板的典型菌落数在 20~200CFU 之间，计数该稀释度平板上的典型菌落。

3.2 最低稀释度平板的典型菌落数均小于 20CFU，计数该稀释度平板上的典型菌落。

3.3 某一稀释度平板的典型菌落数均大于 200CFU，但下一稀释度平板上没有典型菌落，应计数该稀释度平板上的典型菌落。

3.4　某一稀释度平板的典型菌落数均大于 200CFU，且下一稀释度平板上有典型菌落，但其平板上的典型菌落数不在 20~200CFU 之间，应计数该稀释度平板上的典型菌落。

3.5　2 个连续稀释度平板的典型菌落数均在 20~200CFU 之间，分别计数 2 个稀释度平板上的典型菌落。

## 4　结果计算

计数结果按公式（1）计算：

$$T=\frac{\Sigma\left(A\frac{B}{C}\right)}{(n_1+0.1n_2)\ d} \quad\cdots\cdots(1)$$

式中：

$T$——样品中产气荚膜梭菌的菌落数；

$A$——单个平板上典型菌落数；

$B$——单个平板上经确证试验为产气荚膜梭菌的菌落数；

$C$——单个平板上用于确证试验的菌落数；

$n_1$——第一稀释度（低稀释倍数）经确证试验有产气荚膜梭菌的平板个数；

$n_2$——第二稀释度（高稀释倍数）经确证试验有产气荚膜梭菌的平板个数；

0.1——稀释系数；

$d$——稀释因子（第一稀释度）。

## 5　结果报告

5.1　根据 TSC 琼脂平板上产气荚膜梭菌的典型菌落数，上述公式计算，报告每 1g（mL）样品中产气荚膜梭菌数，报告单位以 CFU/g（mL）表示。

5.2　如 T 值为 0，则以小于 1 乘以最低稀释倍数报告。

质量控制

1. 实验过程中，每批样品前增菌液、分离平板等都要做空白对照。如果空白对照平板上出现产气荚膜梭菌时，应废弃本次实验结果，并对增菌液、吸管、平皿、培养基、实验环境等进行污染来源分析。
2. 定期使用气荚膜梭菌 ATCC13124 菌种，在 P2 实验室或阳性对照实验室内，用适当的食品样品进行阳性对照实验验证，染菌剂量应控制在

10~100CFU/25g 样品，并进行记录，此验证实验至少每 2 个月进行一次。阴性对照菌可使用双歧杆菌。

3. 每 2 个月将所使用的培养基和生化试剂用 GB4789.28-2013 推荐的阳性和阴性对照标准菌种进行验证，并进行记录。

## 操作要点与注意事项

1. 检样如 8h 内不能进行检验，应以无菌操作称取样品加入等量缓冲甘油－氯化钠溶液（液体样品应加双料），并尽快置于 –60℃低温冰箱中冷冻保存或加干冰保存，目的是使待检样品保持低氧环境。
2. 使用均质袋进行前增菌培养时，应使用带有底托的均质袋架子，防止培养过程中前增菌液泄露污染培养箱。
3. 冷冻样品室温解冻后重量会有所增加，故前处理加入的稀释液 0.1% 蛋白胨水体积为 200mL。
4. 样品在做梯度稀释时，每个稀释度要更换吸管，否则会造成定量结果偏高。
5. 检测过程注意分别使用空白 TSC 平板和 0.1% 蛋白胨水稀释液阴性对照。
6. 活菌计数时每个稀释度做 2 块平板。普通食品至少做 2 个稀释度。
7. TSC 培养基原理：胰胨、大豆蛋白胨和酵母粉提供碳氮源、维生素和生长因子；葡萄糖和乳糖为可发酵糖类提供碳源；偏亚硫酸氢钠和柠檬酸铁铵用于检测硫化氢的产生，使菌落中心呈黑色；卵黄含有卵磷脂，可检测某些含卵磷脂酶的梭菌；琼脂是培养基的凝固剂；D– 环丝氨酸抑制非梭菌的细菌生长。
8. 注意控制 D– 环丝氨酸质量，要求定期近效期储备，溶解 1g D– 环丝氨酸于 200mL 蒸馏水，膜过滤除菌后，于 4℃冷藏保存备用
9. FTG 培养基临用前煮沸或流动蒸汽加热 15min，迅速冷却至接种温度。培养基进行脱氧处理。脱氧处理后 FTG 培养基应为黄色，放置一段时间培养基会逐步变红。
10. 牛奶暴烈发酵试验原理：产气荚膜梭菌能分解乳糖产酸，使酪蛋白凝固，同时产生大量气体，将凝固的酪蛋白冲成蜂窝状，有时可将液面向上推挤，甚至冲开试管帽，称为“暴裂发酵”。操作时注意将 FTG 培养液插入含铁牛乳管底部再加入，现象的快速与否取决于开始时候的接种量。该实验需观察 5h，水浴 2h 后需要每小时观察一次。
11. 穿刺乳糖明胶时注意要多次穿刺，保证接种量适宜；培养后于 5℃环境下

放置 30min 至 1h 后观察液化明胶的现象。

12. 如使用 VetekII 进行菌株鉴定，使用 ANC 卡，细菌浊度为 3.0 麦氏单位。盐水和分配器高压灭菌后使用。
13. 活菌计数原则为典型菌落数 20~200CFU。
14. 本方法移液时可使用可连接吸管的电动移液器，在使用过程中，一旦液体进入电动移液器滤膜中，应立即对滤膜进行更换，以防止交叉污染。
15. 当对易产生较大颗粒的样品进行检测时，建议使用带滤网均质袋，以方便均质后用吸管吸取匀液。
16. 鉴于微量移液器移液头较短，为控制污染，在本方法移液过程中不应使用。

## 疑难解析

### 问题 1　为什么有时产气荚膜梭菌 TSC 平板上不出现黑色菌落？

TSC 琼脂可放置于 50℃ ±1℃恒温水浴箱中保温。倾注体积至少 15mL，琼脂平板凝固后，需要再加 10mL 冷却至 50℃的 TSC 琼脂均匀覆盖平板表层，有利于产气荚膜梭菌的生长，可以获得黑色菌落的典型形态，并可有效防止菌落蔓延生长。

### 问题 2　为什么产气荚膜梭菌在培养过程中易造成培养失败？

产气荚膜梭菌为专性厌氧菌，注意使用的厌氧盒与厌氧产气袋的有效与匹配，并且使用正确的厌氧产期袋，否则用易造成培养失败。

### 问题 3　为什么有时传代培养以及菌种保存后，当菌株复苏时会造成某些生化特性消失或菌株死亡？

用 TSC 传代产气荚膜梭菌，硫化氢现象可能会丢失。分离菌株可使用血液加甘油深冻保存，可有效保证产气荚膜梭菌复苏率。

第十四章

# 《食品安全国家标准 食品微生物学检验 蜡样芽胞杆菌检验》（GB 4789.14—2014）

蜡样芽孢杆菌（*Bacillus cereus*）是一种革兰阳性产芽孢的杆菌，广泛分布于土壤、水、空气以及动物肠道等，生长温度范围较宽（8℃ ~55℃），最适生长温度为 28℃ ~35℃，因此室温条件下极易在食品生产、运输和销售等环节繁殖而污染食品。该菌是条件致病菌，主要通过产生腹泻毒素和呕吐毒素导致人类中毒，其致病性取决于以下两个因素是否同时存在：一是该菌携带并可表达的毒力基因，二是被污染的食品中蜡样芽孢杆菌水平达到 $10^5$CFU/g 以上。最常见的中毒食品包括乳制品、肉制品、米饭、豆制品、海鲜、焙烤食品、蔬菜调料等。

蜡样芽孢杆菌群包括蜡样芽孢杆菌、蕈状芽孢杆菌、苏云金芽孢杆菌、炭疽芽孢杆菌及巨大芽孢杆菌。这几种菌经过革兰染色镜检其芽孢位于中央，芽孢直径均超过菌体，细菌宽度≥0.9μm，因此被称为大细胞群。这几种细菌形态相似，必须用生化试验或其他手段进行区分。其中蜡样芽孢杆菌、蕈状芽孢杆菌、苏云金芽孢杆菌、炭疽芽孢杆菌及巨大芽孢杆菌经过生化试验也无法进行有效区分，还需要进行根状生长实验和蛋白质毒素结晶实验进行区分。

蜡样芽孢杆菌是目前引起食源性疾病暴发的主要致病菌之一，主要通过产生腹泻毒素和呕吐毒素导致人类中毒。鉴于蜡样芽孢杆菌的广泛分布和对社区人群健康的危害，国家卫生计生委发布的《蜡样芽孢杆菌食物中毒诊断标准及处理原则》（WS/T 82—1996）中规定蜡样芽孢杆菌食物食物中毒的判断标准为污染水平达到 $10^5$CFU/g，而食品中的蜡样芽孢杆菌检验应按照《食品安全国家标准 食品微生物学检验 蜡样芽胞杆菌检验》（GB 4789.14—2014）开展。本方法对食品中可能存在的蜡样芽孢杆菌通过平板计数法及 MPN 法进行定量检测。

# 1　仪器与耗材（仅列出标准中不明确或缺少内容）

◎ 涡旋混匀器

◎ 拍打式均质器或刀头式均质器

◎ 接种针

◎ 接种环

# 2　蜡样芽孢杆菌平板计数法（第一法）

## 2.1　检验流程

蜡样芽孢杆菌平板计数法检验程序见图 14-1。

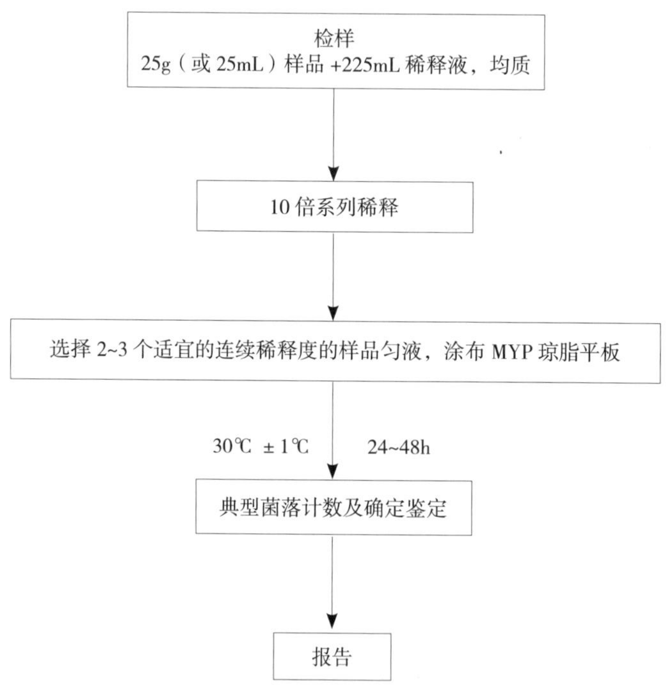


图 14-1　蜡样芽孢杆菌平板计数法检验程序

## 2.2　第一法的选择

蜡样芽孢杆菌污染量较高且杂菌较少适于第一法。

## 2.3 操作过程

### 2.3.1 样品处理

如为冷冻产品，应在45℃以下（如水浴中）不超过15min解冻，或2℃ ~5℃冰箱中不超过18h解冻。

非冷冻而易腐的样品应尽可能及时检验，若不能及时检验，应置于2℃ ~5℃冰箱保存，24h内检验。

### 2.3.2 样品制备

#### 2.3.2.1 固体和半固体食品样品

用天平无菌称取25g ± 0.1g样品。

如使用刀头式均质器，可将样品加入盛有225mL PBS或生理盐水的无菌均质杯内，8000~10000r/min均质1~2min，制成1：10的样品匀液。

如使用拍打式均质器，可将样品加入盛有225mL PBS或生理盐水的无菌均质袋中，230r/min拍打1~2min，制成1：10的样品匀液。

#### 2.3.2.2 液体样品

用无菌吸管吸取25mL ± 0.1mL样品。

如使用锥形瓶，可将样品加入盛有225mL PBS或生理盐水的无菌锥形瓶中，充分混匀。

如使用均质袋，可将样品放入盛有225mL PBS或生理盐水的无菌均质袋中，充分混匀。

### 2.3.3 样品稀释

将1：10的样品匀液取1mL加到装有9mL PBS或生理盐水的稀释管中，充分混匀，建议用涡旋混匀仪混匀，制成1：100的样品匀液。跟据对样品污染状况的估计，按上述操作，依次制成10倍递增系列稀释样品匀液。每递增稀释1次，换用1支1mL无菌吸管或吸头。

### 2.3.4 样品接种及分离、培养

根据对样品污染状况的估计，选择2~3个适宜稀释度的样品匀液（液体样品可包括原液，初次检测可多选几个稀释度），以0.3mL、0.3mL、0.4mL接种量分别移入三块MYP琼脂平板，然后用无菌L棒涂布整个平板，注意不要触及平板边缘。使用前，如MYP琼脂平板表面有水珠，可放在25℃ ~50℃的培养箱里干燥30min左右，直到平板表面的水珠消失。

在通常情况下，涂布后，将平板静置10min。如样液不易吸收，可将平板放在培养箱30℃ ±1℃培养1h，等样品匀液吸收后翻转平皿，倒置于培养箱，30℃ ±1℃

培养 24h ± 2h。如果菌落不典型，可继续培养 24h ± 2h 再观察。在 MYP 琼脂平板上，典型菌落为微粉红色（表示不发酵甘露醇），周围有白色至淡粉红色沉淀环（表示产卵磷脂酶），见图 14–2。

从每个 MYP 平板中挑取至少 5 个典型菌落（小于 5 个全选），分别划线接种于营养琼脂平板做纯培养，30℃ ±1℃培养 24h ± 2h，进行确证实验。在营养琼脂平板上，典型菌落为灰白色，偶有黄绿色，不透明，表面粗糙似毛玻璃状或融蜡状，边缘常呈扩展状，直径为 4~10mm。见图 14–3。

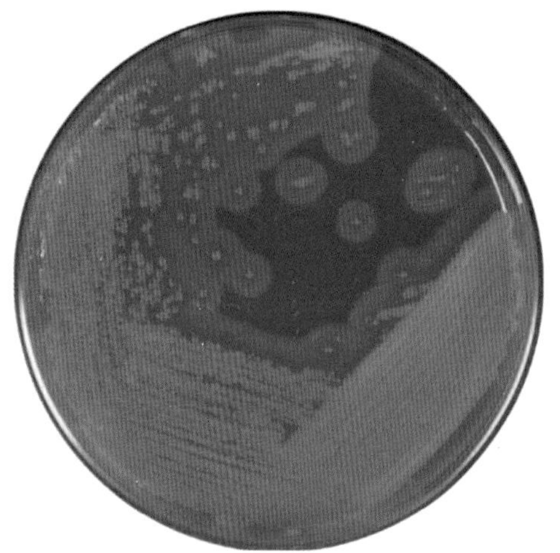

图 14–2　蜡样芽孢杆菌 MYP 平板形态

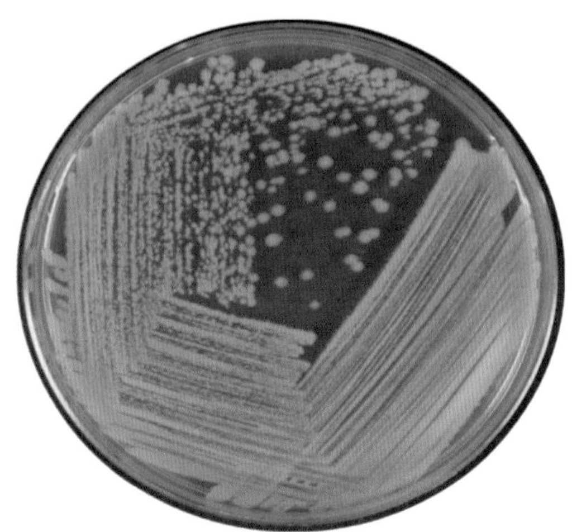

图 14–3　蜡样芽孢杆菌营养琼脂平板形态

### 2.3.5　染色镜检

挑取纯培养的单个菌落，革兰染色镜检。蜡样芽孢杆菌为革兰阳性芽孢杆菌，大小为（1~1.3）μm ×（3~5）μm，芽孢呈椭圆形位于菌体中央或偏端，不膨大于菌体，菌体两端较平整，多呈短链或长链状排列。见图 14–4。

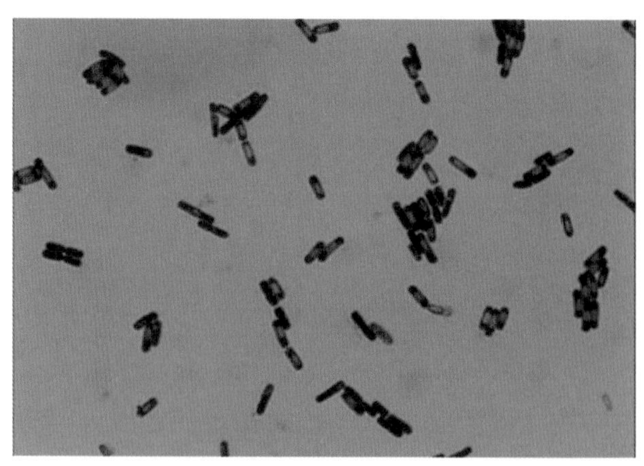

图 14–4　蜡样芽孢杆菌革兰染色镜检

2.3.6 生化鉴定（表 14–1）。

**表 14–1 蜡样芽孢杆菌生化反应图表对照**

| 编号 | 描述 | 对应图片 |
| --- | --- | --- |
| 1 | **动力试验**<br>蜡样芽孢杆菌 CICC 21261（阴性）、<br>蕈状芽孢杆菌 CICC 21473（阳性） | 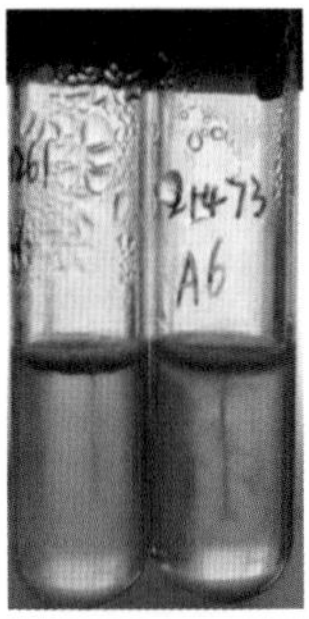 |
| 2 | **硝酸盐还原**<br>蜡样芽孢杆菌 CICC 21261（阳性） |  |
| 3 | **酪蛋白分解**<br>蜡样芽孢杆菌 CICC 21261（阳性） | 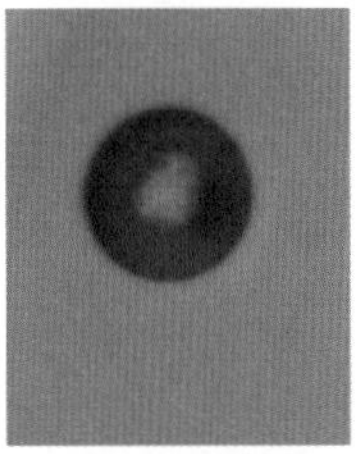 |
| 4 | **溶菌酶耐性试验**<br>蜡样芽孢杆菌 CICC 21261（阳性） |  |

续 表

| 编号 | 描述 | 对应图片 |
|---|---|---|
| 5 | **葡萄糖利用试验**<br>蜡样芽孢杆菌 CICC 21261（阳性） |  |
| 6 | **V-P 试验**<br>蜡样芽孢杆菌 CICC 21261（阳性） |  |
| 7 | **甘露醇产酸试验**<br>蜡样芽孢杆菌 CICC 21261（阴性） | 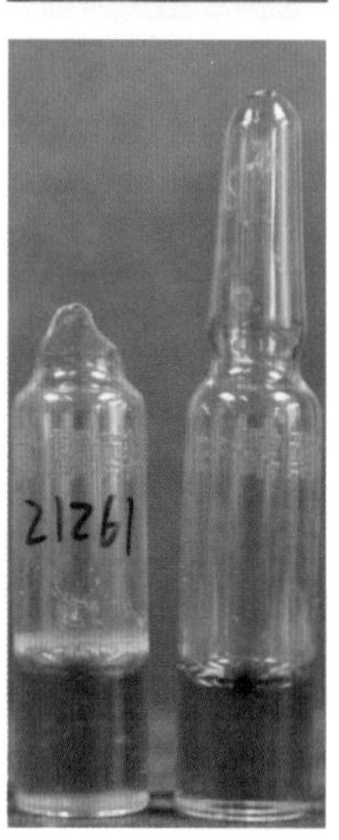 |

续 表

| 编号 | 描述 | 对应图片 |
| --- | --- | --- |
| 8 | **溶血试验**<br>蜡样芽孢杆菌 CICC 21261（阳性） | 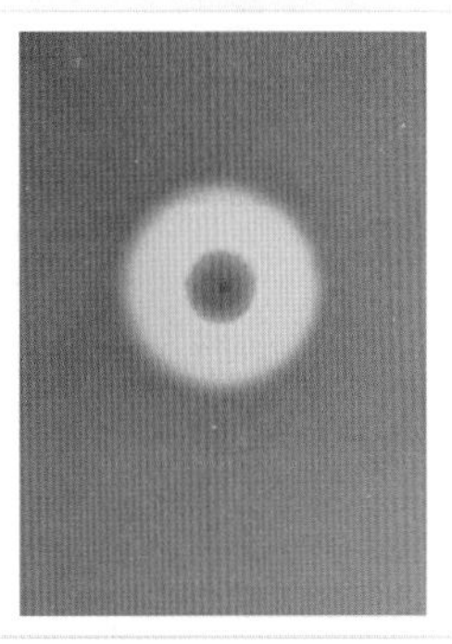 |

**根状生长试验** 挑取单个可疑菌落按间隔 2~3cm 左右距离划平行直线于经室温干燥 1~2d 的营养琼脂平板上，30℃ ±1℃培养 24~48h，不能超过 72h。用蜡样芽孢杆菌和蕈状芽孢杆菌标准株作为对照进行同步试验。蕈状芽孢杆菌呈根状生长的特征。蜡样芽孢杆菌菌株呈粗糙山谷状生长的特征。见图 14-5。

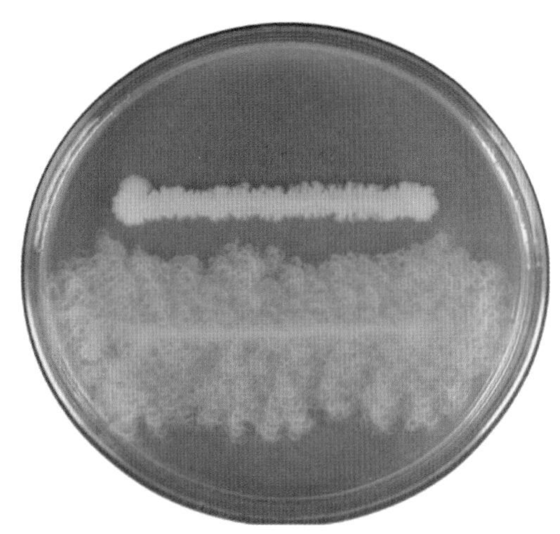

图 14-5 根状生长试验

**蛋白质毒素结晶实验** 挑取纯培养的单个可疑菌落接种于硫酸锰营养琼脂平板上，30℃ ±1℃培养 24h±2h，并于室温放置 3~4d，挑取培养物少许于载玻片上，滴加蒸馏水混匀并涂成薄膜。经自然干燥，微火固定后，加甲醇作用 30s 后倾去，再通过火焰干燥，于载玻片上滴满 0.5% 碱性复红，放火焰上加热（微见蒸气，勿使染液沸腾）持续 1~2min，移去火焰，再更换染色液再次加温染色 30s，倾去染液用洁净自来水彻底清洗、晾干后镜检。观察有无游离芽孢（浅红色）和染成深红色的菱形蛋白结晶体。如发现游离芽孢形成的不丰富，应再将培养物置室温 2~3d 后进行检查。除苏云金芽孢杆菌外，其他芽孢杆菌不产生蛋白结晶体。见图 14-6。

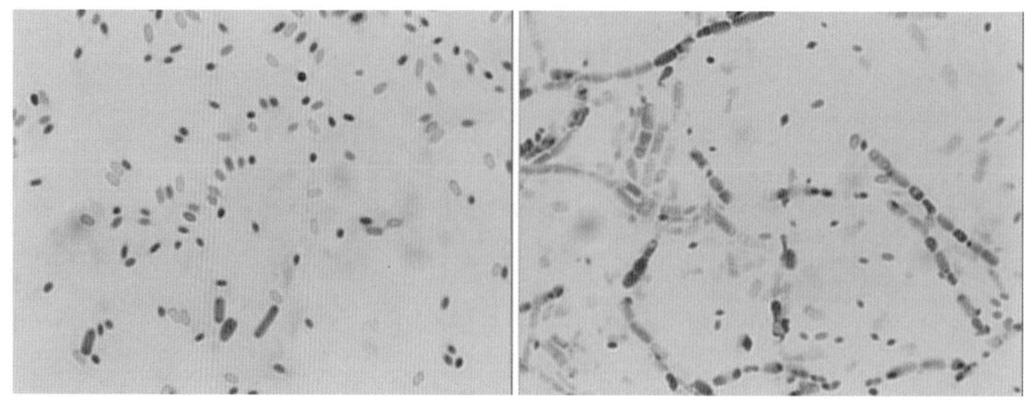

（a）蜡样芽孢杆菌　　（b）苏云金芽孢杆菌

图 14-6　蛋白质毒素结晶实验

### 2.4　结果报告

报告每 1g（mL）样品中蜡样芽孢杆菌菌数，以 CFU/g（mL）表示；如 T 值为 0，则以小于 1 乘以最低稀释倍数报告。

必要时报告蜡样芽孢杆菌生化分型结果。

### 2.5　结果判定

平板计数法按照 GB 4789.14—2014 中公式计算。

## 3　蜡样芽孢杆菌 MPN 计数法（第二法）

### 3.1　检验流程

蜡样芽孢杆菌 MPN 计数法见图 14-7。

### 3.2　第二法的选择

蜡样芽孢杆菌污染量低且杂菌较多适用于第二法。

### 3.3　操作过程

3.3.1　样品处理、制备及稀释同 2.3。

3.3.2　样品接种及分离、培养

取 3 个适宜连续稀释度的样品匀液（液体样品可包括原液），接种于 10mL 胰酪胨大豆多黏菌素肉汤中，每一稀释度接种 3 管，每管接种 1mL（如果接种量需要超过 1mL，则用双料胰酪胨大豆多黏菌素肉汤）。于 30℃ ±1℃培养 48h±2h。

用接种环从各管中分别移取 1 环，划线接种到 MYP 琼脂平板上，30℃ ±1℃培

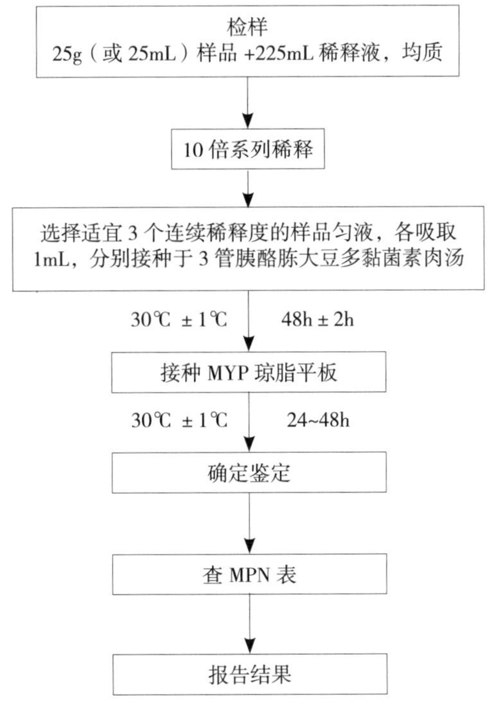


图 14-7 蜡样芽孢杆菌 MPN 计数法检验程序

养 24h±2h。如果菌落不典型，可继续培养 24h±2h 再观察。剩余纯培养及鉴定操作同平板法。

### 3.4 结果判定

MPN 法查 MPN 表记录结果。

### 3.5 结果报告

报告每 1g（mL）样品中蜡样芽孢杆菌的最可能数，以 MPN/g（mL）表示。

**质量控制**

1. 实验过程中，每批样品增菌液、分离平板等都要做空白对照。如果空白对照平板上出现蜡样芽孢杆菌可疑菌落时，应废弃本次实验结果，并对增菌液、吸管、平皿、培养基、实验环境等进行污染来源分析。
2. 定期使用蜡样芽孢杆菌标准株或其相应定量活菌参考品，在 P2 实验室或阳性对照实验室内，用适当的食品样品进行阳性对照实验验证，染菌剂量应控制在 10~100CFU/25g 样品，并进行记录，此验证实验至少每 2 个月进行一次。
3. 每 2 个月将所使用的培养基和生化试剂用 GB4789.28—2013 推荐的阳性和阴性对照标准菌种进行验证，并进行记录。

操作要点与注意事项

1. 使用均质袋进行前增菌培养时，应使用带有底托的均质袋架子，防止培养过程中前增菌液袋子倾倒导致溶液泄露污染培养箱。
2. 同时操作多个样品，应避免样品间的交叉污染。
3. 在整个操作流程中都应该设置蜡样芽孢杆菌阳性对照。
4. 为避免漏检，在生化反应出现弱阳性时，应进行重复试验。
5. 在做完其他生化鉴定试验后，若鉴定结果为蜡样－蕈状－苏云金芽孢杆菌，则进行根状生长试验及蛋白质毒素结晶试验。
6. 蛋白质毒素结晶试验：芽孢形成量少影响试验结果判读，容易造成假阴性结果。
7. 在培养箱中叠放瓶皿培养时，为防止中间平皿过热，高度不得超过6个平皿。
8. 本方法移液时可使用可连接吸管的电动移液器，在使用过程中，一旦液体进入电动移液器滤膜中，应立即对滤膜进行更换，以防止交叉污染。
9. 当对易产生较大颗粒的样品（如肉类）进行检测时，建议使用带滤网均质袋，以方便均质后用吸管吸取匀液。
10. 鉴于微量移液器移液头较短，为控制污染，本方法移液过程中不推荐使用微量移液器。

疑难解析

**问题1** 如何正确选择第一法及第二法？

在实验开始之前对蜡样芽孢杆菌污染量及背景菌进行预判，或者针对少量样品同时使用两种方法，从而选择较为适合的方法进行大量检测。一般而言，蜡样芽孢杆菌污染量较高且杂菌较少适于第一法；蜡样芽孢杆菌污染量低且杂菌较多适用于第二法。

**问题2** 根状生长试验及蛋白质毒素结晶试验注意事项？

在蜡样芽孢杆菌的鉴定中，为了准确区分蜡样芽孢杆菌、蕈状芽孢杆菌、苏云金芽孢杆菌，根状生长试验及蛋白质毒素结晶试验是必选试验。影响根状生长试验的因素包括：取菌量与划线深度是否一致、平板是否干燥、培养时间不能超过 72 小时。而蛋白质毒素结晶试验的关键在于是否有足够的芽孢产生，如发现游离芽孢占比少于 90%，应再将培养物置室温 2~3d 后进行检查。

## 问题 3 蜡样芽孢杆菌污染在乳制品中的危害？

蜡样芽孢杆菌污染牧场环境和生乳，除了有致病性外，还可影响牛奶质量。

从原料乳开始，对生产的各个环节，对可能产生污染的各种可能性进行分析，尤其要控制芽孢的数量。

## 问题 4 蜡样芽孢杆菌有哪些生长特性？

蜡样芽孢杆菌 0℃以下、63℃以上不繁殖，70℃以上开始死亡。

## 问题 5 紫外消毒能否杀灭蜡样芽孢杆菌？

紫外照射抑制蜡样芽孢杆菌生长，停止照射后仍能较好生长。

## 问题 6 如何彻底灭活蜡样芽孢杆菌？

超高温瞬时杀菌可以完全灭活蜡样芽孢杆菌。

# 第十五章 《食品安全国家标准 食品微生物学检验 霉菌和酵母计数》（GB 4789.15—2016）

霉菌和酵母广泛分布于自然界并可作为食品中正常菌相的一部分，某些霉菌和酵母被用来加工食品，但在特定情况下又可造成食品的腐败变质。霉菌和酵母往往使食品表面失去色、香、味。例如酵母在新鲜的和加工过的食品中繁殖，可使食品发生难闻的异味，它还可以使液体食品发生混浊，产生气泡，形成薄膜，改变颜色及散发不正常的气味。因此霉菌和酵母也作为评价食品卫生质量的指示菌，并以霉菌和酵母计数来判定食品被污染的程度。

为保证我国食品的卫生质量，保护消费者的健康，我国在1984年首次颁布了国家标准《食品卫生微生物学检验 霉菌和酵母数测定》（GB 4789.15—1984），该标准明确了食品中霉菌和酵母的测定方法。在以后的近二十年时间里，经历了四次修订分别为GB 4789.15—1994、GB/T 4789.15—2003、GB 4789.15—2010 和GB 4789.15—2016。本方法规定了食品中霉菌和酵母的计数方法。

# 1 仪器与耗材（仅列出标准中不明确或缺少内容）

◎ 拍击式均质器及均质袋（不用刀头式均质器）

◎ 恒温水浴箱：46℃ ±1℃

◎ 旋涡混合器或涡旋混合器

# 2 第一法 霉菌和酵母平板计数法

## 2.1 检验步骤

2.1.1 固体和半固体样品

2.1.1.1 用天平无菌称取 25g ± 0.1g 样品。

2.1.1.2 如使用锥形瓶，则将已称取的样品至盛有 225mL 无菌稀释液（蒸馏水或生理盐水或磷酸盐缓冲液）的锥形瓶中，充分振摇，即为 1：10 稀释液。

2.1.1.3 如使用均质袋，则将已称取的样品放入盛有 225mL 无菌稀释液（蒸馏水或生理盐水或磷酸盐缓冲液）的均质袋中，用拍击式均质器拍打 1~2min，制成 1：10 的样品匀液。

2.1.2 液体样品

2.1.2.1 以无菌吸管吸取 25mL ± 0.1mL 样品。

2.1.2.2 如使用锥形瓶，则将已量取的样品至盛有 225mL 无菌稀释液（蒸馏水或生理盐水或磷酸盐缓冲液）的锥形瓶（可在瓶内预置适当数量的无菌玻璃珠）中，充分混匀，制成 1：10 的样品匀液。

2.1.2.3 如使用均质袋，则将已量取的样品放入盛有 225mL 无菌稀释液（蒸馏水或生理盐水或磷酸盐缓冲液）的均质袋中，用拍击式均质器拍打 1~2min，制成 1：10 的样品匀液。

2.1.3 取 1mL 1：10 样品匀液注入含有 9mL 无菌水的试管中，另换一支 1mL 无菌吸管反复吹吸，或在涡旋混合器上混匀，此液为 1：100 的样品匀液。

2.1.4 按 2.3 中操作程序，制备 10 倍递增系列稀释样品匀液。每递增稀释一次，换用 1 次 1mL 无菌吸管。

2.1.5 根据对样品污染状况的估计，选择 2~3 个适宜稀释度的样品匀液（液体样品可包括原液），在进行 10 倍递增稀释的同时，每个稀释度分别吸取 1mL 样品匀液于 2 个无菌平皿内。同时分别取 1mL 无菌稀释液加入 2 个无菌平皿作空白对照。

2.1.6 及时将 20~25mL 冷却至 46℃的马铃薯 – 葡萄糖琼脂或孟加拉红培养基（可放

置于 46℃ ±1℃恒温水浴箱中保温）倾注平皿，并转动平皿使其混合均匀。置于水平台面待其培养基完全凝固。

2.1.7 培养

琼脂凝固后，正置平板，置 28℃ ±1℃培养箱中培养，观察并记录培养至第 5d 的结果。

## 2.2 结果计数

用肉眼观察，必要时可用放大镜或低倍镜，记录稀释倍数和相应的霉菌和酵母菌落数。以菌落形成单位（colony-forming units，CFU）表示。

选取菌落数在 10~150CFU 的平板，根据菌落形态分别计数霉菌和酵母菌落数。霉菌蔓延生长覆盖整个平板的可记录为菌落蔓延。

## 2.3 结果报告

2.3.1 计算同一个稀释度的两个平板菌落数的平均值，再将平均值乘以相应稀释倍数计算。

2.3.2 若有两个稀释度平板上菌落数均在 10~150CFU 之间，则按照 GB 4789.2 的相应规定进行计算。

2.3.3 若所有平板上菌落数均大于 150CFU，则对稀释度最高的平板进行计数，其他平板可记录为多不可计，结果按平均菌落数乘以最高稀释倍数计算。

2.3.4 若所有平板上菌落数均小于 10CFU，则应按稀释度最低的平均菌落数乘以稀释倍数计算。

2.3.5 若所有稀释度（包括液体样品原液）平板均无菌落生长，则以小于 1 乘以最低稀释倍数计算。

2.3.6 若所有稀释度的平板菌落数菌均不在 10~150CFU 之间，其中一部分小于 10CFU 或大于 150CFU 时，则以最接近 10CFU 或 150CFU 的平均菌落数乘以稀释倍数计算。

2.3.7 菌落数按“四舍五入”原则修约。菌落数在 10 以内时，采用一位有效数字报告；菌落数在 10~100 之间时，采用两位有效数字报告。

2.3.8 菌落数大于或等于 100 时，前第 3 位数字采用“四舍五入”原则修约后，取前 2 位数字，后面用 0 代替位数来表示结果；也可用 10 的指数形式来表示，此时也按“四舍五入”原则修约，采用两位有效数字。

2.3.9 若空白对照平板上有菌落出现，则此次检验结果无效。

2.3.10 称重取样以 CFU/g 为单位报告，体积取样以 CFU/mL 为单位报告，报告或分别报告霉菌和 / 或酵母菌数。

## 附：　6 种霉菌典型菌落特征图

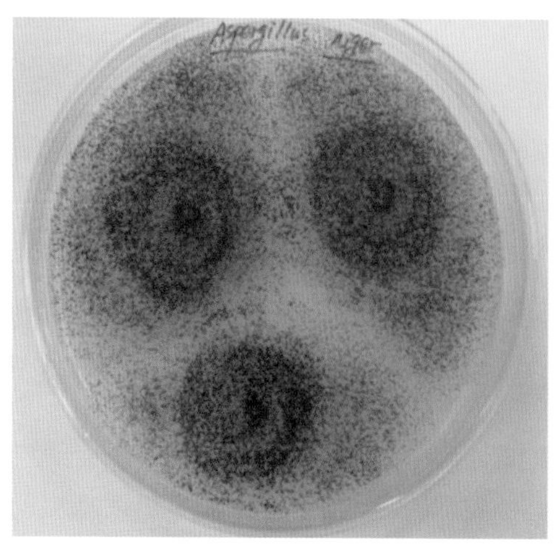

图 15-1　黑曲霉菌落（CA）

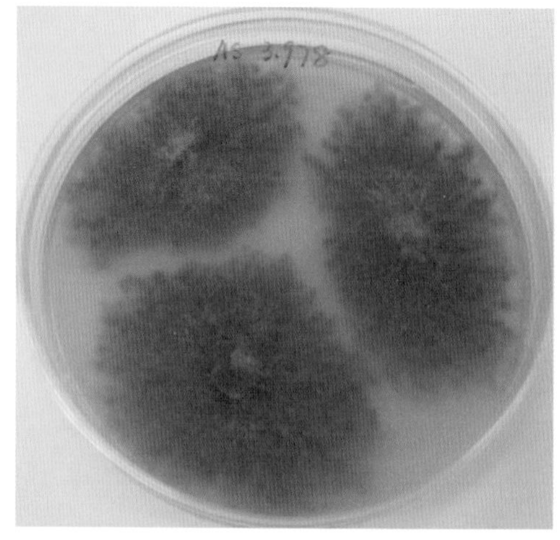

图 15-2　红曲霉菌落（MEA）

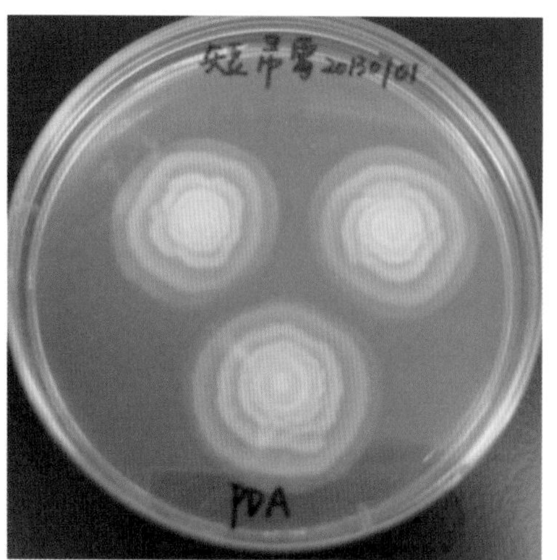


图 15-3　短帚霉菌落（PDA）

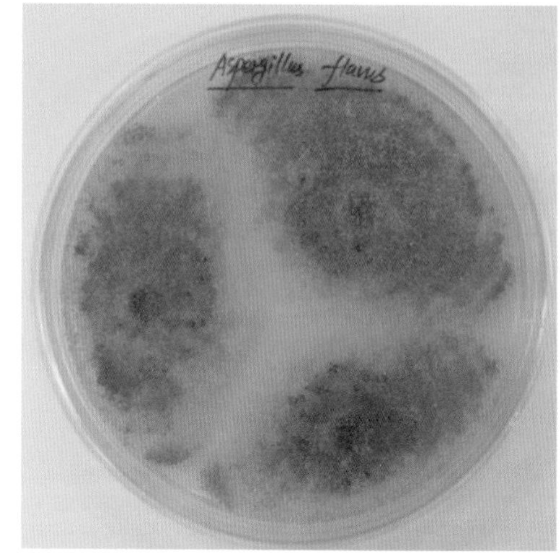


图 15-4　黄曲霉菌落（CA）

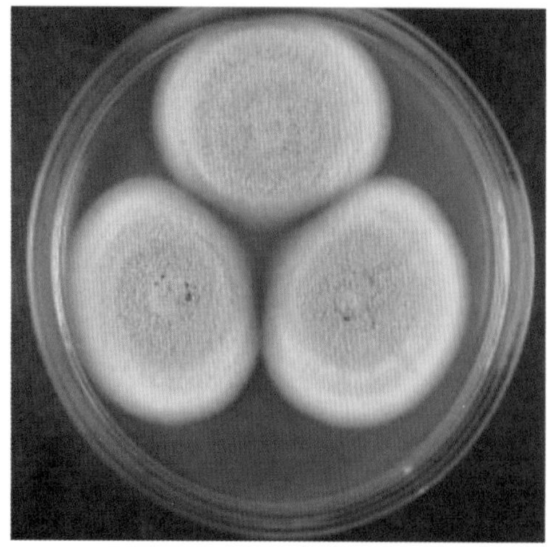

图 15-5　赭曲霉菌落（CA）

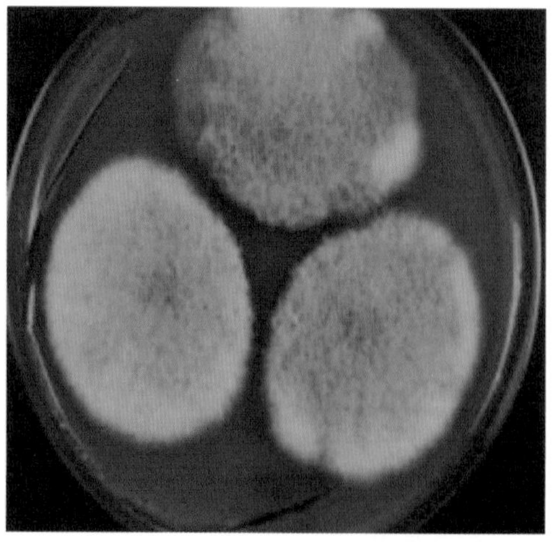

图 15-6　串珠镰刀菌（PDA）

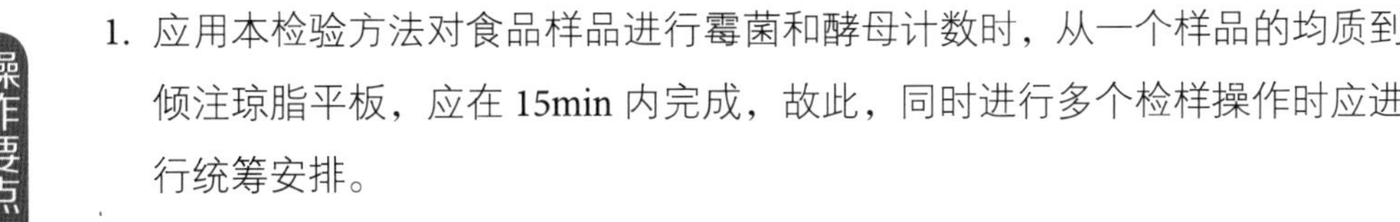

操作要点与注意事项

1. 应用本检验方法对食品样品进行霉菌和酵母计数时，从一个样品的均质到倾注琼脂平板，应在15min内完成，故此，同时进行多个检样操作时应进行统筹安排。
2. 检验中所使用的实验耗材，如培养基、稀释液、平皿、均质袋等必须是干净的和完全灭菌的。
3. 本方法中，稀释液可以使用无菌蒸馏水或生理盐水或磷酸盐缓冲液，根据实际情况选择。
4. 对样品进行10倍稀释的过程中，吸管应插入检样稀释液液面2.5cm以下，取液应先高于1mL，而后将吸管尖端贴于试管内壁调整至1mL，这样操作不会有过多的液体黏附于管外。而后将1mL液体加入另一9mL试管内时应沿管壁加入，不要触及管内稀释液，以防吸管外部黏附的液体混入其中影响检测结果。
5. 将1mL样品匀液或稀释液加入平皿内时应从平皿的侧面加入，不要将整个皿盖揭去，以防止污染。
6. 因为本实验中培养时间长于48h，因此倾注时倒入培养基的含量应为20~25mL，而非15~20mL。
7. 倾碟后将检样与琼脂混合时，可将平皿底在平面上先向一个方向旋转3~5次，然后再向反方向旋转3~5次，以充分混匀。旋转过程中不应力度过大，避免琼脂飞溅到平皿上方。混匀过程也可使用自动平皿旋转仪进行。
8. 为保证对计数培养基高压灭菌的效果，建议培养基进行高压时，500mL的三角瓶中每瓶体积不宜超过400mL；高压灭菌后，培养基中的琼脂往往会分层在底部，应摇匀后使用。
9. 倾注后的平板中的培养基凝固后，应轻轻转移到培养箱中，并将平板正置培养，而非倒置，以防霉菌孢子形成次生菌落。
10. 培养过程中，为防止中间平皿过热，高度不得超过6个平皿。

# 3 第二法 霉菌直接镜检计数法

## 3.1 操作步骤

### 3.1.1 检样的制备

取适量的检样，加蒸馏水稀释至折光系数为1.3447~1.3460（即浓度为7.9%~

8.8%），备用。

3.1.2　显微镜标准视野的校正

将显微镜按放大率 90~125 倍调节标准视野，使其直径为 1.382mm。

3.1.3　涂片

洗净郝氏即测玻片，将制好的标准液，用玻璃棒均匀的摊布于计测室，加盖玻片，以备观察。

3.1.4　观测

将制好的载玻片置于显微镜标准视野下进行观测。一般每一检样每人观察 50 个视野。同一检样应由两人进行观察。

## 3.2　结果与计算

在标准视野下，发现有霉菌菌丝其长度超过标准视野（1.382mm）的 1/6 或三根菌丝总长度超过标准视野的 1/6（即测微器的一格）时即记录为阳性（+），否则记录为阴性（–）。

## 3.3　报告

报告每 100 个视野中全部阳性视野数为霉菌的视野百分数（视野 %）。

疑难解析

**问题 1**　本方法采用的均质器为拍击式均质器或均质袋？

主要问题在于使用旋转刀均质器对样品进行均质，可能造成霉菌菌丝的切断，所以本方法中对均质方式进行了明确的规定。

**问题 2**　培养基配制过程中抗生素氯霉素如何添加？

由于氯霉素能够耐受高压灭菌，所以本方法规定用少量乙醇溶解氯霉素后加入培养基中再进行高压消毒，而不是高压灭菌后使用前再加入。该操作简化了实验步骤，减少了污染的可能性。

**问题 3**

**培养时平板应正置还是倒置?**

本方法中采用正置培养，目的是为了避免在反复观察的过程中，平板上下颠倒导致霉菌孢子扩散形成次生小菌落，而引起的菌落计数不准确。

**问题 4**

**霉菌菌落蔓延生长覆盖整个平板的可记录为菌落蔓延，而原来 2010 版记录为多不可计，如何进行理解?**

平板培养过程中遇到菌落蔓延的情况，应及时读数，如遇到从菌落正面无法准确读取菌落数的情况下，可尝试从平板的背面进行菌落的计数。而原来的 GB4789.15—2010 版中规定的菌落蔓延时记录为多不可计的方法是不准确的。如果样品遇到蔓延的菌落比较多的情况时，推荐使用孟加拉红（Rose of Bengal)，该培养基的优势主要是限制霉菌菌落的蔓延生长。缺点在于孟加拉红溶液对光敏感，易分解成一种黄色的有细胞毒作用的物质，因此在使用时应注意避光。

# 第十六章 《食品安全国家标准 食品微生物学检验 商业无菌检验》(GB 4789.26—2013)

罐头食品经过适度的热杀菌后，不含有致病性微生物，也不含有在通常温度下能在其中繁殖的非致病性微生物，这种状态称作商业无菌。罐头食品污染易出现胖听现象或内容物腐败。胖听是由于罐头内微生物活动或化学作用产生气体导致外包装凸起。内容物腐败是由泄露或再处理过程两种原因引起。泄露是由于罐头密封结构有缺陷，或由于撞击而破坏密封，或罐壁腐蚀而穿孔致使微生物侵入。其次，运输温度控制不当、改变配方、热穿透时间延长等再处理过程也可引起腐败。

商业无菌检验原理为将密封完好的罐头置于一定温度下，培养一定时间后，观察是否出现胖听情况，同时开启胖听罐和（或）未胖听罐，与未处理罐头进行比较，分析质地变化，测定 pH，并进行镜检观察，以判断罐头是否达到商业无菌。

我国规定食品商业无菌检验应按照《食品安全国家标准 食品微生物学检验 商业无菌检验》(GB 4789.26—2013）进行。本方法通过称重、保温、感官检验、pH 测定、涂片镜检等项目对食品进行检验和分析比较，判定是否符合商业无菌的要求。

# 1 检验程序

商业无菌检验程序见图 16-1。

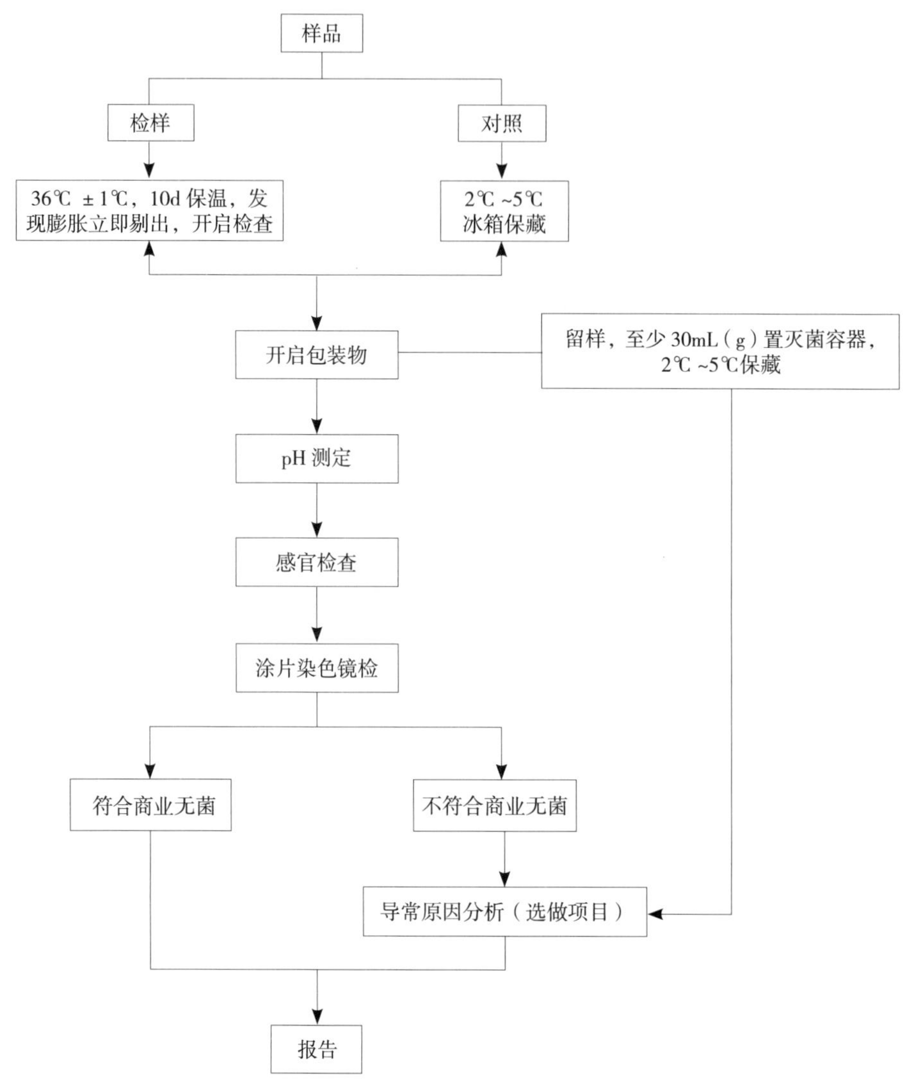


图 16-1 商业无菌检验程序

# 2 检验步骤

## 2.1 样品准备

去除表面标签，在包装容器表面用防水的油性记号笔做好标记，并记录容器、编号、产品性状、泄漏情况、是否有小孔或锈蚀、压痕、膨胀及其他异常情况。

## 2.2 称重

1kg 及以下的包装物精确到 1g，1kg 以上的包装物精确到 2g，10kg 以上的包装物精确到 10g，并记录。

## 2.3 保温

2.3.1 每个批次取 1 个样品置 2℃ ~5℃冰箱保存作为对照，将其余样品在 36℃ ±1℃下保温 10d。保温过程中应每天检查，如有膨胀或泄漏现象，应立即剔出，开启检查。

2.3.2 保温结束时，再次称重并记录，比较保温前后样品重量有无变化。如有变轻，表明样品发生泄漏。将所有包装物置于室温直至开启检查。

## 2.4 开启

2.4.1 如有膨胀的样品，则将样品先置于 2℃ ~5℃冰箱内冷藏数小时后开启。

2.4.2 如有膨胀用冷水和洗涤剂清洗待检样品的光滑面。水冲洗后用无菌毛巾擦干。以含 4% 碘的乙醇溶液浸泡消毒光滑面 15min 后用无菌毛巾擦干，在密闭罩内点燃至表面残余的碘乙醇溶液全部燃烧完。膨胀样品以及采用易燃包装材料包装的样品不能灼烧，以含 4% 碘的乙醇溶液浸泡消毒光滑面 30min 后用无菌毛巾擦干。

2.4.3 在超净工作台或百级洁净实验室中开启。带汤汁的样品开启前应适当振摇。使用无菌开罐器在消毒后的罐头光滑面开启一个适当大小的口，开罐时不得伤及卷边结构，每一个罐头单独使用一个开罐器，不得交叉使用。如样品为软包装，可以使用灭菌剪刀开启，不得损坏接口处。立即在开口上方嗅闻气味，并记录。

## 2.5 留样

开启后，用灭菌吸管或其他适当工具以无菌操作取出内容物至少 30mL（g）至灭菌容器内，保存 2℃ ~5℃冰箱中，在需要时可用于进一步试验，待该批样品得出检验结论后可弃去。开启后的样品可进行适当保存，以备日后容器检查时使用。

## 2.6 感官检查

在光线充足、空气清洁无异味的检验室中，将样品内容物倾入白色搪瓷盘内，对产品的组织、形态、色泽和气味等进行观察和嗅闻，按压食品检查产品性状，鉴别食品有无腐败变质的迹象，同时观察包装容器内部和外部的情况，并记录。

## 2.7 pH 测定

### 2.7.1 样品处理

2.7.1.1 液态制品混匀备用，有固相和液相的制品则取混匀的液相部分备用。

2.7.1.2 对于稠厚或半稠厚制品以及难以从中分出汁液的制品（如糖浆、果酱、果冻、油脂等），取一部分样品在均质器或研钵中研磨，如果研磨后的样品仍太稠厚，加入等量的无菌蒸馏水，混匀备用。

2.7.2 测定

2.7.2.1 将电极插入被测试样液中，并将 pH 计的温度校正器调节到被测液的温度。如果仪器没有温度校正系统，被测试样液的温度应调到 20℃ ±2℃的范围之内，采用适合于所用 pH 计的步骤进行测定。当读数稳定后，从仪器的标度上直接读出 pH，精确到 pH 0.05 单位。

2.7.2.2 同一个制备试样至少进行两次测定。两次测定结果之差应不超过 0.1pH 单位。取两次测定的算术平均值作为结果，报告精确到 0.05pH 单位。

2.7.3 分析结果

与同批中冷藏保存对照样品相比，比较是否有显著差异。pH 相差 0.5 及以上判为显著差异。

## 2.8 涂片染色镜检

2.8.1 涂片：取样品内容物进行涂片。带汤汁的样品可用接种环挑取汤汁涂于载玻片上，固态食品可直接涂片或用少量灭菌生理盐水稀释后涂片，待干后用火焰固定。油脂性食品涂片自然干燥并火焰固定后，用二甲苯流洗，自然干燥。同批冷藏保存对照样品与保温样品涂片方法相同。

2.8.2 染色镜检对 2.8.1 中涂片用结晶紫染色液进行单染色，干燥后镜检，至少观察 5 个视野，记录菌体的形态特征以及每个视野的菌数。与同批冷藏保存对照样品相比，判断是否有明显的微生物增殖现象。菌数有百倍或百倍以上的增长则判为明显增殖。

# 3 结果报告

样品经保温试验未出现泄漏：保温后开启，经感官检验、pH 测定、涂片镜检，确证无微生物增殖现象，则可报告该样品为商业无菌。

样品经保温试验出现泄漏：保温后开启，经感官检验、pH 测定、涂片镜检，确证有微生物增殖现象，则可报告该样品为非商业无菌。

若需核查样品出现膨胀、pH 或感官异常、微生物增殖等原因，可取样品内容物的留样按照 GB4789.26—2013 中附录 B 进行接种培养并报告。若需判定样品包装容器是否出现泄漏，可取开启后的样品按照 GB 4789.26—2013 中附录 B 进行密封性检查并报告。

操作要点与注意事项

1. 使用无菌开罐器在消毒后的罐头光滑面开启一个适当大小（不能太大也不能太小，以刚好能取出内容物为准）的口，开罐时不得伤及卷边结构，每一个罐头单独使用一个开罐器，不得交叉使用。如样品为软包装，可以使用灭菌剪刀在软包装的平滑面开启，不得损坏接口处及喷码。
2. 严重膨胀样品可能会发生爆炸，喷出有毒物。可以采取在膨胀样品上盖一条灭菌毛巾或者用一个无菌漏斗倒扣在样品上等预防措施来防止这类危险的发生。
3. 取用或转移严重胖听或胀包的样品应做好防护，佩戴眼罩、防护面具等工具。
4. 对于有条件的实验室，还可以对确定有微生物繁殖的样罐，采用相关设备进行减压或加压试漏检验。
5. 一般情况下，罐头食品经适当的热处理后足以使罐头食品达到商业无菌的程度，无需进行完全灭菌（即完全不存在活菌），因为要达到完全灭菌，需要温度高达 121℃以上并保持较长时间，这样会造成罐头的香味消散、色泽和坚实度改变以及营养成分损失。另外，在商业无菌罐头中可能存在耐高温的无毒的嗜热芽孢杆菌，在适当的加工和储藏条件下处于休眠状态（不繁殖），不会导致食品质量与安全问题。
6. 如果需要核查“非商业无菌”的原因，可以委托有相关资质的实验室进行检测。

疑难解析

## 问题 1　如何确定放入培养箱的检验量？

首先查找产品标准，如果产品标准上没有规定，再查找产品（如罐头 / 饮料）生产卫生规范，如果也没有，就取 1 个样品放到保温箱中进行培养。若需核查样品出现膨胀、pH 或感官异常、微生物增殖等原因，需要足够多的留样来支撑数据的准确性，检验量建议参照美国 FDA《细菌学分析手册》(BAM)，如果异常现象原因明显，可能需要 4~6 个包装（袋或罐）；在某些不确定原因的情况下，可能需要 10~50 个包装（袋或罐）。

**问题 2** 开启样品时为什么不可以伤及卷边结构或软包装的接口处？

因为罐头出现胖听罐，最有可能的原因就是包装卷边出现问题，所以保留好卷边对追溯原因有非常重要的意义。

**问题 3** 涂片染色镜检中只用结晶紫染色液单染色就可以吗？

可以。因为不需要区分革兰阴性菌还是革兰阳性菌，只需要关注增殖情况，所以单步染色就可以。

**问题 4** 标准中“保温结束”是指保温 10 天结束，中间发现膨胀是否算保温结束？

只要从保温箱中拿出来就算保温结束。

**问题 5** 有些样品，经感官检验、涂片镜检，均未发现微生物增殖，但 pH 测定，前后相差大于 0.5，那结果是“商业无菌”，还是“非商业无菌”？

这种情况应判为“商业无菌”。

**问题 6** 在 2.3.2 中“如有变轻，表明样品发生泄漏”，数量变化多少可判为有明显差异？

一般是称量精度的 2 倍以上判为有明显差异。

# 第十七章

# 《食品安全国家标准 食品微生物学检验 培养基和试剂的质量要求》（GB 4789.28—2013）

在进行食品微生物的常规培养检验过程中，需要使用培养基和试剂对微生物进行分离、培养、鉴定、保藏和（或）对各种微生物进行计数。因此，培养基及试剂的质量对保证实验结果的准确性、科学性具有重要的意义。随着科技的进步和发展，越来越多的培养基与试剂进入商品化、标准化的大规模生产。适宜的培养基制备方法、贮藏条件和质量控制试验显得尤为重要，也是生产和提供优质培养基的基本保证。

我国对培养基及试剂的质量控制要求起步较晚，除《中华人民共和国药典》中要求对培养基及试剂进行适用性检查及个别行业制定了本行业的标准外，对食品微生物检验的培养基及试剂的质量一直缺少国家标准及量化的质量评价指标。

ISO（国际标准化组织）于 2003 年颁布了 ISO 11133–1 及 ISO 11133–2《食品和动物饲料的微生物学试验培养基制备和生产指南》和《培养基的性能测试指南》。其后，又分别在 2009 年、2011 年、2014 年对该标准进行了修订。目前 ISO 现行有效的培养基质量控制标准为 ISO 11133：2014《食品、动物和水微生物学 – 培养基的制备、生产、储存和性能测试》。

为确保食品微生物检验结果的准确性、公正性和科学性，并与国际标准接轨，国家卫计委依据国内外的相关标准对 GB 4789.28 进行了编制与修订，并于 2013 年颁布了《食品安全国家标准 食品微生物学检验 培养基和试剂的质量要求》（GB 4789.28—2013）。该标准对食品微生物检测中使用的培养基的制备、性能测试方法、质量评价指标作了量化要求，从而建立了对培养基及试剂质量控制的标准流程，为确保食品微生物实验的质量提供了必要的保证。

# 1　术语和定义

## 1.1　质量控制

为满足质量要求所采取的技术操作和活动。

## 1.2　培养基或试剂的批量

培养基或试剂完整的可追溯单位，是指满足产品要求（内部控制）和性能测试，产品型号和质量稳定的一定量的半成品或成品。这些产品在特定的生产周期生产，而且编号相同。

## 1.3　培养基及试剂的性能

在特定条件下培养基对测试菌株的反应。

## 1.4　培养基

液体、半固体或固体形式的、含天然或合成成分，用于保证微生物繁殖（含或不含某类微生物的抑菌剂）、鉴定或保持其活力的物质。

## 1.5　纯化学培养基

由已知分子结构和纯度的化学成分配制而成的培养基。

## 1.6　未定义和部分定义的化学培养基

全部或部分由天然物质、加工过的物质或其他不纯的化学物质构成的培养基。

## 1.7　固体培养基

在液体培养基中加入一定量固化物（如琼脂、明胶等），加热至100℃溶解，冷却后凝固成固体状态的培养基。

倾注到平皿内的固体培养基一般称之为“平板”；倒入试管并摆放成斜面的固体培养基，当培养基凝固后通常称作“斜面”。

## 1.8　半固体培养基

在液体培养基中加入极少量固化物（如琼脂、明胶等），加热至100℃溶解，冷却后凝固成半固体状态的培养基。

## 1.9　运输培养基

在取样后和实验室处理前，保护和维持微生物活性且不允许明显增殖的培养基。运输培养基中通常不允许包含使微生物增殖的物质，但是培养基应能保护菌株（如缓冲甘油－氯化钠溶液运输培养基）。

## 1.10　保藏培养基

用于在一定期限内保护和维持微生物活力，防止长期保存对其的不利影响，或使其在长期保存后容易复苏的培养基(如营养琼脂斜面)。

1.11 悬浮培养基

将测试样本的微生物分散到液相中，在整个接触过程中不产生增殖或抑制作用(如磷酸盐缓冲液)。

1.12 复苏培养基

能够使受损或应激的微生物修复，使微生物恢复正常生长能力，但不一定促进微生物繁殖的培养基。

1.13 增菌培养基

通常为液体培养基，能够给微生物的繁殖提供特定的生长环境。

1.14 选择性增菌培养基

能够允许特定的微生物在其中繁殖，而部分或全部抑制其他微生物生长的培养基(如 TTB 培养基)。

1.15 非选择性增菌培养基

能够保证多种微生物生长的培养基(如营养肉汤)。

1.16 分离培养基

支持微生物生长的固体或半固体培养基。

1.17 选择性分离培养基

支持特定微生物生长而抑制其他微生物生长的分离培养基(如 XLD 琼脂)。

1.18 非选择性分离培养基

对微生物没有选择性抑制的分离培养基(如营养琼脂)。

1.19 鉴别培养基(特异性培养基)

能够进行一项或多项微生物生理和(或)生化特性鉴定的培养基(如麦康凯琼脂)。

**注：**能够用于分离培养的鉴别培养基被称作分离(鉴别)培养基(如 XLD 琼脂)。

1.20 鉴定培养基

能够产生一个特定的鉴定反应而通常不需要进一步确证实验的培养基(如乳糖发酵管)。

**注：**用于分离的鉴定培养基被称为分离(鉴定)培养基。

1.21 计数培养基

能够对微生物定量的选择性(如 MYP 琼脂)或非选择性培养基(如平板计数琼脂)。

**注：**计数培养基可包含复苏和(或)增菌培养基的特性。

### 1.22 确证培养基

在初步复苏、分离和（或）增菌阶段后对微生物进行部分或完全鉴定或鉴别的培养基（如 BGLB 肉汤）。

### 1.23 商品化即用型培养基

以即用形式或融化后即用形式置于容器（例如平皿、试管或其他容器）内供应的液体、固体或半固体培养基：

——完全可即用的培养基；

——需重新融化的培养基（如用于平板倾注技术）；

——使用前需重新融化并分装（如倾注到平皿）的培养基；

——使用前需重新融化，添加物质并分装的培养基（如 TSC 培养基和 Baird Parker 琼脂）。

### 1.24 商品化脱水合成培养基

使用前需加水和进行处理的干燥培养基，如粉末、小颗粒、冻干等形式：

——完全培养基；

——不完全培养基，使用的时候需加入添加剂。

### 1.25 自制培养基

依据完整配方的具体成分配制的培养基。

### 1.26 试剂

用于食品微生物检验的染色剂和培养基配套试剂。

### 1.27 测试菌株

通常用于培养基性能测试的微生物。

**注：**测试菌株根据其来源不同（见 1.28–1.31）可进行进一步定义。

### 1.28 标准菌株

直接从官方菌种保藏机构获得并至少定义到属或种的水平的菌株。按菌株特性进行分类和描述，最好来源于食品或水的菌株。

### 1.29 标准储备菌株

将标准菌株在实验室转接一代后得到的一套完全相同的独立菌株。

### 1.30 储备菌株

从标准储备菌株转接一代获得的培养物。

### 1.31 工作菌株

由标准储备菌株、储备菌株或标准物质（经证明或未经证明）转接一代获得的菌株。

**注**：标准物质是指在均一固定的浓度中含有具活性的定量化菌种，经证明的标准物是指其浓度已经证明。

# 2 培养基及试剂质量保证

## 2.1 证明文件

### 2.1.1 生产企业提供的文件

生产企业应提供以下资料（可提供电子文本）：

——培养基或试剂的各种成分、添加成分名称及产品编号；

——批号；

——最终 pH（适用于培养基）；

——储存信息和有效期；

——标准要求及质控报告（最好为第三方检测报告）；

——必要的安全和（或）危害数据。

### 2.1.2 产品的交货验收

对每批产品，应记录接收日期，并检查：

——产品合格证明；

——包装的完整性；

——产品的有效期；

——文件的提供。

## 2.2 贮存

### 2.2.1 一般要求

应严格按照供应商提供的贮存条件、有效期和使用方法进行培养基和试剂的保存和使用。

### 2.2.2 脱水合成培养基及其添加成分的质量管理和质量控制

脱水合成培养基一般为粉状或颗粒状形式包装于密闭的容器中。用于微生物选择或鉴定的添加成分通常为冻干物或液体。培养基的购买应有计划，以利于存货的周转（即掌握先购先用的原则）。实验室应保存有效的培养基目录清单，清单应包括以下内容：

——容器密闭性检查；

——记录首次开封日期；

——内容物的感官检查。

开封后的脱水合成培养基，其质量取决于贮存条件。通过观察粉末的流动性、均匀性、结块情况和色泽变化等判断脱水培养基的质量的变化。若发现培养基受潮或物理性状发生明显改变则不应再使用。

2.2.3　商品化即用型培养基和试剂

应严格按照供应商提供的贮存条件、有效期和使用方法进行保存和使用。

2.2.4　实验室自制的培养基

在保证其成分不会改变条件下保存，即避光、干燥保存，必要时在5℃ ±3℃冰箱中保存，通常建议平板不超过2~4周，瓶装及试管装培养基不超过3~6个月，除非某些标准或实验结果表明保质期比上述的更长。

除非某些标准或实验结果表明保质期更长，建议需添加不稳定添加剂的培养基应即配即用；含有活性化学物质或不稳定性成分的固体培养基也应即配即用，不可二次融化。

培养基的贮存应建立经验证的有效期。观察培养基是否有颜色变化、蒸发（脱水）或微生物生长的情况，当培养基发生这类变化时，应禁止使用。

## 2.3　培养基的实验室制备

2.3.1　一般要求

正确制备培养基是微生物检验的最基础步骤之一，使用脱水培养基和其他成分，尤其是含有有毒物质（如胆盐或其他选择剂）的成分时，应遵守良好的实验室规范和遵照生产厂商提供的使用说明。

培养基的不正确制备会导致培养基出现质量问题。

使用商品化脱水合成培养基制备培养基时，应严格按照厂商提供的使用说明配制。如重量（体积）、pH、制备日期、灭菌条件和操作步骤等。

实验室使用各种基础成分制备培养基时，应按照配方准确配制，并记录相关信息，如培养基名称和类型及试剂级别、每个成分物质含量、制造商、批号、pH、培养基体积（分装体积）、无菌措施（包括实施的方式、温度及时间）、配置日期、人员等，以便溯源。

2.3.2　水

实验用水的电导率在25℃时不应超过25μS/cm（相当于电阻率≥0.4MΩcm），除非另有规定要求。

水的微生物污染不应超过$10^3$CFU/mL。应按GB 4789.2，采用平板计数琼脂培养基，在36℃ ±1℃下培养48h ± 2h，定期检查微生物污染。

2.3.3 称重和溶解

小心称量所需量的脱水合成培养基(必要时佩戴口罩或在通风柜中操作，以防吸入含有有毒物质的培养基粉末，建议优先选择颗粒培养基)，先加入适量的水，充分混合(注意避免培养基结块)，然后加水至所需的量后适当加热，并重复或连续搅拌使其快速分散，必要时应完全溶解。含琼脂的培养基在加热前应浸泡几分钟。

2.3.4 pH 的测定和调整

用 pH 计测 pH，必要时在灭菌前进行调整，除特殊说明外，培养基灭菌后冷却至 25℃时，pH 应在标识 pH ± 0.2 范围内。一般使用 1mol/L 的氢氧化钠或盐酸溶液在灭菌前调整培养基的 pH。

2.3.5 分装

将配好的培养基分装到适当的容器中，容器的体积应比培养基体积最少大 20%。

2.3.6 灭菌

2.3.6.1 一般要求

培养基应采用湿热灭菌或过滤除菌法。

某些培养基不能或不需要高压灭菌，可采用煮沸灭菌，如 SC 肉汤等特定的培养基中含有对光和热敏感的物质，煮沸后应迅速冷却，避光保存；有些试剂则不需灭菌，可直接使用。

2.3.6.2 湿热灭菌

湿热灭菌在高压锅或培养基制备器中进行，高压灭菌一般采用 121℃ ± 3℃灭菌 15min，具体培养基按食品微生物学检验标准中的规定进行灭菌。培养基体积不应超过 1000mL，否则灭菌时可能会造成过度加热。所有的操作应按照标准或使用说明的规定进行。

灭菌效果的控制是关键问题。

加热后采用适当的方式冷却，以防加热过度。这对于大容量和敏感培养基十分重要，例如含有煌绿的培养基。

2.3.6.3 过滤除菌

过滤除菌可在真空或加压的条件下进行。使用孔径为 0.22μm 的无菌设备和滤膜。消毒过滤设备的各个部分或使用预先消毒的设备。一些滤膜上附着有蛋白质或其他物质(如抗生素)，为了达到有效过滤，应事先将滤膜用无菌水润湿。

2.3.6.4 检查

应对经湿热灭菌或过滤除菌的培养基进行检查，尤其要对 pH、色泽、灭菌效果和均匀度等指标进行检查。

#### 2.3.7 添加成分的制备

制备含有有毒物质的添加成分（尤其是抗生素）时应小心操作（必要时在通风柜中操作），避免因粉尘的扩散造成实验人员过敏或发生其他不良反应。

制备溶液时应按产品使用说明操作。不要使用过期的添加剂。

抗生素工作溶液应现用现配；批量配制的抗生素溶液可分装后冷冻贮存，但解冻后的贮存溶液不能再次冷冻。

厂商应提供冷冻对抗生素活性影响的有关资料，也可由使用者自行测定。

### 2.4 培养基的使用

#### 2.4.1 琼脂培养基的融化

将培养基放到沸水浴中或采用有相同效果的方法（如高压锅中的层流蒸汽）使之融化。经过高压的培养基应尽量减少重新加热时间，融化后避免过度加热。融化后应短暂（如 2min）置于室温中以避免玻璃瓶破碎。

融化后的培养基放入 50℃ ±1℃的恒温水浴锅中冷却保温，直至使用，培养基达到 50℃的时间与培养基的品种、体积、数量有关。融化后的培养基应尽快使用，放置时间一般不应超过 4h。未用完的培养基不能重新凝固留待下次使用。敏感的培养基尤应注意，融化后保温时间应尽量缩短，如有特定要求可参考指定的标准。

#### 2.4.2 培养基的脱氧

必要时，将培养基在使用前放到沸水浴或蒸汽浴中加热 15min；加热时松开容器的盖子；加热后盖紧，并迅速冷却至使用温度（如 FT 培养基）。

#### 2.4.3 添加成分的加入

对热不稳定的添加成分应在培养基冷却至 50℃时再加入。无菌的添加成分在加入前应先放置到室温，避免冷的液体造成琼脂凝结或形成片状物。将加入添加成分的培养基缓慢充分混匀，尽快分装到待用的容器中。

#### 2.4.4 平板的制备和储存

倾注融化的培养基到平皿中，使之在平皿中形成厚度至少为 3mm（直径 90mm 的平皿，通常要加入 18~20mL 琼脂培养基）。将平皿盖好后放到水平平面使琼脂冷却凝固。

在平板底部或侧边做好标记，标记的内容包括名称、制备日期和（或）有效期。也可使用适宜的培养基编码系统进行标记。

如果平板需储存，或者培养时间超过 48h 或培养温度高于 40℃，则需要倾注更多的培养基。凝固后的培养基应立即使用或密封存放于 5℃ ±3℃冰箱中，以防止培养基成分的改变。

为了避免冷凝水的产生，平板应冷却后再装入袋中。储存前不要对培养基表面进行干燥处理。

对于采用表面接种形式培养的固体培养基，应先对琼脂表面进行干燥：揭开平皿盖，将平板倒扣于烘箱或培养箱中（温度设为 25℃ ~50℃）；或放在有对流的无菌净化台中，直到培养基表面的水滴消失为止。注意不要过度干燥。商品化的平板琼脂培养基应按照厂商提供的说明使用。

### 2.5 培养基的弃置

所有污染和未使用的培养基的弃置应采用安全的方式，并且要符合相关法律法规的规定。

## 3 质控菌株的保藏及使用

### 3.1 一般要求

为成功保藏及使用菌株，不同菌株应采用不同的保藏方法，可选择使用冻干保藏、利用多孔磁珠在 -70℃保藏、使用液氮保藏或其他有效的保藏方法。

### 3.2 商业来源的质控菌株

对于从标准菌种保藏中心或其他经有效认证的商业机构获得原包装的质控菌株，复苏和使用应按照制造商提供的使用说明进行。

### 3.3 实验室制备的标准储存菌株

用于性能测试的标准储存菌株，在保存和使用时应注意避免交叉污染，减少菌株突变或发生典型的特性变化。

标准储备菌株应制备多份，并采用超低温（-70℃）或冻干的形式保存。在较高温度下贮存时间应缩短。

标准储存菌株用作培养基的测试菌株时应在文件中充分描述其生长特性。

### 3.4 储存菌株

储存菌株通常从冻干或超低温保存的标准储存菌株进行制备。

制备储存菌株应避免导致标准储存菌株的交叉污染和（或）退化。

制备储存菌株时，应将标准储存菌株制成悬浮液转接到非选择培养基中培养，以获得特性稳定的菌株。

对于商业来源的菌株，应严格按照制造商的说明执行。

### 3.5 工作菌株

工作菌株由储存菌株或标准储存菌株制备。

工作菌株不应用来制作标准菌株、标准储存菌株或储存菌株。

# 4　培养基和试剂的质量要求

## 4.1　基本要求

### 4.1.1　培养基和试剂

培养基和试剂的质量由基础成分的质量、制备过程的控制、微生物污染的消除及包装和储存条件等因素所决定。

供应商或制备者应确保培养基和试剂的理化特性满足相关标准的要求，以下特性的质量评估结果应符合相应的规定：

——分装的量和（或）厚度；

——外观，色泽和均一性；

——琼脂凝胶的硬度；

——水分含量；

——20℃ ~25℃的 pH；

——缓冲能力；

——微生物污染。

对培养基和试剂的各种成分、添加剂或选择剂应进行适当的质量评价。

### 4.1.2　基础成分

国家标准中提到的培养基通常可以直接使用。但因其中一些培养基成分质量不稳定，可允许对其用量进行适当的调整，如：

——根据营养需要改变蛋白胨、牛肉浸出物、酵母浸出物的用量；

——根据所需凝胶作用的效果改变琼脂的用量；

——根据缓冲要求决定缓冲物质的用量；

——根据选择性要求决定胆盐、胆汁抽提物和脱氧胆酸盐、抗菌染料的用量；

——根据抗生素的效价决定其用量。

## 4.2　微生物学要求

### 4.2.1　概论

培养基和试剂应达到标准“附录 D”质量控制标准的要求，其性能测试方法按标准 5.1 执行。

实验室使用商品化培养基和试剂时，应保留生产商按 2.1.1 提供的资料，并制定验收程序，如需进行验证，可按标准 5.2 执行，并应达到“附录 E”质量控制标准要求。

4.2.2 微生物污染的控制

本条款只适用于即用型培养基。

按批量的不同选择适量的培养基在适当条件下培养，测定其微生物污染。

生产商应根据每种平板或液体培养基的数量，规定或建立其污染限值，并记录培养基成分、制备要素和包装类型。

分别从初始和最终制备的培养基中抽取或制备至少一个（或 1%）平板或试管，置于 37℃培养 18h 或按特定标准中规定的温度时间进行培养。

4.2.3 生长特性

4.2.3.1 一般要求

选择下列方法对每批成品培养基或试剂进行评价：

——定量方法；

——半定量方法；

——定性方法。

采用定量方法时，应使用参考培养基（见“附录 D”）进行对照。

采用半定量和定性方法时，使用参考培养基或能得到“阳性”结果的培养基进行对照有助于结果的解释。

参考培养基应选择近期批次中质量良好的培养基或是来自其他供应商的具有长期稳定性的批次培养基或即用型培养基。

4.2.3.2 测试菌株

测试菌株是具有其代表种的稳定特性并能有效证明实验室特定培养基最佳性能的一套菌株。

测试菌株主要购置于标准菌种保藏中心，也可以是实验室自己分离的具有良好特性的菌株。

实验室应检测和记录标准储备菌株的特性；或选择具有典型特性的新菌株，使用时应引起注意。

最好使用从食品或水中分离的菌株。

对不含指示剂或选择剂的培养基，只需采用一株阳性菌株进行测试。

对含有指示剂或选择剂的培养基或试剂，应使用能证明其指示或选择作用的菌株进行试验；复合培养基（如需要加入添加成分的培养基）需要以下列菌株进行验证：

——具典型反应特性的生长良好的阳性菌株；

——弱阳性菌株（对培养基中选择剂等试剂敏感性强的菌株）；

——不具有该特性的阴性菌株；

——部分或完全受抑制的菌株。

4.2.3.3 生长率

按规定用适当方法将适量测试菌株的工作培养物接种至固体、半固体和液体培养基中。

每种培养基上菌株的生长率应达到所规定的最低限值（见“附录 D”“附录 E”）。

4.2.3.4 选择性

为定量评估培养基的选择性，应按照规定以适当方法将适量测试菌株的工作培养物接种至选择性培养基和参考培养基中，培养基的选择性应达到规定值（见“附录 D”“附录 E”）。

4.2.3.5 生理生化特性（特异性）

确定培养基的菌落形态学、鉴别特性和选择性，或试剂的鉴别特性，以获得培养基或试剂的基本特性（见“附录 D”“附录 E”）。

4.2.3.6 性能评价和结果解释

若按照规定的所有测试菌株的性能测试达到标准，则该批培养基或试剂的性能测试结果符合规定。

若基本要求和微生物学要求均符合规定，则该批培养基或试剂可被接受。

# 5 培养基和试剂性能测试方法

## 5.1 生产商及实验室自制培养基和试剂的质量控制的测试方法

### 5.1.1 非选择性分离和计数固体培养基的目标菌生长率定量测试方法

5.1.1.1 平板的制备与保存

倾注融化的培养基到平皿中，使之在平皿中形成一个至少 3mm 厚的琼脂层（直径 90mm 的平皿通常要加入 18~20mL 琼脂培养基），需添加试剂的培养基，应使培养基冷却至 50℃后才添加试剂。倾注后将平板放到水平平面，使琼脂冷却凝固。凝固后的培养基应立即使用或封袋存放于 2℃ ~8℃冰箱中，在有效期内使用。使用前应对琼脂表面进行干燥，但应注意不要过度干燥。

5.1.1.2 工作菌悬液的制备

将标准储备菌株接种到非选择性肉汤培养过夜或采用其他方法，制备 10 倍系列稀释的菌悬液。生长率测试常用每平板的接种水平为 20~200CFU。

5.1.1.3 接种

选择合适稀释度的工作菌悬液 0.1mL，均匀涂布接种于待测平板和参比平板。每一稀释度接种两个平板。可使用螺旋平板法或倾注法进行接种，并按标准规定的培养条件培养平板。

5.1.1.4 计算

选择菌落数适中的平板进行计数，按下列式（1）计算生长率。

$$P_R=\frac{Ns}{N_0} \quad \cdots\cdots (1)$$

式中：

$P_R$——生长率；

Ns——待测培养基平板上得到的菌落总数；

$N_0$——参比培养基平板上获得的菌落总数（该菌落总数应≥ 100CFU）。

参比培养基的选择：一般细菌采用 TSA，一般霉菌和酵母采用沙氏葡萄糖琼脂，对营养有特殊要求的微生物采用适合其生长的不含抑菌剂或抗生素的培养基。

5.1.1.5 结果解释

目标菌在培养基上应呈现典型的生长。非选择性分离和计数固体培养基上目标菌的生长率应不小于 0.7。

5.1.2 选择性分离和计数固体培养基的测试方法

5.1.2.1 目标菌生长率定量测试方法

5.1.2.1.1 平板的制备与保存

按照标准 5.1.1.1 中要求进行。

5.1.2.1.2 工作菌悬液的制备

按照标准 5.1.1.2 中要求进行。

5.1.2.1.3 接种

按照标准 5.1.1.3 中要求进行。

5.1.2.1.4 计算

按照标准 5.1.1.4 中要求进行。

5.1.2.1.5 结果解释

目标菌在培养基上应呈现典型的生长。

选择性分离固体培养基上目标菌的生长率一般不小于 0.5，最低应为 0.1。

选择性计数固体培养基上目标菌的生长率一般不小于 0.7。

5.1.2.2 非目标菌（选择性）半定量测试方法

5.1.2.2.1 平板的制备与保存

按照标准 5.1.1.1 中要求进行。

5.1.2.2.2　工作菌悬液的制备

将标准储备菌株接种到非选择性肉汤培养过夜作为工作菌悬液。

5.1.2.2.3　接种

用 1μL 接种环取选择性测试工作菌悬液 1 环，在待测培养基表面划六条平行直线（如图 17–1），同时接种两个平板，划线时可在培养基下面放一个模板图，按标准规定的培养条件培养平板。

操作时用接种环而不用接种针，接种环应完全浸入培养基中。取一满环接种物，将接种环接触容器边缘 3 次可去除多余的液体。划线时，接种环与琼脂平面的角度应为 20°~30°。接种环压在琼脂表面的压力和划线速度前后一致，整个划线应快速连续，移取液体培养物时应将接种环伸入培养液下部分以防止环上产生气泡或泡沫。

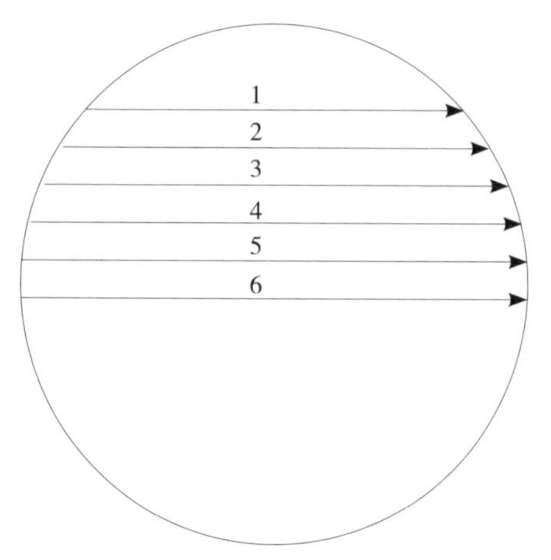


图 17–1　非目标菌半定量划线法接种模式图

5.1.2.2.4　计算

培养后按以下方法对培养基计算生长指数 G。

每条有比较稠密菌落生长的划线则 G 为 1，每个培养皿上最多为 6 分。

如果仅一半的线有稠密菌落生长，则 G 为 0.5。

如果划线上没有菌落生长、生长量少于划线的一半或菌落生长微弱，则 G 为 0。

记录每个平板的得分总和便得到 G。

同时接种两个平板，计算平均 G 值。

5.1.2.2.5　结果解释

非目标菌的生长指数 G 一般小于或等于 1，至少应达到小于 5。

5.1.2.3　非目标菌（特异性）定性测试方法

5.1.2.3.1　平板的制备与保存

按照标准 5.1.1.1 中要求进行。

5.1.2.3.2　工作菌悬液的制备

按照标准 5.1.1.2 中要求进行。

5.1.2.3.3　接种

用 1μL 接种环取测试菌培养物在测试培养基表面划平行直线。并按标准规定的培养条件培养平板。

5.1.2.3.4 结果解释

非目标菌应有典型的菌落外观、大小和形态。

5.1.3 非选择性增菌培养基的半定量测试方法

5.1.3.1 培养基的制备

将培养基分装试管，每管 10mL。

5.1.3.2 工作菌悬液的制备

将标准储备菌株接种到非选择性肉汤培养过夜或采用其他制备方法，制备 10 倍系列稀释的菌悬液。

5.1.3.3 接种

在装有待测培养基的试管中接种 10~100CFU 的目标菌，每管接种量为 1mL，接种两个平行管。同时将 1mL 菌悬液（与试管接种同一稀释度）倾注平板，接种两个平板，作接种量计数用。按标准方法中规定的培养时间和温度进行培养（如增菌时间为 8h 以下，需取 10μL 培养后的增菌液倾注到适合的培养基中，再按适合的培养时间和温度进行培养）。

5.1.3.4 结果解释

用目测的浊度值（如 0~2）评估培养基：

——0 表示无混浊；

——1 表示很轻微的混浊；

——2 表示严重的混浊。

目标菌的浊度值应为 2。

有时可以观察到微生物生长后聚集成细胞团，沉积在试管或瓶子底部，发生这种情况时，小心振荡试管后再进行观察。

如增菌 8h 以下，10μL 增菌液培养计数结果参照标准“附录 D”培养基质量控制标准。

5.1.4 选择性增菌培养基的半定量测试方法

5.1.4.1 培养基的制备

将培养基分装试管，每管 10mL。

5.1.4.2 工作菌悬液的制备

按照标准 5.1.3.2 中要求进行。

5.1.4.3 接种

5.1.4.3.1 混合菌的接种

在装有待测培养基的试管中接种 10~100CFU 的目标菌（特殊接菌量参照标准“附录 D”培养基质量控制标准），并接种 1000~5000CFU 的非目标菌，接种总量为 1mL，同时接种两个平行管，混匀。同时分别将目标菌菌悬液（与试管接种同一稀释度）和非目标菌菌悬液（比试管接种小 10~100 倍稀释度）1mL 倾注平板，接种两个平板，作接种量计数用。按标准方法中规定的培养时间和温度进行培养。

5.1.4.3.2　非目标菌的接种

在装有待测培养基的试管中接种 1000~5000CFU 的非目标菌，接种量为 1mL，同时接种两个平行管，混匀。按标准方法中规定的培养时间和温度进行培养。

5.1.4.4　培养液的接种

5.1.4.4.1　混合菌培养液的接种

用 10μL 接种环取 1 环经培养后的混合菌培养液，划线接种到特定的选择性平板上，同时每管接种一个平板。按标准方法中规定的培养时间和温度进行培养。

5.1.4.4.2　非目标菌培养液的接种

吸取 10μL 经培养后的非目标菌培养液，均匀涂布接种到非选择性平板（如 TSA）上。同时每管接种一个平板。可使用倾注法进行接种，并按标准规定的培养条件培养平板。

5.1.4.5　计算和结果解释

目标菌在选择性平板上的菌落应 >10CFU，则表示待测液体培养基的生长率良好；非目标菌在非选择性平板上的菌落数应 <100CFU，则表示待测液体培养基的选择性为良好。

5.1.5　选择性液体计数培养基的半定量测试方法

5.1.5.1　培养基的制备

将培养基分装试管，每管 10mL。

5.1.5.2　工作菌悬液的制备

按照标准 5.1.3.2 中要求进行。

5.1.5.3　接种

5.1.5.3.1　目标菌的接种

在装有待测培养基的试管中接种 10~100CFU 的目标菌，接种总量为 1mL，同时接种两个平行管，混匀。同时将 1mL 菌悬液（与试管接种同一稀释度）倾注平板，接种两个平板，作接种量计数用。按标准方法中规定的培养时间和温度进行培养。

5.1.5.3.2　非目标菌的接种

在装有待测培养基的试管中接种 1000~5000CFU 的非目标菌，接种总量为 1mL，同时接种两个平行管，混匀。同时将 1mL 菌悬液（比试管接种小 10~100 倍稀释度）倾注平板，接种两个平板，作接种量计数用。按标准方法中规定的培养时间和温度进行培养。

5.1.5.4 结果解释

用目测的浊度值（如 0~2）评估培养基：

——0 表示无混浊；

——1 表示很轻微的混浊；

——2 表示严重的混浊。

并记录小导管收集气体的体积比。

目标菌的浊度值应为 2，产气应为 1/3 或以上；非目标菌的浊度值应为 0 或 1，无产气现象。

**注：**有时可以观察到微生物生长后聚集成细胞团，沉积在试管或瓶子底部，发生这种情况时，小心振荡试管后再进行观察。

5.1.6 悬浮培养基和运输培养基的定量测试方法

5.1.6.1 培养基的制备

将培养基分装试管，每管 10mL（有特殊要求的可选用 5mL）。

5.1.6.2 目标菌工作菌悬液的制备

按照标准 6.1.3.2 中要求进行。

5.1.6.3 接种

在装有待测培养基的试管中接种 100~1000CFU 的目标菌，同时接种两个平行管，混匀后，立即吸取 1mL 待测培养基混合液，参照标准“附录 F”培养基质量控制标准选用相应的培养基倾注平板，每管待测培养基接种一个平板。按标准方法中规定的培养时间和温度培养后，进行菌落计数。

剩余已接种菌液的待测培养基置 20℃ ~25℃放置 45min 后；再吸取 1mL 倾注平板，每管培养基接种一个平板，按标准方法中规定的培养时间和温度培养后，进行菌落计数。如保存条件有特殊要求的待测培养基，参照标准“附录 F”培养基质量控制标准要求放置或培养后再进行菌落计数。

5.1.6.4 结果观察与解释

待测培养基中的菌落数变化应在 ±50% 内。

5.1.7 Mueller–Hinton 血琼脂的纸片扩散测试方法（定性测试方法）

5.1.7.1 平板的制备与保存

倾注融化的培养基到平皿中，使之在平皿中形成一个厚度为 4~5mm 的琼脂层。倾注后将平板放到水平平面，使琼脂冷却凝固。凝固后的培养基应立即使用或存放于暗处和（或）5℃ ±3℃冰箱的密封袋中，在有效期内使用。使用前应可将平板置 35℃温箱中或置室温层流橱中对琼脂表面进行干燥，培养基表面应湿润，但不能有水滴，培养皿也不应有水滴。

5.1.7.2　质控菌株的复苏

将质控菌株接种到血平板上，按标准方法中规定的培养时间和温度进行培养。检查纯度合格后，用于质控工作菌悬液的制备。

5.1.7.3　质控菌工作菌悬液的制备

将纯度满意的质控菌株培养物悬浮于 TSB 肉汤中，并调整浊度为 0.5 麦氏标准（约 $1 \times 10^8$~$2 \times 10^8$CFU/mL）。

5.1.7.4　接种

用涂布法将质控工作菌悬液接种于 MH 平板上，并贴上相应的抗生素纸片（每平板最多贴 6 片），将平板翻转后按标准方法中规定的培养时间和温度进行培养。调整菌悬液浊度与接种所有平板间的时间间隔不要超过 15min。

5.1.7.5　结果观察与解释

在无反射黑色背景下，观察有无抑菌环。结果解释参照 GB 4789.28—2013 中“附录 D”表 D.7。

5.1.8　鉴定培养基的测试方法

5.1.8.1　液体培养基

5.1.8.1.1　培养基的制备

将培养基分装试管，再进行灭菌和添加试剂。

5.1.8.1.2　工作菌悬液的制备

将标准储备菌株接种到非选择性肉汤中或采用其他制备方法，制备成 5 McFarland 浊度（约 $10^9$CFU/mL）的菌悬液。

5.1.8.1.3　接种

吸取 0.05~0.08mL（约 1~2 滴）至待测培养基内，按标准方法中规定的培养时间和温度进行培养。

5.1.8.1.4　结果观察与解释

需加指示剂的试验在微生物生长良好的情况下，按顺序加入指示剂，再观察结果。结果解释参照 GB 4789.28—2013 中“附录 D”表 D.8。

5.1.8.2　半固体培养基

5.1.8.2.1　培养基的制备

将培养基分装试管。灭菌后竖立放置，冷却后备用。

5.1.8.2.2　接种

取新鲜质控菌株斜面，用接种针挑取菌苔穿刺接种至待测培养基内。按标准方法中规定的培养时间和温度进行培养。

5.1.8.2.3 结果观察与解释

需加指示剂的试验在微生物生长良好的情况下，按顺序加入指示剂，再观察结果。结果解释参照 GB 4789.28—2013 中“附录 D”表 D.8。

5.1.8.3 高层斜面培养基和斜面培养基

5.1.8.3.1 培养基的制备

将培养基分装试管。灭菌后摆放成高层斜面（斜面与底层高度约为 2∶3）和普通斜面（斜面与底层高度约为 3∶2），冷却后备用。

5.1.8.3.2 接种

高层斜面培养基：取新鲜质控菌株斜面，用接种针挑取菌苔穿刺接种至琼脂高层，穿刺接种完毕后，再在斜面上划“之”字形接种；斜面培养基：取新鲜质控菌株斜面，用接种环挑取菌苔在斜面上划“之”字形接种。按标准方法中规定的培养时间和温度进行培养。

5.1.8.3.3 结果观察与解释

需加指示剂的试验在微生物生长良好的情况下，按顺序加入指示剂，再观察结果。结果解释参照 GB 4789.28—2013 中“附录 D”表 D.8。

5.1.8.4 平板培养基

5.1.8.4.1 培养基的制备

倾注灭菌融化的培养基到平皿中，使之在平皿中形成一个至少 3mm 厚的琼脂层（直径 90mm 的平皿通常要加入 18~20mL 琼脂培养基）。

5.1.8.4.2 接种

取新鲜质控菌株斜面，用接种环挑取菌苔在平板上划“之”字形接种，或用接种针挑取菌苔在平板上点种接种。按标准方法中规定的培养时间和温度进行培养。

5.1.8.4.3 结果观察与解释

参照 GB 4789.28—2013“附录 D”表 D.8。

5.1.9 实验试剂的测试方法

5.1.9.1 实验方法

按试剂说明书进行。

5.1.9.2 结果观察与解释

参照 GB 4789.28—2013“附录 D”表 D.8。

## 5.2 实验室使用商品化培养基和试剂的质量控制的测试方法

5.2.1 非选择性分离和计数固体培养基的半定量测试方法

5.2.1.1　平板的制备与保存

按照标准 5.1.1.1 中要求进行。

5.2.1.2　工作菌悬液的制备

将标准储备菌株接种到非选择性肉汤培养过夜作为工作菌悬液。

5.2.1.3　接种

用 1μL 接种环进行平板划线（如图 17-2）。A 区用接种环按 0.5cm 的间隔划 4 条平行线，按同样的方法在 B 区和 C 区划线，最后在 D 区内划一条连续的曲线。同时接种两个平板，划线时可在培养基下面放一个模板图，并按标准规定的培养条件培养平板。

操作时用接种环而不用接种针，接种环应完全浸入培养基中。取一满环接种物，将接种环接触容器边缘 3 次可去除多余的液体。划线时，接种环与琼脂平面的角度应为 20°~30°。接种环压在琼脂表面的压力和划线速度前后一致，整个划线应快速连续，移取液体培养物时应将接种环伸入培养液下部分以防止环上产生气泡或泡沫。

通常用同一个接种环对 A~D 区进行划线，操作过程不需要对接种环灭菌。

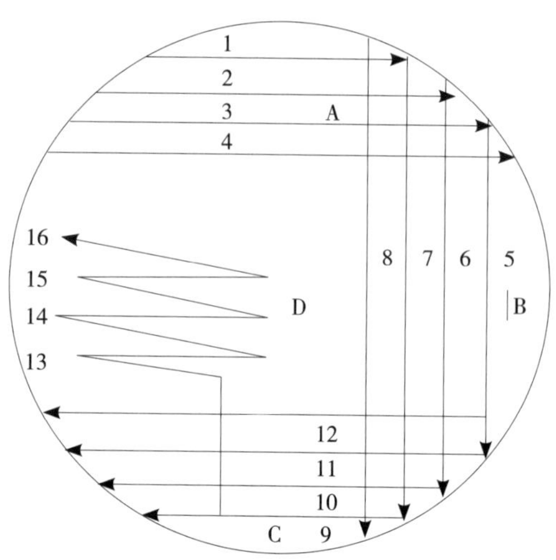


图 17-2　目标菌半定量划线接种法模式图

5.2.1.4　计算

培养后，评价菌落的形状、大小和生长密度，并计算生长指数 G。每条有比较稠密菌落生长的划线则 G 为 1，每个培养皿上 G 最大为 16。

如果仅一半的线有稠密菌落生长，则 G 为 0.5。

如果划线上没有菌落生长、生长量少于划线的一半或菌落生长微弱，则 G 为 0。

记录每个平板的得分总和便得到 G。如菌落在 A 区和 B 区全部生长，而在 C 区有一半线生长，则 G 为 10。

5.2.1.5　结果解释

目标菌在培养基上应呈现典型的生长。目标菌的生长指数 G 大于或等于 6 时，培养基可以接受。非选择培养基的 G 值通常较高。

5.2.2 选择性分离和计数固体培养基的半定量测试方法

5.2.2.1 目标菌半定量测试方法

按照标准 5.2.1 中要求进行。

5.2.2.2 非目标菌（选择性）半定量测试方法

按照标准 5.1.2.2 中要求进行。

5.2.3 非选择性增菌培养基、选择性增菌培养基和选择性液体计数培养基的定性测试方法

5.2.3.1 培养基的制备

将培养基分装试管，每管 10mL。

5.2.3.2 工作菌悬液的制备

将标准储备菌株接种到非选择性肉汤培养过夜，进行 10 倍系列稀释至 $10^{-3}$，或采用其他方法，制备成 $10^5$~$10^7$CFU/mL 的菌悬液作为工作菌悬液。

5.2.3.3 接种

用 1μL 接种环取一环工作菌悬液直接接种到用于性能测试的液体培养基中，按适合的培养时间和温度进行培养。

5.2.3.4 结果解释

用目测的浊度值（如 0~2）评估培养基：

——0 表示无混浊；

——1 表示很轻微的混浊；

——2 表示严重的混浊。

目标菌的浊度值应为 2，非目标菌的浊度值应为 0 或 1。

有时可以观察到微生物生长后聚集成细胞团，沉积在试管或瓶子底部，发生这种情况时，小心振荡试管后再进行观察。选择性液体计数培养基目标菌应有产气现象，非目标菌无产气现象。

5.2.4 悬浮培养基和运输培养基的定性测试方法

5.2.4.1 培养基的制备

按照标准 5.1.6.1 中要求进行。

5.2.4.2 工作菌悬液的制备

将标准储备菌株接种到非选择性肉汤培养过夜作为工作菌悬液。

5.2.4.3 接种

用 1μL 接种环取一环工作菌悬液直接接种到装有待测培养基的试管中，混匀后，立即用 10μL 接种环取一环工作菌培养物划平行线接种平板，按标准方法中规定的培

养时间和温度培养；

剩余已接种菌液的待测培养基置 20℃ ~25℃放置 45min 后，再用 10μL 接种环取一环工作菌培养物划平行线接种平板，按标准方法中规定的培养时间和温度培养。如保存条件有特殊要求的待测培养基，参照标准“附录 G”培养基质量控制标准要求放置或培养后再进行划线接种。

5.2.4.4　结果观察与解释

接种前后平板上目标菌的生长情况应均为良好。

5.2.5　Mueller-Hinton 血琼脂的测试方法

按照标准 5.1.7 中要求进行。

5.2.6　鉴定培养基的测试方法

按照标准 5.1.8 中要求进行。

5.2.7　实验试剂的测试方法

按照标准 5.1.9 中要求进行。

# 6　测试结果的记录

## 6.1　制造商信息

培养基制造商或供应商应按客户的要求提供培养基常规信息和相关测试菌株生长特性信息。

## 6.2　溯源性

按照质量体系的要求，对所有培养基性能测试的数据归档，并在有效期内进行适当的保存。建议使用测试结果记录单进行文件记录并评价测试结果。

# 7　即用型培养基的质量控制

商业制造商提供的即用型培养基，应出具培养基的质量证明。培养基的使用者应确保满足储存条件要求（如制造商所推荐的条件），并定期对培养基的最终质量进行确认性测试。

实验室需检查制造商提供的质量证明文件，以确保培养基满足验收标准。

对需添加补充剂的一次性培养基，由制造商根据相应的标准进行质控，推荐使用者至少做一个定性测试。

对由实验室补充添加剂的不完全培养基，应进行额外的检查。通过检查产品记录或进行定性试验以确保补充剂被正确添加。

为证明培养基在运输期间的质量保证，使用者应进行周期性核查。

即用型培养基验收后，还有储存和重新处理（如固体培养基的融化）的过程，在此期间实验室还需进行质量检查，检查频率可根据储存条件和使用情况由实验室决定。

## 疑难解析

### 问题 1 我国 GB4789.28—2013 具体制定的依据是什么？

GB 4789.28—2013 的修订是在参考了 GB/T 4789.28—2003、ISO/TS 11133、德国 DIN58959-10Bb.1-1997 以及现有国家及行业标准的基础上，根据我国食品微生物检验的特点，修改采纳了 ISO/TS 11133-1-2009 和 ISO/TS 11133-2-2003 标准。为减轻实验室对培养基性能测试的工作量，将培养基性能测试要求分为两部分，即对实验室和生产厂商分别要求。实验室进行商业化培养基性能测试时宜用半定量或定性测试方法（见 GB 4789.28—2013 的 6.2：实验室使用商品化培养基和试剂的质量控制测试方法）；而生产厂商、实验室自制培养基的性能测试应用定量、半定量测试方法（见 GB 4789.28—2013 的 6.1：生产商及实验室自制培养基和试剂的质量控制的测试方法）。如实验室评价新培养基或新供应商的产品，或其他有特殊要求的培养基时，也应采用 GB 4789.28—2013 6.1 的测试方法。

### 问题 2 培养基性能测试质控菌株是否可以更换？

在 GB 4789.28—2013 的附录 D 中列出了培养基性能测试的质控菌株名录。培养基性能测试的质控菌种是必须有所规定的，不应随意更换。因为不同的菌种其生长率、特异性或选择性也会有不同，若使用不同标准菌种去评估培养基的质量，却套用现有菌种的评价标准，结果将会产生很大的偏差。附录 D 表中所选用的标准菌种是在参考了相关的国际标准，充分考虑到其生长率、特异性或选择性可针对性地评估培养基的某些质量指标，并经采用国内外多家具有代表性的商业培养基进行验证才确定的，所以不能随意更换。

## 问题3　实验室从权威机构购买的质控菌株是否有传代要求？

在 GB 4789.28—2013 中没有明确要求质控菌株的传代次数。但按国际上通用的共识：从第一代的标准菌株到使用的工作菌株，不能超过 5 代。对菌株传代次数的规定，是为了最大限度地减少菌株在传代过程中发生突变，如表型变异、基因漂移，质料丢失等，并避免菌种污染的风险。质控菌株在制备过程中生化特征、纯度和菌落形态等没有发现变异，只能说明菌株目前还没发生涉及培养基性能测试项目所表达的特征变异，并不能保证其在继续传代的过程中不发生变异。如菌株发生变异，可能影响来自不同厂商相同培养基的性能判断，这时应追加使用原始储备菌株进行测试。

## 问题4　实验室使用商品化脱水培养基和预制成品培养基是否需要进行性能测试？

目前国内外大多数培养基生产厂商在产品出厂前都进行了质量检测，并且出具质量报告或第三方的质量检测报告。但是实验室使用商品化脱水培养基在制备过程中还必须经过水化、溶解、灭菌、分装、融化、添加物质的添加、平板制备等过程，其中每一个步骤的质量控制都与培养基的质量紧密相关；如果购买预制成品培养基，因成品培养基保质期较短，产品包装储运的条件与产品品质的关联性很大，所以实验室还须对培养基的最终质量进行检测，确认其性能是否符合要求。

## 问题5　如何制备质控菌工作菌悬液？是否能将其保存后使用？

在生理盐水中，0.5 麦氏标准浓度的大肠杆菌其浓度约为 $1\times10^8$~$2\times10^8$ CFU/mL，其他微生物会因为微生物个体的大小而略有差异。用生理盐水制备的菌悬液应在制备后当天使用，不应在 4℃或零下保存后再使用。

# 附：培养基质控注解表

附表 1 非选择性分离和计数固体培养基质量控制注解表

| 培养基 | 质控指标 | 培养条件 | 质控菌株 | 参比培养基 | 方法 | 质控评定标准 | 质控评价参考值 | | 特征性反应 | 图片 |
|---|---|---|---|---|---|---|---|---|---|---|
| | | | | | | | 进口培养基 | 国产培养基 | | |
| 胰蛋白胨大豆琼脂 | 生长率 | 36℃ ±1℃ 24h±2h | 大肠埃希菌 ATCC 25922 | TSA | 定量 | PR ≥ 0.7 | 0.88 | 1.07，1.03，0.92 | — | |
| | | | 粪肠球菌 ATCC 29212 | | | | 1.03 | 0.97，1.06，1.04 | — | |
| MC 培养基 | 生长率 | 36℃ ±1℃ 48h±2h | 嗜热链球菌 IFFI 6038 | MC 培养基 | 定量 | PR ≥ 0.7 | — | 0.42，0.96，0.89 | 中等偏小，边缘光滑的红色菌落，可有淡淡的晕 | |

续 表

| 培养基 | 质控指标 | 培养条件 | 质控菌株 | 参比培养基 | 方法 | 质控评定标准 | 质控评价参考值 | | 特征性反应 | 图片 |
|---|---|---|---|---|---|---|---|---|---|---|
| | | | | | | | 进口培养基 | 国产培养基 | | |
| MRS培养基 | 生长率 | 36℃ ±1℃<br>48h±2h | 德氏乳杆菌保加利亚亚种CICC6032 | MRS培养基 | 定量 | PR ≥ 0.7 | — | 0.59，0.37，0.95 | 圆形凸起，中等大小，边缘整齐，无色不透明 | |
| | | | 嗜热链球菌IFFI 6038 | | | | — | 0.45，0.76，0.91 | 圆形凸起，菌落偏小，边缘整齐，无色不透明 | |
| | | | 婴儿双歧杆菌CICC 6069（厌氧培养） | | | | — | 0.96，0.94，0.87 | 圆形，中等大小，边缘整齐，瓷白色 | |

续 表

| 培养基 | 质控指标 | 培养条件 | 质控菌株 | 参比培养基 | 方法 | 质控评定标准 | 质控评价参考值 | | 特征性反应 | 图片 |
|---|---|---|---|---|---|---|---|---|---|---|
| | | | | | | | 进口培养基 | 国产培养基 | | |
| 3% 氯化钠胰蛋白胨大豆琼脂（TSA） | 生长率 | 36℃ ±1℃ 18~24h | 副溶血性弧菌 ATCC17802 | 3% 氯化钠 TSA | 定量 | PR ≥ 0.7 | — | 1.02，1.00 | 无色半透明菌落 | 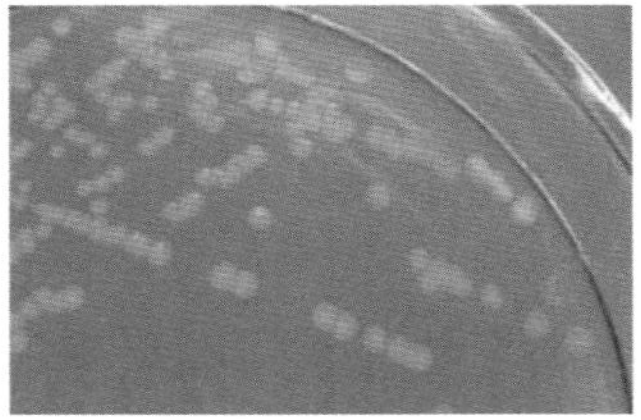 |
| | | | 创伤弧菌落 ATCC 27562 | | | | — | 0.94，0.91 | | |
| 营养琼脂 | 生长率 | 36℃ ±1℃ 24h | 大肠埃希菌 ATCC 25922 | TSA | 定量 | PR ≥ 0.7 | 1.14 | 1.15，1.09，1.04 | — | 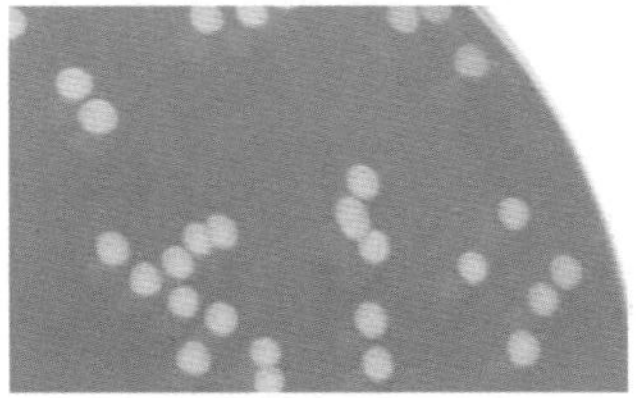 |
| | | | 金黄色葡萄球菌 ATCC 6538 | | | | 1.09 | 1.12，1.1，1.04 | | 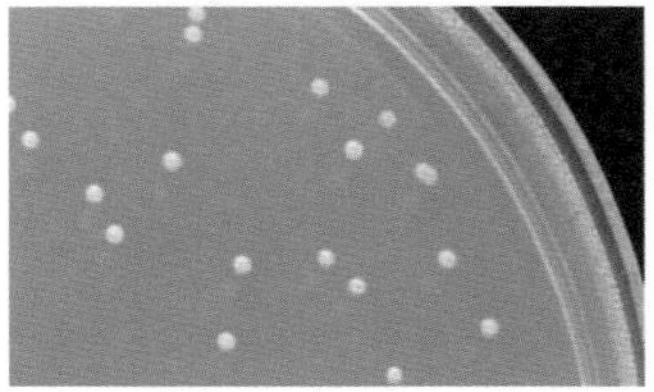 |
| | | | 枯草芽孢杆菌 ATCC6633 | | | | 0.68 | 0.69，0.98，1 | | 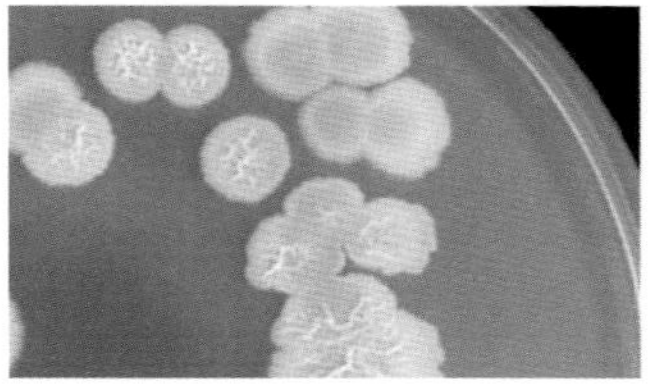 |

续 表

| 培养基 | 质控指标 | 培养条件 | 质控菌株 | 参比培养基 | 方法 | 质控评定标准 | 质控评价参考值 | | 特征性反应 | 图片 |
|---|---|---|---|---|---|---|---|---|---|---|
| | | | | | | | 进口培养基 | 国产培养基 | | |
| 含 0.6% 酵母浸膏的胰酪胨大豆琼脂（TSA-YE） | 生长率 | 30℃ ±1℃ 24~48h | 单核细胞增生李斯特菌 ATCC 19115 | TSA | 定量 | PR ≥ 0.7 | — | 0.86，0.92，0.81 | | |
| 平板计数琼脂（PCA） | 生长率 | 36℃ ±1℃ 48h ± 2h | 大肠埃希菌 ATCC 25922 | TSA | 定量 | PR ≥ 0.7 | 1.03 | 0.89，0.92，0.94 | — | |
| | | | 金黄色葡萄球菌 ATCC 6538 | | | | 0.95 | 0.97，1.03，1.02 | | |
| | | | 枯草芽孢杆菌 ATCC 6633 | | | | 0.77 | 0.68，0.71，0.69 | | |

**附表 2　选择性分离和计数固体培养基质量控制注解表**

| 培养基 | 质控指标 | 培养条件 | 质控菌株 | 参比培养基 | 方法 | 质控评定标准 | 质控评价参考值 | | 特征性反应 | 图片 |
|---|---|---|---|---|---|---|---|---|---|---|
| | | | | | | | 进口培养基 | 国产培养基 | | |
| 亚硫酸铋琼脂（BS） | 生长率 | 36℃ ±1℃ 40~48h | 伤寒沙门菌 CMCC（B）50071 | TSA | 定量 | PR ≥ 0.5 | 0.66 | 0.56，0.69，0.58 | 黑色菌落，有金属光泽 | |
| | | | 鼠伤寒沙门菌 ATCC14028 | | | | 0.56 | 0.67，0.49，0.53 | 黑色或灰绿色菌落，有金属光泽 | |
| | 选择性 | | 大肠埃希菌 ATCC 25922 | — | 半定量 | G ≤ 1 | 0.17 | 0，0，0.17 | — | |
| | | | 粪肠球菌 ATCC 29212 | | | | 0 | 0，0，0 | | |

续 表

| 培养基 | 质控指标 | 培养条件 | 质控菌株 | 参比培养基 | 方法 | 质控评定标准 | 质控评价参考值 | | 特征性反应 | 图片 |
|---|---|---|---|---|---|---|---|---|---|---|
| | | | | | | | 进口培养基 | 国产培养基 | | |
| HE 琼脂 | 生长率 | 36℃ ±1℃ 18~24h | 鼠伤寒沙门菌 ATCC14028 | TSA | 定量 | PR ≥ 0.5 | 0.64 | 0.71，0.72，0.57 | 绿－蓝色菌落，有黑心 |  |
| | | | 福氏志贺菌 CMCC（B）51572 | | | | 0.82 | 0.83，0.77，0.76 | 绿－蓝色菌落 | 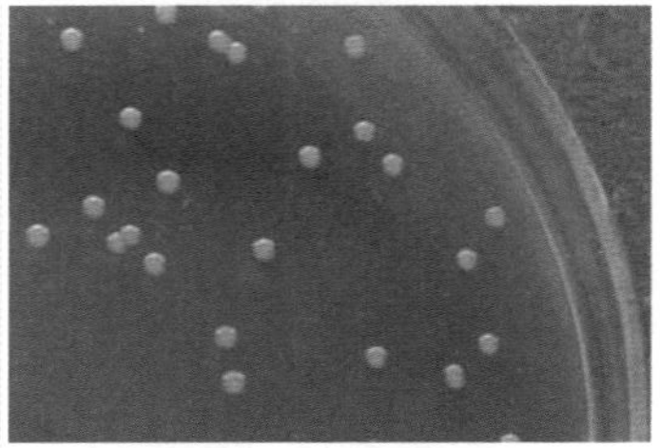 |
| | 选择性 | | 大肠埃希菌 ATCC 25922 | — | 半定量 | G < 5 | 0.25 | 2.25，2.58，0.71 | 橙红色菌落，可有胆酸沉淀 | 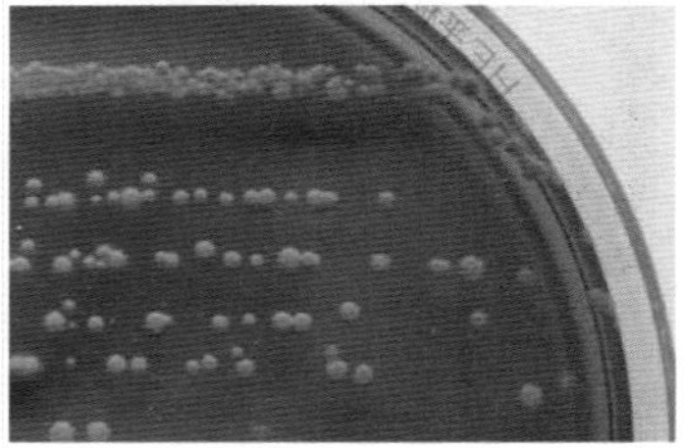 |
| | | | 粪肠球菌 ATCC 29212 | | | G ≤ 1 | 0 | 0.21，1.92，0.25 | — | |

续 表

| 培养基 | 质控指标 | 培养条件 | 质控菌株 | 参比培养基 | 方法 | 质控评定标准 | 质控评价参考值 | | 特征性反应 | 图片 |
|---|---|---|---|---|---|---|---|---|---|---|
| | | | | | | | 进口培养基 | 国产培养基 | | |
| 木糖赖氨酸脱氧胆盐琼脂（XLD） | 生长率 | 36℃ ±1℃ 18~24h | 鼠伤寒沙门菌 ATCC14028 | TSA | 定量 | PR ≥ 0.5 | 0.58 | 0.61，0.63，0.61 | 黑色菌落 | |
| | | | 福氏志贺菌 CMCC（B）51572 | | | | 0.7 | 0.72，0.60，0.68 | 无色菌落，无黑心 | |
| | 选择性 | | 大肠埃希菌 ATCC 25922 | — | 半定量 | G < 5 | 0.17 | 2.46，2.58，2.67 | 黄色菌落 | |
| | | | 金黄色葡萄球菌 ATCC6538 | | | G ≤ 1 | 0 | 0，0，0 | — | |

续 表

| 培养基 | 质控指标 | 培养条件 | 质控菌株 | 参比培养基 | 方法 | 质控评定标准 | 质控评价参考值 | | 特征性反应 | 图片 |
|---|---|---|---|---|---|---|---|---|---|---|
| | | | | | | | 进口培养基 | 国产培养基 | | |
| 沙门菌显色培养基 | 生长率 | 36℃ ±1℃ 18~24h | 鼠伤寒沙门菌 ATCC14028 | TSA | 定量 | PR ≥ 0.5 | 0.55 | 0.59，0.62，0.47 | 按说明书判定（紫红色） | |
| | 特异性 | | 大肠埃希菌 ATCC 25922 | — | 定性 | — | | | 按说明书判定（蓝绿色） | |
| | | | 奇异变形杆菌 CMCC（B）49005 | | | — | | | 按说明书判定（无色） | |
| | 选择性 | | 粪肠球菌 ATCC 29212 | | 半定量 | G ≤ 1 | 0 | 0.25，0，0 | — | |
| PALCAM 琼脂 | 生长率 | 36℃ ±1℃ 24~48h | 单核细胞增生李斯特菌 ATCC19115 | TSA | 定量 | PR ≥ 0.5 | 1.09 | 0.86，1.01，0.91 | 灰绿色菌落，中心凹陷黑色，周围有黑色 | |
| | 选择性 | | 大肠埃希菌 ATCC 25922 | — | 半定量 | G ≤ 1 | 0 | 0，0，0 | — | |
| | | | 粪肠球菌 ATCC 29212 | | | | 0 | 0，0，0 | | |

续 表

| 培养基 | 质控指标 | 培养条件 | 质控菌株 | 参比培养基 | 方法 | 质控评定标准 | 质控评价参考值 | | 特征性反应 | 图片 |
|---|---|---|---|---|---|---|---|---|---|---|
| | | | | | | | 进口培养基 | 国产培养基 | | |
| 麦康凯琼脂（MAC） | 生长率 | 36℃ ±1℃ 20~24h | 大肠埃希菌 ATCC25922 | TSA | 定量 | PR ≥ 0.5 | 0.97 | 0.98，0.95，0.88 | 鲜桃红色或粉红色，可有胆酸沉淀 | 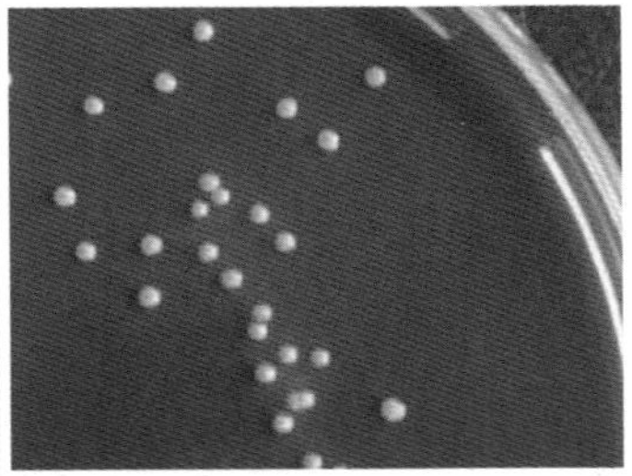 |
| | | | 福氏志贺菌 CMCC（B）51572 | | | | 0.71 | 0.65，1.06，1.08 | 无色至浅粉红色，半透明棕色或绿色菌落 |  |
| | 选择性 | | 金黄色葡萄球菌 ATCC6538 | — | 半定量 | G ≤ 1 | 0 | 0，0，0 | — | |

续 表

| 培养基 | 质控指标 | 培养条件 | 质控菌株 | 参比培养基 | 方法 | 质控评定标准 | 质控评价参考值 | | 特征性反应 | 图片 |
|---|---|---|---|---|---|---|---|---|---|---|
| | | | | | | | 进口培养基 | 国产培养基 | | |
| 阪崎肠杆菌显色培养基 | 生长率 | 36℃ ±1℃<br>24h±2h | 阪崎肠杆菌 ATCC29544 | TSA | 定量 | PR ≥ 0.5 | 0.44 | 0.48，0.76，0.51 | 按说明书判定（蓝绿色） | 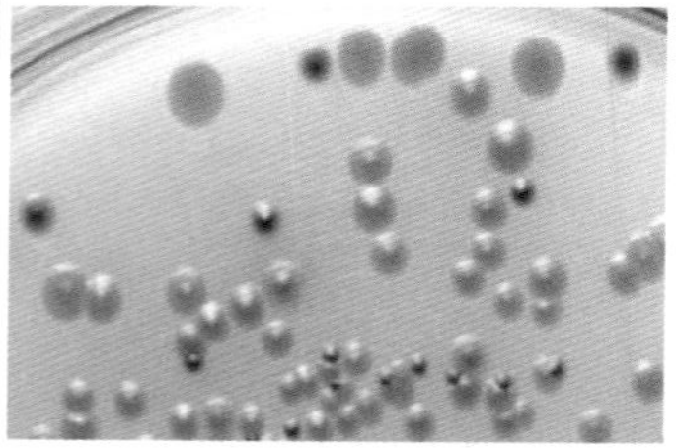 |
| | 特异性 | | 普通变形杆菌 CMCC（B）49027 | — | 定性 | — | | | 按说明书判定（灰色） | |
| | | | 大肠埃希菌 ATCC 25922 | | | — | | | 按说明书判定（无色） | |
| | 选择性 | | 粪肠球菌 ATCC 29212 | | 半定量 | G ≤ 1 | 0 | 2.75，0，0 | — | |
| CIN-1 培养基 | 生长率 | 26℃ ±1℃<br>48h±2h | 小肠结肠炎耶尔森菌 CMCC（B）52204 | TSA | 定量 | PR ≥ 0.5 | 0.6 | 0.51，0.76，0.8 | 红色牛眼状菌落 | 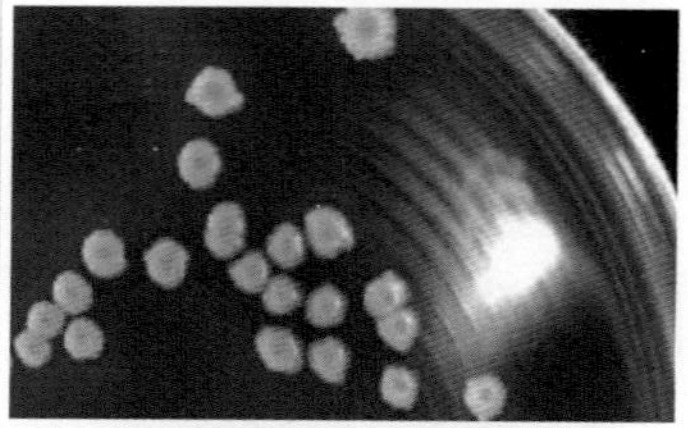 |
| | 特异性 | | 大肠埃希菌 ATCC 25922 | — | 定性 | — | | | 圆形、粉红色菌，边缘有胆汁沉淀环 | 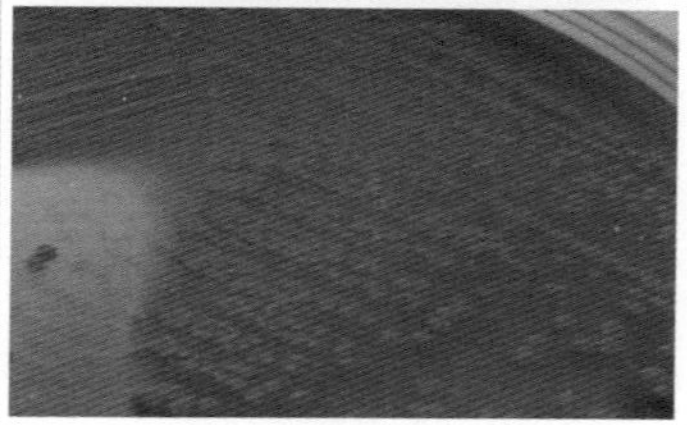 |
| | 选择性 | | 金黄色葡萄球菌 ATCC6538 | | 半定量 | G ≤ 1 | 0 | 0，0，0 | — | |

续 表

| 培养基 | 质控指标 | 培养条件 | 质控菌株 | 参比培养基 | 方法 | 质控评定标准 | 质控评价参考值 | | 特征性反应 | 图片 |
|---|---|---|---|---|---|---|---|---|---|---|
| | | | | | | | 进口培养基 | 国产培养基 | | |
| 改良 Y 培养基 | 生长率 | 26℃ ±1℃<br>48h ± 2h | 小肠结肠炎耶尔森菌 CMCC(B)52204 | TSA | 定量 | PR ≥ 0.5 | — | 0.61，0.53，0.49 | 无色透明不黏稠菌落 | 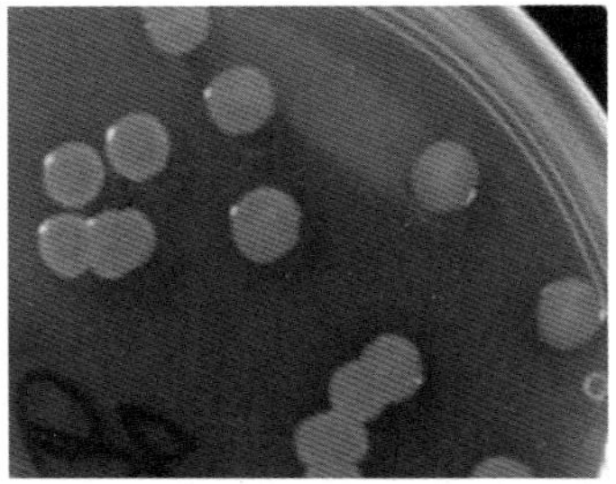 |
| | 特异性 | | 大肠埃希菌 ATCC 25922 | — | 定性 | — | | | 粉红色菌落 | |
| | 选择性 | | 金黄色葡萄球菌 ATCC6538 | | 半定量 | G ≤ 1 | 0 | 0，0，0 | — | |

续 表

| 培养基 | 质控指标 | 培养条件 | 质控菌株 | 参比培养基 | 方法 | 质控评定标准 | 质控评价参考值 | | 特征性反应 | 图片 |
|---|---|---|---|---|---|---|---|---|---|---|
| | | | | | | | 进口培养基 | 国产培养基 | | |
| 伊红美蓝琼脂（EMB） | 生长率 | 36℃ ±1℃ 18~24h | 大肠埃希菌 ATCC25922 | TSA | 定量 | PR ≥ 0.5 | 1.03 | 0.94，0.91，0.79 | 黑色菌落，具金属光泽 | |
| | 特异性 | | 鼠伤寒沙门菌 ATCC14028 | — | 定性 | – | | | 菌落呈无色、半透明 | |
| | 选择性 | | 金黄色葡萄球菌 ATCC6538 | — | 半定量 | G < 5 | 1.62 | 2.66，0.58，0 | — | |

续 表

| 培养基 | 质控指标 | 培养条件 | 质控菌株 | 参比培养基 | 方法 | 质控评定标准 | 质控评价参考值 | | 特征性反应 | 图片 |
|---|---|---|---|---|---|---|---|---|---|---|
| | | | | | | | 进口培养基 | 国产培养基 | | |
| 改良山梨醇麦康凯琼脂（CT-SMAC） | 生长率 | 36℃ ±1℃ 18~24h | 大肠埃希菌 O157：H7 NCTC12900 | TSA | 定量 | PR ≥ 0.5 | — | 0.95，1.10，1.12 | 无色菌落 | |
| | 特异性 | | 大肠埃希菌 ATCC25922 | — | 定性 | — | | | 粉红色菌落，周围有胆盐沉淀 | |
| | 选择性 | | 金黄色葡萄球菌 ATCC6538 | | 半定量 | G ≤ 1 | 0 | 0，0，0 | — | |

续 表

| 培养基 | 质控指标 | 培养条件 | 质控菌株 | 参比培养基 | 方法 | 质控评定标准 | 质控评价参考值 | | 特征性反应 | 图片 |
|---|---|---|---|---|---|---|---|---|---|---|
| | | | | | | | 进口培养基 | 国产培养基 | | |
| O157 显色培养基 | 生长率 | 36℃ ±1℃ 18~24h | 大肠埃希菌 O157：H7NCTC12900 | TSA | 定量 | PR ≥ 0.5 | 0.26 | 0.89，0.76，0.39 | 按说明书判定（紫红色） | |
| | 特异性 | | 大肠埃希菌 ATCC25922 | — | 定性 | — | | | 按说明书判定（蓝绿色） | |
| | 选择性 | | 粪肠球菌 ATCC 29212 | | 半定量 | G ≤ 1 | 0 | 1.68，1.43，1.96 | — | |
| | | | 奇异变型杆菌 CMCC（B）49005 | — | 半定量 | G ≤ 1 | — | — | — | |
| 李斯特菌显色培养基 | 生长率 | 36℃ ±1℃ 24~48h | 单核细胞增生李斯特菌 ATCC19115 | TSA | 定量 | PR ≥ 0.5 | 1.06 | 1.06，1.03 | 蓝绿色菌落，带白色晕环 | |

续 表

| 培养基 | 质控指标 | 培养条件 | 质控菌株 | 参比培养基 | 方法 | 质控评定标准 | 质控评价参考值 | | 特征性反应 | 图片 |
|---|---|---|---|---|---|---|---|---|---|---|
| | | | | | | | 进口培养基 | 国产培养基 | | |
| 李斯特菌显色培养基 | 特异性 | 36℃ ±1℃ 24~48h | 英诺克李斯特菌 ATCC33090 | — | 定性 | — | | | 蓝绿色菌落，无白色晕环 | |
| | 选择性 | | 大肠埃希菌 ATCC 25922 | | 半定量 | G ≤ 1 | 0 | 0，0，0 | — | |
| | | | 粪肠球菌 ATCC 29212 | | | | 0 | 0，0，0 | | |
| 志贺菌显色培养基 | 生长率 | 36℃ ±1℃ 20~24h | 福氏志贺菌 CMCC（B）51572 | TSA | 定量 | PR ≥ 0.5 | 0.52 | — | 白色－淡红色，突起，无色素沉淀圈 | |
| | | | 痢疾志贺菌 CMCC（B）51105 | | | | 0.68 | — | 白色－淡红色，突起，有清晰环，无色素沉淀圈 | |
| | 特异性 | | 大肠埃希菌 ATCC 25922 | — | 定性 | — | | | 黄色－白色，有清晰环，无色素沉淀圈 | |
| | | | 产气肠杆菌 ATCC13048 | | | | | | 绿色菌落，无环和沉淀圈 | |
| | 选择性 | | 金黄色葡萄球菌 ATCC 6538 | | 半定量 | G ≤ 1 | 0 | — | — | |

续 表

| 培养基 | 质控指标 | 培养条件 | 质控菌株 | 参比培养基 | 方法 | 质控评定标准 | 质控评价参考值 | | 特征性反应 | 图片 |
|---|---|---|---|---|---|---|---|---|---|---|
| | | | | | | | 进口培养基 | 国产培养基 | | |
| 改良 CCD（mCCD）琼脂 | 生长率 | 42℃ ±1℃<br>24~48h<br>微需氧 | 空肠弯曲菌 ATCC33291 | 无抗生素的 CCD | 定量 | PR ≥ 0.5 | — | 0.48，0.39，0.66 | 菌落有光泽、潮湿、扁平，呈扩散生长倾向 | |
| | 选择性 | 42℃ ±1℃<br>24~48h | 大肠埃希菌 ATCC 25922 | — | 半定量 | G ≤ 1 | — | 0，0，0.38 | — | |
| | | | 金黄色葡萄球菌 ATCC 6538 | | | | — | 0，0，1.13 | | |
| Skirrow 琼脂 | 生长率 | 42℃ ±1℃<br>24~48h，<br>微需氧 | 空肠弯曲菌 ATCC33291 | 无抗生素的 CCD | 定量 | PR ≥ 0.5 | — | 1.45，1.12，1.11 | 菌落灰色、扁平、湿润有光泽，呈沿接种线向外扩散倾向 | |
| Skirrow 琼脂 | 选择性 | 42℃ ±1℃<br>24~48h | 大肠埃希菌 ATCC25922 | — | 半定量 | G ≤ 1 | — | 0，0，0 | — | |
| | | | 金黄色葡萄球菌 ATCC 6538 | | | | — | 0，0，0 | | |

续 表

| 培养基 | 质控指标 | 培养条件 | 质控菌株 | 参比培养基 | 方法 | 质控评定标准 | 质控评价参考值 | | 特征性反应 | 图片 |
|---|---|---|---|---|---|---|---|---|---|---|
| | | | | | | | 进口培养基 | 国产培养基 | | |
| 改良纤维二糖－多黏菌素 B－多黏菌素 E（mCPC）琼脂 | 生长率 | 39.5℃ ±0.5℃或 36℃ ±1℃ 18~24h | 创伤弧菌 ATCC27562 | 3% 氯化钠 TSA | 定量 | PR ≥ 0.1 | — | 0.76，0.43，0.34 | 圆型扁平，中心不透明，边缘透明的黄色菌落 | |
| | 特异性 | | 霍乱弧菌 VBO | — | 定性 | — | | | 紫色菌落 | |
| | 选择性 | | 副溶血性弧菌 ATCC17802 | | 半定量 | G ≤ 1 | — | 0.38，0，0 | — | |

续 表

| 培养基 | 质控指标 | 培养条件 | 质控菌株 | 参比培养基 | 方法 | 质控评定标准 | 质控评价参考值 | | 特征性反应 | 图片 |
|---|---|---|---|---|---|---|---|---|---|---|
| | | | | | | | 进口培养基 | 国产培养基 | | |
| 纤维二糖－多黏菌素E（CC）琼脂 | 生长率 | | 创伤弧菌 ATCC27562 | 3% 氯化钠 TSA | 定量 | PR ≥ 0.5 | — | 0.91，0.72，0.57 | 圆型扁平，中心不透明，边缘透明的黄色菌落 | |
| | 特异性 | | 霍乱弧菌 VbO | — | 定性 | — | | | 紫色菌落 | |
| | 选择性 | | 副溶血性弧菌 ATCC17802 | | 半定量 | G ≤ 1 | — | 0.17，0.13，0 | — | |

续 表

| 培养基 | 质控指标 | 培养条件 | 质控菌株 | 参比培养基 | 方法 | 质控评定标准 | 质控评价参考值 | | 特征性反应 | 图片 |
|---|---|---|---|---|---|---|---|---|---|---|
| | | | | | | | 进口培养基 | 国产培养基 | | |
| 硫代硫酸钠－柠檬酸盐－胆盐－蔗糖琼脂（TCBS） | 生长率 | 36℃ ±1℃ 18~24h | 副溶血性弧菌 ATCC17802 | 3% 氯化钠 TSA | 定量 | PR ≥ 0.2 | 0.61 | 0..48，0.55，0.22 | 绿色菌落 | |
| | 选择性 | | 大肠埃希菌 ATCC 25922 | — | 半定量 | G ≤ 1 | 0 | 0，0，0 | — | |
| Baird-Parker 琼脂 | 生长率 | 36℃ ±1℃ 18~24h 或 45~48h | 金黄色葡萄球菌 ATCC 25923 | TSA | 定量 | PR ≥ 0.7 | 0.92 | 0.94，1.04，0.96 | 菌落黑色凸起，周围有一浑浊带，在其外层有一透明圈 | |
| | 特异性 | | 表皮葡萄球菌 CMCC（B）26069 | — | 定性 | — | | | 黑色菌落，无浑浊带和透明圈 | |
| | 选择性 | | 大肠埃希菌 ATCC 25922 | — | 半定量 | G ≤ 1 | 0 | 0，0，0 | — | |

续 表

| 培养基 | 质控指标 | 培养条件 | 质控菌株 | 参比培养基 | 方法 | 质控评定标准 | 质控评价参考值 | | 特征性反应 | 图片 |
|---|---|---|---|---|---|---|---|---|---|---|
| | | | | | | | 进口培养基 | 国产培养基 | | |
| 弧菌显色培养基 | 生长率 | 36℃ ±1℃ 18~24h | 副溶血性弧菌 ATCC17802 | 3% 氯化钠 TSA | 定量 | PR ≥ 0.5 | 0.72 | 0.92，0.4，0.2 | 按说明书判定 | |
| | 特异性 | | 霍乱弧菌 VbO | — | 定性 | — | | | 按说明书判定 | |
| | | | 溶藻弧菌 ATCC33787 | — | 定性 | — | | | 按说明书判定 | |
| | 选择性 | | 大肠埃希菌 ATCC25922 | — | 半定量 | G ≤ 1 | 0 | 0.21，0，0 | — | |

续 表

| 培养基 | 质控指标 | 培养条件 | 质控菌株 | 参比培养基 | 方法 | 质控评定标准 | 质控评价参考值 | | 特征性反应 | 图片 |
|---|---|---|---|---|---|---|---|---|---|---|
| | | | | | | | 进口培养基 | 国产培养基 | | |
| 结晶紫中性红胆盐琼脂（VRBA） | 生长率 | 36℃ ±1℃ 18~24h | 大肠埃希菌 ATCC25922 | TSA | 定量 | PR ≥ 0.7 | 0.9 | 1.03，1.04，1.04 | 有或无沉淀环的紫红色或红色菌落 | |
| | | | 弗氏柠檬酸杆菌 ATCC43864 | | | | 0.65 | 1.14，1.04，1 | | |
| | 选择性 | | 粪肠球菌 ATCC 29212 | — | 半定量 | G < 5 | 0 | 1.09，0.99，0.58 | — | |

续 表

| 培养基 | 质控指标 | 培养条件 | 质控菌株 | 参比培养基 | 方法 | 质控评定标准 | 质控评价参考值 | | 特征性反应 | 图片 |
|---|---|---|---|---|---|---|---|---|---|---|
| | | | | | | | 进口培养基 | 国产培养基 | | |
| VRB-MUG琼脂 | 生长率 | 36℃ ±1℃ 18~24h | 大肠埃希菌 ATCC25922 | TSA | 定量 | PR ≥ 0.7 | 0.35 | 1，1.02，0.9 | 带有沉淀环的紫红色或红色菌落，有荧光 | |
| | 特异性 | | 弗氏柠檬酸杆菌 ATCC43864 | — | 定性 | — | | | 可带有沉淀环的红色菌落，无荧光 | |
| | 选择性 | | 粪肠球菌 ATCC 29212 | | 半定量 | G < 5 | 0 | 2.32，2，56，0.35 | — | |

续 表

| 培养基 | 质控指标 | 培养条件 | 质控菌株 | 参比培养基 | 方法 | 质控评定标准 | 质控评价参考值 | | 特征性反应 | 图片 |
|---|---|---|---|---|---|---|---|---|---|---|
| | | | | | | | 进口培养基 | 国产培养基 | | |
| 马铃薯葡萄糖琼脂（PDA） | 生长率 | 28℃ ±1℃ 5d | 酿酒酵母 ATCC 9763 | 沙氏葡萄糖琼脂 | 定量 | PR ≥ 0.7 | 1.16 | 1.04，1.02，1.06 | 奶油色菌落 | |
| | | | 黑曲霉 ATCC 16404 | | | | 0.84 | 0.88，0.79，0.78 | 白色菌丝，黑色孢子 | |
| | 选择性 | | 大肠埃希菌 ATCC 25922 | — | 半定量 | G ≤ 1 | 0 | 0，0，4.44 | — | |
| | | | 金黄色葡萄球菌 ATCC 6538 | | | | 0 | 0，0，6 | | |

续 表

| 培养基 | 质控指标 | 培养条件 | 质控菌株 | 参比培养基 | 方法 | 质控评定标准 | 质控评价参考值 | | 特征性反应 | 图片 |
|---|---|---|---|---|---|---|---|---|---|---|
| | | | | | | | 进口培养基 | 国产培养基 | | |
| 孟加拉红培养基 | 生长率 | 28℃ ±1℃ 5d | 酿酒酵母 ATCC 9763 | 沙氏葡萄糖琼脂 | 定量 | PR ≥ 0.7 | 0.94 | 0.99，0.94，0.89 | 奶油色菌落 | |
| | | | 黑曲霉 ATCC 16404 | | | | 0.99 | 0.95，1.06，0.86 | 白色菌丝，黑色孢子 | |
| | 选择性 | | 大肠埃希菌 ATCC 25922 | — | 半定量 | G ≤ 1 | 0 | 0，0，0 | — | |
| | | | 金黄色葡萄球菌 ATCC 6538 | | | | 0 | 0，0，0 | | |

续 表

| 培养基 | 质控指标 | 培养条件 | 质控菌株 | 参比培养基 | 方法 | 质控评定标准 | 质控评价参考值 | | 特征性反应 | 图片 |
|---|---|---|---|---|---|---|---|---|---|---|
| | | | | | | | 进口培养基 | 国产培养基 | | |
| 莫匹罗星锂盐（Li-Mupirocin）改良 MRS 培养基 | 生长率 | 36℃ ±1℃ 48h ± 2h 厌氧培养 | 婴儿双歧杆菌 CICC 6069 | MRS 培养基 | 定量 | PR ≥ 0.7 | — | 0.92，0.94，0.87 | 圆形凸起，边缘整齐，无色不透明 | 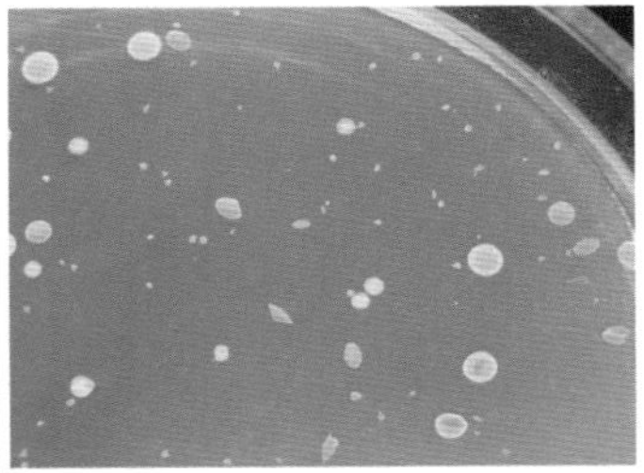 |
| | 选择性 | | 德氏乳杆菌保加利亚亚种 CICC6032 | — | 半定量 | G ≤ 1 | — | 0，0，0 | — | |
| | | | 嗜热链球菌 IFFI 6038 | | | | — | 0，0，0 | | |
| 甘露醇卵黄多黏菌素琼脂（MYP） | 生长率 | 30℃ ±2℃ 24~48h | 蜡样芽孢杆菌 CMCC（B）63303 | TSA | 定量 | PR ≥ 0.7 | 0.49 | 0.9，0.94，0.85 | 菌落为微粉红色，周围有淡粉红色沉淀环 | 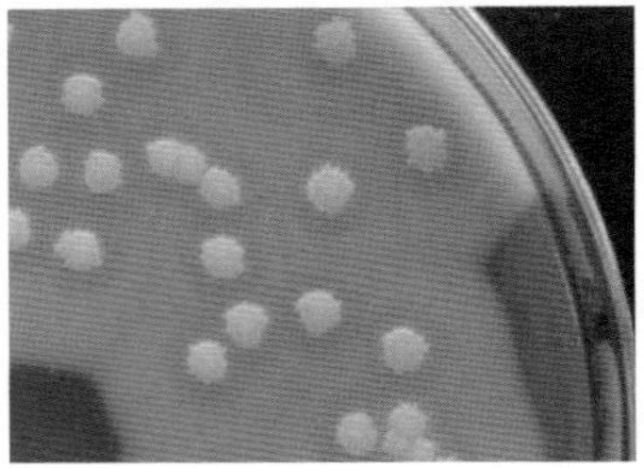 |

续 表

| 培养基 | 质控指标 | 培养条件 | 质控菌株 | 参比培养基 | 方法 | 质控评定标准 | 质控评价参考值 | | 特征性反应 | 图片 |
|---|---|---|---|---|---|---|---|---|---|---|
| | | | | | | | 进口培养基 | 国产培养基 | | |
| 甘露醇卵黄多黏菌素琼脂（MYP） | 特异性 | 30℃ ±2℃<br>24~48h | 枯草芽孢杆菌 ATCC6633 | — | 定性 | — | | | 黄色菌落，无沉淀环 | |
| | 选择性 | | 大肠埃希菌 ATCC25922 | | 半定量 | G ≤ 1 | 0 | 0，0，0 | — | |
| 胰胨－亚硫酸盐－环丝氨酸琼脂（TSC） | 生长率 | 36℃ ±1℃<br>20~24h<br>厌氧培养 | 产气荚膜梭菌 ATCC13124 | TSC | 定量 | PR ≥ 0.7 | — | 1.03，0.89，0.96 | 黑色菌落 | |
| | 选择性 | | 艰难梭菌 ATCC43593 | — | 半定量 | G ≤ 1 | — | 0，0，0 | — | |

附表 3　非选择性增菌培养基质量控制注解表

| 培养基 | 质控指标 | 培养条件 | 质控菌株 | 接种计数培养基 | 方法 | 质控评定标准 | 质控评价参考值 | | 图片 |
|---|---|---|---|---|---|---|---|---|---|
| | | | | | | | 进口培养基 | 国产培养基 | |
| 含 0.6% 酵母浸膏的胰酪胨大豆肉汤（TSB-YE） | 生长率 | 30℃ ±1℃ 24~48h | 单核细胞增生李斯特菌 ATCC 19115 | TSA | 半定量 | 混浊度 2 | — | 混浊度 2 | 生长阳性 生长阴性 |
| 液体硫乙醇酸盐培养基（FTG） | 生长率 | 36℃ ±1℃ 18~24h | 产气荚膜梭菌 ATCC13124 | 哥伦比亚琼脂 | 半定量 | 混浊度 2 | 混浊度 2 | 混浊度 2 | |
| 缓冲蛋白胨水（BP） | 生长率 | 36℃ ±1℃ 8h | 鼠伤寒沙门菌 ATCC14028 | TSA | 半定量 | 取 10μL 增菌液倾注 TSA 平板 36℃ ±1℃ 培养 18~24h，在 TSA 上 ＞100CFU | >100 | >100 | 生长阳性 生长阴性 |

续 表

| 培养基 | 质控指标 | 培养条件 | 质控菌株 | 接种计数培养基 | 方法 | 质控评定标准 | 质控评价参考值 | | 图片 |
|---|---|---|---|---|---|---|---|---|---|
| | | | | | | | 进口培养基 | 国产培养基 | |
| 脑心浸出液肉汤（BHI） | 生长率 | 36℃ ±1℃ 18~24h | 金黄色葡萄球菌 ATCC6538 | TSA | 半定量 | 混浊度 2 | 混浊度 2 | 混浊度 2 | 生长阳性 生长阴性 |
| 布氏肉汤 | 生长率 | 42℃ ±1℃ 48h ± 2h，微需氧 | 空肠弯曲菌 ATCC33291 | 无抗生素的 CCD | 半定量 | 混浊度 1~2 | — | 混浊度 1 | 生长阳性 生长阴性 |

**附表 4　选择性增菌培养基质量控制注解表**

| 培养基 | 质控指标 | 培养条件 | 质控菌株 | 接种计数培养基 | 方法 | 质控评定标准 | 质控评价参考值 | | 特征性反应 | 图片 |
|---|---|---|---|---|---|---|---|---|---|---|
| | | | | | | | 进口培养基 | 国产培养基 | | |
| 李氏增菌肉汤（LB1，LB2） | 生长率 | 30℃ ±1℃ 24h | 单核细胞增生李斯特菌 ATCC 19115 + 大肠埃希菌 ATCC 25922 + 粪肠球菌 ATCC 29212 | TSA | 半定量（LB2 目标菌接种量为 300~500 CFU） | 在 PALCAM 上> 10CFU，培养基变黑 | — | >10，>10，>10 | 灰色至黑色菌落，带有黑色晕环 | 生长阳性 生长阴性 |

续 表

| 培养基 | 质控指标 | 培养条件 | 质控菌株 | 接种计数培养基 | 方法 | 质控评定标准 | 质控评价参考值 | | 特征性反应 | 图片 |
|---|---|---|---|---|---|---|---|---|---|---|
| | | | | | | | 进口培养基 | 国产培养基 | | |
| 李氏增菌肉汤（LB1，LB2） | 选择性 | 30℃ ±1℃ 24h | 大肠埃希菌 ATCC 25922 | TSA | 半定量（LB2 目标菌接种量为 300~500 CFU） | 在 TSA 上 ＜ 100CFU | — | <100，<100，<100 | — | |
| | | | 粪肠球菌 ATCC29212 | | | | — | <100，<100，<100 | | |
| Bolton 肉汤 | 生长率 | 42℃ ±1℃ 24~48h 微需氧培养 | 空肠弯曲菌 ATCC33291 + 金黄色葡萄球菌 ATCC6538 + 大肠埃希菌 ATCC25922 | 无抗生素的 CCD | 半定量 | 空肠弯曲菌在改良 CCD 平板上＞ 10CFU | >10 | >10，>10 | 菌落呈灰白色 | |
| | 选择性 | | 金黄色葡萄球菌 ATCC6538 | TSA | | 在 TSA 上 ＜ 100CFU | <100 | <100，<100 | — | |
| | | | 大肠埃希菌 ATCC25922 | | | | <100 | <100，<100 | | |

续 表

| 培养基 | 质控指标 | 培养条件 | 质控菌株 | 接种计数培养基 | 方法 | 质控评定标准 | 质控评价参考值 | | 特征性反应 | 图片 |
|---|---|---|---|---|---|---|---|---|---|---|
| | | | | | | | 进口培养基 | 国产培养基 | | |
| 四硫黄酸钠煌绿增菌液（TTB） | 生长率 | 42℃ ±1℃ 18~24h | 鼠伤寒沙门菌 ATCC14028 + 大肠埃希菌 ATCC25922 + 铜绿假单胞菌 ATCC 27853 | TSA | 半定量 | 在 XLD 上> 10CFU | >10 | >10，>10，>10 | 菌落无色半透明，有黑心 | |
| | 选择性 | | 大肠埃希菌 ATCC 25922 | | | 在 TSA 上 < 100CFU | <100 | <100，<100，<100 | — | |
| | | | 粪肠球菌 ATCC29212 | | | | <100 | <100，<100，<100 | | |
| GN 增菌液 | 生长率 | 36℃ ±1℃ 8h | 福氏志贺菌 CMCC（B）51572 + 粪肠球菌 ATCC29212 | TSA | 半定量 | 在 HE 琼脂上 > 10CFU | >10 | >10，>10，>10 | 菌落呈绿－蓝色 | |
| | 选择性 | | 粪肠球菌 ATCC29212 | | | 在 TSA 上 < 100CFU | <100 | <100，<100，<100 | — | |

续 表

| 培养基 | 质控指标 | 培养条件 | 质控菌株 | 接种计数培养基 | 方法 | 质控评定标准 | 质控评价参考值 | | 特征性反应 | 图片 |
|---|---|---|---|---|---|---|---|---|---|---|
| | | | | | | | 进口培养基 | 国产培养基 | | |
| 亚硒酸盐胱氨酸增菌液（SC） | 生长率 | 36℃ ±1℃ 18~24h | 鼠伤寒沙门菌 ATCC14028 + 大肠埃希菌 ATCC25922 + 铜绿假单胞菌 ATCC 27853 | TSA | 半定量 | 在 XLD 上 > 10CFU | >10 | >10，>10，>10 | 菌落无色半透明，有黑心 | 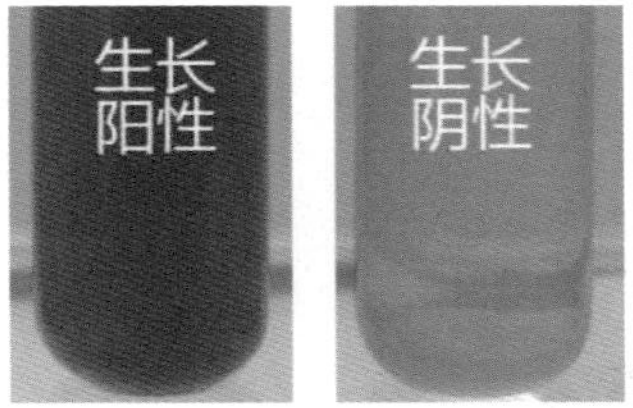 生长阳性 生长阴性 |
| | 选择性 | | 大肠埃希菌 ATCC 25922 | | | 在 TSA 上 < 100CFU | <100 | <100，<100，<100 | — | |
| | | | 粪肠球菌 ATCC 29212 | | | | <100 | <100，<100，<100 | | |
| 10% 氯化钠胰酪胨大豆肉汤 | 生长率 | 36℃ ±1℃ 18~24h | 金黄色葡萄球菌 ATCC 6538 + 大肠埃希菌 ATCC 25922 | TSA | 半定量 | 在 Baird-Parker 上 > 10CFU | — | >10，>10，>10 | 菌落黑色凸起，周围有一混浊带，在其外层有一透明圈 | 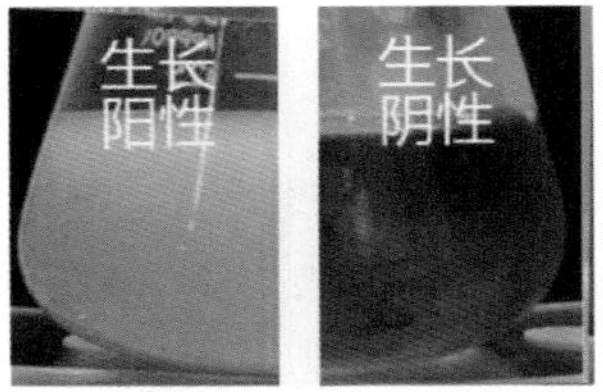 生长阳性 生长阴性 |
| | 选择性 | | 大肠埃希菌 ATCC 25922 | | | 在 TSA 上 < 100CFU | — | <100，<100，<100 | — | |
| 7.5% 氯化钠胰酪胨大豆肉汤 | 生长率 | 36℃ ±1℃ 18~24h | 金黄色葡萄球菌 ATCC 6538 + 大肠埃希菌 ATCC 25922 | TSA | 半定量 | 在 Baird-Parker 上 > 10CFU | — | >10，>10，>10 | 菌落黑色凸起，周围有一混浊带，在其外层有一透明圈 | 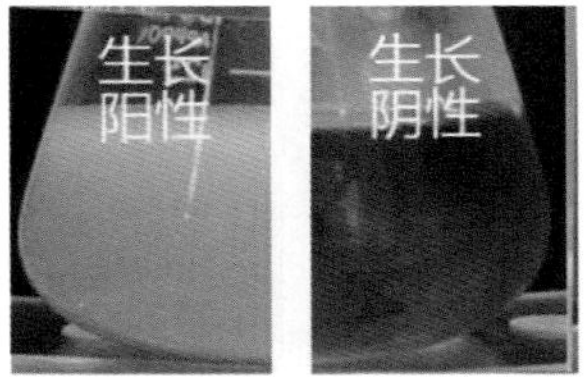 生长阳性 生长阴性 |
| | 选择性 | | 大肠埃希菌 ATCC 25922 | | | 在 TSA 上 < 100CFU | — | <100，<100，<100 | — | |

续 表

| 培养基 | 质控指标 | 培养条件 | 质控菌株 | 接种计数培养基 | 方法 | 质控评定标准 | 质控评价参考值 | | 特征性反应 | 图片 |
|---|---|---|---|---|---|---|---|---|---|---|
| | | | | | | | 进口培养基 | 国产培养基 | | |
| 改良磷酸盐缓冲液 | 生长率 | 26℃ ±1℃ 48~72h | 小肠结肠炎耶尔森菌 CMCC（B）52204 +粪肠球菌 ATCC29212 +铜绿假单胞菌 ATCC27853 | TSA | 半定量 | 在改良 Y 平板上＞10CFU | — | >10，>10，>10 | 菌落圆形、无色透明，不黏稠 |  |
| | 选择性 | | 金黄色葡萄球菌 ATCC 6538 | | | 在 TSA 上＜100CFU | — | <100，<100，<100 | — | |
| | | | 粪肠球菌 ATCC29212 | | | | — | <100，<100，<100 | | |
| 改良月桂基硫酸盐胰蛋白胨肉汤－万古霉素 | 生长率 | 44℃ ±0.5℃ 24h±2h | 阪崎肠杆菌 ATCC29544 +大肠埃希菌 ATCC25922 +粪肠球菌 ATCC 29212 | TSA | 半定量 | 在阪崎肠杆菌显色培养基上＞10CFU | | >10，>10，>10 | 绿－蓝色菌落或按说明书判定 | 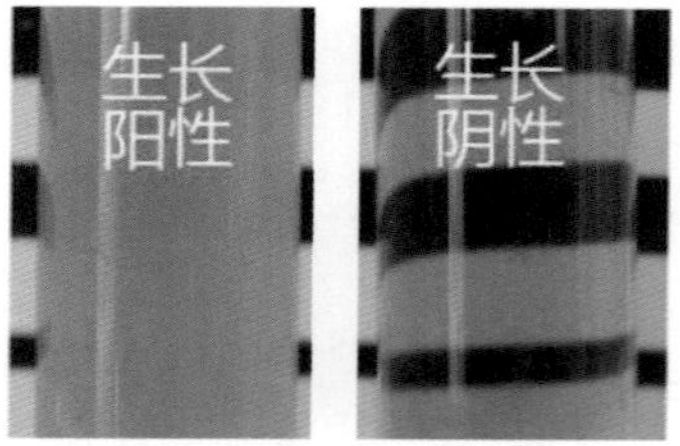 |
| | 选择性 | | 大肠埃希菌 ATCC 25922 | | | 在 TSA 上＜100CFU | | <100，<100 | — | |
| | | | 粪肠球菌 ATCC 29212 | | | | | <100，<100，<100 | | |

续 表

| 培养基 | 质控指标 | 培养条件 | 质控菌株 | 接种计数培养基 | 方法 | 质控评定标准 | 质控评价参考值 |  | 特征性反应 | 图片 |
|---|---|---|---|---|---|---|---|---|---|---|
|  |  |  |  |  |  |  | 进口培养基 | 国产培养基 |  |  |
| 胰酪胨大豆多黏菌素肉汤 | 生长率 | 30℃ ±1℃ 24~48h | 蜡样芽孢杆菌 CMCC（B）63303 + 大肠埃希菌 ATCC 25922 | TSA | 半定量 | 在 MYP 上＞10CFU |  | >10，>10，>10 | 菌落为微粉红色，周围有淡粉红色沉淀环 | 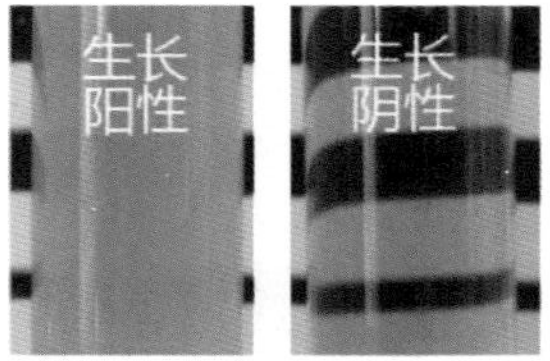 生长阳性 生长阴性 |
|  | 选择性 |  | 大肠埃希菌 ATCC 25922 |  |  | 在 TSA 上＜100CFU |  | <100，<100，<100 | — |  |
| 志贺菌增菌肉汤（shigella broth） | 生长率 | 41.5℃ ± 0.5℃ 18h ± 2h 厌氧培养 | 福氏志贺菌 CMCC（B）51572 + 金黄色葡萄球菌 ATCC6538 | TSA | 半定量 | 在 XLD 上＞10CFU |  | >10，>10，>10 | 无色至粉红色，半透明菌落 | 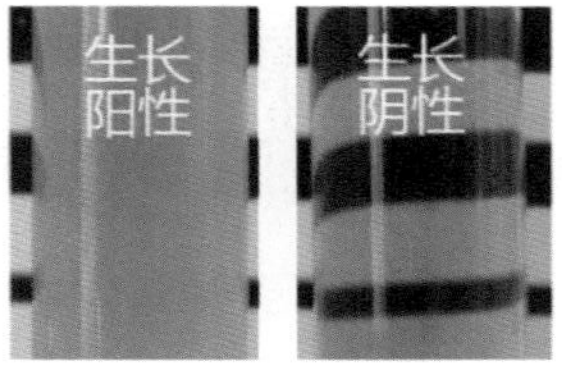 生长阳性 生长阴性 |
|  | 选择性 |  | 金黄色葡萄球菌 ATCC6538 |  |  | 在 TSA 上＜100CFU |  |  | — |  |
| 3% 氯化钠碱性蛋白胨水 | 生长率 | 36℃ ±1℃ 8h | 副溶血性弧菌 ATCC17802 + 大肠埃希菌 ATCC25922 | 3%TSA | 半定量 | 在弧菌显色培养基平板上＞10CFU | >10 | >10，>10，>10 | 品红色菌落或按说明书判定 |  生长阳性 生长阴性 |
|  | 选择性 |  | 大肠埃希菌 ATCC25922 | TSA |  | 在 TSA 上＜100CFU | <100 | <100，<100，<100 | — |  |

续 表

| 培养基 | 质控指标 | 培养条件 | 质控菌株 | 接种计数培养基 | 方法 | 质控评定标准 | 质控评价参考值 | | 特征性反应 | 图片 |
|---|---|---|---|---|---|---|---|---|---|---|
| | | | | | | | 进口培养基 | 国产培养基 | | |
| 改良 EC 肉汤（mEC+n） | 生长率 | 36℃ ±1℃ 18~24h | 大肠杆菌 O157：H7 NCTC12900 + 粪肠球菌 ATCC29212 | TSA | 半定量 | 在 CT-SMAC 上 > 10CFU | | >10，>10，>10 | 菌落无色，中心灰褐色 | |
| | 选择性 | | 粪肠球菌 ATCC29212 | | | 在 TSA 上 < 100CFU | | 0，0，0 | — | |
| 改良麦康凯（CT-MAC）肉汤 | 生长率 | 36℃ ±1℃ 17~19h | 大肠杆菌 O157：H7 NCTC12900 + 大肠埃希菌 ATCC25922 + 金黄色葡萄球菌 ATCC 6538 | TSA | 半定量 | 在 CT-SMAC 上 > 10CFU | | >10，>10 | 菌落无色，中心灰褐色 | |
| | 选择性 | | 大肠埃希菌 ATCC25922 | | | 在 TSA 上 < 100CFU | | | — | |
| | | | 金黄色葡萄球菌 ATCC 6538 | | | | | 0，0 | | |

附表 5 选择性液体计数培养基质量控制注解表

| 培养基 | 质控指标 | 培养条件 | 质控菌株 | 接种计数培养基 | 方法 | 质控评定标准 | 质控评价参考值 | | 图片 |
|---|---|---|---|---|---|---|---|---|---|
| | | | | | | | 进口培养基 | 国产培养基 | |
| 月桂基磺酸盐胰蛋白胨肉汤（LST） | 生长率 | 36℃ ±1℃ 24~48h | 大肠埃希菌 ATCC 25922 | TSA | 半定量 | 混浊度 2，且气体充满管内 1/3 | 混浊度 2，且气体充满管内 1/3 | 混浊度 2，且气体充满管内 1/3 | 生长阳性 生长阴性 |
| | | | 弗氏柠檬酸杆菌 ATCC43864 | | | | 混浊度 2，且气体充满管内 1/3 | 混浊度 2，且气体充满管内 1/3 | |
| | 选择性 | | 粪肠球菌 ATCC 29212 | | | 混浊度 0（不生长） | 混浊度 0（不生长） | 混浊度 0（不生长） | |
| 煌绿乳糖胆盐肉汤（BGLB） | 生长率 | 36℃ ±1℃ 24~48h | 大肠埃希菌 ATCC 25922 | TSA | 半定量 | 混浊度 2，且气体充满管内 1/3 | 混浊度 2，且气体充满管内 1/3 | 混浊度 2，且气体充满管内 1/3 | 生长阳性 生长阴性 |
| | | | 弗氏柠檬酸杆菌 ATCC43864 | | | | 混浊度 2，且气体充满管内 1/3 | 混浊度 2，且气体充满管内 1/3 | |
| | 选择性 | | 粪肠球菌 ATCC 29212 | | | 浑浊度 0（不生长）或浑浊度 1（微弱生长），不产气 | 浑浊度 0（不生长） | 浑浊度 0（不生长） | |
| EC 肉汤 | 生长率 | 44.5℃ ±0.2℃ 24~48h | 大肠埃希菌 ATCC25922 | TSA | 半定量 | 混浊度 2，且气体充满管内 1/3 | 混浊度 2，且气体充满管内 1/3 | 混浊度 2，且气体充满管内 1/3 | 生长阳性 生长阴性 |
| | 选择性 | | 粪肠球菌 ATCC 29212 | | | 浑浊度 0（不生长） | 浑浊度 0（不生长） | 浑浊度 0（不生长） | |

附表 6　悬浮培养基和运输培养基质量控制注解表

| 培养基 | 质控指标 | 培养条件 | 质控菌株 | 接种计数培养基 | 方法 | 质控评定标准 | 质控评价参考值 | | 图片 |
|---|---|---|---|---|---|---|---|---|---|
| | | | | | | | 进口培养基 | 国产培养基 | |
| 磷酸盐缓冲液（PBS） | 生长率 | 20℃～25℃ 45min | 大肠埃希菌 ATCC 25922 | TSA | 定量 | 接种前后菌落数变化在 ±50% | — | 7.43，9.76，10.78 | |
| | | | 金黄色葡萄球菌 ATCC 6538 | | | | — | 7.72，7.87，6.38 | |
| 3% 氯化钠溶液 | 生长率 | 20℃～25℃ 45min | 副溶血性弧菌 ATCC17802 | 3%TSA | 定量 | 接种前后菌落数变化在 ±50% | — | -12.39 | |
| 0.1% 蛋白胨水 | 生长率 | 20℃～25℃ 45min | 产气荚膜梭菌 ATCC 13124 | 哥伦比亚琼脂 | 定量 | 接种前后菌落数变化在 ±50% | 20.38 | 20.01，12.12 | |
| 缓冲甘油－氯化钠溶液 | 生长率 | -60℃ 24h | 产气荚膜梭菌 ATCC 13124 | 哥伦比亚琼脂 | 定量 | 接种前后菌落数变化在 ±50% | — | -41.29，-38.82 | |

附表 7　Mueller Hinton 血琼脂质量控制注解表

| 培养基 | 质控指标 | 培养条件 | 质控菌株 | 方法 | 质控评定标准 | 质控评价参考值 | | 图片 |
|---|---|---|---|---|---|---|---|---|
| | | | | | | 进口培养基 | 国产培养基 | |
| Mueller Hinton 血琼脂 | 生化特性 | 36℃ ±1℃ 22h±2h，微需氧培养 | 空肠弯曲菌 ATCC33291 | 定性 | 头孢唑林钠纸片无抑菌圈，萘啶酮酸纸片有抑菌圈 | 头孢唑林钠纸片无抑菌圈，萘啶酮酸纸片有抑菌圈 | 头孢唑林钠纸片无抑菌圈，萘啶酮酸纸片有抑菌圈 | |

**附表 8　鉴定培养基和实验试剂质量控制注解表**

| 培养基 | 质控指标 | 培养条件 | 质控菌株 | 方法 | 质控评定标准 | 质控评价参考值 | | 图片 |
|---|---|---|---|---|---|---|---|---|
| | | | | | | 进口培养基 | 国产培养基 | |
| 三糖铁琼脂（TSI） | 生化特性 | 36℃ ±1℃ 24h | 大肠埃希菌 ATCC 25922 | 定性 | 生长良好，A/A；产气；不产硫化氢[a] | 生长良好，A/A；产气；不产硫化氢 | 生长良好，A/A；产气；不产硫化氢 | |
| | | | 肠炎沙门菌 CMCC（B）50335 | | 生长良好，K/A；产气；产硫化氢[a，b] | 生长良好，K/A；产气；产硫化氢 | 生长良好，K/A；产气；产硫化氢 | |
| | | | 福氏志贺菌 CMCC（B）51572 | | 生长良好，K/A；不产气；不产硫化氢 | 生长良好，K/A；不产气；不产硫化氢 | 生长良好，K/A；不产气；不产硫化氢 | |
| | | | 铜绿假单胞菌 ATCC 27853 | | 生长良好，K/K；不产气；不产硫化氢 | 生长良好，K/K；不产气；不产硫化氢 | 生长良好，K/K；不产气；不产硫化氢 | |
| 西蒙氏柠檬酸盐培养基 | 生化特性 | 36℃ ±1℃ 24h ± 2h | 肺炎克雷伯菌 CMCC（B）46117 | 定性 | 生长良好，培养基变蓝 | — | 生长良好，培养基变蓝 | |
| | | | 宋氏志贺菌 CMCC（B）51592 | | 生长不良或不长，培养基不变色 | — | 生长不良或不长，培养基不变色 | |

续 表

| 培养基 | 质控指标 | 培养条件 | 质控菌株 | 方法 | 质控评定标准 | 质控评价参考值 | | 图片 |
|---|---|---|---|---|---|---|---|---|
| | | | | | | 进口培养基 | 国产培养基 | |
| 尿素琼脂（pH7.2） | 生化特性 | 36℃ ±1℃ 24h | 普通变形杆菌 CMCC（B）49027 | 定性 | 生长良好，培养基变桃红色 | — | 桃红色，桃红色，桃红色 | 阳性 阴性 |
| | | | 大肠埃希菌 ATCC 25922 | | 生长良好，培养基变黄色 | — | 生长良好，培养基变黄色 | |
| 醋酸盐利用试验 | 生化特性 | 36℃ ±1℃ 24~48h | 大肠埃希菌 ATCC25922 | 定性 | 阳性，培养基变蓝色 | — | 阳性，培养基变蓝色 | 阳性 阴性 |
| | | | 宋内志贺菌 CMCC（B）51592 | | 阴性，培养基不变色（绿色） | — | 阴性，培养基不变色（绿色） | |
| 3% 氯化钠三糖铁琼脂（TSI） | 生化特性 | 36℃ ±1℃ 18~24h | 副溶血性弧菌 ATCC17802 | 定性 | 生长良好，斜面变红，底部变黄 | — | 生长良好，斜面变红，底部变黄 | 副溶 溶藻 |
| | | | 溶藻弧菌 ATCC33787 | | 生长良好，斜面和底部均变黄 | — | 生长良好，斜面和底部均变黄 | |

续 表

| 培养基 | 质控指标 | 培养条件 | 质控菌株 | 方法 | 质控评定标准 | 质控评价参考值 | | 图片 |
|---|---|---|---|---|---|---|---|---|
| | | | | | | 进口培养基 | 国产培养基 | |
| 改良克氏双糖 | 生化特性 | 26℃ ±1℃ 24h | 小肠结肠炎耶尔森菌 CMCC（B）52204 | 定性 | 生长良好，A/A；不产气；不产硫化氢[a] | — | 生长良好，A/A；不产气；不产硫化氢 | 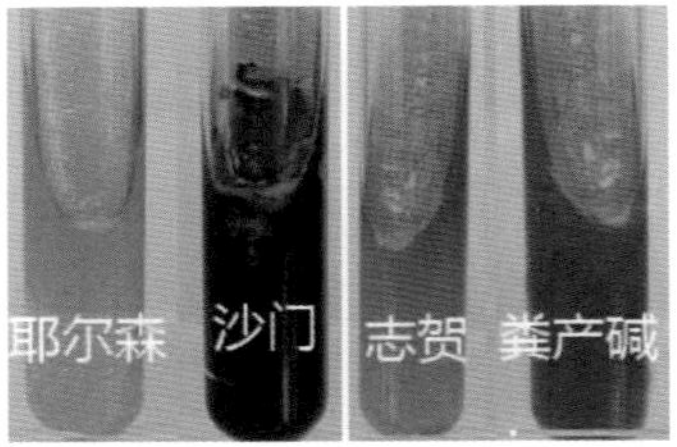 |
| | | | 鼠伤寒沙门菌 ATCC14028 | | 生长良好，A/A；产气，产硫化氢 | — | 生长良好，A/A；产气，产硫化氢 | |
| | | | 福氏志贺菌 CMCC（B）51572 | | 生长良好，K/A；不产气，不产硫化氢[a，b] | — | 生长良好，K/A；不产气，不产硫化氢 | |
| | | | 粪产碱杆菌 CMCC（B）40001 | | 生长良好，K/K；不产气，不产硫化氢 | — | 生长良好，K/K；不产气，不产硫化氢 | |
| 邻硝基酚 β-D 半乳糖苷培养基（ONPG） | 生化特性 | 36℃ ±1℃ 24h | 肺炎克雷伯菌 CMCC 46117 | 定性 | 阳性，培养基变深黄色 | — | 阳性，培养基变深黄色 |  |
| | | | 伤寒沙门菌 CMCC（B）50071 | | 阴性，培养基无色或浅黄色 | — | 阴性，培养基无色或浅黄色 | |
| 蛋白胨水（靛基质试验） | 生化特性 | 36℃ ±1℃ 18~24h | 大肠埃希菌 ATCC 25922 | 定性 | 阳性，滴加靛基质试剂，显红色 | — | 阳性，滴加靛基质试剂，显红色 | 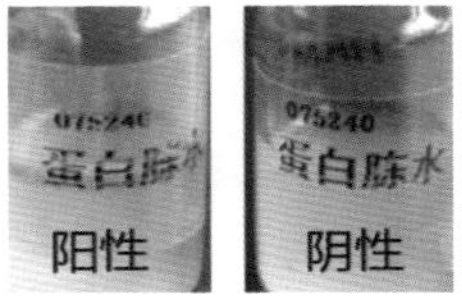 |
| | | | 产气肠杆菌 ATCC13048 | | 阴性，滴加靛基质试剂，. 黄色 | — | 阴性，滴加靛基质试剂，黄色 | |

续 表

| 培养基 | 质控指标 | 培养条件 | 质控菌株 | 方法 | 质控评定标准 | 质控评价参考值 | | 图片 |
|---|---|---|---|---|---|---|---|---|
| | | | | | | 进口培养基 | 国产培养基 | |
| 氰化钾培养基（KCN） | 生化特性 | 36℃ ±1℃ 24h | 普通变形杆菌 CMCC（B）49027 | 定性 | 生长良好，培养基混浊 | — | 生长良好，培养基混浊 | |
| | | | 伤寒沙门菌 CMCC（B）50071 | | 不生长，澄清 | — | 不生长，澄清 | |
| 氰化钾对照培养基（KCN） | 生化特性 | 36℃ ±1℃ 24h | 普通变形杆菌 CMCC（B）49027 | 定性 | 生长良好，培养基混浊 | — | 生长良好，培养基混浊 | |
| | | | 伤寒沙门菌 CMCC（B）50071 | | 生长良好，培养基混浊 | — | 生长良好，培养基混浊 | |
| 葡萄糖铵培养基 | 生化特性 | 36℃ ±1℃ 20~24h | 鼠伤寒沙门菌 ATCC14028 | 定性 | 生长良好，培养基变黄 | — | 生长良好，培养基变黄 | |
| | | | 福氏志贺菌 CMCC（B）51572 | | 不生长，培养基不变色 | — | 不生长，培养基不变色 | |

续 表

| 培养基 | 质控指标 | 培养条件 | 质控菌株 | 方法 | 质控评定标准 | 质控评价参考值 | | 图片 |
|---|---|---|---|---|---|---|---|---|
| | | | | | | 进口培养基 | 国产培养基 | |
| 缓冲葡萄糖蛋白胨水［甲基红（MR）和 V-P 试验］ | 生化特性 | 36℃ ±1℃<br>48h | 大肠埃希菌<br>ATCC 25922 | 定性 | 生长良好，滴加 MR 试剂 1 滴，培养基变红。滴加 VP 甲液 0.5mL 和乙液 0.2mL，20min 内液面不显红色 | — | MR：变红<br>VP：不变红 | MR阳性 MR阴性 |
| | | | 产气肠杆菌<br>ATCC13048 | | 生长良好，滴加 MR 试剂 1 滴，培养基不变色。滴加 VP 甲液 0.5mL 和乙液 0.2mL，20min 内液面显红色 | — | MR：不变<br>VP：红色 | VP阳性 VP阴性 |
| 鼠李糖发酵管 | 生化特性 | 36℃ ±1℃<br>24h ± 2h | 单核细胞增生李斯特菌<br>ATCC 19115 | 定性 | 阳性，培养基变黄 | — | 阳性，培养基变黄 | 阳性 阴性 |
| | | | 伤寒沙门菌<br>CMCC（B）50071 | | 阴性，培养基颜色不变 | — | 阴性，培养基颜色不变 | |

续 表

| 培养基 | 质控指标 | 培养条件 | 质控菌株 | 方法 | 质控评定标准 | 质控评价参考值 | | 图片 |
|---|---|---|---|---|---|---|---|---|
| | | | | | | 进口培养基 | 国产培养基 | |
| 0.5% 蔗糖发酵管、0.5% 纤维二糖发酵管、0.5% 麦芽糖发酵管、0.5% 甘露醇发酵管、0.5% 水杨苷发酵管、0.5% 山梨醇发酵管、0.5% 棉子糖发酵管、七叶苷发酵管 | 生化特性 | 36℃ ±1℃ 24h | 植物乳杆菌 GIM1.140 | 定性 | 阳性，培养基变黄 | — | 阳性，培养基变黄 |  |
| | | | 德氏乳杆菌保加利亚亚种 CICC6032 | | 阴性，培养基紫色不变 | — | 阴性，培养基紫色不变 | |
| L- 赖氨酸脱羧酶培养基 | 生化特性 | 36℃ ±1℃，24h ± 2h 以灭菌液体石蜡覆盖培养基表面 | 鼠伤寒沙门菌 ATCC14028 | 定性 | 阳性，培养基呈黄绿色 | — | 阳性，培养基呈紫色 |  |
| | | | 普通变形杆菌 CMCC（B）49027 | | 阴性，培养基呈黄色 | — | 阴性，培养基呈黄色 | |
| L- 鸟氨酸脱羧酶试验培养基 | 生化特性 | 36℃ ±1℃，24h ± 2h 以灭菌液体石蜡覆盖培养基表面 | 鼠伤寒沙门菌 ATCC14028 | 定性 | 阳性，培养基呈紫色 | — | 阳性，培养基呈紫色 |  |
| | | | 普通变形杆菌 CMCC（B）49027 | | 阴性，培养基呈黄色 | — | 阴性，培养基呈黄色 | |

续 表

| 培养基 | 质控指标 | 培养条件 | 质控菌株 | 方法 | 质控评定标准 | 质控评价参考值 | | 图片 |
|---|---|---|---|---|---|---|---|---|
| | | | | | | 进口培养基 | 国产培养基 | |
| 氨基酸脱羧酶对照 | 生化特性 | 36℃ ±1℃，24h±2h 以灭菌液体石蜡覆盖培养基表面 | 与各种氨基酸脱羧酶的阳性和阴性质控菌株对应 | 定性 | 生长良好，培养基呈黄色 | — | 生长良好，培养基呈黄色 | 阳性 |
| L-精氨酸双水解酶培养基 | 生化特性 | 36℃ ±1℃，24h±2h 以灭菌液体石蜡覆盖培养基表面 | 鼠伤寒沙门菌 ATCC14028 | 定性 | 阳性，培养基呈蓝绿色 | — | 阳性，培养基呈蓝绿色 | 阳性 阴性 |
| | | | 普通变形杆菌 CMCC（B）49027 | | 阴性，培养基呈黄色 | — | 阴性，培养基呈黄色 | |
| 精氨酸双水解酶对照 | 生化特性 | 36℃ ±1℃，24h±2h 以灭菌液体石蜡覆盖培养基表面 | 鼠伤寒沙门菌 ATCC14028 | 定性 | 生长良好，培养基呈黄色 | — | 生长良好，培养基呈黄色 | 阳性 |
| 硝酸盐肉汤 | 生化特性 | 30℃ ±1℃ 24~48h | 蜡样芽孢杆菌 CMCC（B）63303 | 定性 | 阳性，滴加硝酸盐还原试剂甲、乙液各 2~3 滴，培养基变红棕色 | — | 阳性，滴加硝酸盐还原试剂甲、乙液各 2~3 滴，培养基变红棕色 | 阴性 阳性 |
| | | | 硝酸盐阴性不动杆菌 CMCC（B）25001 | | 阴性，滴加硝酸盐还原试剂甲、乙液各 2~3 滴，培养基不变色 | — | 阴性，滴加硝酸盐还原试剂甲、乙液各 2~3 滴，培养基不变色 | |

续 表

| 培养基 | 质控指标 | 培养条件 | 质控菌株 | 方法 | 质控评定标准 | 质控评价参考值 | | 图片 |
|---|---|---|---|---|---|---|---|---|
| | | | | | | 进口培养基 | 国产培养基 | |
| 葡萄糖发酵管 | 生化特性 | 36℃ ±1℃<br>24h | 大肠埃希菌<br>ATCC25922 | 定性 | 阳性，培养基变黄 | — | 阳性，培养基变黄 | 阳性 阴性 |
| | | | 粪产碱杆菌<br>CMCC（B）<br>40001 | | 阴性，培养基不变色 | — | 阴性，培养基不变色 | |
| 甘露醇发酵管 | 生化特性 | 36℃ ±1℃<br>24h | 大肠埃希菌<br>ATCC25922 | 定性 | 阳性，培养基变黄色 | — | 阳性，培养基变黄色 | 阳性 阴性 |
| | | | 普通变形杆菌 CMCC（B）<br>49027 | | 阴性，培养基颜色不变 | — | 阴性，培养基颜色不变 | |
| 木糖发酵管 | 生化特性 | 36℃ ±1℃<br>24h | 肺炎克雷伯菌 CMCC（B）<br>46117 | 定性 | 阳性，培养基变黄色 | — | 阳性，培养基变黄色 | 阳性 阴性 |
| | | | 单核细胞增生李斯特菌<br>ATCC 19115 | | 阴性，养基颜色不变 | — | 阴性，养基颜色不变 | |
| 蔗糖发酵管 | 生化特性 | 36℃ ±1℃<br>24h | 普通变形杆菌 CMCC（B）<br>49027 | 定性 | 阳性，培养基呈黄色 | — | 阳性，培养基呈黄色 | 阳性 阴性 |
| | | | 鼠伤寒<br>沙门菌<br>ATCC14028 | | 阴性，培养基颜色不变 | — | 阴性，培养基颜色不变 | |

续 表

| 培养基 | 质控指标 | 培养条件 | 质控菌株 | 方法 | 质控评定标准 | 质控评价参考值 | | 图片 |
|---|---|---|---|---|---|---|---|---|
| | | | | | | 进口培养基 | 国产培养基 | |
| 纤维二糖发酵管 | 生化特性 | 36℃ ±1℃ 24h | 肺炎克雷伯菌 CMCC(B)46117 | 定性 | 阳性，培养基呈黄色 | — | 阳性，培养基呈黄色 | 阳性 阴性 |
| | | | 大肠埃希菌 ATCC25922 | | 阴性，培养基颜色不变 | — | 阴性，培养基颜色不变 | |
| 麦芽糖发酵管 | 生化特性 | 36℃ ±1℃ 24h | 伤寒沙门菌 CMCC(B)50071 | 定性 | 阳性，培养基呈黄色 | — | 阳性，培养基呈黄色 | 阳性 阴性 |
| | | | 铜绿假单胞菌 ATCC9027 | | 阴性，培养基颜色不变 | — | 阴性，培养基颜色不变 | |
| 水杨苷发酵管 | 生化特性 | 36℃ ±1℃ 24h | 肺炎克雷伯氏菌 CMCC(B)46117 | 定性 | 阳性，培养基变黄 | — | 阳性，培养基变黄 | 阳性 阴性 |
| | | | 伤寒沙门菌 CMCC(B)50071 | | 阴性，培养基不变色 | — | 阴性，培养基不变色 | |
| 山梨醇发酵管 | 生化特性 | 36℃ ±1℃ 24h | 肺炎克雷伯菌 CMCC(B)46117 | 定性 | 阳性，培养基变黄色 | — | 阳性，培养基变黄色 | 阳性 阴性 |
| | | | 宋氏志贺菌 CMCC(B)51592 | | 阴性，培养基颜色不变 | — | 阴性，培养基颜色不变 | |

续 表

| 培养基 | 质控指标 | 培养条件 | 质控菌株 | 方法 | 质控评定标准 | 质控评价参考值 | | 图片 |
|---|---|---|---|---|---|---|---|---|
| | | | | | | 进口培养基 | 国产培养基 | |
| 棉籽糖 | 生化特性 | 36℃ ±1℃<br>24h | 肺炎克雷伯菌 CMCC（B）46117 | 定性 | 阳性，培养基呈黄色 | — | 阳性，培养基呈黄色 | 阳性 阴性 |
| | | | 普通变形杆菌 CMCC（B）49027 | | 阴性，培养基颜色不变 | — | 阴性，培养基颜色不变 | |
| 黏液酸利用试验 | 生化特性 | 36℃ ±1℃<br>24~48h | 大肠埃希菌 ATCC25922 | 定性 | 阳性，培养基呈黄色 | — | 阳性，培养基呈黄色 | 阳性 阴性 |
| | | | 福氏志贺菌 CMCC（B）51572 | | 阴性，养基颜色不变 | — | 阴性，养基颜色不变 | |
| 含铁牛乳培养基 | 生化特性 | 46℃ ±0.5℃<br>2h 与 5h 均观察 | 产气荚膜梭菌 ATCC 13124 | 定性（接种生长旺盛的 FT 培养液 1mL） | 暴烈发酵 | — | 暴烈发酵 | 阳性 阴性 |
| | | | 大肠埃希菌 ATCC 25922 | | 不发酵 | — | 不发酵 | |
| 无盐胨水 | 生化特性 | 36℃ ±1℃<br>24h | 霍乱弧菌 VbO | 定性 | 生长良好，混浊 | — | 生长良好，混浊 | 073180 无盐胨水 霍乱弧菌<br>073180 无盐胨水 |
| | | | 副溶血性弧菌 ATCC17802 | | 不生长，澄清 | — | 不生长，澄清 | |

续 表

| 培养基 | 质控指标 | 培养条件 | 质控菌株 | 方法 | 质控评定标准 | 质控评价参考值 | | 图片 |
|---|---|---|---|---|---|---|---|---|
| | | | | | | 进口培养基 | 国产培养基 | |
| 3% 氯化钠胨水 | 生化特性 | 36℃ ±1℃ 24h | 副溶血性弧菌 ATCC17802 | 定性 | 生长良好，混浊 | — | 生长良好，混浊 | 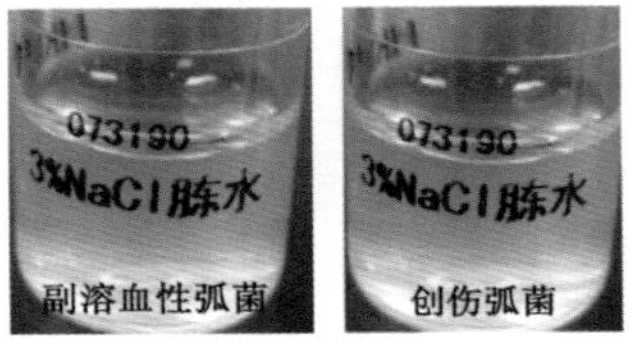 |
| | | | 创伤弧菌 ATCC27562 | | 生长良好，混浊 | — | | |
| 6% 氯化钠胨水 | 生化特性 | 36℃ ±1℃ 24h | 副溶血性弧菌 ATCC17802 | 定性 | 生长良好，混浊 | — | 生长良好，混浊 | 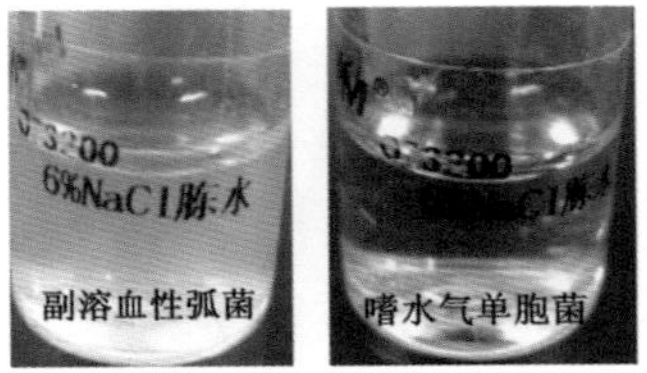 |
| | | | 嗜水气单胞菌 As1.172 | | 不生长，澄清 | — | | |
| 8% 氯化钠胨水 | 生化特性 | 36℃ ±1℃ 24h | 副溶血性弧菌 ATCC17802 | 定性 | 生长良好，混浊 | — | 生长良好，混浊 |  |
| | | | 创伤弧菌 ATCC27562 | | 不生长，澄清 | — | 不生长，澄清 | |
| 10% 氯化钠胨水 | 生化特性 | 36℃ ±1℃ 24h | 溶藻弧菌 ATCC33787 | 定性 | 生长良好，混浊 | — | 生长良好，混浊 | 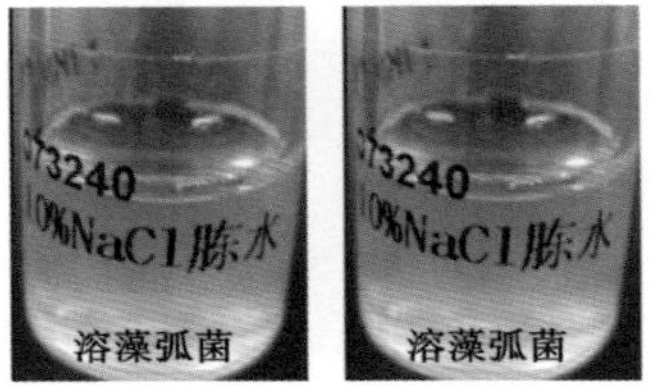 |
| | | | 副溶血性弧菌 ATCC17802 | | 不生长，澄清 | — | 不生长，澄清 | |

续 表

| 培养基 | 质控指标 | 培养条件 | 质控菌株 | 方法 | 质控评定标准 | 质控评价参考值 | | 图片 |
|---|---|---|---|---|---|---|---|---|
| | | | | | | 进口培养基 | 国产培养基 | |
| 3.0% 氯化钠甘露醇 | 生化特性 | 36℃ ±1℃ 24~48h | 副溶血性弧菌 ATCC17802 | 定性 | 阳性，培养基变黄色 | — | 阳性，培养基变黄色 | 阳性 阴性 |
| | | | 普通变形杆菌 CMCC（B）49027 | | 阴性，培养基颜色不变 | — | 阴性，培养基颜色不变 | |
| 3.0% 氯化钠赖氨酸脱羧酶 | 生化特性 | 36℃ ±1℃，24~48h 以灭菌液体石蜡覆盖培养基表面 | 副溶血性弧菌 ATCC17802 | 定性 | 阳性，培养基变紫色 | — | 阳性，培养基变紫色 | 阳性 阴性 |
| | | | 普通变形杆菌 CMCC（B）49027 | | 阴性，培养基变黄色 | — | 阴性，培养基变黄色 | |
| 3.0% 氯化钠氨基酸脱羧酶对照 | 生化特性 | 36℃ ±1℃ 24~48h | 副溶血性弧菌 ATCC17802 | 定性 | 生长良好，培养基变黄色 | — | 生长良好，培养基变黄色 | 阳性 |
| | | | 普通变形杆菌 CMCC（B）49027 | | 生长良好，培养基变黄色 | — | 生长良好，培养基变黄色 | |
| 七叶苷发酵管 | 生化特性 | 36℃ ±1℃ 24h | 肺炎克雷伯氏菌 CMCC（B）46117 | 定性 | 阳性，培养基变棕黑色 | — | 阳性，培养基变棕黑色 | 阳性 阴性 |
| | | | 奇异变形杆菌 CMCC（B）49005 | | 阴性，培养基颜色不变 | — | 阴性，培养基颜色不变 | |

续 表

| 培养基 | 质控指标 | 培养条件 | 质控菌株 | 方法 | 质控评定标准 | 质控评价参考值 | | 图片 |
|---|---|---|---|---|---|---|---|---|
| | | | | | | 进口培养基 | 国产培养基 | |
| 3.0% 氯化钠 MR-VP 培养基 | 生化特性 | 36℃ ±1℃ 48h | 产气肠杆菌 ATCC13048 | 定性 | MR 试验阴性，滴加 MR 试剂 1 滴培养基呈黄色 | — | MR：黄色，阴性 | 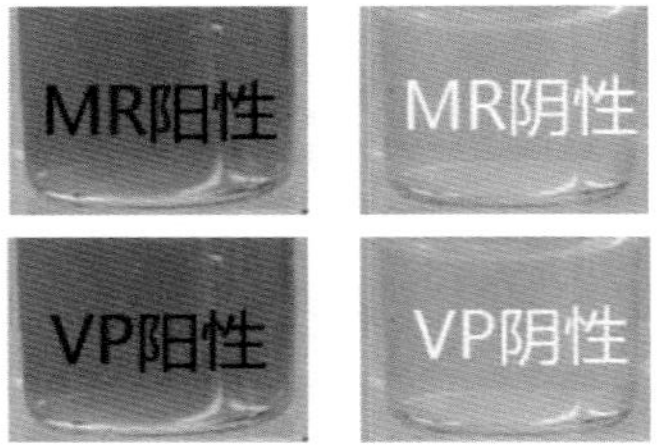 MR阳性 MR阴性 VP阳性 VP阴性 |
| | | | 副溶血性弧菌 ATCC17802 | | MR 试验阳性，滴加 MR 试剂 1 滴培养基呈红色<br>V-P 试验阴性，滴加 0.6mL 甲液及 0.2mL 乙液，培养基不变色 | — | MR：红色，阳性<br>V-P：不变色，阴性 | |
| | | | 溶藻弧菌 ATCC33787 | | V-P 试验阳性，滴加 0.6mL 甲液及 0.2mL 乙液，培养基呈红色 | — | V-P：红色，阳性 | |
| 乳糖发酵管 | 生化特性 | 36℃ ±1℃ 24h | 大肠埃希菌 ATCC25922 | 定性 | 阳性，培养基变黄色 | — | 阳性，培养基变黄色 |  阳性 阴性 |
| | | | 伤寒沙门菌 CMCC（B）50071 | | 阴性，培养基颜色不变 | — | 阴性，培养基颜色不变 | |

续 表

| 培养基 | 质控指标 | 培养条件 | 质控菌株 | 方法 | 质控评定标准 | 质控评价参考值 | | 图片 |
|---|---|---|---|---|---|---|---|---|
| | | | | | | 进口培养基 | 国产培养基 | |
| Koser 氏柠檬酸盐肉汤 | 生化特性 | 36℃ ±1℃ 18~96h | 弗氏柠檬酸杆菌 ATCC43864 | 定性 | 生长良好，培养基混浊 | — | 生长良好，培养基混浊 | |
| | | | 大肠埃希菌 ATCC25922 | | 不生长，培养基澄清 | — | 不生长，培养基澄清 | |
| SIM 动力培养基 | 生化特性 | 36℃ ±1℃ 24~48h | 大肠埃希菌 ATCC25922 | 定性 | 硫化氢－动力＋/－靛基质＋ | H2S- 动力＋靛基质＋ | H2S- 动力＋靛基质＋ | |
| | | | 伤寒沙门菌 CMCC（B）50071 | | 硫化氢＋/－动力＋靛基质－ | 硫化氢＋动力＋靛基质－ | 硫化氢＋动力＋靛基质－ | |
| 动力培养基 | 生化特性 | 30℃ ±1℃ 24~48h | 蜡样芽孢杆菌 CMCC（B）63303 | 定性 | 阳性，扩散生长 | — | 阳性，扩散生长 | |
| | | | 蕈状芽孢杆菌 ATCC10206 | | 阴性，沿穿刺线生长 | — | 阴性，沿穿刺线生长 | |

续 表

| 培养基 | 质控指标 | 培养条件 | 质控菌株 | 方法 | 质控评定标准 | 质控评价参考值 |  | 图片 |
|---|---|---|---|---|---|---|---|---|
|  |  |  |  |  |  | 进口培养基 | 国产培养基 |  |
| 明胶培养基 | 生化特性 | 36℃ ±1℃ 72h | 铜绿假单胞菌 ATCC9027 | 定性 | 2℃ ~8℃呈液态 | — | 2℃ ~8℃呈液态 | 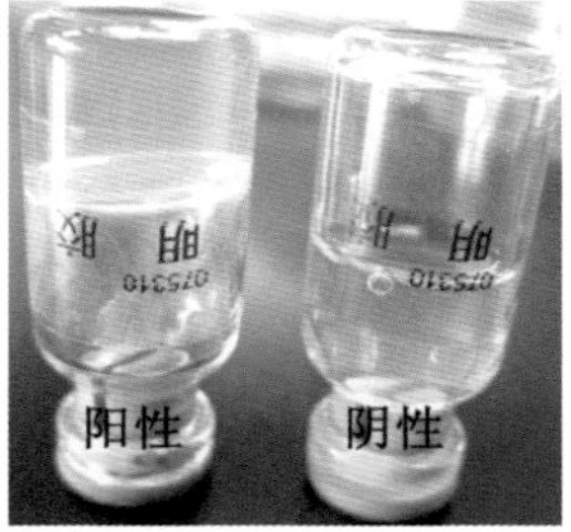  |
|  |  |  | 大肠埃希菌 ATCC25922 |  | 2℃ ~8℃呈固态 | — | 2℃ ~8℃呈固态 |  |
| 兔血浆 | 生化特性 | 36℃ ±1℃ 4~6h | 金黄色葡萄球菌 ATCC 6538 | 定性（接种培养 18~24h 的新鲜质控菌株肉汤 1mL） | 血浆凝固 | — | 血浆凝固 |   |
|  |  |  | 表皮葡萄球菌 CMCC（B）26069 |  | 血浆不凝固 | — | 血浆不凝固 |  |
| 酪蛋白琼脂 | 生化特性 | 30℃ ±1℃ 24h | 蜡样芽孢杆菌 CMCC（B）63303 | 定性 | 菌落周围有透明圈，培养基颜色由绿变蓝 | — | 菌落周围有透明圈，培养基颜色由绿变蓝 | 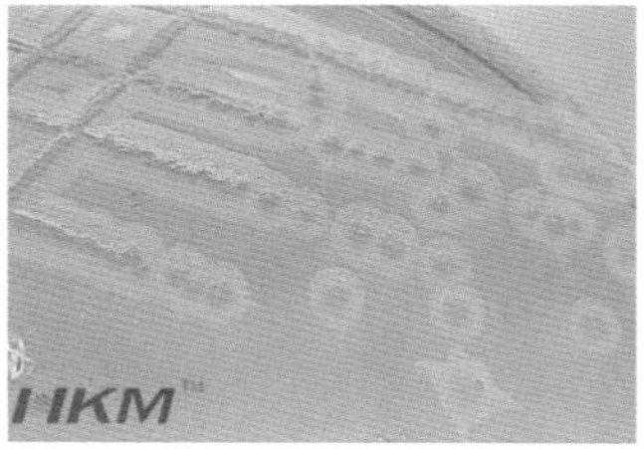  |

续 表

| 培养基 | 质控指标 | 培养条件 | 质控菌株 | 方法 | 质控评定标准 | 质控评价参考值 | | 图片 |
|---|---|---|---|---|---|---|---|---|
| | | | | | | 进口培养基 | 国产培养基 | |
| 酪蛋白琼脂 | 生化特性 | 30℃ ±1℃ 24h | 大肠埃希菌 ATCC 25922 | 定性 | 菌落周围没有透明圈，培养基由绿变蓝 | — | 菌落周围没有透明圈，培养基由绿变蓝 | 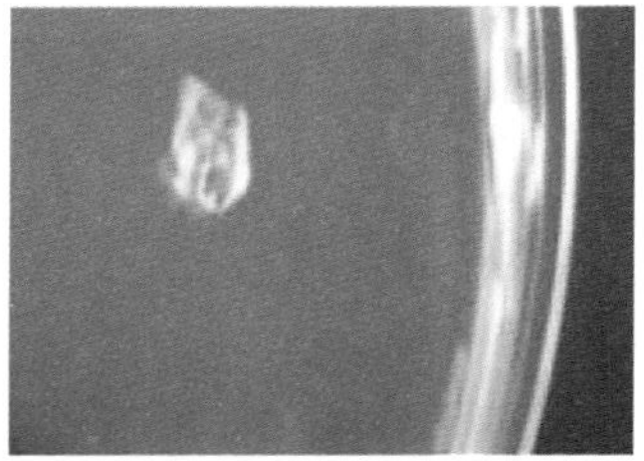 |
| 缓冲动力－硝酸盐培养基 | 生化特性 | 36℃ ±1℃ 24h | 产气荚膜梭菌 ATCC13124 | 定性 | 沿穿刺线生长，加硝酸盐还原试剂甲乙液各 2 滴变红色 | — | 沿穿刺线生长，加硝酸盐还原试剂甲乙液各 2 滴变红色 | 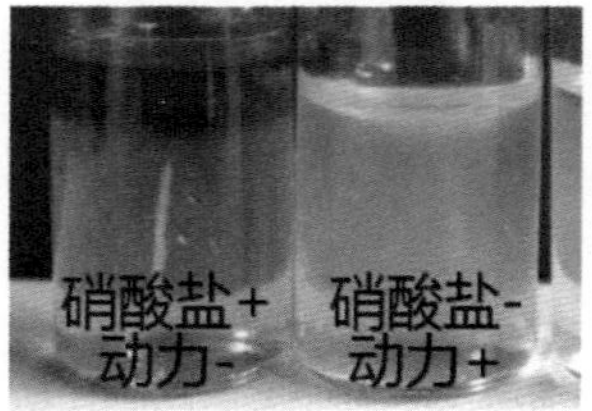 |
| | | | 硝酸盐阴性不动杆菌 CMCC（B）25001 | | 沿穿刺线生长，加硝酸盐还原试剂甲乙液各 2 滴不变色 | — | 沿穿刺线生长，加硝酸盐还原试剂甲乙液各 2 滴不变色 | |
| | | | 大肠埃希菌 ATCC 25922 | | 扩散生长，加硝酸盐还原试剂甲乙液各 2 滴变红色 | — | 扩散生长，加硝酸盐还原试剂甲乙液各 2 滴变红色 | |
| 我妻氏血琼脂 | 生化特性 | 36℃ ±1℃ 24h | 副溶血性弧菌 ATCC33847 | 定性（点种接种） | 菌落周围有半透明 β 溶血环 | — | 菌落周围有半透明 β 溶血环 | 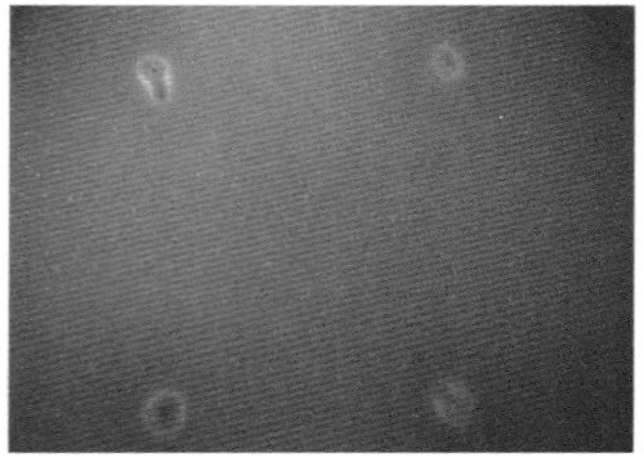 |
| | | | 副溶血性弧菌 ATCC17802 | | 无溶血 | — | 无溶血 | |

续 表

| 培养基 | 质控指标 | 培养条件 | 质控菌株 | 方法 | 质控评定标准 | 质控评价参考值 | | 图片 |
|---|---|---|---|---|---|---|---|---|
| | | | | | | 进口培养基 | 国产培养基 | |
| 血琼脂平板<br>哥伦比亚血琼脂 | 特异性 | 36℃ ±1℃<br>24h±2h | 金黄色葡萄球菌 ATCC 6538 | 定性（划线接种） | 菌落周围有 β 溶血环 | — | 菌落周围有 β 溶血环 | |
| | | | 蜡样芽孢杆菌 CMCC（B）63303 | | 菌落周围有 α 溶血环 | — | 菌落周围有 α 溶血环 | |
| 蜜二糖 | 生化特性 | 36℃ ±1℃<br>24h | 阪崎肠杆菌 ATCC29544 | 定性 | 阳性，培养基变黄 | — | 阳性，培养基变黄 | 阳性 阴性 |
| | | | 小肠结肠炎耶尔森菌 CMCC（B）52204 | | 阴性，培养基不变色 | — | 阴性，培养基不变色 | |

续 表

| 培养基 | 质控指标 | 培养条件 | 质控菌株 | 方法 | 质控评定标准 | 质控评价参考值 | | 图片 |
|---|---|---|---|---|---|---|---|---|
| | | | | | | 进口培养基 | 国产培养基 | |
| MUG-LST | 生化特性 | 36℃ ±1℃ 18~24h | 大肠埃希菌 O157：H7NCTC 12900 | 定性 | 阴性，无荧光 | — | 阴性，无荧光 | |
| | | | 大肠埃希菌 ATCC25922 | | 阳性，有荧光 | — | 阳性，有荧光 | |
| 革兰染色液 | 生化特性 | — | 金黄色葡萄球菌 ATCC6538 | 定性 | 革兰阳性，紫色球状菌体 | — | 革兰阳性，紫色球状菌体 | |
| | | | 大肠埃希菌 ATCC25922 | | 革兰阴性，红色杆状菌体 | — | 革兰阴性，红色杆状菌体 | |
| 过氧化氢试剂 | 生化特性 | — | 单核细胞增生李斯特菌 ATCC19115 | 定性 | 阳性，产生气泡 | — | 阳性，产生气泡 | |

续 表

| 培养基 | 质控指标 | 培养条件 | 质控菌株 | 方法 | 质控评定标准 | 质控评价参考值 | | 图片 |
|---|---|---|---|---|---|---|---|---|
| | | | | | | 进口培养基 | 国产培养基 | |
| 过氧化氢试剂 | 生化特性 | — | 粪肠球菌 ATCC29212 | 定性 | 阴性，无气泡产生 | — | 阴性，无气泡产生 | 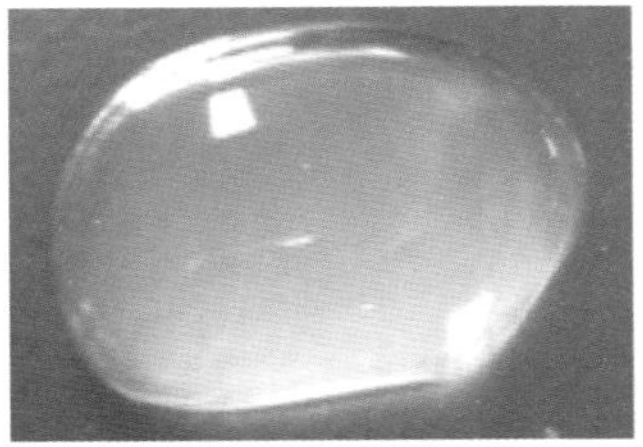 |
| 氧化酶试剂 | 生化特性 | — | 铜绿假单胞菌 ATCC9027 | 定性 | 阳性，出现紫红色至紫黑色 | — | 阳性，出现紫红色至紫黑色 | 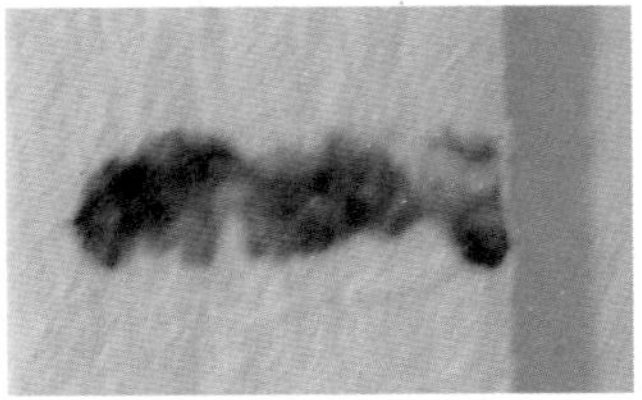 |
| | | | 大肠埃希菌 ATCC25922 | | 阴性，不变色 | — | 阴性，不变色 | |
| 卫矛醇发酵管 | 生化特性 | 36℃ ±1℃ 24h | 鼠伤寒沙门菌 CMCC（B）50115 | 定性 | 阳性，培养基变黄 | — | 阳性，培养基变黄 |  阳性 阴性 |
| | | | 伤寒沙门菌 CMCC（B）50071 | | 阴性，培养基不变色 | — | 阴性，培养基不变色 | |

续 表

| 培养基 | 质控指标 | 培养条件 | 质控菌株 | 方法 | 质控评定标准 | 质控评价参考值 | | 图片 |
|---|---|---|---|---|---|---|---|---|
| | | | | | | 进口培养基 | 国产培养基 | |
| 丙二酸钠培养基 | 生化特性 | 36℃ ±1℃ 48h | 产气肠杆菌 ATCC13048 | 定性 | 阳性，培养基变蓝 | — | 阳性，培养基变蓝 | |
| | | | 普通变形杆菌 CMCC（B）49027 | | 阴性，培养基不变色 | — | 阴性，培养基不变色 | |
| 哥伦比亚血琼脂 | 生化特性 | 36℃ ±1℃，44h±4h，微需氧培养 | 空肠弯曲菌 ATCC33291 | 定性（划线接种） | 生长良好 | 生长良好 | 生长良好 | |
| | | 25℃ ±1℃，44h±4h，微需氧培养 | | | 不生长 | 不生长 | 不生长 | — |
| | | 42℃ ±1℃，44h±4h，需氧培养 | | | 不生长 | 不生长 | 不生长 | — |

续 表

| 培养基 | 质控指标 | 培养条件 | 质控菌株 | 方法 | 质控评定标准 | 质控评价参考值 | | 图片 |
|---|---|---|---|---|---|---|---|---|
| | | | | | | 进口培养基 | 国产培养基 | |
| 马尿酸钠溶液（茚三酮试剂） | 生化特性 | 36℃ ±1℃，水浴 2h 或 36℃ ±1℃ 培养箱 4h | 空肠弯曲菌 ATCC33291 | 定性 | 阳性，滴加印三酮试剂 0.2mL 在 36℃ ±1℃ / 水浴锅或培养箱 10min，出现深紫色 | — | 阳性，滴加印三酮试剂 0.2mL 在 36℃ ±1℃ / 水浴锅或培养箱 10min，出现深紫色 | 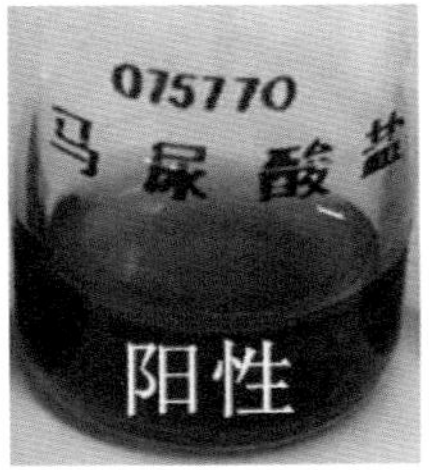 |
| | | | 结肠弯曲菌 ATCC43478 | | 阴性，滴加印三酮试剂 0.2mL 在 36℃ ±1℃ / 水浴锅或培养箱 10min，黄色 | — | 阴性，滴加印三酮试剂 0.2mL 在 36℃ ±1℃ / 水浴锅或培养箱 10min，黄色 | 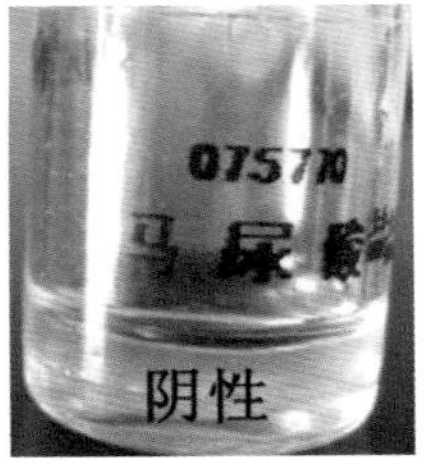 |
| 吲哚乙酸酯纸片 | 生化特性 | — | 空肠弯曲菌 ATCC33291 | 定性 | 阳 性，5~10min 内出现深蓝色 | — | 阳 性，5~10min 内出现深蓝色 | |

备注：该注解表中提供了部分采用进口培养基及三家国产培养基的质控测试结果，以供参考。

# 第十八章

# 《食品安全国家标准 食品微生物学检验 单核细胞增生李斯特氏菌检验》（GB 4789.30—2016）

单核细胞增生李斯特菌是一种人畜共患病原菌，它的临床症状为菌血症、脑膜炎及导致孕妇流产。单核细胞增生李斯特菌广泛存在于自然界，对肉类食品、奶制品和蔬菜均有不同程度的污染。对人的发病率低，病死率高。我国规定了食品中单核细胞增生李斯特菌检验应按照《食品安全国家标准 食品微生物学检验 单核细胞增生李斯特氏菌检验》（GB 4789.30—2016）开展。本方法对食品中可能存在的单核细胞增生李斯特菌通过增菌、分离培养、初筛和生化鉴定等过程进行定性检验以及平板法和MPN法定量检测。国家标准中，第一种检验方法适用于食品中单核细胞增生李斯特菌的定性检验；第二种方法适用于单核细胞增生李斯特菌含量较高的食品中单核细胞增生李斯特菌的计数；第三种方法适用于单核细胞增生李斯特菌含量较低（<100CFU/g）而杂菌含量较高的食品中单核细胞增生李斯特菌的计数，特别是牛奶、水以及含干扰菌落计数的颗粒物质的食品。

# 第一种检验方法
# 单核细胞增生李斯特菌的定性检验方法

## 1 仪器与耗材（见 GB 4789.30—2016）

## 2 检验步骤

### 2.1 检验程序

单核细胞增生李斯特菌定性检验程序见图 18-1。

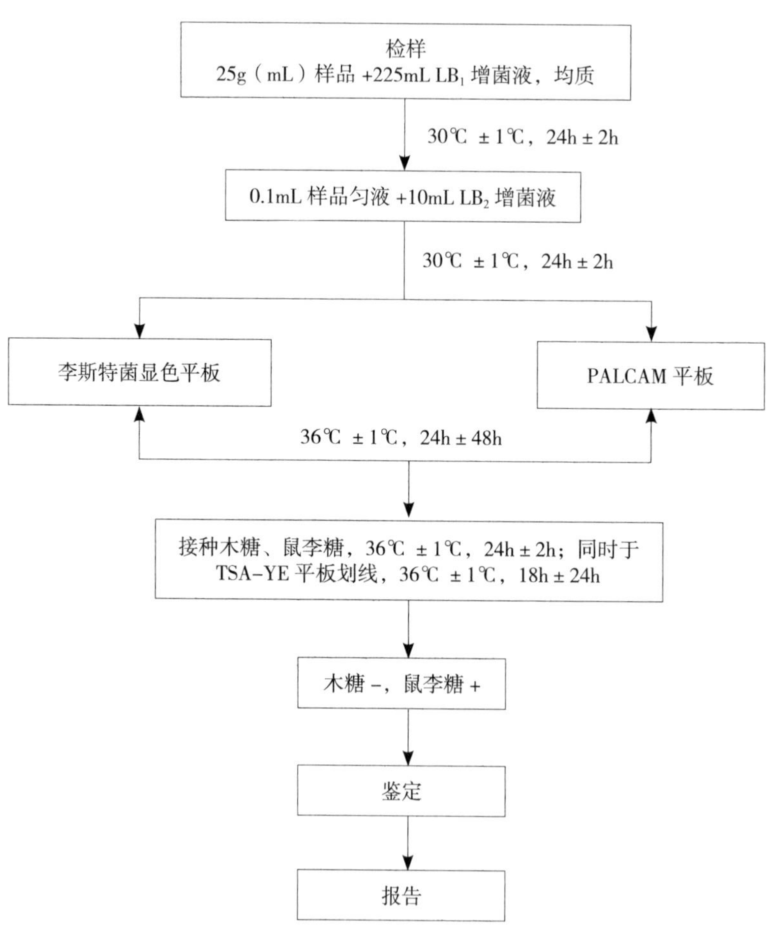


图 18-1　单核细胞增生李斯特菌定性检验程序

2.2 固体和半固体食品样品

2.2.1 用天平无菌称取 25g ± 0.1g 样品。

2.2.2 如使用刀头式均质器，可将样品加入盛有 225mL $LB_1$ 增菌液的无菌均质杯内，8000~10000r/min 均质 1~2min，制成 1：10 的样品匀液。

2.2.3 如使用拍打式均质器，可将样品加入盛有 225mL $LB_1$ 增菌液的无菌均质袋中，230r/min 拍打 1~2min，制成 1：10 的样品匀液。

2.3 液体样品

2.3.1 用无菌吸管吸取 25mL ± 0.1mL 样品。

2.3.2 如使用锥形瓶，可将样品加入盛有 225mL $LB_1$ 增菌液的无菌锥形瓶中，充分混匀。

2.3.3 如使用均质袋，可将样品放入盛有 225mL $LB_1$ 增菌液的无菌均质袋中，充分混匀。

2.4 如为冷冻产品，应在 45℃以下（如水浴中）不超过 15min 解冻，或 2℃ ~5℃冰箱中不超过 18h 解冻。

2.5 如需调整 pH，用 1mol/mL 无菌 NaOH 或 HCl 调 pH 至 6.8 ± 0.2。

2.6 将样品匀液于 30℃ ± 1℃培养 24h ± 2h，进行前增菌。

2.7 将前增菌后的培养物混匀，用 1mL 吸管移取 0.1mL 前增菌液，转种于 10mL $LB_2$ 增菌液内，于 30℃ ± 1℃培养 24h ± 2h。

2.8 将 $LB_2$ 增菌液涡旋混匀，用直径 3mm 的接种环取 1 环（约 10 微升），分别划线接种于一个李斯特菌显色琼脂平板和一个 PALCAM 琼脂平板。

2.9 将平板于 36℃ ± 1℃培养 24~48h。

2.10 观察各个平板上生长的菌落，其菌落特征见下表 18-1。

**表 18-1 典型单核细胞增生李斯特菌在不同琼脂平板上的形态特征**

| 名称 | 形态描述 | 典型菌落 | |
| --- | --- | --- | --- |
| 李斯特菌显色琼脂 | 按照显色培养基的说明进行判定 | 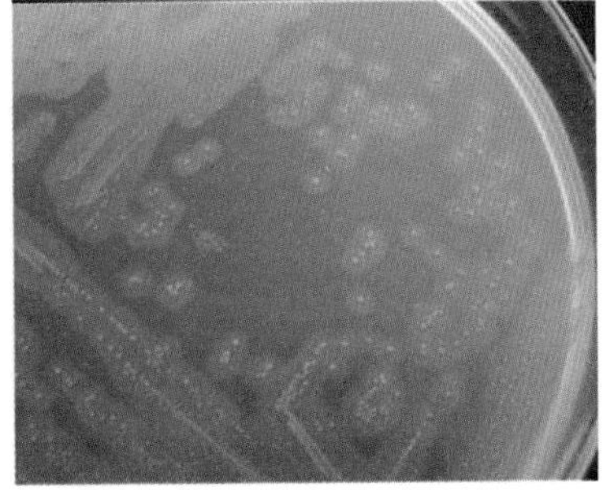 | 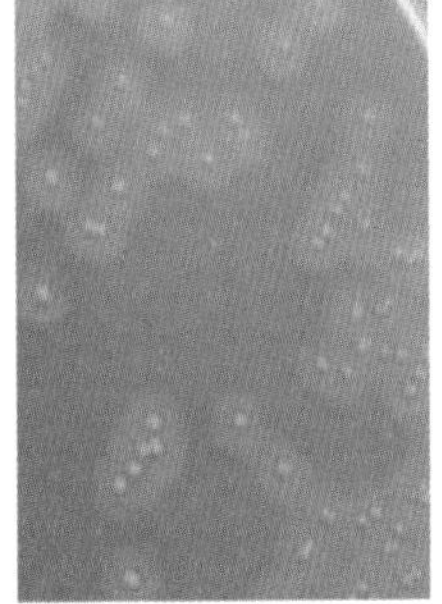 |

续　表

| 名称 | 形态描述 | 典型菌落 | |
|---|---|---|---|
| PALCAM 琼脂 | 小的圆形灰绿色菌落，周围有棕黑色水解圈，有些菌落有黑色凹陷 | 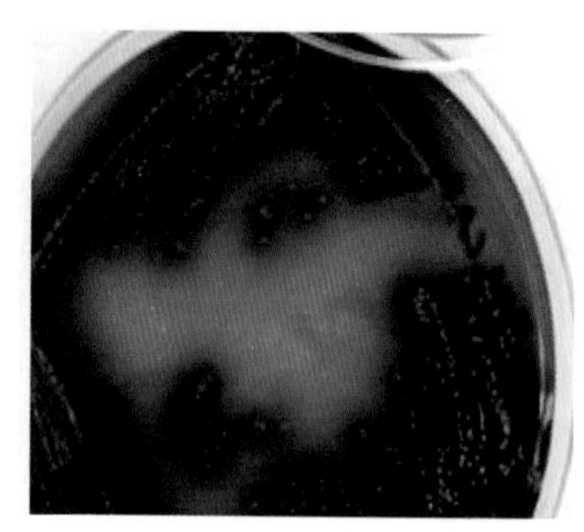 | 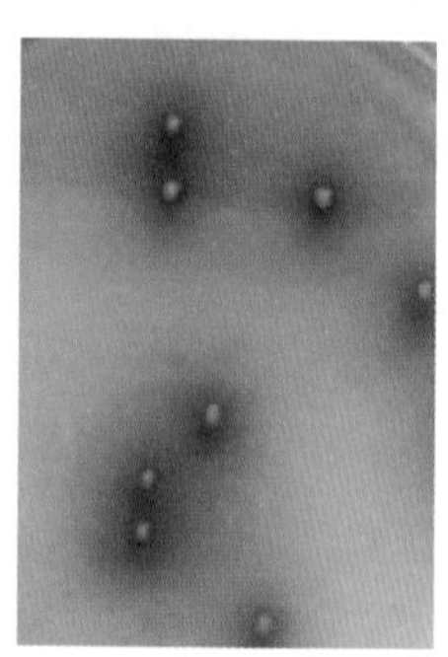 |

2.11　自选择性琼脂平板上分别挑取 3~5 个典型或可疑菌落，每个菌落均在 TSA-YE 平板上划线纯化，同时，接种针不要灭菌，直接接种木糖、鼠李糖发酵管，均于 36℃ ±1℃培养 24h±2h。

2.12　在 36℃ ±1℃培养 24h±2h 后，选择木糖阴性（紫色）、鼠李糖阳性（黄色）的菌落在 TSA-YE 平板上的纯培养物继续进行以下鉴定。

2.13　染色镜检：挑取纯培养物在玻片上作革兰染色，显微镜下可见单核细胞增生李斯特菌为革兰阳性短杆菌，大小为（0.4~0.5）μm×（0.5~2.0）μm；用生理盐水制成浓菌悬液，滴在凹玻片中，在油镜或相差显微镜下观察，该菌出现轻微旋转或翻滚样的运动。

2.14　动力试验：挑取纯培养的单个可疑菌落，穿刺半固体或 SIM 动力培养基，于 25℃ ~30℃培养 48h，单核细胞增生李斯特菌有动力，在半固体或 SIM 培养基上方呈伞状生长，如伞状生长不明显，可继续培养 5d，再观察结果。

2.15　生化鉴定：挑取纯培养的单个可疑菌落，进行过氧化氢酶试验，过氧化氢酶阳性反应的菌落继续进行糖发酵试验和 MR-VP 试验。单核细胞增生李斯特菌的主要生化特征见表 18-2。

**表 18-2　单核细胞增生李斯特菌生化特征与其他李斯特菌的区别**

| 菌种 | 溶血反应 | 葡萄糖 | 麦芽糖 | MR-VP | 甘露醇 | 鼠李糖 | 木糖 | 七叶苷 |
|---|---|---|---|---|---|---|---|---|
| 单核细胞增生李斯特菌（*L. monocytogenes*） | + | + | + | +/+ | − | + | − | + |
| 格氏李斯特菌（*L. grayi*） | − | + | + | +/+ | + | − | − | + |

续 表

| 菌种 | 溶血反应 | 葡萄糖 | 麦芽糖 | MR-VP | 甘露醇 | 鼠李糖 | 木糖 | 七叶苷 |
|---|---|---|---|---|---|---|---|---|
| 斯氏李斯特菌（*L. seeligeri*） | + | + | + | +/+ | − | − | + | + |
| 威氏李斯特菌（*L. welshimeri*） | − | + | + | +/+ | − | V | + | + |
| 伊氏李斯特菌（*L. ivanovii*） | + | + | + | +/+ | − | − | + | + |
| 英诺克李斯特菌（*L. innocua*） | − | + | + | +/+ | − | V | − | + |

注：+阳性；−阴性；V反应不定。

2.16　溶血试验：将新鲜的羊血琼脂平板底面划分为20~25个小格，挑取纯培养的单个可疑菌落刺种到血平板上，每格刺种一个菌落，并刺种阳性对照菌（单核细胞增生李斯特菌 *L. monocytogenes*、伊氏李斯特菌 *L.ivanovii* 和斯氏李斯特菌 *L.seeligeri*）和阴性对照菌（英诺克李斯特菌 *L.innocua*），穿刺时尽量接近底部，但不要触到底面，同时避免琼脂破裂，36℃±1℃培养24~48h，于明亮处观察，单核细胞增生李斯特菌呈现狭窄、清晰、明亮的溶血圈，斯氏李斯特菌在刺种点周围产生弱的透明溶血圈，英诺克李斯特菌无溶血圈，伊氏李斯特菌产生宽的、轮廓清晰的β-溶血区域，若结果不明显，可置4℃冰箱24~48h后再观察。

2.17　如选择生化鉴定试剂盒或全自动微生物生化鉴定系统，从营养琼脂平板上挑取可疑菌落，参照说明书，用生化鉴定试剂盒或全自动微生物生化鉴定系统进行鉴定。

2.18　协同溶血试验cAMP（可选项目）：在羊血琼脂平板上平行划线接种金黄色葡萄球菌和马红球菌，挑取纯培养的单个可疑菌落垂直划线接种于平行线之间，垂直线两端不要触及平行线，距离1~2mm，同时接种单核细胞增生李斯特菌、英诺克李斯特菌、伊氏李斯特菌和斯氏李斯特菌，于36℃ ±1℃培养24~48h。单核细胞增生李斯特菌在靠近金黄色葡萄球菌处出现约2mm的β-溶血增强区域，斯氏李斯特菌也出现微弱的溶血增强区域，伊氏李斯特菌在靠近马红球菌处出现约5~10mm的“箭头状”β-溶血增强区域，英诺克李斯特菌不产生溶血现象。若结果不明显，可置于4℃冰箱24~48h再观察。（表18-3）

**表 18–3 单核细胞增生李斯特氏菌表型鉴定**

| 名称 | 描述 | 图片 |
| --- | --- | --- |
| 革兰染色镜检 | 革兰阳性短杆菌，大小为（0.4~0.5）μm×（0.5~2.0）μm | 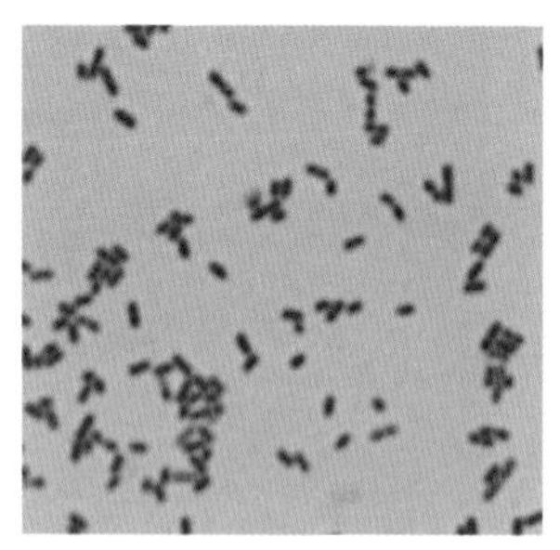 |
| 动力现象 | 李斯特菌有动力，呈伞状生长，随着时间增长，伞状消失，在距上方培养基 2mm 处呈线状 |  |
| 溶血现象 | a. 英诺克李斯特菌；b. 单核细胞增生李斯特菌；c. 伊氏李斯特菌；d. 斯氏李斯特菌 | 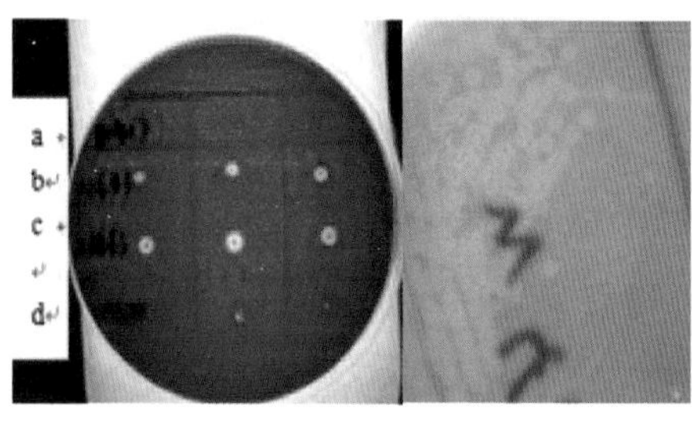 |
| 协同溶血 | S：为金黄色葡萄球菌，单增李斯特菌在靠近金黄色葡萄球菌的接种端溶血增强，斯氏李斯特菌也出现弱的溶血区域；R：为马红球菌，伊氏李斯特菌在靠近马红球菌的接种端溶血增强 | 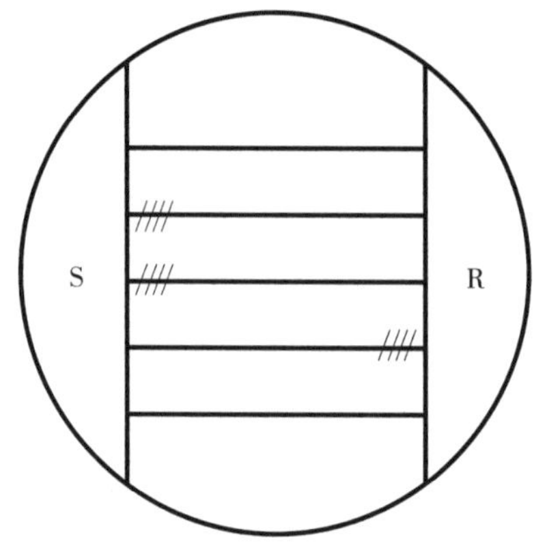 |

续 表

| 名称 | 描述 | 图片 |
|---|---|---|
| 生化鉴定试剂盒 | 标准株 CMCC54004 的反应显示：DIM 为阳性；分离株非单增株 274 号的反应显示：DIM 为阴性 | 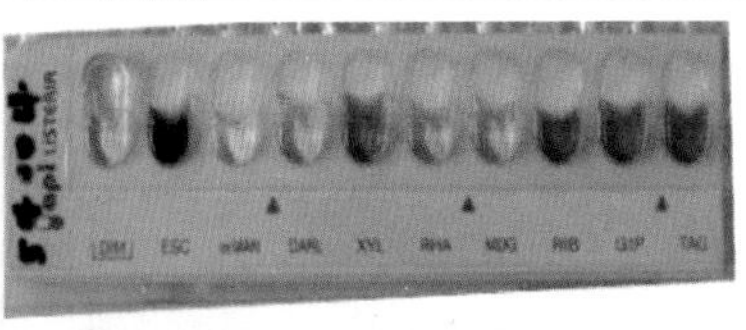 标准株 54004<br>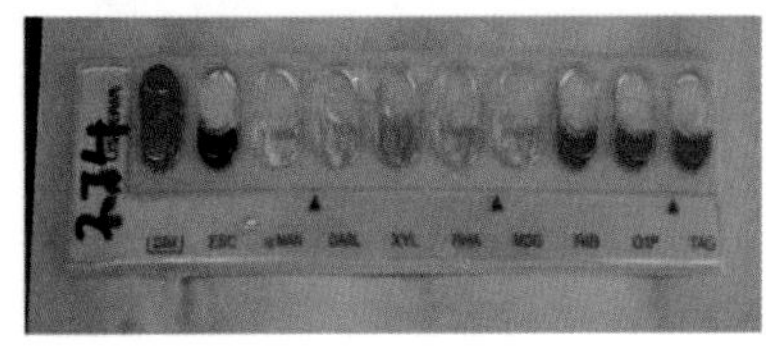 分离株 274 |

2.19 小鼠毒力试验（可选项目）：将符合上述特性的纯培养物接种于 TSB-YE 中，于 36℃ ±1℃培养 24h，4000r/min 离心 5min，弃上清液，用无菌生理盐水制备成浓度为 $10^{10}$ CFU/mL 的菌悬液，取此菌悬液对 3~5 只小鼠进行腹腔注射，每只 0.5mL，同时观察小鼠死亡情况。接种致病株的小鼠于 2~5d 内死亡。试验设单核细胞增生李斯特菌致病株和灭菌生理盐水对照组。单核细胞增生李斯特菌、伊氏李斯特菌对小鼠有致病性。

2.20 结果与报告

综合以上生化试验和溶血试验鉴定的结果：

如所有选择性平板中均未分离到单核细胞增生李斯特菌，则报告"25g（mL）样品中未检出单核细胞增生李斯特菌"；如任意选择性平板中分离到单核细胞增生李斯特菌，则报告"25g（mL）样品中检出单核细胞增生李斯特菌"。

2.21 血清鉴定（可选项目）：单核细胞增生李斯特菌的血清分型按照血清的操作说明进行。血清分型时玻片凝集现象参见图 18-2，血清型参见表 18-4。

**表 18-4 单核细胞增生李斯特菌的血清型**

| 单增李斯特氏菌血清型抗原结构 | | |
|---|---|---|
| **血清型** | **O- 抗原** | **H- 抗原** |
| 1/2a | Ⅰ，Ⅱ,（Ⅲ） | AB |
| 1/2b | Ⅰ，Ⅱ,（Ⅲ） | ABC |
| 1/2c | Ⅰ，Ⅱ,（Ⅲ） | BD |
| 3a | Ⅱ,（Ⅲ），Ⅳ | AB |
| 3b | Ⅱ,（Ⅲ），Ⅳ,（Ⅻ),（ⅫⅠ） | ABC |

续 表

| 单增李斯特氏菌血清型抗原结构 | | |
|---|---|---|
| 血清型 | O- 抗原 | H- 抗原 |
| 3c | Ⅱ,(Ⅲ), Ⅳ,(Ⅻ),(ⅫⅠ) | BD |
| 4a | (Ⅲ),(Ⅴ), Ⅶ, Ⅸ | ABC |
| 4ab | (Ⅲ), Ⅴ, Ⅵ, Ⅶ,, Ⅸ, Ⅹ | ABC |
| 4b | (Ⅲ), Ⅴ, Ⅵ | ABC |
| 4c | (Ⅲ), Ⅴ, Ⅷ | ABC |
| 4d | (Ⅲ),(Ⅴ), Ⅵ, Ⅷ | ABC |
| 4e | (Ⅲ), Ⅴ, Ⅵ,(Ⅷ),(Ⅸ) | ABC |
| 7 | (Ⅲ),(Ⅻ),(ⅫⅠ) | ABC |

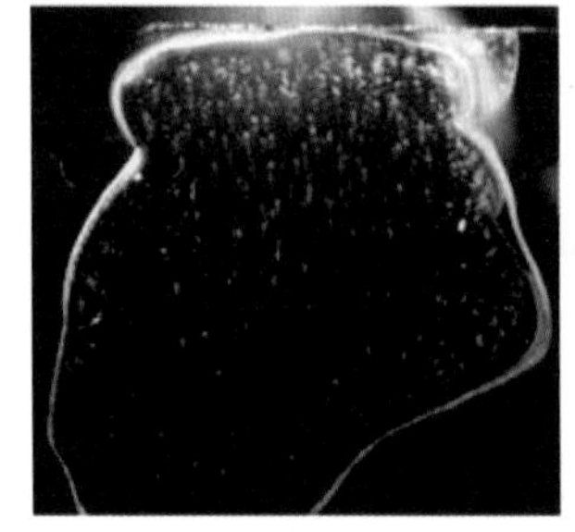

凝集（阳性）

不凝集（阴性）

图 18-2　单核细胞增生李斯特菌的玻片凝集现象

# 第二种检验方法
# 单核细胞增生李斯特菌平板计数法

## 1　仪器与耗材（见 GB 4789.30—2016）

## 2　检验步骤

### 2.1　检验程序

单核细胞增生李斯特菌平板计数程序见图 18-3。

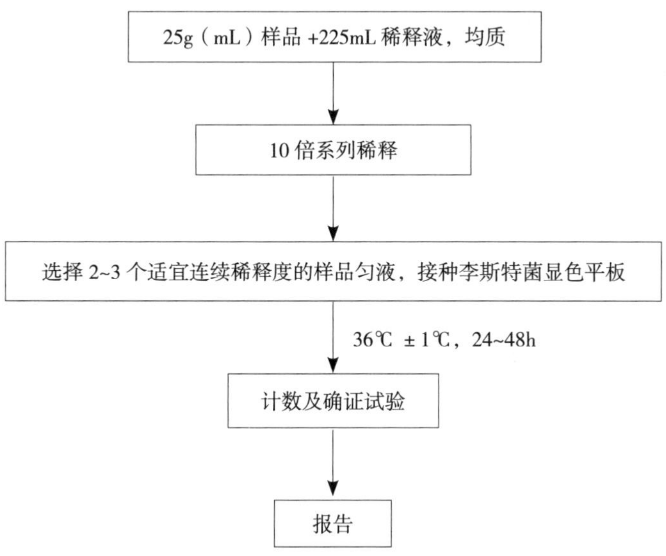


图 18–3 单核细胞增生李斯特菌平板计数程序

## 2.2 样品稀释

操作步骤同第一种检验方法中的 2.2 至 2.4，稀释液用缓冲蛋白胨水或无添加剂的 LB 肉汤；用 1mL 无菌吸管吸取 1∶10 样品匀液 1mL，沿管壁缓慢注于盛有 9mL 缓冲蛋白胨水或无添加剂的 LB 肉汤的无菌试管中（注意吸管尖端不要触及稀释液面），振摇试管或换用 1 支 1mL 无菌吸管反复吹打使其混合均匀，制成 1∶100 的样品匀液，以此操作程序，制备 10 倍系列稀释样品匀液。每递增稀释一次，换用 1 支 1mL 无菌吸管或吸头。

## 2.3 样品接种

根据对样品污染状况的估计，选择 2~3 个适宜连续稀释度的样品匀液（液体样品可包括原液），每个稀释度的样品匀液分别吸取 1mL 以 0.3mL、0.3mL、0.4mL 的接种量分别加入 3 块李斯特氏菌显色平板，用无菌 L 棒涂布整个平板，注意不要触及平板边缘。使用前，如琼脂平板表面有水珠，可放在 25℃ ~50℃的培养箱里干燥，直到平板表面的水珠消失。

## 2.4 样品培养

在通常情况下，平板涂布后静置 10min，如样液不易吸收，可将平板正面放在培养箱 36℃ ±1℃培养 1h，待样品匀液吸收后翻转平皿，倒置于培养箱中，36℃ ±1℃培养 24~48h。

## 2.5 典型菌落计数和确认

2.5.1 单核细胞增生李斯特菌在李斯特菌显色平板上的菌落特征以产品说明为准。

2.5.2　选择有典型单核细胞增生李斯特菌菌落的平板，且同一稀释度 3 个平板所有菌落数合计在 15~150CFU 之间的平板，计数典型菌落数。如果：

a）只有一个稀释度的平板菌落数在 15~150CFU 之间且有典型菌落，计数该稀释度平板上的典型菌落；

b）所有稀释度的平板菌落数均小于 15CFU 且有典型菌落，应计数最低稀释度平板上的典型菌落；

c）某一稀释度的平板菌落数大于 150CFU 且有典型菌落，但下一稀释度平板上没有典型菌落，应计数该稀释度平板上的典型菌落；

d）所有稀释度的平板菌落数大于 150CFU 且有典型菌落，应计数最高稀释度平板上的典型菌落；

e）所有稀释度的平板菌落数均不在 15~150CFU 之间且有典型菌落，其中一部分小于 15CFU 或大于 150CFU 时，应计数最接近 15CFU 或 150CFU 的稀释度平板上的典型菌落。

f）2 个连续稀释度的平板菌落数均在 15~150CFU 之间，应计数 2 个稀释度平板上的典型菌落。

2.5.3　从选定稀释度的平板上任选 5 个典型菌落（小于 5 个全选），分别按 11~18 步骤进行鉴定。

## 2.6　结果计数

a~e5 种情况按公式（1）计算。

$$T=\frac{AB}{Cd} \quad\cdots\cdots（1）$$

式中：

$T$——样品中单核细胞增生李斯特菌菌落数；

$A$——某一稀释度典型菌落的总数；

$B$——某一稀释度确证为单核细胞增生李斯特菌的菌落数；

$C$——某一稀释度用于单核细胞增生李斯特菌确证试验的菌落数；

$d$——稀释因子。

f 情况按公式（2）计算。

$$T=\frac{A_1B_1/C_1+A_2B_2/C_2}{1.1d} \quad\cdots\cdots（2）$$

式中：

$T$——样品中单核细胞增生李斯特菌菌落数；

$A_1$——第一稀释度（低稀释倍数）典型菌落的总数；

$A_2$——第二稀释度（高稀释倍数）典型菌落的总数；

$B_1$——第一稀释度（低稀释倍数）确证为单核细胞增生李斯特菌的菌落数；

$B_2$——第二稀释度（高稀释倍数）确证为单核细胞增生李斯特菌的菌落数；

$C_1$——第一稀释度（低稀释倍数）用于单核细胞增生李斯特菌确证试验的菌落数；

$C_2$——第二稀释度（高稀释倍数）用于单核细胞增生李斯特菌确证试验的菌落数；

1.1——计算系数；

$d$——稀释因子（第一稀释度）。

### 2.7 结果报告

报告每 1g（mL）样品中单核细胞增生李斯特菌菌数，以 CFU/g（mL）表示；如 $T$ 值为 0，则每 1g（mL）样品中单核细胞增生李斯特菌菌数以小于 1 乘以最低稀释倍数报告。

# 第三种检验方法
# 单核细胞增生李斯特菌 MPN 计数法

## 1 仪器与耗材（见 GB 4789.30—2016）

## 2 检验步骤

### 2.1 检验程序

单核细胞增生李斯特菌 MPN 计数程序见图 18–4。

### 2.2 样品稀释

操作步骤同第二种检验方法中的 2.2 样品稀释，稀释液用 $LB_1$。

### 2.3 样品接种

根据对样品污染状况的估计，选取 3 个适宜连续稀释度的样品匀液（液体样品可包括原液），接种于 10mL $LB_1$ 肉汤，每一稀释度接种 3 管，每管接种 1mL（如果接种量需要超过 1mL，则用双倍成分的 $LB_1$ 增菌液）

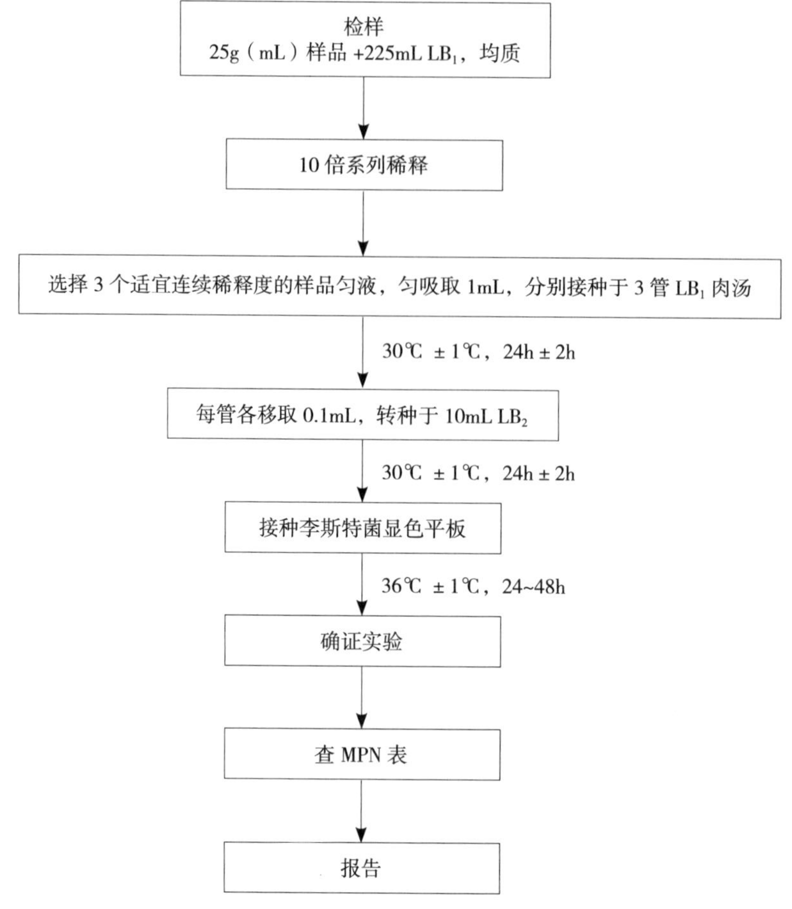


图 18–4　单核细胞增生李斯特菌 MPN 计数程序

### 2.4　样品培养

将接种管于 30℃ ±1℃培养 24h ± 2h，用吸管混匀培养液后移取 0.1mL，转种于 10mL $LB_2$ 增菌液内，培养管均以此操作后，于 30℃ ±1℃培养 24h ± 2h。

### 2.5　样品分离

将培养管摇匀，用接种环从培养管中移取 1 环，接种李斯特菌显色平板，每个培养管均以此操作，然后将接种的平板于 36℃ ±1℃培养 24~48h。

### 2.6　确证试验

自每块平板上挑取 5 个典型菌落（5 个以下全选），按照 10~16 进行鉴定。只要平板上的典型菌落有单核细胞增生李斯特菌，此平板对应的培养管为阳性，没有单核细胞增生李斯特菌的平板对应的培养管为阴性。

### 2.7　结果报告

根据鉴定为单核细胞增生李斯特菌阳性的培养管管数，查 MPN 检索表（见 GB

4789.30—2016 附录 B），报告每 1g（mL）样品中单核细胞增生李斯特菌的最可能数，以 MPN/g（mL）表示。

2.8 将已鉴定完成的单核细胞增生李斯特菌用无菌棉签从脑心浸液琼脂平板上刮取，加入 50% 甘油 –BHI 肉汤中，标识清晰，–80℃长期保存备查。

质量控制

1. 实验过程中，样品前增菌液、选择性增菌液、分离平板等都要做空白对照。如果从上述三者中检出单核细胞增生李斯特菌可疑菌落时，应废弃本次实验结果，并对增菌液、吸管、平皿、培养基、实验环境等进行污染来源分析。
2. 定期使用单核细胞增生李斯特菌 ATCC19111 菌种或等效的其他标准株，在 P2 实验室或阳性对照实验室内，用适当的食品样品进行阳性对照实验验证，染菌剂量应控制在 10~100CFU/25g 样品，并进行记录，此验证实验至少每 2 个月进行一次。
3. 要求对使用的培养基和生化试剂每批均用 GB 4789.30—2016 推荐的阳性和阴性对照标准菌种进行验证，并做好记录。

操作要点与注意事项

1. 在第一法的 2.12~2.13 中，观察单核细胞增生李斯特菌的运动和动力实验时的培养物，要求培养温度不能高于 30℃。
2. 第一法的表 18-2 是李斯特菌属典型菌株的生化反应。有少数单核细胞增生李斯特菌株不溶血或鼠李糖反应阴性，有少数英诺克李斯特菌株溶血和鼠李糖反应阴性或溶血和鼠李糖反应阳性，有少数斯氏李斯特菌株溶血和木糖反应阴性或不溶血和木糖反应阳性。
3. 在溶血实验中，羊血平板要新鲜不宜太厚，穿刺接种培养物用接种针，不能刺透培养基，举起平板对着光观察溶血现象，否则影响结果的判定。也可用划线法接种培养物，要求划出单个菌落。
4. 在快速生化鉴定盒中，培养物悬浮液的浓度、加入量和对 DIM 的反应观察应严格按照说明操作。有少数单核细胞增生李斯特菌株的 DIM 反应阴性，或存在少数 DIM 反应阳性的非单核细胞增生李斯特菌株，所以，通常以快速生化鉴定盒的反应为基础，再结合溶血试验，判定单核细胞增生李斯特菌。生化鉴定试剂盒或全自动微生物生化鉴定系统的实验中，要求同时做单核细胞增生李斯特菌的阳性和阴性对照。
5. 在协同溶血实验中，选择弱 β - 溶血的金黄色葡萄球菌作标准菌株。有

5%~8% 的单核细胞增生李斯特菌株与金黄色葡萄球菌和马红球菌均产生协同溶血现象，但与马红球菌的协同溶血范围比斯氏李斯特菌的协同范围小。

6. 在动物毒力实验中，要求有生理盐水对照组，是为了确认动物死亡不是由于实验者操作失误或菌株毒力以外的其他因素所致。
7. 在血清分型实验中，要求做菌体与生理盐水的对照实验，确认菌体是否自凝，对于自凝的菌株不能直接做凝集实验，需要转种几代，如果仍然自凝，可放弃血性分型。
8. 在 MPN 方法中，样品的 3 个适宜的连续稀释度的选择原则是其中最高稀释度达到样品稀释后的阴性终点。为保证 3 个连续稀释度选择的适宜，可同时选择 5 个及以上的连续稀释度接种。
9. 使用均质袋进行增菌培养时，应使用带有底托的均质袋架子，防止培养过程中前增菌液泄露污染培养箱。
10. 在培养箱中，为防止中间平皿过热，高度不得超过 6 个平皿。
11. 本方法移液时可使用可连接吸管的电动移液器，在使用过程中，一旦液体进入电动移液器滤膜中，应立即对滤膜进行更换，以防止交叉污染。
12. 当对易产生较大颗粒的样品（如肉类）进行检测时，建议使用带滤网均质袋，以方便均质后用吸管吸取匀液。
13. 鉴于微量移液器移液头较短，为控制污染，在本方法移液过程中不应使用。
14. 制备李斯特菌显色平板时，应按照产品说明操作。平板应在 4℃避光保存，并于 1 个月内使用。
15. 所有实验的物品和材料试验后均应及时高压（121℃ 20 分钟）处理。

疑难解析

**问题 1** 当 3 个及以上连续稀释度的结果均为阳性时，如何选择？

选择原则参考 Bacteriological Analytical Manual Appendix 2：Most Probable Number from Serial Dilutions。

**问题 2** 为什么在没有典型菌落时仍要挑取非典型菌落进行鉴定?

根据经验，有少数单核细胞增生李斯特菌在李斯特显色平板上呈现非典型性菌落。

**问题 3** 为什么在 PALCAM 选择性平板上挑取典型菌落，鉴定后非单核细胞增生李斯特菌的概率较高?

PALCAM 是李斯特菌属的选择性平板，根据经验，环境存在较多的英诺克李斯特菌，应结合显色平板，挑取较多的典型菌落鉴定。

**问题 4** 从哪里获得最新的单核细胞增生李斯特菌的表型(包括血清分型)和 PFGE 分型分析资料?

(1) Bacteriological Analytical Manual Chapter 10: Detection of Listeria monocytogenes in Foods and Environmental Samples，and Enumeration of Listeria monocytogenes in Foods

(2) Bacteriological Analytical Manual Chapter 11: Serodiagnosis of *Listeriamonocytogenes*

(3) Bergey’s Manual of Systematic Bacteriology. Second Edition，volume Three，The Firmicutes.Family Ⅲ. Listeriaceae fam.nov

(4) Standard operating procedure for pulsenet PFGE of Listeria monocytogenes. http:/www.cdc.gov/pulsenet/protocol

**问题 5** 50% 甘油 –BHI 肉汤菌种冻存液如何配置和使用?

取 BHI 肉汤干粉，按说明书加入 1/2 体积的水彻底溶解后，再加入等体积的甘油，混匀，分装于2mL菌种冻存管中（1.5mL/管），121℃高压灭菌15min，−20℃储存备用。使用时，将BHI肉汤冻存管从−20℃取出，恢复至室温，将已鉴定完成的单核细胞增生李斯特菌用无菌棉签从营养琼脂平板上刮取，加入50%甘油−BHI肉汤中，混匀，用防冻记号笔标识清晰，−80℃长期保存备查。

## 问题6 如果在前增菌或选择增菌结束后，肉汤中未见微生物生长，是否可以终止实验？

不可以。因为肉眼可见的细菌浓度为$10^7$ CFU/ml，在此浓度以下，肉眼很难发现。

# 第十九章

# 《食品安全国家标准 食品微生物学检验 双歧杆菌检验》(GB 4789.34—2016)

双歧杆菌属(*Bifidobacterium*)是一种革兰阳性、不运动、细胞呈杆状、一端有时呈分叉状、专性厌氧的细菌属，广泛存在于人和动物的消化道、阴道和口腔中，是人和动物肠道菌群的重要组成成员之一。目前我国的双歧杆菌主要作为益生菌应用在食品中，如用于酸奶发酵，添加到婴儿配方食品中。历次双歧杆菌检验标准版本为：GB/T 4789.34—1996，GB/T 4789.34—2003，GB/T 4789.34—2008，GB 4789.34—2012，GB 4789.34—2016。《食品安全国家标准 食品微生物学检验 双歧杆菌检验》(GB 4789.34—2016)规定了以下 6 种双歧杆菌的鉴定与计数：

两歧双歧杆菌(*B. bifidum*)

婴儿双歧杆菌(*B. infantis*)

长双歧杆菌(*B. longum*)

青春双歧杆菌(*B. adolescentis*)

动物双歧杆菌(*B. animalis*)

短双歧杆菌(*B. breve*)

在标准的适用范围规定：标准规定了双歧杆菌(*Bifidobacterium*)的鉴定及计数方法。标准适用于双歧杆菌纯菌菌种的鉴定及计数。标准适用于食品中仅含有单一双歧杆菌的菌种鉴定。标准也适用于食品中仅含有双歧杆菌属的计数，即食品中可包含一个或多个不同的双歧杆菌菌种。

## 1 仪器与耗材（仅列出标准中不明确或缺少内容）

◎ 恒温培养箱：36℃ ±1℃。

◎ 厌氧培养系统。

◎ 生化反应鉴定系统。

## 2 无菌要求

全部操作过程均应遵循无菌操作程序。

## 3 检验程序

双歧杆菌的检验程序见图 19-1。

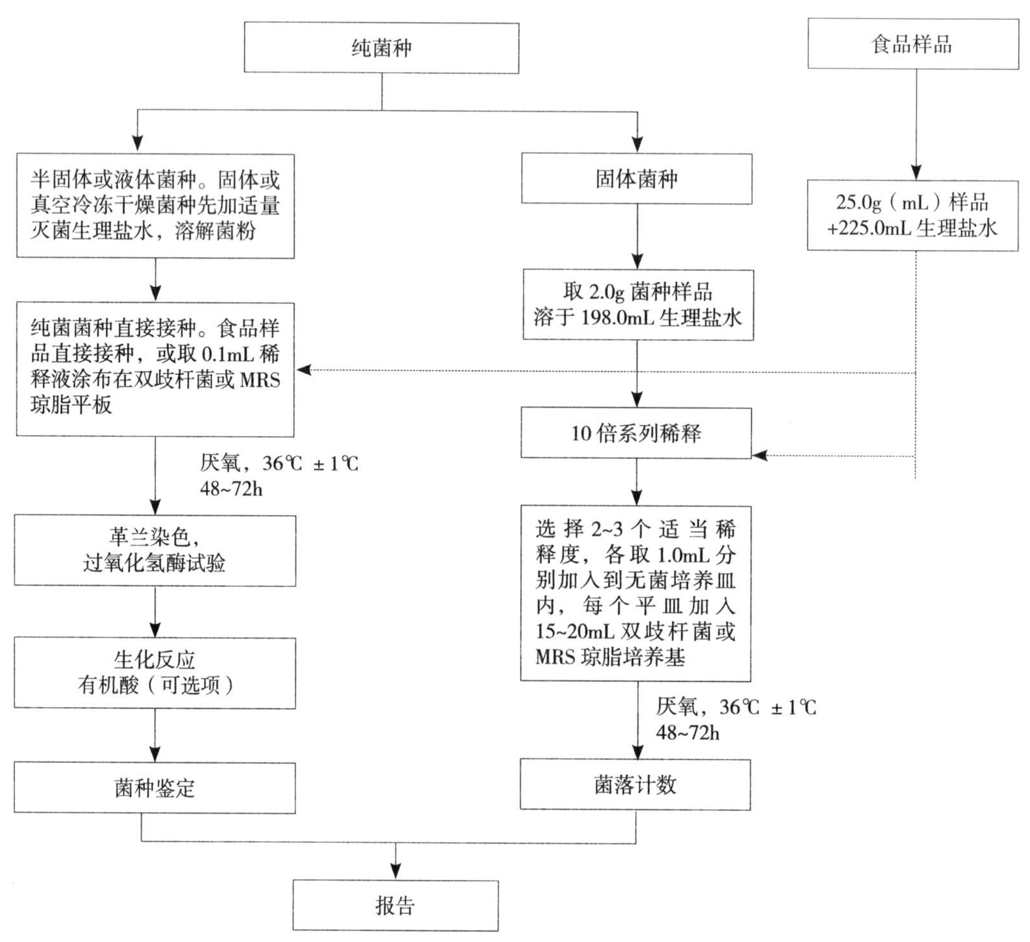


图 19-1 双歧杆菌的检验程序

# 4 双歧杆菌的鉴定

## 4.1 纯菌菌种

纯菌菌种的鉴定程序见图 19-2。

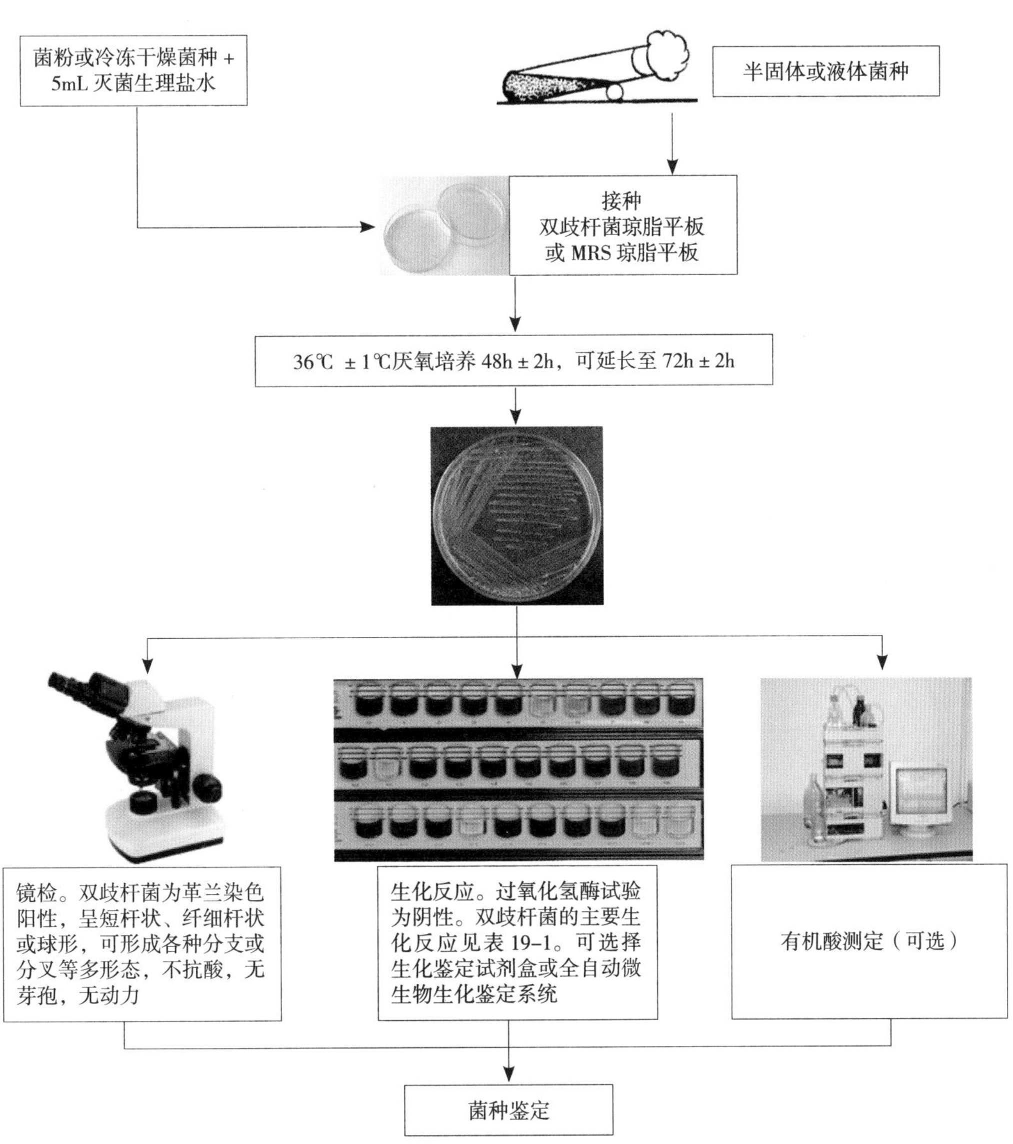


图 19-2 纯菌菌种的鉴定程序

## 4.2 食品样品

### 4.2.1 样品处理

取样 25.0g（mL），置于装有 225.0mL 生理盐水的灭菌锥形瓶或均质袋内，于 8000~10000r/min 均质 1~2min，或用拍击式均质器拍打 1~2min，制成 1：10 的样品匀液。

冷冻样品可先使其在2℃ ~5℃条件下解冻，时间不超过18h；也可在温度不超过45℃的条件解冻，时间不超过15min。

4.2.2　接种或涂布

将上述样品匀液接种在双歧杆菌琼脂平板或MRS琼脂平板，或取0.1mL样品匀液均匀涂布在双歧杆菌琼脂平板或MRS琼脂平板。36℃ ±1℃厌氧培养48h±2h，可延长至72h±2h。

4.2.3　纯培养

挑取3个或以上的单个菌落接种于双歧杆菌琼脂平板或MRS琼脂平板。36℃ ±1℃厌氧培养48h±2h，可延长至72h±2h。

### 4.3　菌种鉴定

4.3.1　涂片镜检

挑取双歧杆菌平板或MRS平板上生长的双歧杆菌单个菌落进行染色。双歧杆菌为革兰染色阳性，呈短杆状、纤细杆状或球形，可形成各种分支或分叉等多形态，不抗酸，无芽孢，无动力。

4.3.2　生化鉴定

挑取双歧杆菌平板或MRS平板上生长的双歧杆菌单个菌落，进行生化反应检测。过氧化氢酶试验为阴性。双歧杆菌的主要生化反应见表19-1。可选择生化鉴定试剂盒或全自动微生物生化鉴定系统。

## 5　标准双歧杆菌的图谱

### 5.1　动物双歧杆菌（*B. animalis*）

5.1.1　动物双歧杆菌（***B. animalis***）的镜下菌体形态（图19-3）

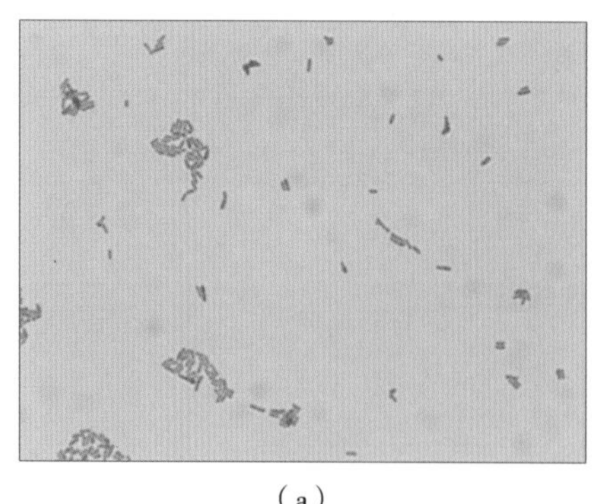

（a）

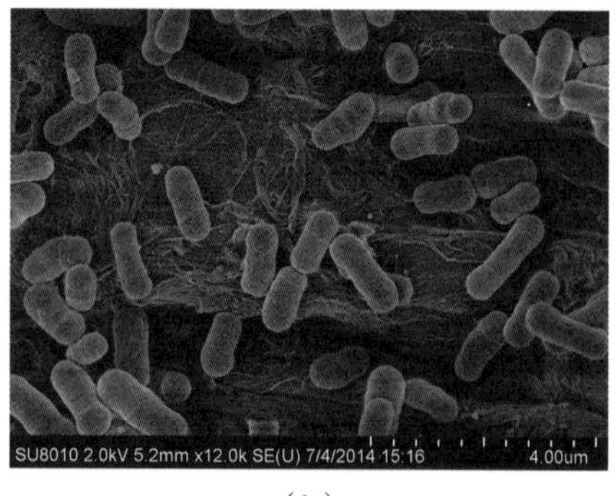


（b）

图19-3　动物双歧杆菌的镜下菌体形态

动物双歧杆菌(*B. animalis*)在双歧杆菌琼脂培养基(BBL)(图 19–4)和莫匹罗星锂盐改良 MRS 琼脂培养基(图 19–5)上的菌落形态。

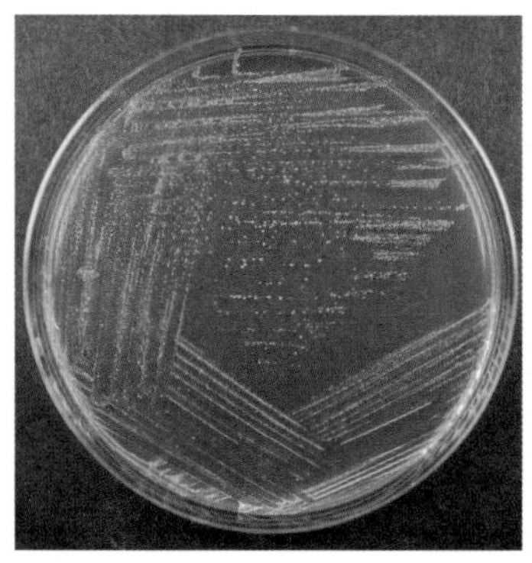

图 19–4 BBL 上的动物双歧杆菌

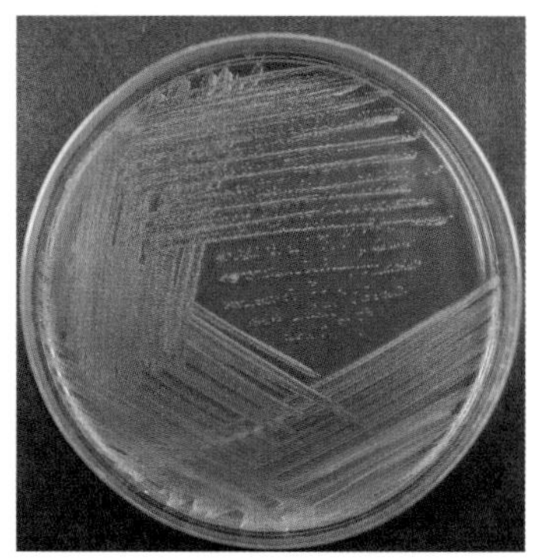

图 19–5 改良 MRS 琼脂培养基上的动物双歧杆菌

### 5.1.2 动物双歧杆菌(*B. animalis*)API 50CHL 结果(图 19–6)

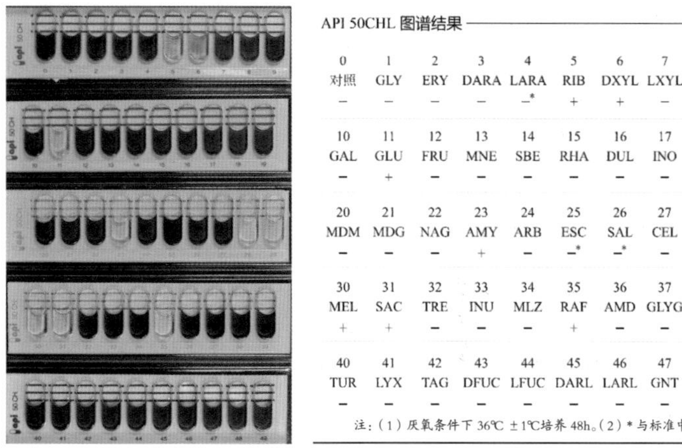

API 50CHL 图谱结果

| 0 | 1 | 2 | 3 | 4 | 5 | 6 | 7 | 8 | 9 |
|---|---|---|---|---|---|---|---|---|---|
| 对照 | GLY | ERY | DARA | LARA | RIB | DXYL | LXYL | ADO | MDX |
| – | – | – | – | –* | + | + | – | – | – |

| 10 | 11 | 12 | 13 | 14 | 15 | 16 | 17 | 18 | 19 |
|---|---|---|---|---|---|---|---|---|---|
| GAL | GLU | FRU | MNE | SBE | RHA | DUL | INO | MAN | SOB |
| – | + | – | – | – | – | – | – | – | – |

| 20 | 21 | 22 | 23 | 24 | 25 | 26 | 27 | 28 | 29 |
|---|---|---|---|---|---|---|---|---|---|
| MDM | MDG | NAG | AMY | ARB | ESC | SAL | CEL | MAL | LAC |
| – | – | – | + | – | –* | –* | – | + | + |

| 30 | 31 | 32 | 33 | 34 | 35 | 36 | 37 | 38 | 39 |
|---|---|---|---|---|---|---|---|---|---|
| MEL | SAC | TRE | INU | MLZ | RAF | AMD | GLYG | XLT | GEN |
| + | + | – | – | – | + | – | – | – | –* |

| 40 | 41 | 42 | 43 | 44 | 45 | 46 | 47 | 48 | 49 |
|---|---|---|---|---|---|---|---|---|---|
| TUR | LYX | TAG | DFUC | LFUC | DARL | LARL | GNT | 2KG | 5KG |
| – | – | – | – | – | – | – | – | – | – |

注:(1)厌氧条件下 36℃ ±1℃培养 48h。(2)* 与标准中结果不一致。

图 19–6 API 50CHL 图谱结果

### 5.1.3 动物双歧杆菌(*B. animalis*)API 20A 结果(图 19–7)

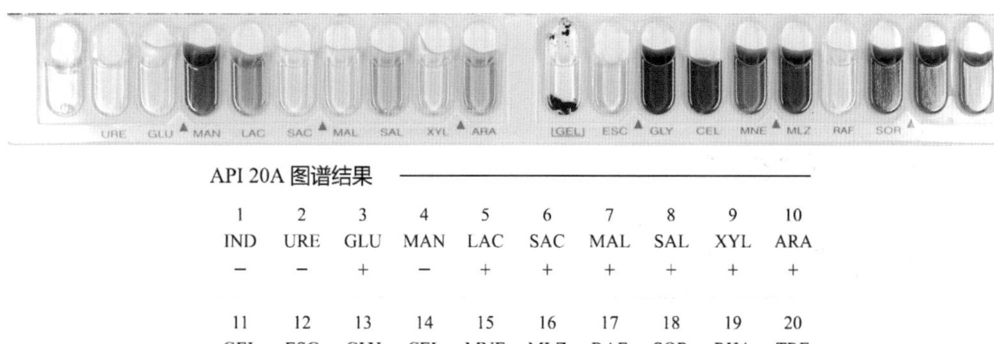


API 20A 图谱结果

| 1 | 2 | 3 | 4 | 5 | 6 | 7 | 8 | 9 | 10 |
|---|---|---|---|---|---|---|---|---|---|
| IND | URE | GLU | MAN | LAC | SAC | MAL | SAL | XYL | ARA |
| – | – | + | – | + | + | + | + | + | + |

| 11 | 12 | 13 | 14 | 15 | 16 | 17 | 18 | 19 | 20 |
|---|---|---|---|---|---|---|---|---|---|
| GEL | ESC | GLY | CEL | MNE | MLZ | RAF | SOR | RHA | TRE |
| – | – | – | – | + | – | + | – | – | – |

注:厌氧条件下 36℃ ±1℃培养 48h。

图 19–7 API 20A 图谱结果

## 5.2 短双歧杆菌（*B. breve*）的镜下菌体形态

### 5.2.1 短双歧杆菌（*B. breve*）的镜下菌体形态（图 19-8）

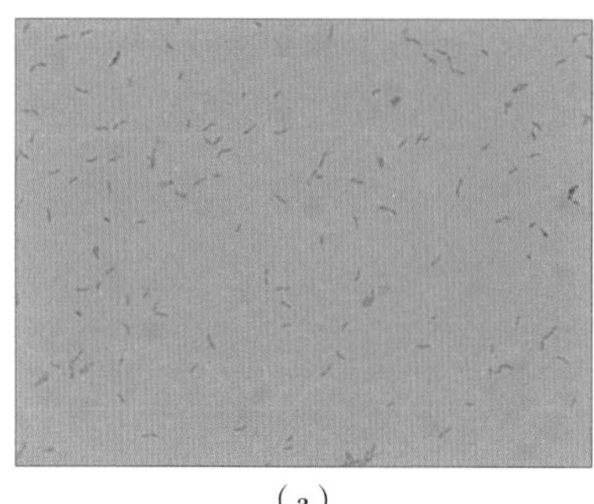

（a）

（b）

图 19-8　短双歧杆菌的镜下菌体形态

短双歧杆菌（*B. breve*）在双歧杆菌琼脂培养基（BBL）（图 19-9）和莫匹罗星锂盐改良 MRS 琼脂培养基（图 19-10）上的菌落形态。

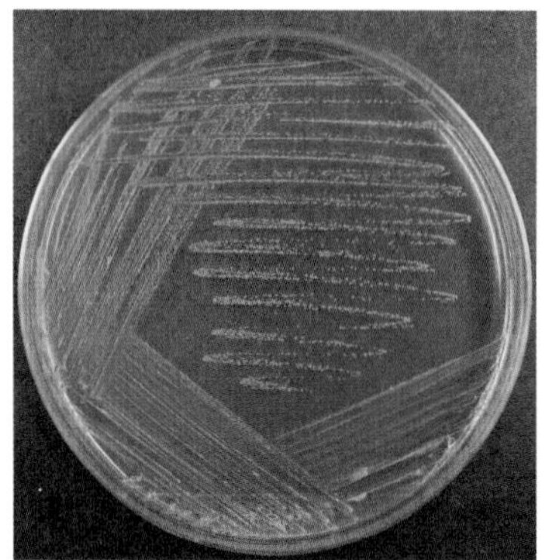

图 19-9　BBL 上的短双歧杆菌

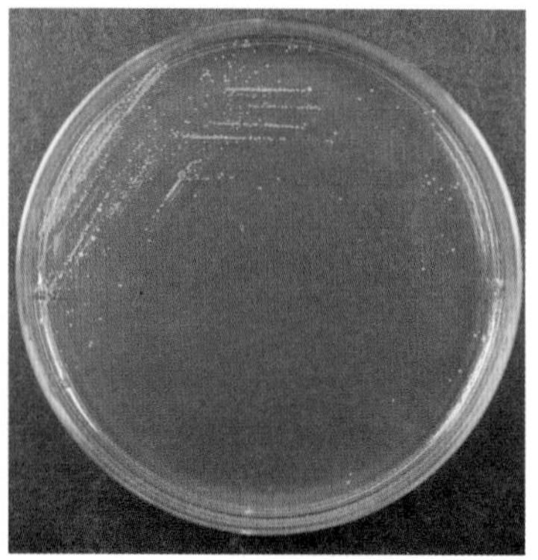

图 19-10　改良 MRS 琼脂培养基上的短双歧杆菌

### 5.2.2 短双歧杆菌（*B. breve*）API 50CHL 结果（图 19-11）

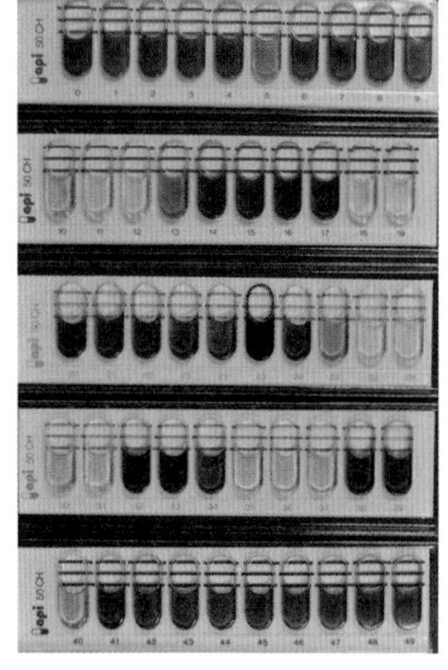

API 50CHL 图谱结果

| 0 | 1 | 2 | 3 | 4 | 5 | 6 | 7 | 8 | 9 |
|---|---|---|---|---|---|---|---|---|---|
| 对照 | GLY | ERY | DARA | LARA | RIB | DXYL | LXYL | ADO | MDX |
| – | – | – | – | – | –* | –* | – | – | – |
| 10 | 11 | 12 | 13 | 14 | 15 | 16 | 17 | 18 | 19 |
| GAL | GLU | FRU | MNE | SBE | RHA | DUL | INO | MAN | SOB |
| + | + | + | – | – | – | – | –* | +* | +* |
| 20 | 21 | 22 | 23 | 24 | 25 | 26 | 27 | 28 | 29 |
| MDM | MDG | NAG | AMY | ARB | ESC | SAL | CEL | MAL | LAC |
| – | – | –* | – | – | +* | – | – | + | + |
| 30 | 31 | 32 | 33 | 34 | 35 | 36 | 37 | 38 | 39 |
| MEL | SAC | TRE | INU | MLZ | RAF | AMD | GLYG | XLT | GEN |
| + | + | – | – | – | + | +* | +* | – | –* |
| 40 | 41 | 42 | 43 | 44 | 45 | 46 | 47 | 48 | 49 |
| TUR | LYX | TAG | DFUC | LFUC | DARL | LARL | GNT | 2KG | 5KG |
| – | – | – | – | – | – | – | – | – | – |

注：（1）厌氧条件下 36℃ ±1℃培养 48h。（2）* 与标准中结果不一致。

图 19-11　API 50CHL 图谱结果

### 5.2.3 短双歧杆菌(*B. breve*)API 20A(图 19-12)

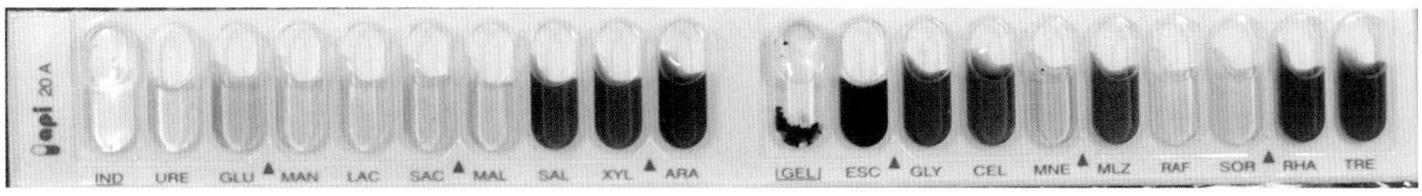


**API 20A 图谱结果**

| 1 | 2 | 3 | 4 | 5 | 6 | 7 | 8 | 9 | 10 |
|---|---|---|---|---|---|---|---|---|---|
| IND | URE | GLU | MAN | LAC | SAC | MAL | SAL | XYL | ARA |
| − | − | + | + | + | + | + | − | − | − |
| 11 | 12 | 13 | 14 | 15 | 16 | 17 | 18 | 19 | 20 |
| GEL | ESC | GLY | CEL | MNE | MLZ | RAF | SOR | RHA | TRE |
| − | + | − | − | + | − | + | + | − | − |

图 19-12　API 20A 图谱结果

## 5.3 两歧双歧杆菌(*B. bifidum*)

### 5.3.1 两歧双歧杆菌(*B. bifidum*)的镜下菌体形态(图 19-13)

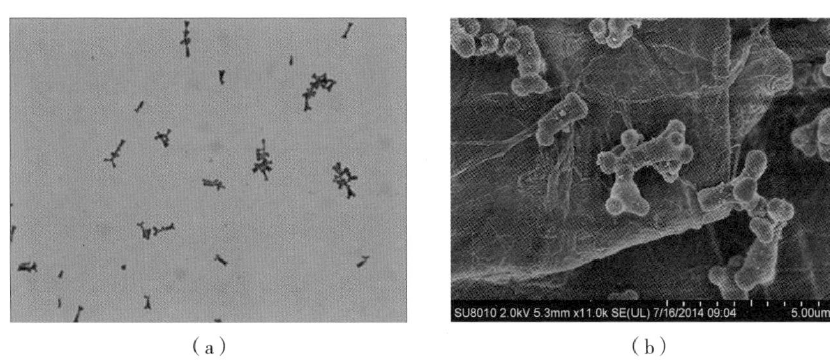


(a)　　　　(b)

图 19-13　两歧双歧杆菌的镜下菌体形态

两歧双歧杆菌(*B. bifidum*)在双歧杆菌琼脂培养基(BBL)(图 19-14)和莫匹罗星锂盐改良 MRS 琼脂培养基(图 19-15)上的菌落形态。

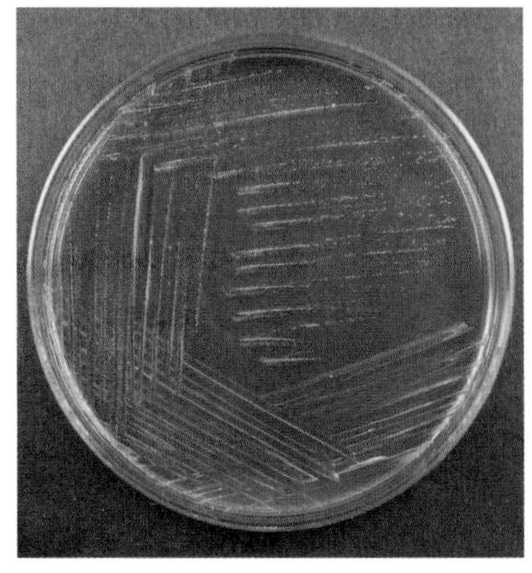

图 19-14　BBL 上的两歧双歧杆菌

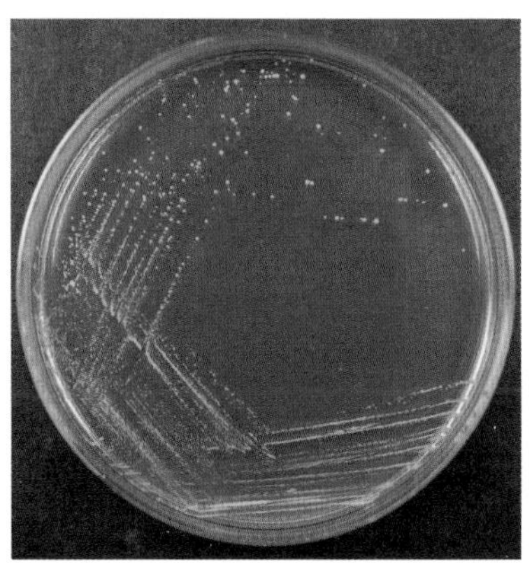

图 19-15　改良 MRS 琼脂培养基上的两歧双歧杆菌

### 5.3.2 两歧双歧杆菌（*B. bifidum*）API 50CHL 结果（图 19-16）

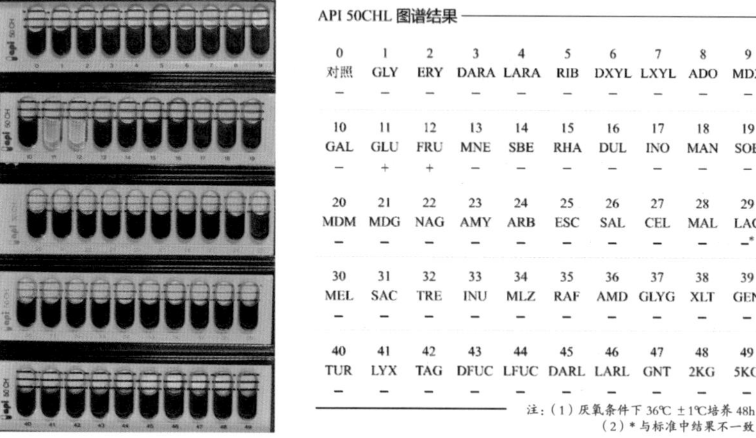

API 50CHL 图谱结果

| 0 | 1 | 2 | 3 | 4 | 5 | 6 | 7 | 8 | 9 |
|---|---|---|---|---|---|---|---|---|---|
| 对照 | GLY | ERY | DARA | LARA | RIB | DXYL | LXYL | ADO | MDX |
| – | – | – | – | – | – | – | – | – | – |
| 10 | 11 | 12 | 13 | 14 | 15 | 16 | 17 | 18 | 19 |
| GAL | GLU | FRU | MNE | SBE | RHA | DUL | INO | MAN | SOB |
| – | + | + | – | – | – | – | – | – | – |
| 20 | 21 | 22 | 23 | 24 | 25 | 26 | 27 | 28 | 29 |
| MDM | MDG | NAG | AMY | ARB | ESC | SAL | CEL | MAL | LAC |
| – | – | – | – | – | – | – | – | – | –* |
| 30 | 31 | 32 | 33 | 34 | 35 | 36 | 37 | 38 | 39 |
| MEL | SAC | TRE | INU | MLZ | RAF | AMD | GLYG | XLT | GEN |
| – | – | – | – | – | – | – | – | – | – |
| 40 | 41 | 42 | 43 | 44 | 45 | 46 | 47 | 48 | 49 |
| TUR | LYX | TAG | DFUC | LFUC | DARL | LARL | GNT | 2KG | 5KG |
| – | – | – | – | – | – | – | – | – | – |

注：（1）厌氧条件下 36℃ ±1℃培养 48h。
（2）* 与标准中结果不一致。

图 19-16　API 50CHL 图谱结果

### 5.3.3 两歧双歧杆菌（*B. bifidum*）API 20A 结果（图 19-17）

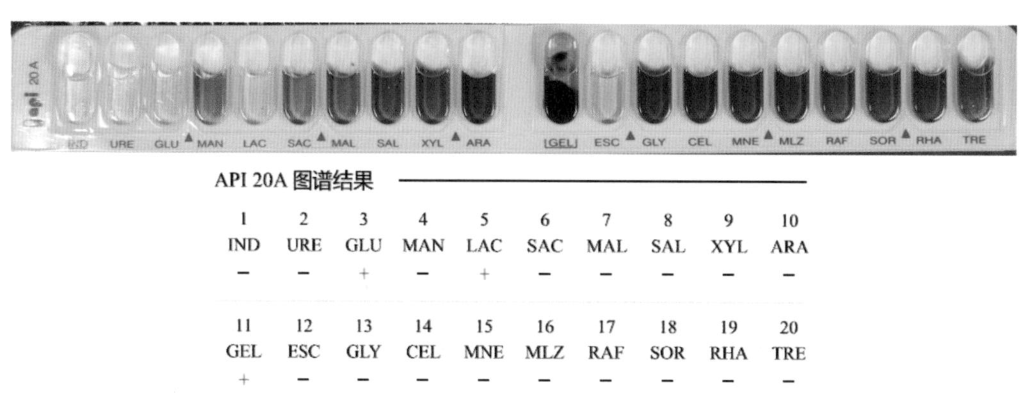


API 20A 图谱结果

| 1 | 2 | 3 | 4 | 5 | 6 | 7 | 8 | 9 | 10 |
|---|---|---|---|---|---|---|---|---|---|
| IND | URE | GLU | MAN | LAC | SAC | MAL | SAL | XYL | ARA |
| – | – | + | – | + | – | – | – | – | – |
| 11 | 12 | 13 | 14 | 15 | 16 | 17 | 18 | 19 | 20 |
| GEL | ESC | GLY | CEL | MNE | MLZ | RAF | SOR | RHA | TRE |
| + | – | – | – | – | – | – | – | – | – |

注：厌氧条件下 36℃ ±1℃培养 24h。

图 19-17　API 20A 图谱结果

## 5.4 青春双歧杆菌（*B. adolescentis*）

### 5.4.1 青春双歧杆菌（*B. adolescentis*）的镜下菌体形态（图 19-18）

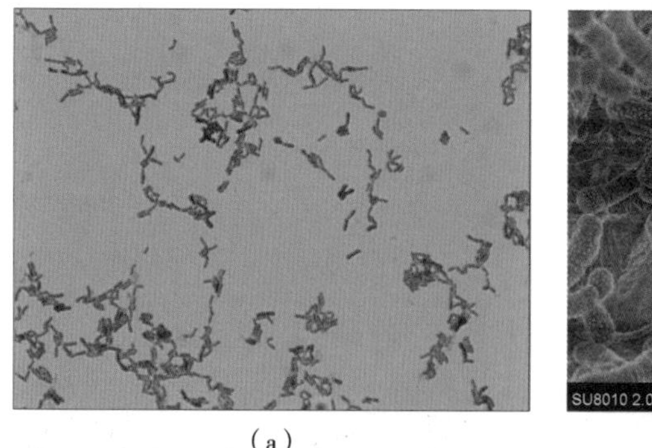

（a）

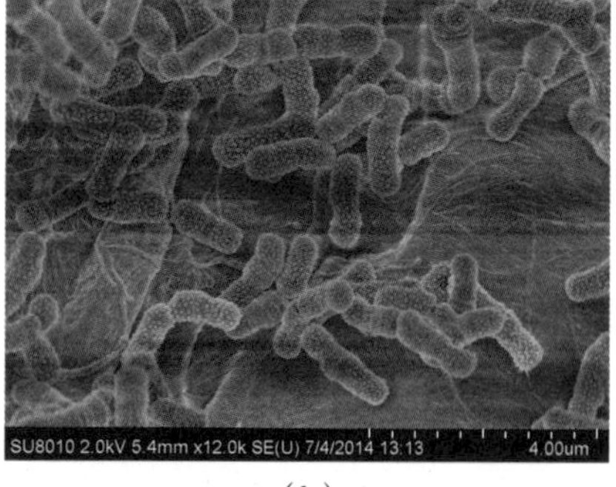


（b）

图 19-18　青春双歧杆菌的镜下菌体形态

青春双歧杆菌（*B. adolescentis*）在双歧杆菌琼脂培养基（BBL）（图 19–19）和莫匹罗星锂盐改良 MRS 琼脂培养基（图 19–20）上的菌落形态。

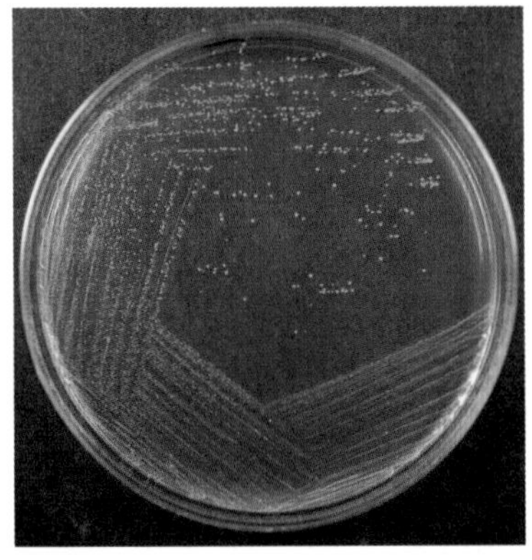

图 19–19 BBL 上的青春双歧杆菌

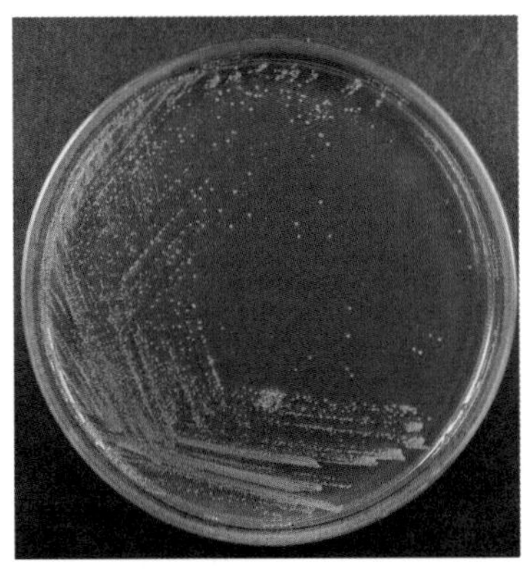

图 19–20 改良 MRS 琼脂培养基上的青春双歧杆菌

### 5.4.2 青春双歧杆菌（*B. adolescentis*）API 50CHL 结果（图 19–21）

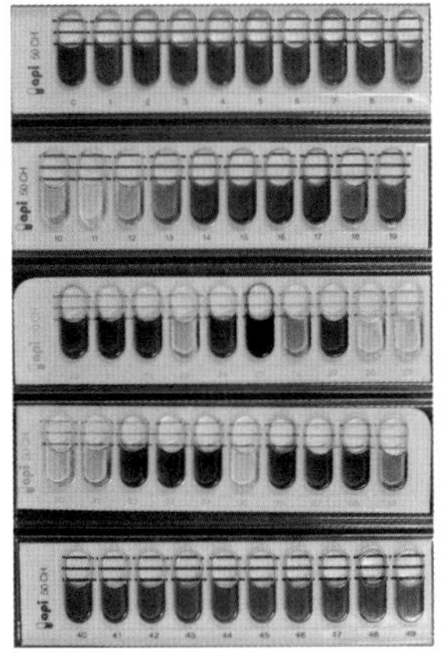

API 50CHL 图谱结果

| 0 | 1 | 2 | 3 | 4 | 5 | 6 | 7 | 8 | 9 |
|---|---|---|---|---|---|---|---|---|---|
| 对照 | GLY | ERY | DARA | LARA | RIB | DXYL | LXYL | ADO | MDX |
| – | – | – | – | –* | –* | – | – | – | – |
| 10 | 11 | 12 | 13 | 14 | 15 | 16 | 17 | 18 | 19 |
| GAL | GLU | FRU | MNE | SBE | RHA | DUL | INO | MAN | SOB |
| + | + | + | w | – | – | – | – | – | – |
| 20 | 21 | 22 | 23 | 24 | 25 | 26 | 27 | 28 | 29 |
| MDM | MDG | NAG | AMY | ARB | ESC | SAL | CEL | MAL | LAC |
| – | – | – | + | – | + | w | – | + | + |
| 30 | 31 | 32 | 33 | 34 | 35 | 36 | 37 | 38 | 39 |
| MEL | SAC | TRE | INU | MLZ | RAF | AMD | GLYG | XLT | GEN |
| + | + | – | – | –* | + | –* | – | – | w |
| 40 | 41 | 42 | 43 | 44 | 45 | 46 | 47 | 48 | 49 |
| TUR | LYX | TAG | DFUC | LFUC | DARL | LARL | GNT | 2KG | 5KG |
| – | – | – | – | – | – | – | –* | – | – |

注：（1）厌氧条件下 36℃ ±1℃培养 48h。（2）* 与标准中结果不一致。

图 19–21 API 50CHL 图谱结果

### 5.4.3 青春双歧杆菌（*B. adolescentis*）API 20A 结果（图 19–22）

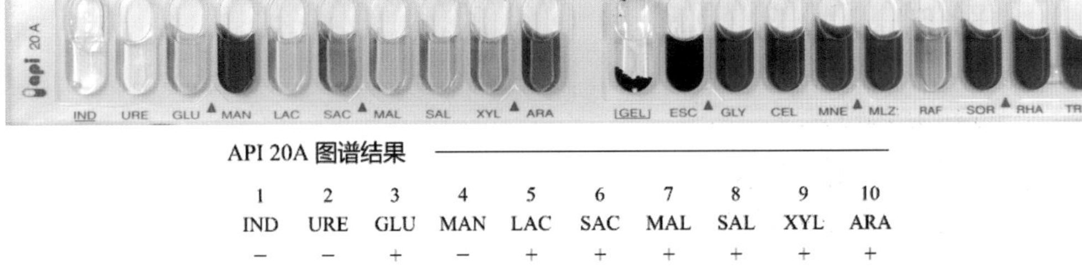


API 20A 图谱结果

| 1 | 2 | 3 | 4 | 5 | 6 | 7 | 8 | 9 | 10 |
|---|---|---|---|---|---|---|---|---|---|
| IND | URE | GLU | MAN | LAC | SAC | MAL | SAL | XYL | ARA |
| – | – | + | – | + | + | + | + | + | + |
| 11 | 12 | 13 | 14 | 15 | 16 | 17 | 18 | 19 | 20 |
| GEL | ESC | GLY | CEL | MNE | MLZ | RAF | SOR | RHA | TRE |
| – | + | – | – | – | – | + | – | – | – |

注：厌氧条件下 36℃ ±1℃培养 48h。

图 19–22 API 20A 图谱结果

## 5.5 婴儿双歧杆菌（*B. infantis*）

### 5.5.1 婴儿双歧杆菌（*B. infantis*）的镜下菌体形态（图 19–23）

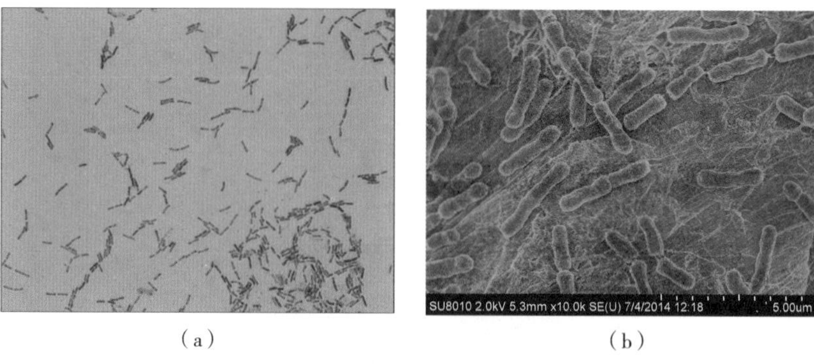


（a）　　（b）

图 19–23　婴儿双歧杆菌的镜下菌体形态

婴儿双歧杆菌（*B. infantis*）在双歧杆菌琼脂培养基（BBL）上的菌落形态（图 19–24）

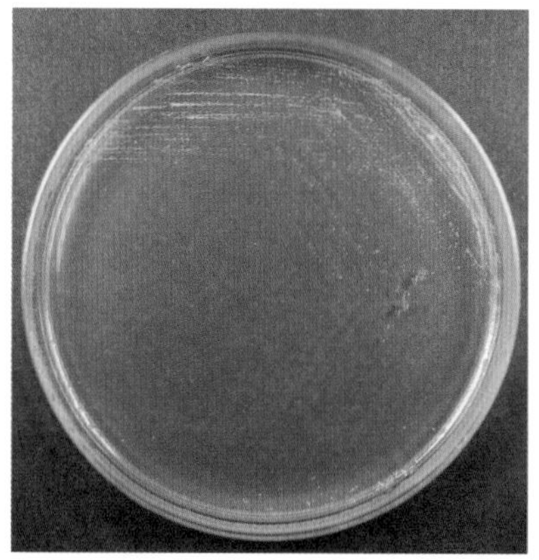

图 19–24　BBL 上的婴儿双歧杆菌

### 5.5.2 婴儿双歧杆菌（*B. infantis*）API 50CHL 结果（图 19–25）

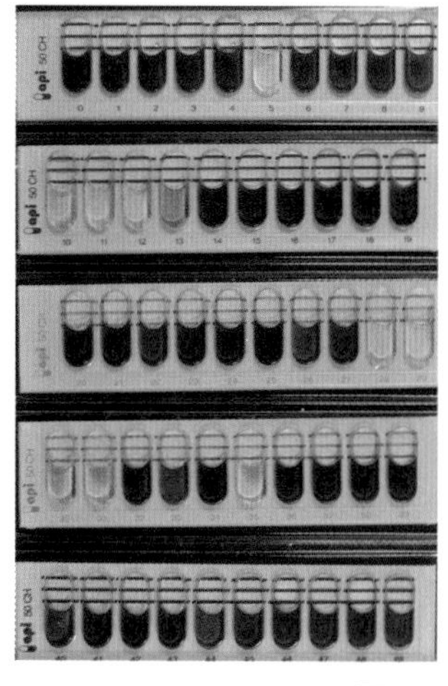

**API 50CHL 图谱结果**

| 0 | 1 | 2 | 3 | 4 | 5 | 6 | 7 | 8 | 9 |
|---|---|---|---|---|---|---|---|---|---|
| 对照 | GLY | ERY | DARA | LARA | RIB | DXYL | LXYL | ADO | MDX |
| - | - | - | - | - | + | - | - | - | - |
| 10 | 11 | 12 | 13 | 14 | 15 | 16 | 17 | 18 | 19 |
| GAL | GLU | FRU | MNE | SBE | RHA | DUL | INO | MAN | SOB |
| + | + | + | -* | - | - | - | - | - | - |
| 20 | 21 | 22 | 23 | 24 | 25 | 26 | 27 | 28 | 29 |
| MDM | MDG | NAG | AMY | ARB | ESC | SAL | CEL | MAL | LAC |
| - | - | - | - | - | - | -* | -* | + | + |
| 30 | 31 | 32 | 33 | 34 | 35 | 36 | 37 | 38 | 39 |
| MEL | SAC | TRE | INU | MLZ | RAF | AMD | GLYG | XLT | GEN |
| + | + | - | - | - | + | - | - | - | -* |
| 40 | 41 | 42 | 43 | 44 | 45 | 46 | 47 | 48 | 49 |
| TUR | LYX | TAG | DFUC | LFUC | DARL | LARL | GNT | 2KG | 5KG |
| - | - | - | - | - | - | - | - | - | - |

注：（1）厌氧条件下 36℃ ±1℃培养 48h。
（2）* 与标准中结果不一致。

图 19–25　API 50CHL 图谱结果

### 5.5.3 婴儿双歧杆菌(*B. infantis*)API 20A 结果(图 19-26)

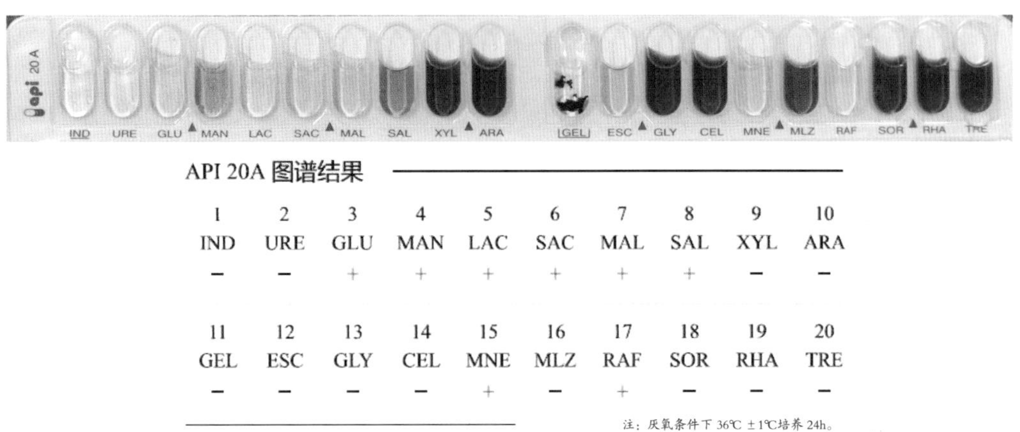


API 20A 图谱结果

| 1 | 2 | 3 | 4 | 5 | 6 | 7 | 8 | 9 | 10 |
|---|---|---|---|---|---|---|---|---|---|
| IND | URE | GLU | MAN | LAC | SAC | MAL | SAL | XYL | ARA |
| − | − | + | + | + | + | + | + | − | − |
| 11 | 12 | 13 | 14 | 15 | 16 | 17 | 18 | 19 | 20 |
| GEL | ESC | GLY | CEL | MNE | MLZ | RAF | SOR | RHA | TRE |
| − | − | − | − | + | − | + | − | − | − |

注:厌氧条件下 36℃ ±1℃培养 24h。

图 19-26 API 20A 图谱结果

## 5.6 长双歧杆菌(*B. longum*)

### 5.6.1 长双歧杆菌(*B. longum*)的镜下菌体形态(图 19-27)

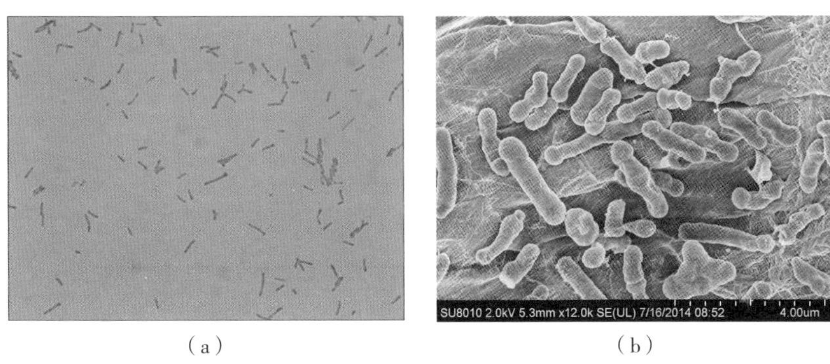


(a) (b)

图 19-27 长双歧杆菌的镜下菌体形态

长双歧杆菌(*B. longum*)在双歧杆菌琼脂培养基(BBL)(图 19-28)和莫匹罗星锂盐改良 MRS 琼脂培养基(图 19-29)上的菌落形态。

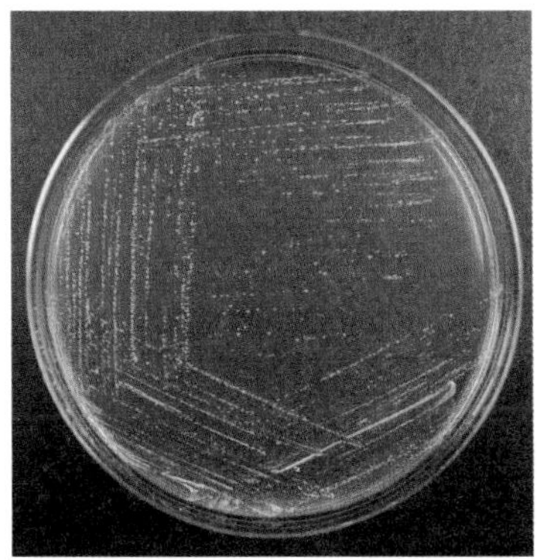

图 19-28 BBL 上的长双歧杆菌

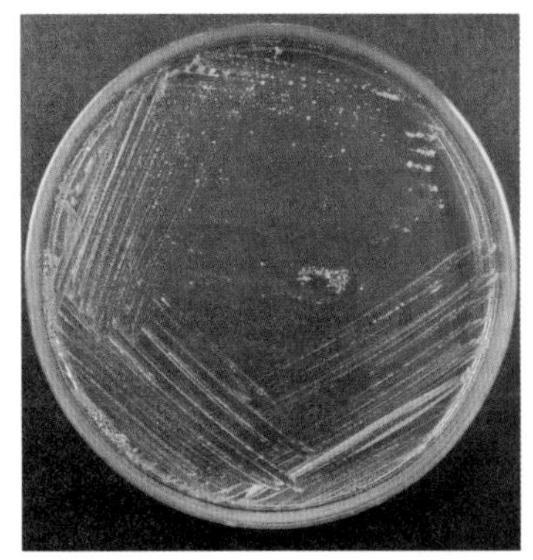

图 19-29 改良 MRS 琼脂培养基上的长双歧杆菌

### 5.6.2 长双歧杆菌（*B. longum*）API 50CHL 结果（图 19-30）

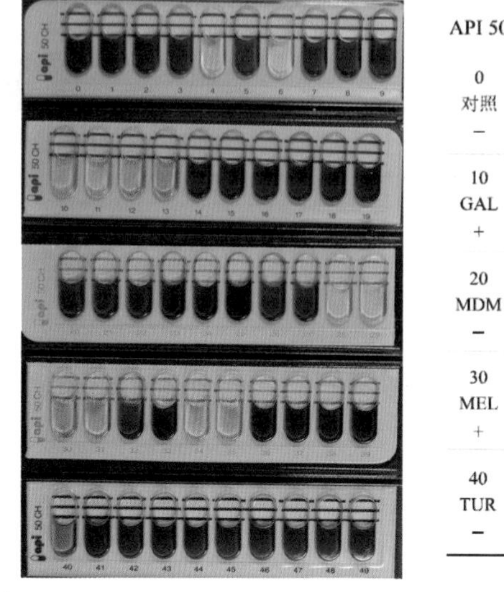

API 50CHL 图谱结果

| 0 | 1 | 2 | 3 | 4 | 5 | 6 | 7 | 8 | 9 |
|---|---|---|---|---|---|---|---|---|---|
| 对照 | GLY | ERY | DARA | LARA | RIB | DXYL | LXYL | ADO | MDX |
| – | – | – | – | + | – | + | – | – | – |
| 10 | 11 | 12 | 13 | 14 | 15 | 16 | 17 | 18 | 19 |
| GAL | GLU | FRU | MNE | SBE | RHA | DUL | INO | MAN | SOB |
| + | + | + | + | – | – | – | – | – | – |
| 20 | 21 | 22 | 23 | 24 | 25 | 26 | 27 | 28 | 29 |
| MDM | MDG | NAG | AMY | ARB | ESC | SAL | CEL | MAL | LAC |
| – | –* | – | – | – | –* | – | – | + | + |
| 30 | 31 | 32 | 33 | 34 | 35 | 36 | 37 | 38 | 39 |
| MEL | SAC | TRE | INU | MLZ | RAF | AMD | GLYG | XLT | GEN |
| + | + | – | – | + | + | – | – | – | – |
| 40 | 41 | 42 | 43 | 44 | 45 | 46 | 47 | 48 | 49 |
| TUR | LYX | TAG | DFUC | LFUC | DARL | LARL | GNT | 2KG | 5KG |
| – | – | – | – | – | – | – | – | – | – |

注：（1）厌氧条件下 36℃ ±1℃培养 48h。
（2）* 与标准中结果不一致。

图 19-30　API 50CHL 图谱结果

### 5.6.3 长双歧杆菌（*B. longum*）API 20A 结果（图 19-31）

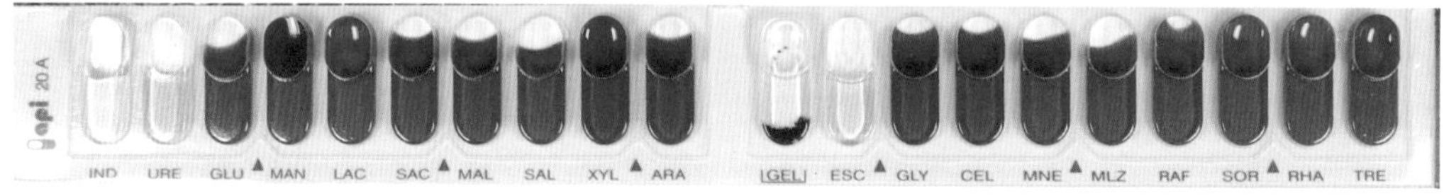


API 20A 图谱结果

| 1 | 2 | 3 | 4 | 5 | 6 | 7 | 8 | 9 | 10 |
|---|---|---|---|---|---|---|---|---|---|
| IND | URE | GLU | MAN | LAC | SAC | MAL | SAL | XYL | ARA |
| – | – | – | – | – | – | – | – | – | – |
| 11 | 12 | 13 | 14 | 15 | 16 | 17 | 18 | 19 | 20 |
| GEL | ESC | GLY | CEL | MNE | MLZ | RAF | SOR | RHA | TRE |
| – | – | – | – | – | – | – | – | – | – |

注：厌氧条件下 36℃ ±1℃培养 24h。

图 19-31　API 20A 图谱结果

表 19–1　双歧杆菌菌种主要生化反应

| 编号 | 项目 | 两歧双歧杆菌（*B.bifidum*） | 婴儿双歧杆菌（*B.infantis*） | 长双歧杆菌（*B.longum*） | 青春双歧杆菌（*B.adolescentis*） | 动物双歧杆菌（*B.animalis*） | 短双歧杆菌（*B.breve*） |
|---|---|---|---|---|---|---|---|
| 1 | 甘油 | — | — | — | — | — | — |
| 2 | 赤癣醇 | — | — | — | — | — | — |
| 3 | D– 阿拉伯糖 | — | — | — | — | — | — |
| 4 | L– 阿拉伯糖 | — | — | + | + | + | — |
| 5 | D– 核糖 | — | + | + | + | + | + |
| 6 | D– 木糖 | — | + | + | d | + | + |
| 7 | L– 木糖 | — | — | — | — | — | — |
| 8 | 阿东醇 | — | — | — | — | — | — |
| 9 | β – 甲基 –D– 木糖甙 | — | — | — | — | — | — |
| 10 | D– 半乳糖 | d | + | + | + | d | + |
| 11 | D– 葡萄糖 | + | + | + | + | + | + |
| 12 | D– 果糖 | d | + | + | d | d | + |
| 13 | D– 甘露糖 | — | + | + | — | — | — |

续　表

| 编号 | 项目 | 两歧双歧杆菌 ( *B.bifidum* ) | 婴儿双歧杆菌 ( *B.infantis* ) | 长双歧杆菌 ( *B.longum* ) | 青春双歧杆菌 ( *B.adolescentis* ) | 动物双歧杆菌 ( *B.animalis* ) | 短双歧杆菌 ( *B.breve* ) |
|---|---|---|---|---|---|---|---|
| 14 | L- 山梨糖 | — | — | — | — | — | — |
| 15 | L- 鼠李糖 | — | — | — | — | — | — |
| 16 | 卫矛醇 | — | — | — | — | — | — |
| 17 | 肌醇 | — | — | — | — | — | + |
| 18 | 甘露醇 | — | — | — | —[a] | — | —[a] |
| 19 | 山梨醇 | — | — | — | —[a] | — | —[a] |
| 20 | α - 甲基 -D- 甘露糖甙 | — | — | — | — | — | — |
| 21 | α - 甲基 -D- 葡萄糖甙 | — | — | + | — | — | — |
| 22 | N- 乙酰 - 葡萄糖胺 | — | — | — | — | — | + |
| 23 | 苦杏仁甙（扁桃甙） | — | — | — | + | + | — |
| 24 | 熊果甙 | — | — | — | — | — | — |
| 25 | 七叶灵 | — | — | + | + | + | — |
| 26 | 水杨甙（柳醇） | — | + | — | + | + | — |

续 表

| 编号 | 项目 | 两歧双歧杆菌（*B.bifidum*） | 婴儿双歧杆菌（*B.infantis*） | 长双歧杆菌（*B.longum*） | 青春双歧杆菌（*B.adolescentis*） | 动物双歧杆菌（*B.animalis*） | 短双歧杆菌（*B.breve*） |
|---|---|---|---|---|---|---|---|
| 27 | D- 纤维二糖 | — | + | — | d | — | — |
| 28 | D- 麦芽糖 | — | + | + | + | + | + |
| 29 | D- 乳糖 | + | + | + | + | + | + |
| 30 | D- 蜜二糖 | — | + | + | + | + | + |
| 31 | D- 蔗糖 | — | + | + | + | + | + |
| 32 | D- 海藻糖（蕈糖） | — | — | — | — | — | — |
| 33 | 菊糖（菊根粉） | — | —[a] | — | —[a] | — | —[a] |
| 34 | D- 松三糖 | — | — | + | + | — | — |
| 35 | D- 棉籽糖 | — | + | + | + | + | + |
| 36 | 淀粉 | — | — | — | + | — | — |
| 37 | 肝糖（糖原） | — | — | — | — | — | — |
| 38 | 木糖醇 | — | — | — | — | — | — |
| 39 | 龙胆二糖 | — | + | — | + | + | + |

续 表

| 编号 | 项目 | 两歧双歧杆菌（*B.bifidum*） | 婴儿双歧杆菌（*B.infantis*） | 长双歧杆菌（*B.longum*） | 青春双歧杆菌（*B.adolescentis*） | 动物双歧杆菌（*B.animalis*） | 短双歧杆菌（*B.breve*） |
|---|---|---|---|---|---|---|---|
| 40 | D–松二糖 | – | – | – | – | – | – |
| 41 | D–来苏糖 | – | – | – | – | – | – |
| 42 | D–塔格糖 | – | – | – | – | – | – |
| 43 | D–岩糖 | – | – | – | – | – | – |
| 44 | L–岩糖 | – | – | – | – | – | – |
| 45 | D–阿糖醇 | – | – | – | – | – | – |
| 46 | L–阿糖醇 | – | – | – | – | – | – |
| 47 | 葡萄糖酸钠 | – | – | – | + | – | – |
| 48 | 2–酮基–葡萄糖酸钠 | – | – | – | – | – | – |
| 49 | 5–酮基–葡萄糖酸钠 | – | – | – | – | – | – |

注：“+”表示90%以上菌株阳性；“–”表示90%以上菌株阴性；“d”表示11%~89%以上菌株阳性；上标“a”表示某些菌株阳性。

# 6 双歧杆菌的计数

## 6.1 纯菌菌种

### 6.1.1 样品的制备

纯菌菌种的计数多以固态菌粉形式检验。以无菌操作称取 2g 样品，置于盛有 198mL 稀释液的无菌均质杯内，8000~10000r/min 均质 1~2min，或置于盛有 198mL 稀释液的无菌均质袋中，用拍击式均质器拍打 1~2min，制成 1∶100 的样品匀液。稀释液一般选用无菌生理盐水。

## 6.2 食品样品

### 6.2.1 样品处理

取样 25g（mL），置于装有 225mL 生理盐水的灭菌锥形瓶或均质袋内，于 8000~10000r/min 均质 1~2min，或用拍击式均质器拍打 1~2min，制成 1∶10 的样品匀液。

冷冻样品可先使其在 2℃ ~5℃条件下解冻，时间不超过 18h；也可在温度不超过 45℃的条件解冻，时间不超过 15min。

## 6.3 系列稀释及培养

用 1mL 无菌吸管或微量移液器，制备 10 倍系列稀释样品匀液，于 8000~10000r/min 均质 1~2min，或用拍击式均质器拍打 1~2min。每递增稀释一次，即换用 1 次 1mL 灭菌吸管或吸头。

根据对样品浓度的估计，选择 2~3 个适宜稀释度的样品匀液，在进行 10 倍递增稀释时，吸取 1mL 样品匀液于无菌平皿内，每个稀释度做两个平皿。同时，分别吸取 1mL 空白稀释液加入两个无菌平皿内作空白对照。

及时将 15~20mL 冷却至 46℃的双歧杆菌琼脂培养基或 MRS 琼脂培养基（可放置于 46℃ ±1℃恒温水浴箱中保温）倾注平皿，并转动平皿使其混合均匀。

从样品稀释到平板倾注要求在 15min 内完成。待琼脂凝固后，将平板翻转，36℃ ±1℃厌氧培养 48h±2h，可延长至 72h±2h。培养后计数平板上的所有菌落数。

## 6.4 菌落计数

6.4.1 可用肉眼观察，必要时用放大镜或菌落计数器，记录稀释倍数和相应的菌落数量。菌落计数以菌落形成单位（colony-forming units，CFU）表示。

6.4.2 选取菌落数在 30~300CFU 之间、无蔓延菌落生长的平板计数菌落总数。低于 30CFU 的平板记录具体菌落数，大于 300CFU 的可记录为多不可计。每个稀释度的菌落数应采用两个平板的平均数。

6.4.3　其中一个平板有较大片状菌落生长时，则不宜采用，而应以无片状菌落生长的平板作为该稀释度的菌落数；若片状菌落不到平板的一半，而其余一半中菌落分布又很均匀，即可计算半个平板后乘以 2，代表一个平板菌落数。

6.4.4　当平板上出现菌落间无明显界线的链状生长时，则将每条单链作为一个菌落计数。

## 6.5　结果的表述

6.5.1　若只有一个稀释度平板上的菌落数在适宜计数范围内，计算两个平板菌落数的平均值，再将平均值乘以相应稀释倍数，作为每 g（mL）中菌落总数结果。

6.5.2　若有两个连续稀释度的平板菌落数在适宜计数范围内时，按公式（1）计算：

$$N=\frac{\sum C}{(n_1+0.1n_2)\,d} \quad \cdots\cdots (1)$$

（1）式中：

N——样品中菌落数；

ΣC——平板（含适宜范围菌落数的平板）菌落数之和；

$n_1$——第一稀释度（低稀释倍数）平板个数；

$n_2$——第二稀释度（高稀释倍数）平板个数；

d——稀释因子（第一稀释度）。

6.5.3　若所有稀释度的平板上菌落数均大于 300CFU，则对稀释度最高的平板进行计数，其他平板可记录为多不可计，结果按平均菌落数乘以最高稀释倍数计算。

6.5.4　若所有稀释度的平板菌落数均小于 30CFU，则应按稀释度最低的平均菌落数乘以稀释倍数计算。

6.5.5　若所有稀释度（包括液体样品原液）平板均无菌落生长，则以小于 1 乘以最低稀释倍数计算。

6.5.6　若所有稀释度的平板菌落数均不在 30~300CFU 之间，其中一部分小于 30CFU 或大于 300CFU 时，则以最接近 30CFU 或 300CFU 的平均菌落数乘以稀释倍数计算。

## 6.6　菌落数的报告

6.6.1　菌落数小于 100CFU 时，按“四舍五入”原则修约，以整数报告。

6.6.2　菌落数大于或等于 100CFU 时，第 3 位数字采用“四舍五入”原则修约后，取前 2 位数字，后面用 0 代替位数；也可用 10 的指数形式来表示，按“四舍五入”原则修约后，采用 2 位有效数字。

6.6.3 称重取样以 CFU/g 为单位报告，体积取样以 CFU/mL 为单位报告。

## 6.7 结果与报告

根据涂片镜检、生化鉴定，有机酸测定（可选项）结果，报告双歧杆菌属的种名。根据菌落计数结果出具报告，报告单位以 CFU/g（mL）表示。

疑难解析

**问题 1** 为什么双歧杆菌的计数会少于产品标识的数目？

双歧杆菌属于专性厌氧，厌氧条件要求苛刻。对培养基质量控制的要求也很高。对于作为发酵剂使用的纯菌菌粉，建议使用高质量的培养基和厌氧条件好的培养系统。对于食品产品中的双歧杆菌的计数，如果是乳粉等干燥样本中计数双歧杆菌，使用高质量的培养基和厌氧条件好的培养系统可准确计数。如果是酸奶等液态或半固态样本中计数双歧杆菌，因双歧杆菌在产品货架期内死亡率较高，很难达到较高浓度。

**问题 2** 如何正确利用生化反应进行双歧杆菌的鉴定？

在不同的实验室即使使用同一套生化反应体系，同一株双歧杆菌的生化反应也会有差异。建议同一实验室，使用相同的生化反应体系重复 2~3 次生化实验，会得到比较稳定的生化反应结果。目前商品化的微生物生化鉴定系统通常鉴定到双歧杆菌属，因此需对应本释义的表 19-1 进行鉴定，表 19-1 的生化反应项目对应 API 50CHL。

**问题 3** 菌粉或冷冻干燥菌种如果鉴定结果不理想如何处理？

对于菌粉或冷冻干燥菌种如鉴定结果不稳定，可选择称取少量样本（菌粉量大可称取 1g，冷冻干燥的安瓶瓶装的菌种全取）移入 5mL MRS 液体培养基，震荡混匀 20 秒，菌粉溶解在液体培养基中，36℃ ±1℃厌氧培养 48h±2h 后培养液接种双歧杆菌琼脂平板或 MRS 琼脂平板，该平板 36℃ ±1℃厌氧培养 48h±2h，可延长至 72h±2h，对平板上的生长菌落进行鉴定。

## 问题 4

## 为什么食品产品中双歧杆菌的鉴定效果不理想？

本标准中双歧杆菌的鉴定更适合纯菌菌种的鉴定。产品中含有的双歧杆菌已经多次传代，其生化反应变异较大。

第二十章

# 《食品安全国家标准 食品微生物学检验 乳酸菌检验》（GB 4789.35—2016）

乳酸菌（lactic acid bacteria，LAB）是一类可发酵糖产生大量乳酸的细菌统称，主要包括乳杆菌属（*Lactobacillus*）、双歧杆菌属（*Bifidobacterium*）和链球菌属（*Streptococcus*）等。在我国，乳酸菌与人们生活密切相关，含乳酸菌的食品种类众多。我国原卫生部在 2001 年公布了《可用于保健食品的益生菌菌种名单》，其中包含了乳酸菌的 10 个种。在 2010 年和 2011 年，原卫生部又公布了 2 个可用菌种名单，分别为 2010 年公布的《可用于食品的菌种名单》，包括了乳杆菌属的 14 个种、双歧杆菌属的 6 个种、链球菌属的 2 个种、丙酸杆菌属的 1 个种、乳酸乳球菌属的 3 个种及明串珠菌属的 1 个种。2011 年公布的《可用于婴幼儿食品的菌种名单》包括了 2 株乳杆菌及 2 株双歧杆菌。乳酸菌是一种复杂的生命体，是食品生产和加工的一种特殊原料，也是食品安全的重要内容。本方法可指导对含活性乳酸菌的食品进行检验。

# 1 仪器与耗材（仅列出标准中不明确或缺少内容）

◎ 涡旋混匀器

# 2 检验步骤

## 2.1 冷冻样品

先使其在 2℃ ~5℃条件下解冻，时间不超过 18h，也可在温度不超过 45℃的条件解冻，时间不超过 15min。

## 2.2 固体和半固体食品

2.2.1 无菌操作称取 25g ± 0.1g 样品。

2.2.2 如使用刀头式均质器，可将样品置于装有 225mL 生理盐水的无菌均质杯内，于 8000~10000r/min 均质 1~2min，制成 1∶10 样品匀液。

2.2.3 如使用拍打式均质器，可将样品置于装有 225mL 生理盐水的无菌均质袋中，用拍击式均质器拍打 1~2min 制成 1∶10 的样品匀液。

## 2.3 液体样品

2.3.1 液体样品应先将其充分摇匀后以无菌吸管吸取 25mL ± 0.1mL 样品。

2.3.2 如使用锥形瓶，可将样品置于装有 225mL 生理盐水的无菌锥形瓶（瓶内预置适当数量的无菌玻璃珠）中，充分振摇，制成 1∶10 的样品匀液。

2.3.3 如使用拍打式均质器，可将样品置于盛有 225mL 生理盐水的无菌均质袋中，拍打 1~2min，制成 1∶10 的样品匀液。

2.4 用 1mL 无菌吸管或微量移液器吸取 1∶10 样品匀液 1mL，沿管壁缓慢注于装有 9mL 生理盐水的无菌试管中（注意吸管尖端不要触及稀释液）。

2.5 涡旋混匀器振摇试管或换用 1 支无菌吸管反复吹打使其混合均匀，制成 1∶100 的样品匀液。

2.6 另取 1mL 无菌吸管或微量移液器吸头，按上述操作顺序，做 10 倍递增样品匀液，每递增稀释一次，即换用 1 次 1mL 灭菌吸管或吸头。

检验流程图详见图 20-1。

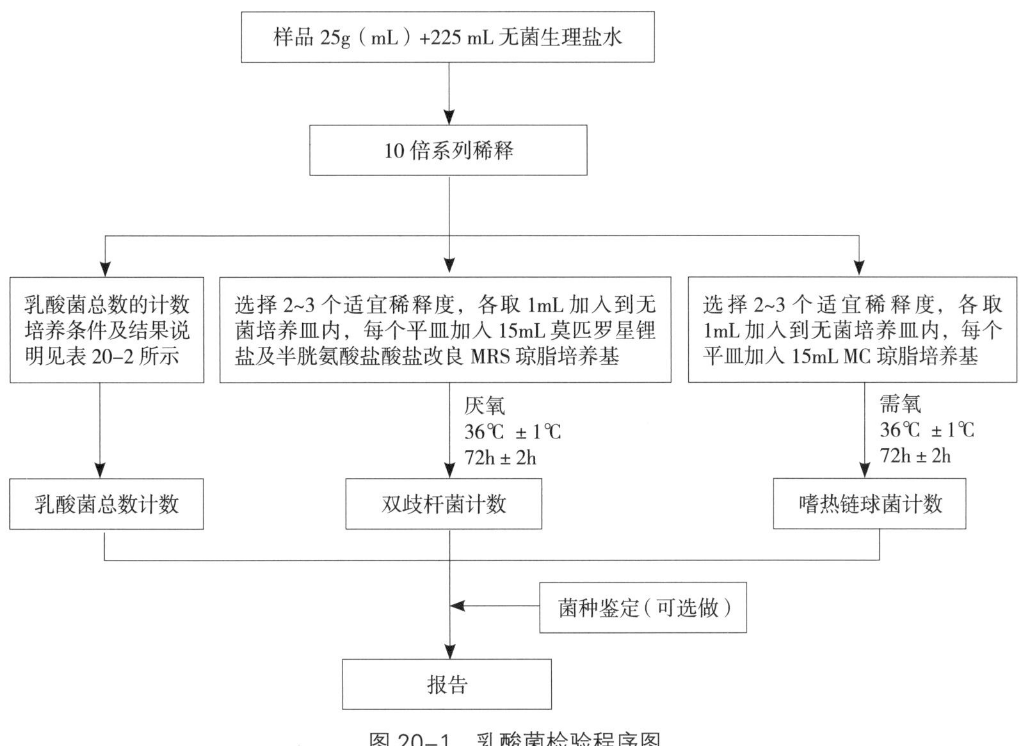


图 20-1 乳酸菌检验程序图

## 2.7 双歧杆菌计数

2.7.1 根据对待检样品双歧杆菌含量的估计，选择 2~3 个连续的适宜稀释度，每个稀释度用 1mL 无菌吸管或微量移液器吸取 1mL 样品匀液于灭菌直径为 90mm 平皿内，每个稀释度做两个平皿。

2.7.2 用 1mL 无菌吸管或微量移液器吸取 1mL 空白稀释液分别加入两个明确标识的无菌平皿内做空白对照。

2.7.3 将高压灭菌后的莫匹罗星锂盐和半胱氨酸盐酸盐改良的 MRS 培养基从高压锅中取出，摇匀，置于 48℃恒温水浴箱中保温 1h 以上，以保证培养基的温度降低到 48℃。

2.7.4 取冷却至 48℃后的培养基，混匀，倾注入已装入样品稀释液的平皿内，每个平皿约加入 15mL。

2.7.5 立刻在水平桌面上转动平皿使样品稀释液与培养基混合均匀。

2.7.6 从样品稀释到平板倾注要求在 15min 内完成。

2.7.7 待琼脂彻底凝固后，将平板翻转，置于培养箱中，36℃ ±1℃厌氧培养 72h ± 2h。

2.7.8 培养结束后，计数平板上的所有菌落数。

### 2.8 嗜热链球菌计数

2.8.1 根据对待检样品嗜热链球菌活菌数的估计，选择 2~3 个连续的适宜稀释度，每个稀释度用 1mL 无菌吸管或微量移液器吸取 1mL 样品匀液于灭菌直径为 90mm 平皿内，每个稀释度做两个平皿。

2.8.2 用 1mL 无菌吸管或微量移液器吸取 1mL 空白稀释液分别加入两个明确标识的无菌平皿内做空白对照。

2.8.3 将高压灭菌后的 MC 培养基从高压锅中取出，摇匀，置于 48℃恒温水浴箱中保温 1h 以上，以保证培养基的温度降低到 48℃。

2.8.4 取冷却至 48℃后的培养基，混匀，倾注入已装入样品稀释液的平皿内，每个平皿约加入 15mL。

2.8.5 立刻在水平桌面上转动平皿使样品稀释液与培养基混合均匀。

2.8.6 从样品稀释到平板倾注要求在 15min 内完成。

2.8.7 待琼脂彻底凝固后，将平板翻转，置于培养箱中，36℃ ±1℃需氧培养 72h±2h。

2.8.8 嗜热链球菌在 MC 琼脂平板上的菌落特征为：菌落中等偏小，边缘整齐光滑的红色菌落，直径 2mm±1mm，菌落背面为粉红色。

2.8.9 培养结束后，计数平板上的所有上述典型菌落数。

### 2.9 乳杆菌计数

2.9.1 根据对待检样品双歧杆菌含量的估计，选择 2~3 个连续的适宜稀释度，每个稀释度用 1mL 无菌吸管或微量移液器吸取 1mL 样品匀液于灭菌直径为 90mm 平皿内，每个稀释度做两个平皿。

2.9.2 用 1mL 无菌吸管或微量移液器吸取 1mL 空白稀释液分别加入两个明确标识的无菌平皿内做空白对照。

2.9.3 将高压灭菌后的 MRS 培养基从高压锅中取出，摇匀，置于 48℃恒温水浴箱中保温 1 小时以上，以保证培养基的温度降低到 48℃。

2.9.4 取冷却至 48℃后的培养基，混匀，倾注入平皿约 15mL。

2.9.5 立刻在水平桌面上转动平皿，使样品稀释液与培养基混合均匀。

2.9.6 从样品稀释到平板倾注要求在 15min 内完成。

2.9.7 待琼脂彻底凝固后，将平板翻转，置于培养箱中，36℃ ±1℃厌氧培养 72h±2h。

2.9.8 培养结束后，计数平板上的所有菌落数。

不同乳酸菌在不同琼脂平板上的形态特征见表 20–1。

**表 20-1 不同乳酸菌在不同琼脂平板上的形态特征**

| 培养基 | 乳酸菌种类 | 形态描述 | 典型菌落 |
|---|---|---|---|
| MRS 琼脂 | 德氏乳杆菌保加利亚亚种 | 白色圆形菌落，光滑湿润，表面凸起，边缘整齐 | 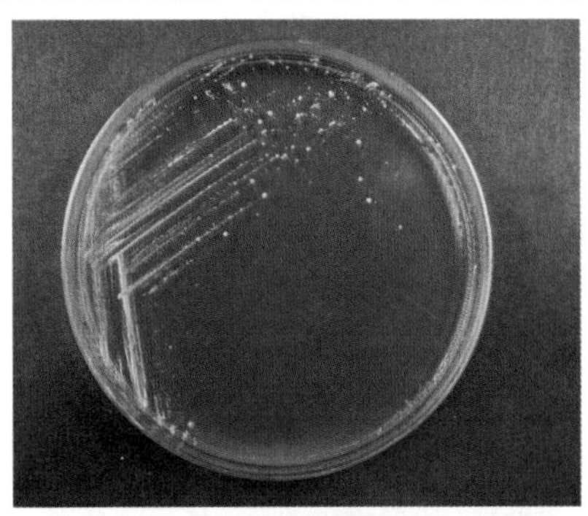 |
| | 嗜酸乳杆菌 | 菌落较小，直径约 1~2mm，呈白色圆形，光滑湿润，表面凸起，边缘整齐 | 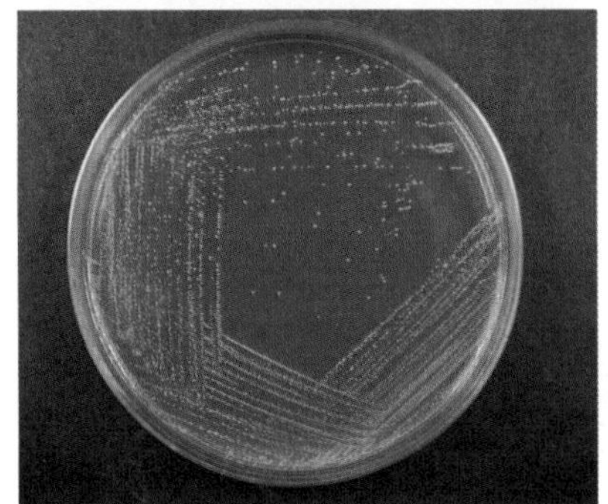 |
| MC 琼脂 | 嗜热链球菌 | 圆形较小菌落，直径约 1mm，粉红色或红色，光滑湿润，表面凸起，边缘整齐，周围有水解环 | 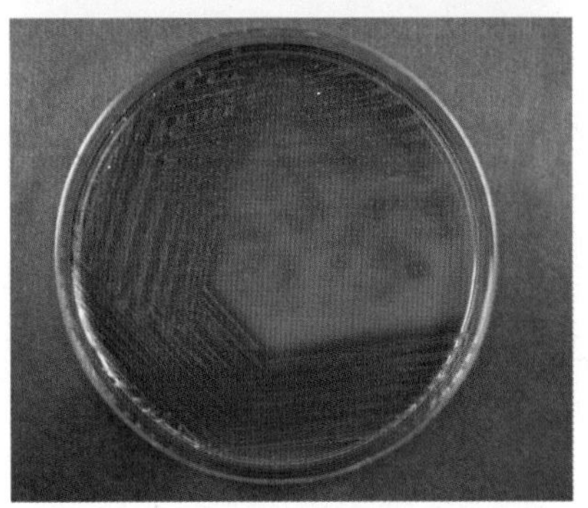 |

## 2.10 乳酸菌总数

乳酸菌总数计数培养条件选择及结果说明见表 20-2。

**表 20-2 乳酸菌总数计数培养条件的选择及结果说明**

| 样品中所包括乳酸菌菌属 | 培养条件的选择及结果说明 |
|---|---|
| 仅包括双歧杆菌属 | 按 GB 4789.34 的规定执行 |
| 仅包括乳杆菌属 | 按照乳杆菌计数步骤进行操作。乳杆菌属总数即为样品中乳酸菌总数 |

续 表

| 样品中所包括乳酸菌菌属 | 培养条件的选择及结果说明 |
|---|---|
| 仅包括嗜热链球菌 | 按照嗜热链球菌步骤进行操作。嗜热链球菌总数即为样品中乳酸菌总数 |
| 同时包括双歧杆菌属和乳杆菌属 | 1. 按照乳杆菌计数步骤进行操作。乳杆菌计数方法结果即为乳酸菌总数<br>2. 如需单独计数双歧杆菌属数目，按照双歧杆菌计数步骤进行操作 |
| 同时包括双歧杆菌属和嗜热链球菌 | 1. 按照双歧杆菌计数和嗜热链球菌计数步骤进行操作，二者结果之和即为乳酸菌总数<br>2. 如需单独计数双歧杆菌属数目，按照双歧杆菌计数步骤进行操作 |
| 同时包括乳杆菌属和嗜热链球菌 | 1. 按照嗜热链球菌计数和乳杆菌计数步骤进行操作，二者结果之和即为乳酸菌总数<br>2. 嗜热链球菌计数步骤结果为嗜热链球菌总数<br>3. 乳杆菌计数步骤结果为乳杆菌属总数 |
| 同时包括双歧杆菌属，乳杆菌属和嗜热链球菌 | 1. 按照嗜热链球菌计数和乳杆菌计数步骤进行操作，二者结果之和即为乳酸菌总数<br>2. 如需单独计数双歧杆菌属数目，按照双歧杆菌计数步骤进行操作 |

## 2.11 菌落计数

2.11.1 可用肉眼观察，必要时用放大镜或菌落计数器，记录稀释倍数和相应的菌落数量。菌落计数以菌落形成单位（colony-forming units，CFU）表示。

2.11.2 选取菌落数在 30~300CFU 之间、无蔓延菌落生长的平板计数菌落总数。

2.11.3 低于 30CFU 的平皿记录具体菌落数，大于 300CFU 的可记录为多不可计。每个稀释度的菌落数应采用两个平皿的平均数。

2.11.4 其中一个平皿有较大片状菌落生长时，则不宜采用，而应以无片状菌落生长的平板作为该稀释度的菌落数。

2.11.5 若片状菌落不到平板的一半，而其余一半中菌落分布又很均匀，即可计数半个平皿后乘以 2，代表一个平皿菌落数。

2.11.6 当平板上出现菌落间无明显界线的链状生长时，则将每条单链作为一个菌落计数。

## 2.12 结果的表述

2.12.1 若只有一个稀释度平皿上的菌落数在 30~300CFU 适宜计数范围内，计算两个平皿菌落数的平均值，再将平均值乘以相应稀释倍数，作为每 1g（mL）中菌落总数结果。

2.12.2 若有两个连续稀释度的平板菌落数在适宜计数范围内时，剔除 30~300CFU 范围之外的平皿，按如下公式计算：

$$N=\frac{\sum C}{(n_1+0.1n_2)\ d}$$

式中：

$N$—— 样品中菌落数；

$\sum C$—— 平皿（含适宜范围菌落数的平板）菌落数之和；

$n_1$—— 第一稀释度（低稀释倍数）平皿个数；

$n_2$—— 第二稀释度（高稀释倍数）平皿个数；

$d$—— 稀释因子（第一稀释度）。

2.12.3 若所有稀释度的平板上菌落数均大于 300CFU，则对稀释度最高的平板进行计数，其他平板可记录为多不可计，结果按平均菌落数乘以最高稀释倍数计算。

2.12.4 若所有稀释度的平板菌落数均小于 30CFU，则应按稀释度最低的平均菌落数乘以稀释倍数计算。

2.12.5 若所有稀释度（包括液体样品原液）平板均无菌落生长，则以小于 1 乘以最低稀释倍数计算。

2.12.6 若所有稀释度的平板菌落数均不在 30~300CFU 之间，其中一部分小于 30CFU 或大于 300CFU 时，则以最接近 30CFU 或 300CFU 的平均菌落数乘以稀释倍数计算。

### 2.13 菌落数的报告

2.13.1 菌落数小于 100CFU 时，按“四舍五入”原则修约，以整数报告。

2.13.2 菌落数大于或等于 100CFU 时，第 3 位数字采用“四舍五入”原则修约后，取前 2 位数字，后面用 0 代替位数；也可用 10 的指数形式来表示，按“四舍五入”原则修约后，采用两位有效数字。

2.13.3 称重取样以 CFU/g 为单位报告，体积取样以 CFU/mL 为单位报告。

2.13.4 若空白对照上有菌落生长，则此次检测结果无效。

### 2.14 结果与报告

根据菌落计数结果出具报告，报告单位以 CFU/g（mL）表示。菌落总数结果计算与报告实例见表 20–3。

表 20-3　菌落总数结果计算与报告方式实例

| 编号 | 稀释倍数及菌落数 | | | | | | 菌落总数（CFU/g 或 mL） | 报告方式（CFU/g 或 mL） |
|---|---|---|---|---|---|---|---|---|
| | $10^{-1}$ | | $10^{-2}$ | | $10^{-3}$ | | | |
| | 平皿 1 | 平皿 2 | 平皿 1 | 平皿 2 | 平皿 1 | 平皿 2 | | |
| 1 | 0 | 0 | 0 | 0 | 0 | 0 | $< 1 \times 10$ | $< 10$ |
| 2 | 24 | 26 | 5 | 7 | 0 | 0 | 250 | 250 或 $2.5 \times 10^2$ |
| 3 | 多不可计 | 多不可计 | 150 | 160 | 15 | 20 | 15500 | 16000 或 $1.6 \times 10^4$ |
| 4 | 多不可计 | 多不可计 | 236 | 245 | 33 | 35 | 24955 | 25000 或 $2.5 \times 10^4$ |
| 5 | 多不可计 | 多不可计 | 236 | 245 | 33 | 25 | 24476 | 24000 或 $2.4 \times 10^4$ |
| 6 | 多不可计 | 多不可计 | 多不可计 | 多不可计 | 320 | 330 | 325000 | 330000 或 $3.3 \times 10^5$ |
| 7 | 多不可计 | 多不可计 | 310 | 320 | 28 | 26 | 27000 | 27000 或 $2.7 \times 10^4$ |
| 8 | 多不可计 | 多不可计 | 295 | 325 | 22 | 20 | 29500 | 30000 或 $3.0 \times 10^4$ |

## 2.15 乳酸菌的鉴定（选做）

### 2.15.1 纯培养

挑取 3 个或以上单个菌落，嗜热链球菌接种于 MC 琼脂平板，乳杆菌属接种于 MRS 琼脂平板，置于 36℃ ±1℃厌氧培养 48h。

### 2.15.2 鉴定

2.15.2.1 双歧杆菌的鉴定按 GB 4789.34 的规定操作。

2.15.2.2 涂片镜检:乳杆菌属菌体形态多样，呈长杆状、弯曲杆状或短杆状。无芽孢，革兰染色阳性。嗜热链球菌菌体呈球形或球杆状，直径为 0.5~2.0μm，成对或成链排列，无芽孢，革兰染色阳性。

2.15.2.3 乳酸菌菌种主要生化反应见表 20-4 和表 20-5。

**表 20-4 常见乳杆菌属内种的碳水化合物反应**

| 菌种名称 | 七叶苷 | 纤维二糖 | 麦芽糖 | 甘露醇 | 水杨苷 | 山梨醇 | 蔗糖 | 棉子糖 | 生化反应图例 |
|---|---|---|---|---|---|---|---|---|---|
| 干酪乳杆菌干酪亚种（*L.caseisubsp.casei*） | + | + | + | + | + | + | + | − | 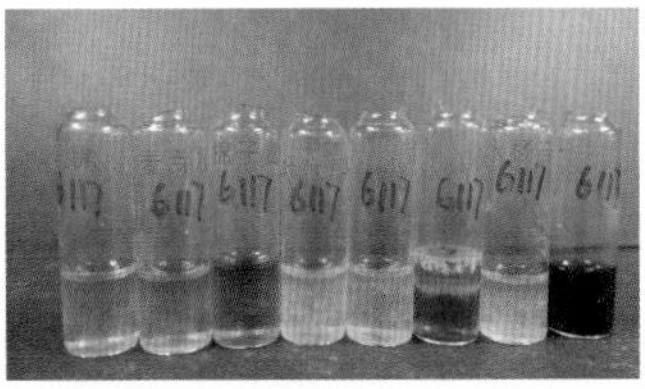 |
| 德氏乳杆菌保加利亚种（*L.delbruecki subsp bulgaricus*） | − | − | − | − | − | − | − | − | 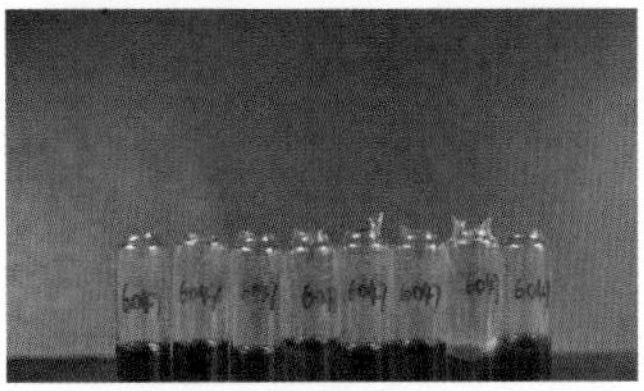 |
| 嗜酸乳杆菌（*L.acidophilus*） | + | + | + | − | + | − | + | d | 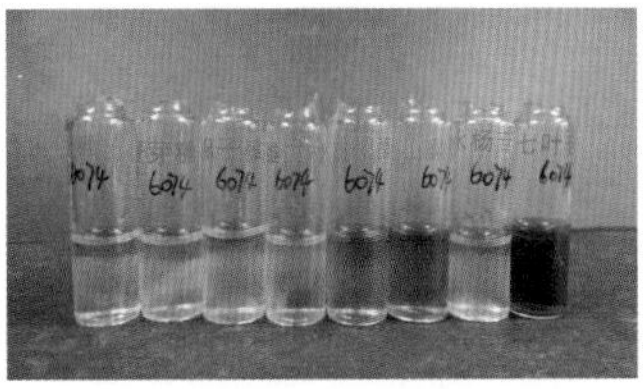 |
| 罗伊氏乳杆菌（*L.reuteri*） | ND | − | + | − | − | − | + | + | 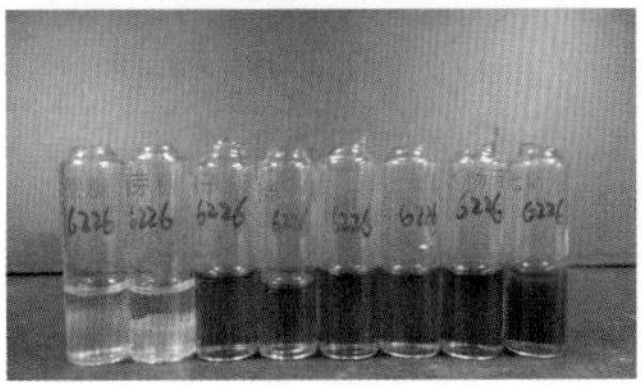 |

续 表

| 菌种名称 | 七叶苷 | 纤维二糖 | 麦芽糖 | 甘露醇 | 水杨苷 | 山梨醇 | 蔗糖 | 棉子糖 | 生化反应图例 |
|---|---|---|---|---|---|---|---|---|---|
| 鼠李糖乳杆菌（*L.rhamnosus*） | + | + | + | + | + | + | + | – | |
| 植物乳杆菌（*L.plantarum*） | + | + | + | + | + | + | + | + | |

注：“+”表示90%以上菌株阳性；“–”表示90%以上菌株阴性；“d”表示1%~89%菌株阳性；“ND”表示未测定。

图例顺序为：蔗糖、麦芽糖、棉子糖、纤维二糖、甘露醇、山梨醇、水杨苷、七叶苷。

**表 20–5　嗜热链球菌的主要生化反应**

| 菌种名称 | 菊糖 | 乳糖 | 甘露醇 | 水杨苷 | 山梨醇 | 马尿酸 | 七叶苷 | 生化反应图例 |
|---|---|---|---|---|---|---|---|---|
| 嗜热链球菌（*S.t hermophilus*） | – | + | – | – | – | – | – | |

注：“+”表示90%以上菌株阳性；“–”表示90%以上菌株阴性。

图例顺序为：乳糖、菊糖、甘露醇、山梨醇、水杨苷、七叶苷、马尿酸。

**质量控制**

1. 实验过程中，每批样品稀释液都要做空白对照。如果空白对照平板上出现菌落时，应废弃本次实验结果，并对稀释液、吸管、平皿、培养基、实验环境等进行污染来源分析。
2. 为了控制环境污染，在每次检验过程中，于检验工作台上打开两块计数琼脂平板，并在检验环境中暴露不少于15分钟，将此平板与本批次样品同时进行培养，以掌握检验过程中是否存在来自检验环境的污染。

3. 在检测食品样品稀释液中有颗粒的样品时，为了避免菌落计数时食品颗粒与细菌菌落发生混淆，可将样品稀释液与计数琼脂混合，放置于4℃环境中，以便在计数菌落时用作对照。
4. 定期使用枯草芽孢杆菌 ATCC 6633 或相应定量活菌参考品，在 P2 实验室或阳性对照实验室内，用适当的食品样品进行阳性对照实验验证，并进行记录，此验证实验至少每 2 个月进行一次。
5. 每 2 个月将所使用的培养基和生化试剂用 GB4789.28—2013 推荐的阳性和阴性对照标准菌种进行验证，并进行记录。

## 操作要点与注意事项

1. 样品稀释过程中取样量及稀释液体积均要准确，以免影响最终计数结果。
2. 倾注培养基后的平皿摇匀是用力要均匀适度，避免用力过大使培养基粘到平皿盖上。
3. 从样品稀释至培养基倾注要求在 15min 内完成，并且待培养基凝固后应立即放入厌氧环境进行培养。
4. 厌氧培养时应在厌氧培养系统放入厌氧指示剂，以确保厌氧环境良好。
5. 在培养箱或厌氧系统中，为防止中间平皿过热，高度不得超过 6 个平皿。
6. 本方法移液时可使用可连接吸管的电动移液器，在使用过程中，一旦液体进入电动移液器滤膜中，应立即对滤膜进行更换，以防止交叉污染。
7. 鉴于微量移液器移液头较短，为控制污染，在本方法移液过程中不建议使用。

## 疑难解析

**问题 1** 一些样品如酸奶或果粒酸奶进行乳酸菌计数时如何进行前处理?

酸奶或果粒酸奶在样品分类中应属于液体样品，但在前处理过程中如按照液体进行体积取样很困难，建议此类样品按照固体或半固体进行前处理取样。

**问题 2**　样品中双歧杆菌计数时，平皿中经常未有菌落生长是何原因？

最可能的原因为培养时厌氧环境不合格，建议培养时放入厌氧指示剂以确保厌氧环境合格。

**问题 3**　嗜热链球菌计数时，MC 平皿上会有非典型菌落生长，是否应该一并计数？

只计数典型菌落即可，非典型菌落不应计数在内。

**问题 4**　如样品中有不同种的乳杆菌，是否可以分别计数？

本标准只计数乳杆菌属，不同种的乳杆菌不能分别计数。

**问题 5**　倾注法本身是否是厌氧环境？

倾注法对菌株的气体需求并无影响。

# 第二十一章 《食品安全国家标准 食品微生物学检验 大肠埃希氏菌 O157:H7/NM 检验》（GB 4789.36—2016）

大肠埃希菌 O157:H7/NM 属于肠杆菌科埃希菌属，是出血性大肠埃希菌（EHEC）中的主要血清型。革兰染色阴性，无芽孢，有鞭毛的短小杆菌。耐酸、耐低温、不耐热，最适宜生长温度为34℃~42℃，生化特征与大肠埃希菌基本相似，但也有不同，有鉴别意义，如不发酵或迟缓发酵山梨醇，不能分解 4- 甲基伞形酮 -β-D- 葡萄糖醛酸苷（MUG）产生荧光。O157:H7/NM 的另一个显著特征是可产生大量的 Vero 毒素（VT），也称作类志贺毒素（SLT），是其致病的主要因素。

O157:H7 广泛分布于自然界，中国食源性致病菌监测网数据显示，牛肉、生奶、鸡肉及其制品，蔬菜、水果及制品等均可引起污染，其中牛肉是最主要的传播载体。该菌的感染剂量极低，每克样品中含有数十个菌即可引起发病，临床主要表现为出血性结肠炎、溶血性尿毒综合征、血栓性血小板减少性紫癜等，病情严重，死亡率高。该菌首次在美国食物中毒病人粪便中被分离并命名，爆发最大的一次为 1997 年日本，该食物中毒事件波及 44 个都府县，中毒人数过万人，死亡 11 人，引起全世界的关注。

# 1 仪器与耗材（仅列出标准中不明确或缺少内容）

◎ 涡旋混匀器

◎ 拍打式均质器或刀头式均质器

◎ 接种针

◎ 接种环

# 2 检验步骤

## 2.1 第一法 常规培养法

### 2.1.1 检验程序

大肠埃希菌 O157:H7 和 O157:NM 常规法检验程序见图 21-1。

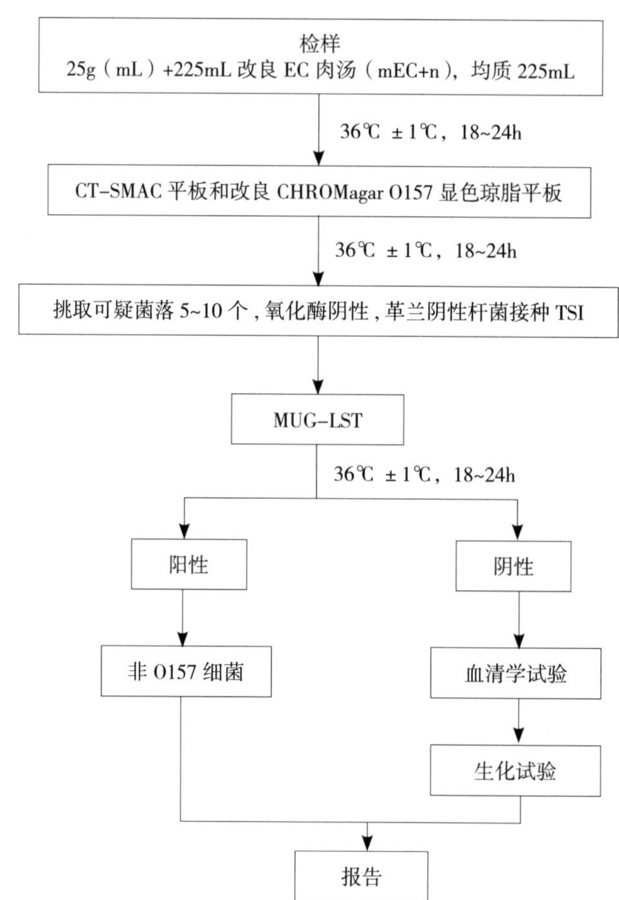


图 21-1 大肠埃希菌 O157:H7 和 O157:NM 常规法检验程序

2.1.2 固体和半固体食品样品

2.1.2.1 用天平无菌称取 25g ± 0.1g 样品。

2.1.2.2 如使用刀头式均质器，可将样品加入盛有 225mL mEC+n 的无菌均质杯内，8000~10000r/min 均质 1~2min，制成 1：10 的样品匀液。

2.1.2.3 如使用拍打式均质器，可将样品加入盛有 225mL mEC+n 的无菌均质袋中，300~360 次 /min 拍打 1~2min，制成 1：10 的样品匀液。

2.1.3 液体样品

2.1.3.1 用无菌吸管吸取 25mL ± 0.1mL 样品。

2.1.3.2 如使用锥形瓶，可将样品加入盛有 225mL mEC+n 的无菌锥形瓶中，充分混匀。

2.1.3.3 如使用均质袋，可将样品放入盛有 225mL mEC+n 的无菌均质袋中，充分混匀。

2.1.4 如为冷冻产品，应在 45℃以下（如水浴中）不超过 15min 解冻，或 2℃ ~5℃冰箱中不超过 18h 解冻。

2.1.5 如需调整 pH，用 1mol/mL 无菌 NaOH 或 HCl 调 pH 至 6.8 ± 0.2。

2.1.6 将样品匀液于 36℃ ±1℃培养 18~24h，进行增菌。

2.1.7 用直径 3mm 的接种环取 mEC+n 增菌液 1 环（约 10 微升），分别划线接种于一个 CT-SMAC 平板和一个大肠埃希菌 O157 显色琼脂平板。

2.1.8 将平板于 36℃ ±1℃培养 18~24h。

2.1.9 观察各个平板上生长的菌落，各个平板上的菌落特征见表 21-1。

**表 21-1 典型大肠埃希菌 O157:H7/NM 在不同琼脂平板上的形态特征**

| 名称 | 形态描述 | 典型菌落 |
| --- | --- | --- |
| CT-SMAC 琼脂 | 圆形、光滑、较小的无色菌落，中心呈现较暗的灰褐色 | 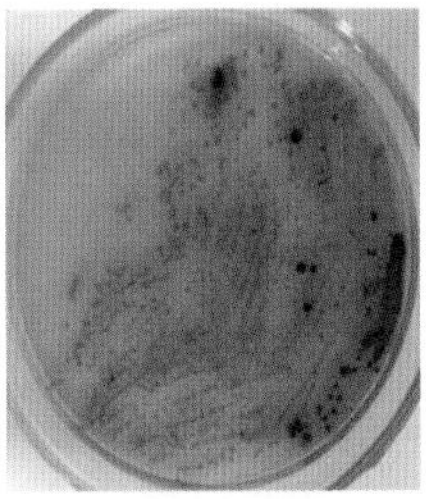 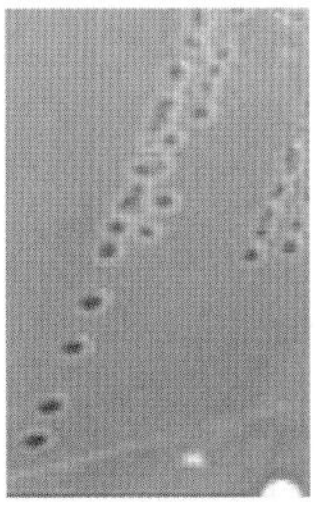 |
| O157 显色琼脂 | 按照显色培养基的说明进行判定 | 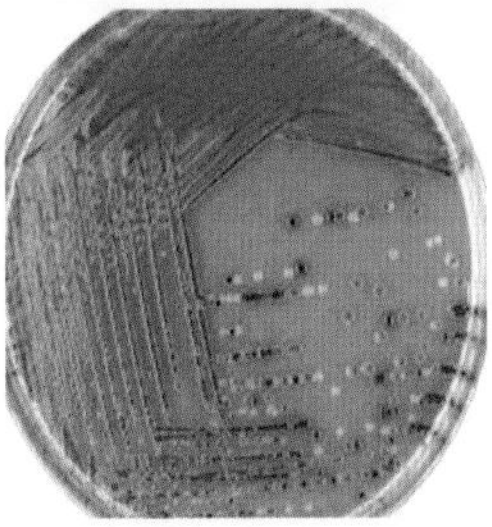 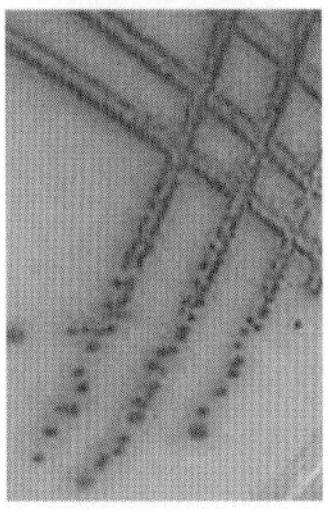 |

2.1.10　在培养 18~24h 后，如果平板上有典型 O157:H7/NM 菌落，应自每个琼脂平板上分别用接种针自菌落中心挑取 2 个典型 O157:H7/NM 菌落，先在三糖铁琼脂斜面划线，再于底层穿刺；接种针不要灭菌，直接接种 MUG-LST 肉汤和营养琼脂平板，于 36℃ ±1℃培养 18~24h。

2.1.11　在三糖铁琼脂中，典型菌株为斜面与底层均呈黄色，产气或不产气，不产生硫化氢（$H_2S$）。置 MUG-LST 肉汤管于长波紫外灯下观察，MUG 阳性的大肠埃希菌株应有荧光产生，MUG 阴性的应无荧光产生，大肠埃希菌 O157:H7/NM 为 MUG 试验阴性，无荧光。

2.1.12　血清学鉴定试验

2.1.12.1　在营养琼脂平板上挑取分纯的菌落，用 O157 诊断血清或 O157 乳胶凝集试剂作玻片凝集试验。对于 O157 不凝集者，不再进行下面的生化试验，报告未检出 O157:H7 或 O157:NM；O157 凝集者，再进行 H7 因子血清凝集和生化试验。

2.1.12.2　O157 和 H7 玻片凝集试验

（1）检查培养物有无自凝性：使用接种在营养琼脂平板上的新鲜培养物。在洁净的玻片上滴加一滴生理盐水，将待试培养物混合于生理盐水滴内，使成为均一性的混浊悬液，将玻片轻轻摇动 30~60s，在黑色背景下观察反应（必要时用放大镜观察），若出现可见的菌体凝集，即认为有自凝性，反之无自凝性。对无自凝的培养物参照下面方法进行血清学鉴定。对于自凝的培养物用 3% 血清肉汤返祖传代，再划线到营养琼脂平板上进行鉴定。

（2）O157 抗原鉴定：使用接种在营养琼脂平板上的新鲜培养物。在玻片上划出 2 个约 1cm×2cm 的区域，挑取 1 环待测菌，各放 1/2 环于玻片上的每一区域上部，在其中一个区域下部加 1 滴 O157 诊断血清或 O157 乳胶凝集试剂。再用无菌的接种环分别将两个区域内的菌液和血清充分混合研成乳状液。将玻片倾斜摇动混合 1min，并对着黑暗背景进行观察，任何程度的凝集现象皆为阳性反应（乳胶凝集试剂应为明显凝集）。如不易观察，可同时用非 O157 菌株作阴性对照。

（3）鞭毛抗原（H7）鉴定：将菌株接种在 0.55%~0.65% 半固体琼脂平板的中央，待菌落蔓延生长时，在其边缘部分取菌检查。对于 H7 因子血清不凝集者，应穿刺接种半固体琼脂，检查动力，如仅沿着穿刺线生长，无扩散，取半固体表面培养物，再次穿刺接种半固体，以此法经连续传代 3 次，皆无动力者，方可确定为无动力株（NM）。

2.1.13　生化鉴定取营养琼脂平板上培养物接种表 21-2 生化管，36℃ ±1℃培养 22~24h，按表 21-2 判定结果。

如选择生化鉴定试剂盒或全自动微生物生化鉴定系统，从营养琼脂平板上挑取可疑菌落，参照说明书，用生化鉴定试剂盒或全自动微生物生化鉴定系统进行鉴定。

表 21-2　O157:H7/NM 生化反应图表对照

| 编号 | 描述 | 对应图片 | 编号 | 描述 | 对应图片 |
|---|---|---|---|---|---|
| 1 | 赖氨酸脱羧酶阴性<br>普通变形杆菌<br>CMCC（B）49027 | | 2 | 赖氨酸脱羧酶阳性<br>鼠伤寒沙门菌<br>ATCC14028 | |
| 3 | 鸟氨酸脱羧酶阴性<br>普通变形杆菌<br>CMCC（B）49027 | 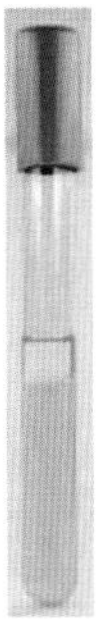 | 4 | 鸟氨酸脱羧酶阳性<br>鼠伤寒沙门菌<br>ATCC14028 | |
| 5 | 靛基质阴性<br>产气肠杆菌<br>ATCC13048 | | 6 | 靛基质阳性<br>大肠埃希菌<br>ATCC 25922 | |
| 7 | MUG 阴性<br>E.coli<br>O157:H7NCTC12900 |  | 8 | MUG 阳性<br>大肠埃希菌 8099 |  |

续 表

| 编号 | 描述 | 对应图片 | 编号 | 描述 | 对应图片 |
|---|---|---|---|---|---|
| 9 | 半固体阴性<br>福氏志贺菌<br>CMCC 51571 |  | 10 | 半固体阳性<br>鼠伤寒沙门菌<br>ATCC 14028 |  |
| 11 | MR 阴性<br>产气肠杆菌<br>ATCC 13048 | | 12 | MR 阳性<br>大肠埃希菌<br>ATCC 25922 | |
| 13 | VP 试验阴性<br>大肠埃希菌<br>ATCC 25922 | | 14 | VP 试验阳性<br>产气肠杆菌<br>ATCC 13048 |  |
| 15 | 西蒙氏柠檬酸盐阴性<br>福氏志贺菌<br>CMCC 51571 |  | 16 | 西蒙氏柠檬酸盐阳性<br>产气肠杆菌<br>ATCC 13048 | 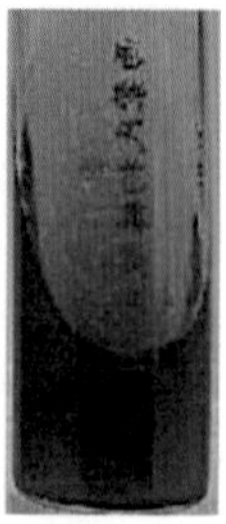 |

续 表

| 编号 | 描述 | 对应图片 | 编号 | 描述 | 对应图片 |
| --- | --- | --- | --- | --- | --- |
| 17 | 山梨醇阴性<br>宋内志贺菌<br>CMCC(B)51592 | 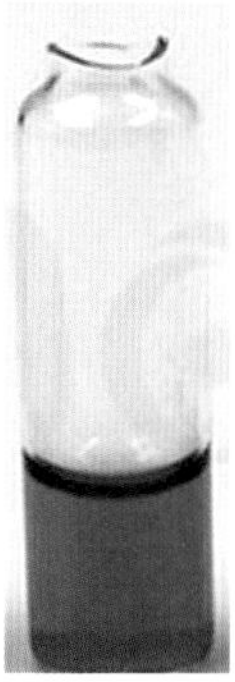 | 18 | 山梨醇阳性<br>肺炎克雷伯菌<br>CMCC 46117 | |
| 19 | 纤维二糖阴性<br>大肠埃希菌<br>ATCC25922 |  | 20 | 纤维二糖阳性<br>肺炎克雷伯菌<br>CMCC46117 | |
| 21 | 棉子糖阴性<br>普通变形杆菌<br>CMCC(B)49027 |  | 22 | 棉子糖阳性<br>肺炎克雷伯菌<br>CMCC 46117 |  |
| 23 | TSI斜面产碱,底层产酸,产硫化氢<br>肠炎沙门菌 CMCC(B)50335 |  | 24 | TSI斜面产酸,底层产酸,不产硫化氢,产气<br>大肠埃希菌 ATCC 25922 | |

续 表

| 编号 | 描述 | 对应图片 | 编号 | 描述 | 对应图片 |
|---|---|---|---|---|---|
| 25 | TSI 斜面产碱，底层产酸，不产硫化氢<br>福氏志贺菌 CMCC（B）51572 | | 26 | TSI 斜面产酸，底层产酸，产硫化氢<br>普通变形杆菌 ATCC13315 | |
| 27 | TSI 斜面产碱，底层不产酸，不产硫化氢<br>铜绿假单胞菌 ATCC 27853 | | | | |

2.1.14　毒力基因测定（可选项目）

样品中检出大肠埃希菌 O157:H7 或 O157:NM 时；如需要进一步检测 Vero 细胞毒素基因的存在，可通过接种 Vero 细胞或 HeLa 细胞，观察细胞病变进行判定；也可使用基因探针检测或聚合酶链反应（PCR ）方法进行志贺毒素基因（stx1、stx2）、eae、hly 等基因的检测。如使用试剂盒检测上述基因，应按照产品的说明书进行。

2.1.15　将已鉴定完成的 O157:H7/NM 用无菌棉签从营养琼脂平板上刮取，加入 50% 甘油 -BHI 肉汤中，标识清晰，-80℃长期保存备查。

## 2.2　第二法　免疫磁珠捕获法

### 2.2.1　检验程序

大肠埃希菌 O157 免疫磁珠捕获法检验程序见图 21-2。

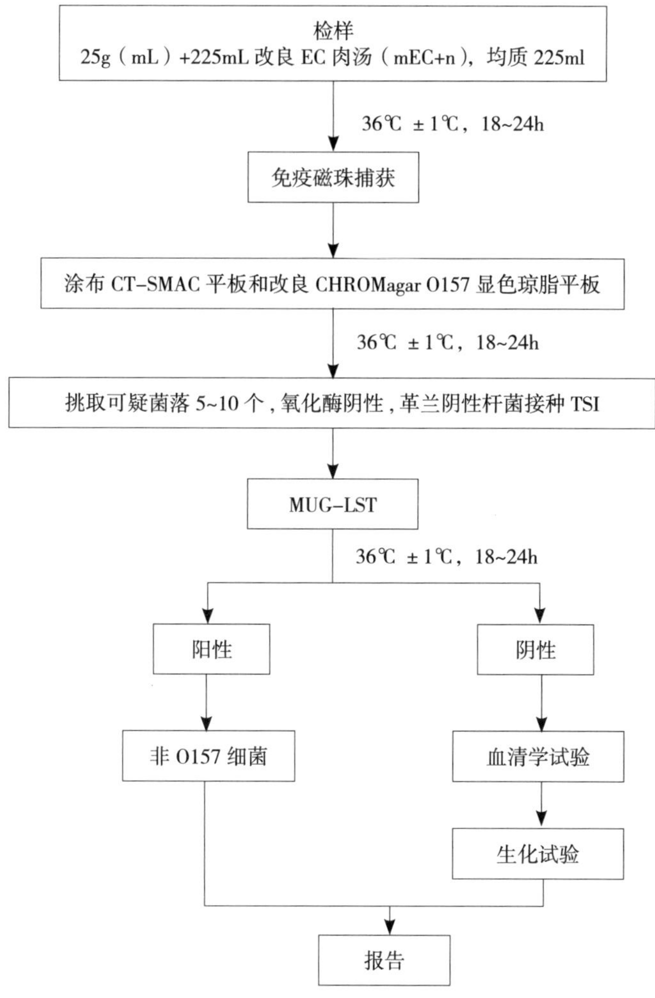


图 21-2 大肠埃希菌 O157 免疫磁珠捕获法检验程序

2.2.2 操作步骤

2.2.2.1 增菌:同第一法中 2.1.2~2.1.5。

2.2.2.2 免疫磁珠捕获与分离

2.2.2.3 应按照生产商提供的使用说明进行免疫磁珠捕获与分离。一般操作步骤如下。

2.2.2.4 将无菌微量离心管按样品和质控菌株进行编号,每个样品使用 1 只微量离心管,然后插入到磁板架上。在漩涡混器上轻轻振荡 E.coli O157 免疫磁珠混悬液后,用开盖器打开每个微量离心管的盖子,每管加入 20μL E.coli O157 免疫磁珠悬液。

2.2.2.5 取 mEC+n 肉汤增菌培养物 1mL,加入到微量离心管中,盖上盖子,然后轻微振荡 10s。每个样品更换 1 只加样吸头,质控菌株必须与样品分开进行,避免交叉污染。

2.2.2.6 结合:在 18℃ ~30℃环境中,将上述微量离心管连同磁板架放在样品混合器上转动或用手轻微转动 10min,使 E.coli O157 与免疫磁珠充分接触。

2.2.2.7 捕获：将磁板插入到磁板架中浓缩磁珠。在 3min 内不断地倾斜磁板架，确保悬液中与盖子上的免疫磁珠全部被收集起来。此时，在微量离心管壁中间明显可见圆形或椭圆形棕色聚集物。

2.2.2.8 吸取上清液：取 1 支无菌加长吸管，从免疫磁珠聚集物对侧深入液面，轻轻吸走上清液。当吸到液面通过免疫磁珠聚集物时，应放慢速度，以确保免疫磁珠不被吸走。如吸取的上清液内含有磁珠，则应将其放回到微量离心管中，并重复 2.2.2.7 步骤。每个样品换用 1 支无菌加长吸管。

**注：**免疫磁珠的滑落：某些样品特别是那些富含脂肪的样品，其磁珠聚集物易于滑落到管底。在吸取上清液时，很难做到不丢失磁珠，在这种情况下，可保留 50~100μL 上清液于微量离心管中。如果在后续的洗涤过程中也这样做的话，脂肪的影响将减小，也可达到充分捕获的目的。

2.2.2.9 洗涤：从磁板架上移走磁板，在每个微量离心管中加入 1mL PBS-Tween20 洗液，放在样品混合器上转动或用手轻微转动 3min，洗涤免疫磁珠混合物。重复上述步骤 2.1.8–2.1.9。

2.2.2.10 重复上述步骤 2.1.8–2.1.9。

2.2.2.11 免疫磁珠悬浮：移走磁板，将免疫磁珠重新悬浮在 50μL PBS-Tween20 洗液中。

2.2.2.12 涂布平板：将免疫磁珠混匀，各取 25μL 免疫磁珠悬液分别转移至 CT-SMAC 平板和大肠埃希菌 O157 显色琼脂平板一侧，然后用无菌涂布棒将免疫磁珠涂布平板的一半，再用接种环划线接种平板的另一半。待琼脂表面水分完全吸收后，翻转平板，于 36℃ ±1℃培养 18~24h。

**注：**若 CT-SMAC 平板和大肠埃希菌 O157 显色琼脂平板表面水分过多时，应在 36℃ ±1℃下干燥 10~20min，涂布时避免将免疫磁珠涂布到平板的边缘。

2.2.2.13 菌落识别、初步生化试验、鉴定、菌株保存参见第一法中 2.1.9–2.1.15。

## 3 结果报告

综合以上生化试验和血清学鉴定的结果：

3.1 如所有选择性平板中均未分离到大肠埃希菌 O157:H7 或 O157:NM，则报告“25g（mL）样品中未检出大肠埃希菌 O157:H7 或 O157:NM”。

3.2 如任意选择性平板中分离到大肠埃希菌 O157:H7 或 O157:NM，则报告“25g（mL）样品中检出大肠埃希菌 O157:H7 或 O157:NM”。

质量控制

1. 实验过程中，每批样品选择性增菌液、分离平板等都要做空白对照。如果空白对照平板上出现 O157:H7/NM 可疑菌落时，应废弃本次实验结果，并对增菌液、吸管、平皿、培养基、实验环境等进行污染来源分析。
2. 定期使用 O157:H7 标准菌株或相应定量活菌参考品，在 BSL-Ⅱ生物安全实验室或阳性对照实验室内，用适当的食品样品进行阳性对照试验验证，染菌剂量应控制在 10~100CFU/25g 样品，并进行记录，此验证试验至少每 2 个月进行一次。
3. 每 2 个月将所使用的培养基和生化试剂用 GB4789.28—2013 推荐的阳性和阴性对照标准菌种进行验证，并进行记录。

操作要点与注意事项

1. 使用均质袋进行前增菌培养时，应使用带有底托的均质袋架子，防止培养过程中前增菌液泄露污染培养箱。
2. 在进行 TSI 培养时，应将试管口松开，保持管内有充足的氧气，否则由于氧气的不足，斜面酸性产物不能氧化，会出现假阳性现象（黄色，补充氧气后慢慢恢复成红色）。
3. 由于三糖铁琼脂试验中底部糖分解需要厌氧环境，琼脂底部与斜面最低点的距离应不少于 4 厘米。
4. 在培养箱中，为防止中间平皿过热，高度不得超过 6 个平皿。
5. 当对易产生较大颗粒的样品（如肉类）进行检测时，建议使用带滤网均质袋，以方便均质后用吸管吸取匀液。
6. 使用移液器时，应慢慢吸取，并使用带有滤芯的吸头，防止增菌液对移液器的污染。
7. 大肠埃希菌的 H7 抗原在传代过程中容易丢失或发育不良，应用半固体 3 次传代培养，并观察生长情况，若不扩散生长，则表示 H 抗原丢失，不再进行凝集试验，若扩散生长，再进行试管凝集试验。
8. 分离平板应制备后避光常温保存，并在 24 小时内使用。

疑难解析

**问题 1** 有关 O157:H7 或 O157:NM 的解释说明。

大肠埃希菌的 O 抗原和 H 抗原是按照发现的顺序排列的，O157 就是第 157 位发现的 O 抗原，H7 同样的，是发现的第 7 个 H 抗原，NM 是 None Move 的缩写，意为无动力。

**问题 2**

**“迟缓发酵”是什么意思?**

一般细菌对糖的发酵会在 24~48 小时内进行，48 小时后发酵一般定义为“迟缓发酵”。

**问题 3**

**免疫磁珠是什么?**

免疫磁珠就是运用核－壳的合成方法合成含有四氧化三铁超顺磁性的高分子覆盖物质，利用表面的功能集团进行抗体的偶联，可结合相应的抗原，并且在外界磁场的吸引下可做定向移动，从而达到分离、检测、纯化的目的。

# 第二十二章 《食品安全国家标准 食品微生物学检验 大肠埃希氏菌计数》（GB 4789.38—2012）

大肠埃希菌（*Esherichia coli*），又称大肠杆菌，是革兰阴性杆菌，无芽孢，能够在 44.5℃ ± 0.2℃发酵乳糖产酸产气，靛基质、甲基红、VP 试验、柠檬酸盐（IMViC）生化试验结果为“＋＋－－”或“－＋－－”。

大肠埃希菌广泛存在于人和温血动物的肠道中，属肠杆菌科埃希菌属，肠杆菌科包括许多种细菌，致病菌有沙门菌、志贺菌、耶尔森菌。故以大肠埃希菌作为粪便污染指标来评价食品的卫生状况，推断食品中肠道致病菌污染的可能性。多数的大肠埃希菌在肠道内不致病，但在一定条件下可引起肠道外感染，且某些血清型可产生毒素，为致泻性大肠埃希菌，可在健康人群中引发胃肠道疾病。

我国食品中大肠埃希菌的检验依据是《食品安全国家标准 食品微生物学检验 大肠埃希氏菌计数》（GB 4789.38—2012），共有两个方法。第一法大肠埃希菌 MPN 计数：主要利用大肠埃希菌可以在 44.5℃ ± 0.2℃发酵乳糖产酸产气的原理进行检测，样品经系列稀释并在 44.5℃ ± 0.2℃培养后，根据其未生长的最低稀释度与生长的最高稀释度，应用统计学概率论推算出待测样品中大肠埃希菌的最大可能数。此方法适用于污染菌量较少的食品。第二法大肠埃希菌平板计数法：主要利用超过 95% 的大肠埃希菌可产生 β－葡糖醛酸糖苷酶（GUD）活性的原理进行检测，可与 VRBA-MUG 平板中底物 4－甲基伞形酮－β－D－葡萄糖苷（MUG）反应使 4－甲基伞形酮（MU）游离；在 360~366nm 波长紫外灯照射下，MU 显示蓝色荧光，通过计数产生荧光的菌落测定食品中大肠埃希菌的数量。与 MPN 计数法相比，检测结果更为精确，适用于污染比较严重的食品。

## 仪器与耗材（仅列出标准中不明确或缺少内容）

◎ 涡旋混匀器

◎ 拍打式均质器或刀头式均质器

◎ 接种针

◎ 接种环（10μL）

# 第一法　大肠埃希菌 MPN 计数

## 1　检验程序

大肠埃希菌 MPN 计数的检验程序见图 22-1。

## 2　检验步骤

### 2.1　样品的稀释

2.1.1　固体和半固体食品样品：

2.1.1.1　用天平无菌称取 25g ± 0.1g 样品。

2.1.1.2　如使用刀头式均质器，可将样品加入盛有 225mL 磷酸盐缓冲液的无菌均质杯内，8000~10000r/min 均质 1~2min，制成 1 : 10 的样品匀液。

2.1.1.3　如使用拍打式均质器，可将样品加入盛有 225mL 磷酸盐缓冲液的无菌均质袋中，230r/min 拍打 1~2min，制成 1 : 10 的样品匀液。

2.1.2　液体样品：

2.1.2.1　用无菌吸管吸取 25mL ± 0.1mL 样品。

2.1.2.2　如使用锥形瓶，可将样品加入盛有 225mL 磷酸盐缓冲液的无菌锥形瓶（瓶内预置适当数量的无菌玻璃珠）中，充分混匀，制成 1 : 10 的样品匀液。

2.1.2.3　如使用均质袋，可将样品放入盛有 225mL 磷酸盐缓冲液的无菌均质袋中，230r/min 拍打 1~2min，制成 1 : 10 的样品匀液。

2.1.3　如为冷冻产品，应在 45℃以下（如水浴中）不超过 15min 解冻，或 2℃ ~5℃冰箱中不超过 18h 解冻。

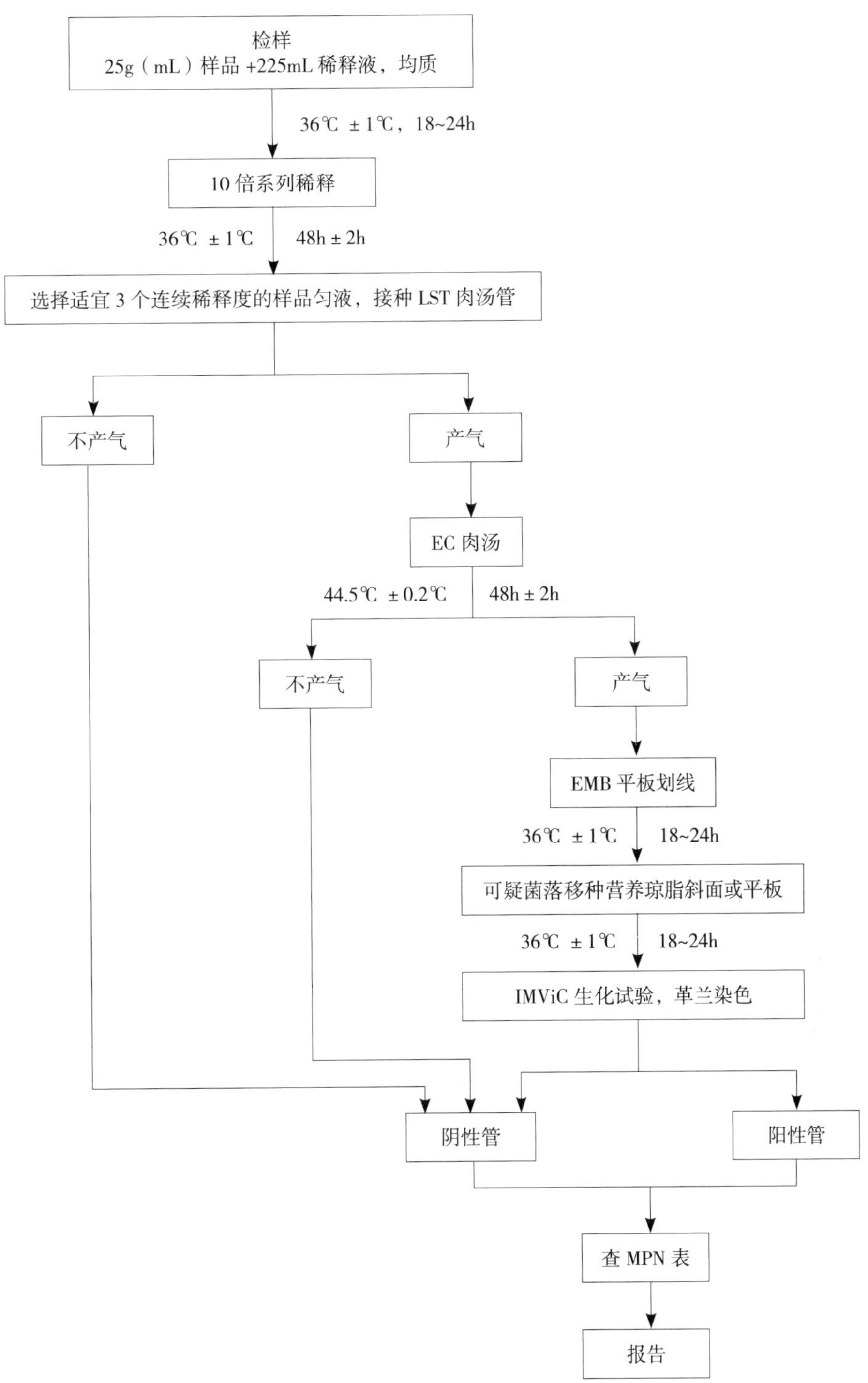


图22-1 大肠埃希菌MPN计数法检验程序

2.1.4 样品匀液的 pH 值应在 6.5~7.5 之间，必要时用无菌的 1mol/L NaOH 或 1mol/L HCl 调节。

2.1.5 用 1mL 无菌吸管取 1∶10 样品匀液 1mL，沿管壁缓慢注于盛有 9mL 磷酸盐缓冲液的无菌试管中（注意吸管或吸头尖端不要触及稀释液面）。

2.1.6 换用 1 支 1mL 无菌吸管反复吹打 10 次以上；或旋紧试管盖，用涡旋混匀器高速混匀 5 秒钟以上，使其混合均匀，制成 1∶100 的样品匀液。

2.1.7 依照上述操作，制备 10 倍系列稀释样品匀液。每递增稀释一次，均换用新的 1mL 无菌吸管。

## 2.2 初发酵试验

2.2.1 根据样品污染状况或产品限量标准要求，选择 3 个适宜的连续稀释度的样品匀液（液体样品可包括原液），每个稀释度接种 3 管月桂基硫酸盐胰蛋白胨（LST）肉汤，每管接种 1mL（如果接种量超过 1mL，则用双料 LST 肉汤）。

**注意：**如果样品匀液静置超过 3min 应重新混匀后再接种。

2.2.2 将接种后的肉汤管，置 36℃ ±1℃培养 24h±2h。观察小倒管内是否有气泡产生，产气者进行 EC 肉汤管复发酵试验。如未产气则继续培养至 48h±2h，产气者进行复发酵试验。记录在 24h 和 48h 内产气的 LST 肉汤管数。如所有 LST 肉汤管均未产气，即可报告大肠埃希菌 MPN 结果。（图 22-2）

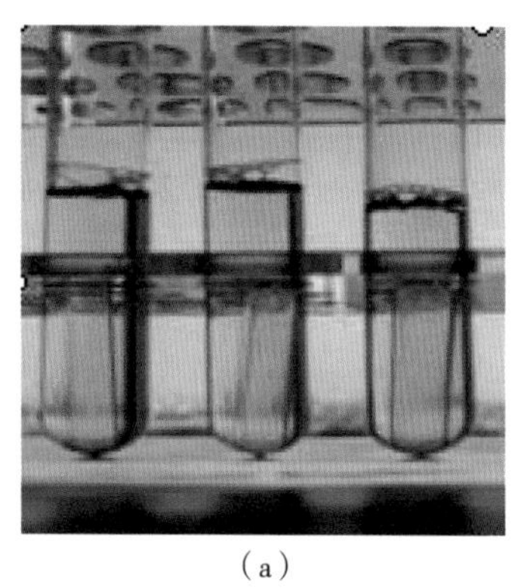
（a）

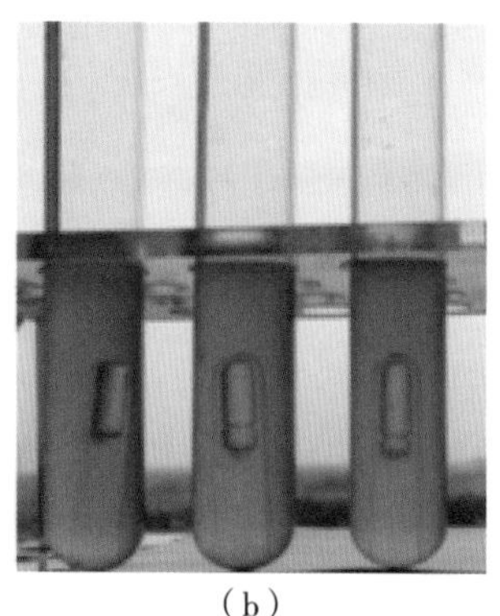
（b）

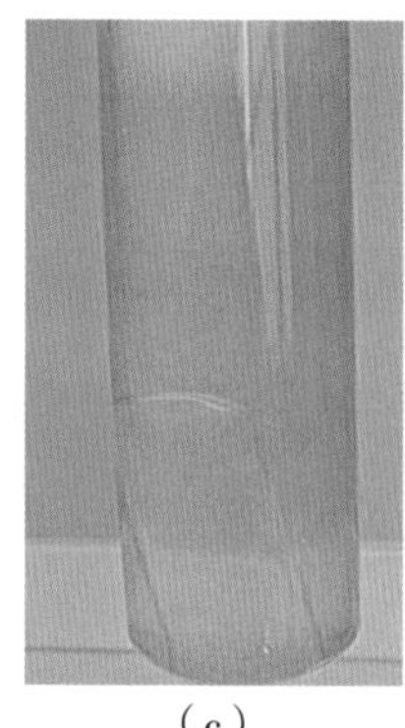
（c）

图 22-2 月桂基硫酸盐胰蛋白胨（LST）肉汤初发酵 36℃ ±1℃ 24h

（a）空白对照；（b）发酵产气；（c）未发酵产气

图片引自：网络

## 2.3 复发酵试验

2.3.1 用接种环从产气的 LST 肉汤管中分别取培养物 1 环（约 10μL），接种于已提前预热至 45℃的 EC 肉汤管中，放入带盖的 44.5℃ ±0.2℃水浴箱内，注意水浴的水面应高于肉汤培养基液面，培养 24h±2h。

2.3.2 检查小倒管内是否有气泡产生，如未有产气则继续培养至 48h ± 2h。记录在 24h 和 48h 内产气的 EC 肉汤管数，产气者进行 EMB 平板分离培养。如所有 EC 肉汤管均未产气，即可报告大肠埃希菌 MPN 结果。（图 22–3）

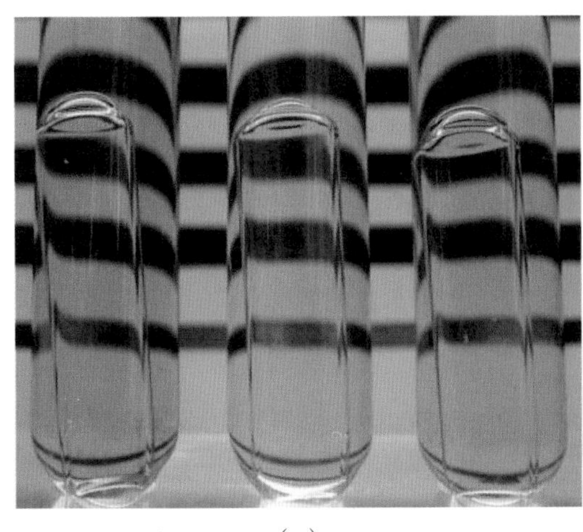

（a）

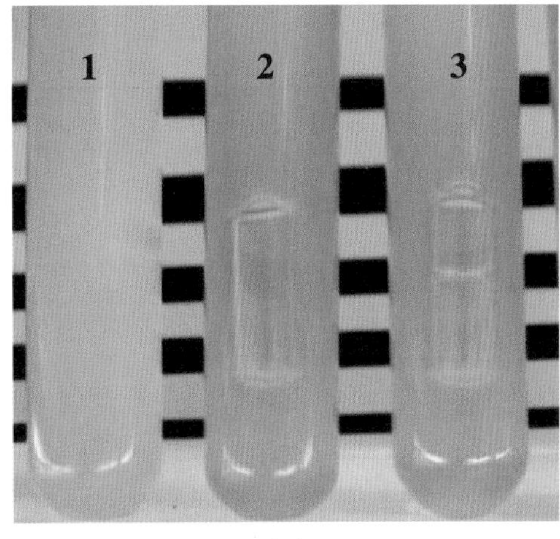


（b）

图 22–3 EC 肉汤复发酵 44.5℃ ± 0.2℃ 24h

（a）空白对照；（b）–1 未发酵产气；（b）–2,（b）–3 发酵产气

图片引自：网络

## 2.4 分离培养

轻轻振摇产气的 EC 肉汤管，用接种环取培养物分别划线接种于 EMB 平板，36℃ ± 1℃培养 18~24h。典型菌落为具有黑色中心，有或无金属光泽的菌落（图 22–4）。非典型的可疑菌落为粉红色、无黑心的菌落。

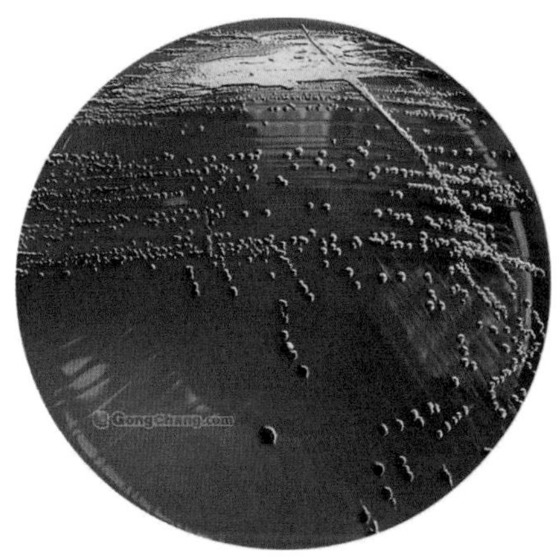

图 22–4 大肠埃希氏菌 CICC 10389 在伊红美蓝琼脂（EMB）平板上 36℃ ± 1℃培养 24h 菌落形态

菌落紫黑色，有金属光泽，圆形，表面光滑，边缘整齐

图片引自：网络

## 2.5 纯培养

从每个 EMB 平板上挑取 5 个典型菌落，如没有典型菌落则挑取可疑菌落。用接种针接触菌落中心部位，移种到营养琼脂斜面或平板上，36℃ ±1℃培养 18~24h。（图 22-5）

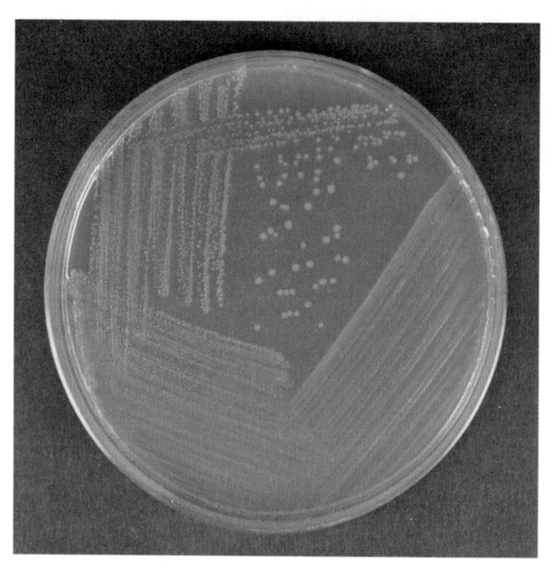

图 22-5 大肠埃希氏菌 CICC 10305（ATCC 25922）在营养琼脂（NA）平板上 36℃ ±1℃培养 18h 菌落形态

菌落白色或灰白色，圆形，表面光滑，湿润

图片引自：程池，李金霞，姚粟等. 食品安全国家标准食品微生物检验标准菌株图鉴 [M]，北京：中国轻工业出版社，2014

## 2.6 鉴定

取营养琼脂培养基上的纯培养物进行革兰染色、靛基质试验、甲基红试验、VP 试验和柠檬酸盐利用试验。生化鉴定可选择生化鉴定管、生化鉴定试剂条，或全自动微生物生化鉴定系统进行鉴定。大肠埃希菌与非大肠埃希菌的生化鉴别见表 22-1 和表 22-2。

2.6.1 革兰染色：用 10μL 接种环挑取无菌生理盐水 1 环在载玻片中央，挑取单颗可疑菌落涂布成一均匀的薄层，手持载玻片一端，标本向上，待菌液干燥后，在酒精灯上加热固定，温度不宜过烫，放置待冷后进行染色。结晶紫初染 1min，碘液 1min，酒精脱色 30s，复染 1min。

注意：每步染色后，需斜置载玻片，用小水流冲洗，直至洗下的水呈无色为止，注意冲洗时不要直接冲洗涂层表面。待标本干后置显微镜油镜下观察。

染色结果：大肠埃希菌为革兰阴性杆菌，长度为 1~3μm，无芽孢（图 22-6）。

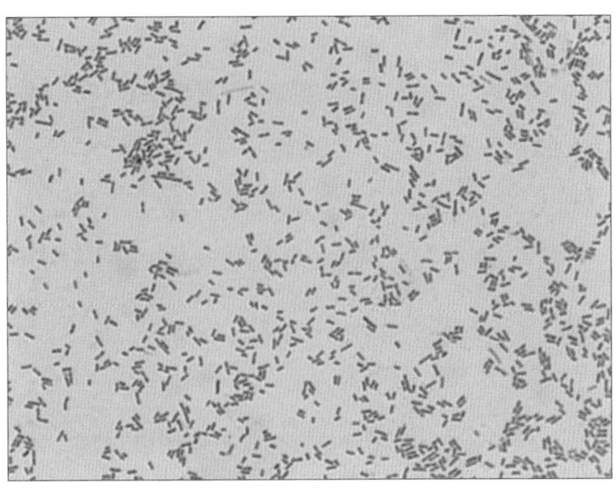

图 22-6 大肠埃希菌 CICC 10305(ATCC 25922)革兰阴性

图片引自：程池，李金霞，姚栗等. 食品安全国家标准食品微生物检验标准菌株图鉴 [M]，北京：中国轻工业出版社，2014

2.6.2 靛基质试验：挑取适量营养琼脂培养物，接种于从蛋白胨水试管中，于36℃ ±1℃培养 24h ± 2h。取出试管后滴加 Kovacs 靛基质试剂，阳性结果为接触面呈红色，阴性结果为接触面呈黄色。典型大肠埃希菌为阳性，非典型为阴性。

2.6.3 甲基红试验：挑取适量营养琼脂培养物，接种于缓冲葡萄糖蛋白胨水试管中，于 36℃ ±1℃培养 2~5d。取出试管后滴加甲基红试剂，阳性结果为红色，阴性结果为黄色。大肠埃希菌为阳性反应。

2.6.4 VP 试验：挑取适量营养琼脂培养物，接种于缓冲葡萄糖蛋白胨水试管中，于 36℃ ±1℃培养 2~4d。取出试管后滴加 VP1 试剂 1 滴和 VP2 试剂 1 滴，观察结果，阳性反应立刻或于数分钟内出现红色，阴性结果为黄色。如为阴性，应放在 36℃ ±1℃继续培养 4h 再进行观察。大肠埃希菌为阴性。

2.6.5 柠檬酸盐利用试验：挑取适量营养琼脂培养物，接种于西蒙氏柠檬酸盐培养基中，于 36℃ ± 1℃培养 24h ± 2h。观察结果，阳性结果为培养基变蓝色，阴性结果为绿色不变色。大肠埃希菌为阴性。

**表 22-1 大肠埃希菌与非大肠埃希菌的生化鉴别**

| 靛基质(I) | 甲基红(MR) | VP 试验(VP) | 柠檬酸盐(C) | 鉴别(型别) |
|---|---|---|---|---|
| + | + | − | − | 典型大肠埃希菌 |
| − | + | − | − | 非典型大肠埃希菌 |
| + | + | − | + | 典型中间型 |
| − | + | − | + | 非典型中间型 |

续 表

| 靛基质（I） | 甲基红（MR） | VP 试验（VP） | 柠檬酸盐（C） | 鉴别（型别） |
|---|---|---|---|---|
| － | － | ＋ | ＋ | 典型产气肠杆菌 |
| ＋ | － | ＋ | ＋ | 非典型产气肠杆菌 |

注 1：如出现表 22-1 以外的生化反应类型，表明培养物可能不纯，应重新划线分离，必要时做重复试验。

注 2：生化试验也可以选用生化鉴定试剂盒或全自动微生物生化鉴定系统等方法，按照产品说明书进行操作。

**表 22-2　大肠埃希菌生化反应图表对照**

| 编号 | 描述 | 对应图片 | 编号 | 描述 | 对应图片 |
|---|---|---|---|---|---|
| 1 | 靛基质：接触面红色阳性<br>大肠埃希菌 ATCC 25922 | | 2 | 靛基质：接触面黄色阴性<br>产气肠杆菌 ATCC13048 | |
| 3 | 甲基红试验：红色阳性<br>大肠埃希菌 ATCC 25922 |  | 4 | 甲基红试验：黄色阴性<br>产气肠杆菌 ATCC13048 |  |
| 5 | VP 实验阴性<br>大肠埃希菌 ATCC 25922 | | 6 | VP 实验阳性<br>产气肠杆菌 ATCC13048 | |
| 7 | 柠檬酸盐试验：绿色阴性<br>大肠埃希菌 ATCC 25922 |  | 8 | 柠檬酸盐试验：蓝色阳性<br>产气肠杆菌 ATCC13048 |  |

## 2.7　MPN 计数

大肠埃希菌为革兰阴性无芽孢杆菌，发酵乳糖、产酸、产气，IMViC 生化试验为

“++−−”或“−+−−”。只要有1个菌落鉴定为大肠埃希菌，其所代表的LST肉汤管即为大肠埃希菌阳性。依据LST肉汤阳性管数查MPN表（见附录A）。

### 2.8 结果报告

报告每1g（mL）样品中大肠埃希菌的MPN值，以MPN/g（mL）表示。

# 第二法 大肠埃希菌平板计数法

## 1 检验程序

大肠埃希菌平板计数法的检验程序见图22–7。

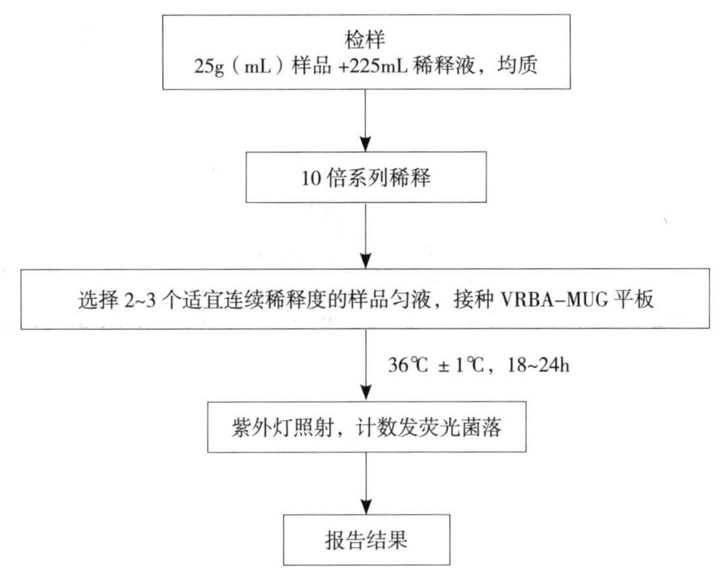


图22–7 大肠埃希菌平板计数法检验程序

## 2 检验步骤

### 2.1 样品的稀释

按第一法检验步骤2.1进行。

### 2.2 平板计数

2.2.1 选取2~3个适宜的连续稀释度的样品匀液，每个稀释度接种2个无菌培养皿，每皿1mL。

2.2.2 取 1mL 无菌磷酸盐缓冲液加入无菌培养皿作为空白对照。

2.2.3 将 10~15mL 冷却至 45℃ ±0.5℃的结晶紫中性红胆盐琼脂（VRBA）倾注于每个培养皿中。小心旋转培养皿，将培养基与样品匀液充分混匀。待琼脂凝固后，再加 3~4mL VRBA-MUG 覆盖平板表层。凝固后翻转平板，36℃ ±1℃培养 18~24h。

2.2.4 选择平板菌落数在 10~100CFU 之间的平板，暗室中 360~366nm 波长紫外灯照射下，计数平板上发浅蓝色荧光的菌落。检验时用已知 MUG 阳性菌株（大肠埃希菌 ATCC 25922）做阳性对照，产气肠杆菌（ATCC 13048）做阴性对照（图 22-8）。

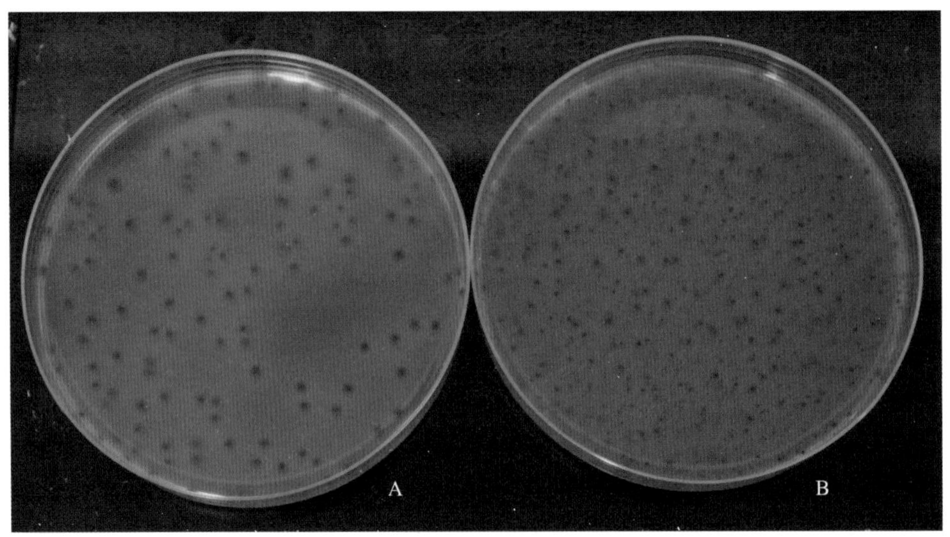


图 22-8 紫外灯照射下 MUG 试验

A：大肠埃希氏菌 CICC 10305（ATCC 25922）MUG 阳性

B：产气肠杆菌 CICC 10293（ATCC13048）MUG 阴性

图片引自：程池，李金霞，姚栗等. 食品安全国家标准食品微生物检验标准菌株图鉴 [M]，北京：中国轻工业出版社，2014

# 3 结果计数和报告

两个平板上发光菌落数的平均数乘以稀释倍数，报告每 1g（mL）样品中大肠埃希菌数，以 CFU/g（mL）表示。如未检出上述特征菌株：以小于 1 乘以最低稀释倍数报告，以 CFU/g（mL）为表示。

质量控制

1. 实验过程中，每批样品稀释液都要做空白对照。如果空白对照肉汤管中或平板上出现菌落时，应废弃本次实验结果，并对稀释液、吸管、培养皿、培养基、实验环境等进行污染来源分析。
2. 初发酵实验时用磷酸盐缓冲液分别加入 LST 肉汤单料和双料中作为空白对照。
3. 检验时定期使用大肠埃希菌 ATCC 25922 菌种或等效菌株和产气肠杆菌 ATCC 13048 或等效菌株，在 BSL-2 实验室或阳性对照实验室内，用适当的食品样品进行阳性对照和阴性对照实验验证，染菌剂量应控制在 10~100CFU/25g 样品，并进行记录。
4. 每批所使用的培养基和生化试剂进行质量性能测试，质控方法见 GB 4789.28—2013，并记录测试结果。

操作要点与注意事项

1. 检验中所使用的试验耗材，如培养基、稀释液、培养皿、吸管等必须是无菌的，重复使用的耗材应彻底洗涤干净，不得残留抑菌物质。
2. 对含有较大颗粒残渣的样品（如肉类）进行检测时，建议使用带滤网均质袋，以方便均质后用吸管吸取匀液。
3. 应用本检验方法对食品样品进行大肠埃希菌计数检验时，从制备一个样品匀液至样品接种完毕，全过程不得超过 15min。
4. 在进行样品的 10 倍稀释过程中，吸管应插入检样稀释液液面 2.5cm 以下，取液应先高于 1mL，而后将吸管尖端贴于试管内壁调整至 1mL，这样操作不会有过多的液体黏附于管外。将 1mL 液体加入另一 9mL 试管内时应沿管壁加入，不要触及管内稀释液，以防吸管外部黏附的液体混入其中影响检测结果。
5. 本方法移液时可使用可连接吸管的电动移液器，在使用过程中，一旦液体进入电动移液器滤膜中，应立即对滤膜进行更换，以防止交叉污染。鉴于微量移液器移液头较短，为控制污染，在本方法移液过程中不应使用。
6. 结晶紫中性红胆盐琼脂（VRBA）和 VRBA -MUG 琼脂使用前临时制备，煮沸灭菌后保存时间不得超过 3h。
7. 在使用 MUG 测定法之前，检查所使用的培养皿是否自带荧光。培养皿直径应不低于 90mm，倾注琼脂厚度应不低于 3mm。
8. 倾注培养基后，可将培养皿底在平面上先向一个方向旋转 3~5 次，然后再向反方向旋转 3~5 次，以充分混匀。旋转过程中不应力度过大，避免琼脂飞溅到培养皿上方。混匀过程也可使用自动培养皿旋转仪进行。

9. 当样品中含有吸水性物质（如淀粉、面粉等）时，应以最快速度进行琼脂倾碟，以防凝块产生。

10. 在培养箱中，为防止中间培养皿过热，平板的叠放高度不得超过 6 个培养皿。

11. 当使用功率较大的紫外灯时，例 15w 紫外灯，应带上防紫外线的眼镜和手套。

疑难解析

## 问题 1 大肠菌群、粪大肠菌群和大肠埃希菌的区别是什么？

大肠菌群，是指在一定培养条件下能发酵乳糖、产酸产气的需氧和兼性厌氧革兰阴性无芽孢杆菌，培养温度为 36℃ ±1℃，其可能来自人类和温血动物的肠道及自然环境，包括埃希菌属、柠檬酸菌属、克雷伯菌属和肠杆菌属等。

粪大肠菌群，又称为耐热大肠菌群，是一群在 44.5℃培养 24~48h 能发酵乳糖、产酸产气的需氧和兼性厌氧革兰阴性无芽孢杆菌，主要由大肠埃希菌组成，还包括与粪便污染无直接相关性的其他菌株，例如肺炎克雷伯菌。

大肠埃希菌属肠杆菌科埃希菌属，其广泛存在于人和温血动物的肠道中，是革兰阴性杆菌，无芽孢，能够在 44.5℃发酵乳糖产酸产气，IMViC 生化试验结果为“＋＋－－”或“－＋－－”。

因此，相对于大肠菌群和粪大肠菌群，大肠埃希菌与粪便污染的相关性最好，故以此作为粪便污染指标来评价食品的卫生状况，推断食品中肠道致病菌污染的可能性。

## 问题 2 大肠埃希菌平板法为什么不适用于贝类？

VRBA-MUG 平板计数法的检测原理：超过 95％的大肠埃希菌具有 β- 葡糖醛酸糖苷酶（GUD），可与平板中底物 4- 甲基伞形酮 -β-D- 葡萄糖苷

(MUG)反应生成4-甲基伞形酮(MU),在360~366nm波长紫外灯照射下,MU显示蓝色荧光,通过计数产生荧光的菌落测定食品中大肠埃希菌的数量。而贝类如牡蛎含有内源性GUD,会与培养基底物进行反应产生荧光,干扰计数结果的准确性。

此外,肠杆菌科中GUD阳性的细菌除了大肠埃希菌之外,还有某些志贺菌、沙门菌和耶尔森菌,但考虑到这些菌都是致病菌,所以这种假阳性在公共卫生学上不认为是缺陷。

本方法有大约4%的假阴性,特别是倍受关注的O157:H7大肠埃希菌β-葡萄糖苷酸酶也为阴性,用本方法检测为阴性反应。

## 附录 A

每 1g（mL）检样中大肠埃希菌最可能数（MPN）的检索见表 A.1。

**表 A.1　大肠埃希菌最可能数（MPN）检索表**

| 阳性管数 | | | MPN | 95% 可信限 | | 阳性管数 | | | MPN | 95% 可信限 | |
|---|---|---|---|---|---|---|---|---|---|---|---|
| 0.1 | 0.01 | 0.001 | | 上限 | 下限 | 0.1 | 0.01 | 0.001 | | 上限 | 下限 |
| 0 | 0 | 0 | <3.0 | —— | 9.5 | 2 | 2 | 0 | 21 | 4.5 | 42 |
| 0 | 0 | 1 | 3.0 | 0.15 | 9.6 | 2 | 2 | 1 | 28 | 8.7 | 94 |
| 0 | 1 | 0 | 3.0 | 0.15 | 11 | 2 | 2 | 2 | 35 | 8.7 | 94 |
| 0 | 1 | 1 | 6.1 | 1.2 | 18 | 2 | 3 | 0 | 29 | 8.7 | 94 |
| 0 | 2 | 0 | 6.2 | 1.2 | 18 | 2 | 3 | 1 | 36 | 8.7 | 94 |
| 0 | 3 | 0 | 9.4 | 3.6 | 38 | 3 | 0 | 0 | 23 | 4.6 | 94 |
| 1 | 0 | 0 | 3.6 | 0.17 | 18 | 3 | 0 | 1 | 38 | 8.7 | 110 |
| 1 | 0 | 1 | 7.2 | 1.3 | 18 | 3 | 0 | 2 | 64 | 17 | 180 |
| 1 | 0 | 2 | 11 | 3.6 | 38 | 3 | 1 | 0 | 43 | 9 | 180 |
| 1 | 1 | 0 | 7.4 | 1.3 | 20 | 3 | 1 | 1 | 75 | 17 | 200 |
| 1 | 1 | 1 | 11 | 3.6 | 38 | 3 | 1 | 2 | 120 | 37 | 420 |
| 1 | 2 | 0 | 11 | 3.6 | 42 | 3 | 1 | 3 | 160 | 40 | 420 |

续 表

| 阳性管数 | | | MPN | 95% 可信限 | | 阳性管数 | | | MPN | 95% 可信限 | |
|---|---|---|---|---|---|---|---|---|---|---|---|
| 0.1 | 0.01 | 0.001 | | 上限 | 下限 | 0.1 | 0.01 | 0.001 | | 上限 | 下限 |
| 1 | 2 | 1 | 15 | 4.5 | 42 | 3 | 2 | 0 | 93 | 18 | 420 |
| 1 | 3 | 0 | 16 | 4.5 | 42 | 3 | 2 | 1 | 150 | 37 | 420 |
| 2 | 0 | 0 | 9.2 | 1.4 | 38 | 3 | 2 | 2 | 210 | 40 | 430 |
| 2 | 0 | 1 | 14 | 3.6 | 42 | 3 | 2 | 3 | 290 | 90 | 1000 |
| 2 | 0 | 2 | 20 | 4.5 | 42 | 3 | 3 | 0 | 240 | 42 | 1000 |
| 2 | 1 | 0 | 15 | 3.7 | 42 | 3 | 3 | 1 | 460 | 90 | 2000 |
| 2 | 1 | 1 | 20 | 4.5 | 42 | 3 | 3 | 2 | 1100 | 180 | 4100 |
| 2 | 1 | 2 | 27 | 8.7 | 94 | 3 | 3 | 3 | >1100 | 420 | — |

注 1：本表采用 3 个稀释度 [0.1g（mL）、0.01g（mL）和 0.001g（mL）]，每个稀释度接种 3 管。

注 2：表内所列检样量如改用 1g（mL）、0.1g（mL）和 0.01g（mL）时，表内数字应相应降低 10 倍；如改用 0.01g（mL）、0.001g（mL）0.0001g（mL）时，则表内数字应相应提高 10 倍，其余类推。

# 第二十三章 《食品安全国家标准 食品微生物学检验 克罗诺杆菌属（阪崎肠杆菌）检验》（GB 4789.40—2016）

克罗诺杆菌属（原阪崎肠杆菌），广泛分布于食品和环境中，是一种条件致病菌，偶尔可引起菌血症、脑膜炎、大脑炎和坏死性小肠结肠炎。虽然克罗诺杆菌属可引起各年龄段的感染，但从报道病例的年龄分布来看，高危人群主要是婴儿（即＜ 1 岁的儿童），尤其是那些免疫力低下的婴儿和新生儿（≤ 28 天）以及出生体重偏低（＜ 2500g）的新生儿。虽然尚不能确定克罗诺杆菌属的宿主，但大量的研究发现配方粉是婴幼儿感染的主要途径，婴儿配方粉中微量的克罗诺杆菌属（＜ 3CFU/100g）污染也能导致感染的发生。

克罗诺杆菌属检验方法主要是针对克罗诺杆菌属特有的生化特征，尤其是黄色素的产生和 α－葡萄糖苷酶活性等生物学性状进行鉴定。整个流程包括前增菌、选择性增菌、选择性分离培养、生化鉴定等 4 个步骤，定量检测采用 100g、10g 和 1g 三个样本量的最可能数（MPN）法，因此产品中数量极少的微生物也可以被检测和定量。

# 1 仪器与耗材（仅列出标准中不明确或缺少内容）

◎ 恒温培养箱：44℃ ±0.5℃，可使用恒温水浴锅代替。

◎ 克罗诺杆菌属阳性菌株或标准菌株作为质控菌株。

# 2 检验步骤

## 2.1 检验程序

克罗诺杆菌属的检验程序见图 23-1。

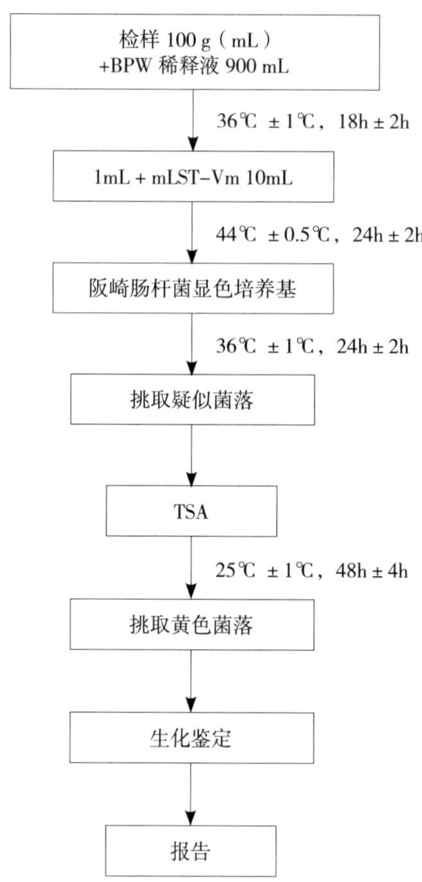


图 23-1 克罗诺杆菌属的检验程序

## 2.2 定性检验

2.2.1 取检样 100g（mL）置灭菌锥形瓶中。加入 900mL 已预热至 44℃的缓冲蛋白胨水，用手缓缓地摇动至充分溶解，36℃ ±1℃培养 18h±2h。移取 1mL 转种于 10mL mLST-Vm 肉汤。44℃ ±0.5℃培养 24h±2h。

2.2.2 轻轻混匀 mLST-Vm 肉汤培养物，各取增菌培养物 1 环，分别划线接种于两个阪崎肠杆菌显色培养基平板（显色培养基须符合 GB 4789.28 的要求），36℃ ±1℃培养 24h±2h（或按培养基要求条件培养），菌落深绿色，圆形、表面光滑湿润，边缘整齐（图 23-2）。

2.2.3 挑取至少 5 个可疑菌落，不足 5 个时挑取全部可疑菌落，划线接种于 TSA 平板，25℃ ±1℃培养 48h±4h。

2.2.4 鉴定：自 TSA 平板上直接挑取黄色、圆形、表面光滑湿润，边缘整齐的可疑菌落（图 23-3），进行生化鉴定。（建议直接选择商品化的生化鉴定试剂盒或全自动微生物生化鉴定系统。）

2.2.5 综合菌落形态和生化特征（图 23-4，图 23-5），报告每 100g（mL）样品中检出或未检出克罗诺杆菌属。

图 23-2 克罗诺杆菌属在显色培养基上的菌落形态

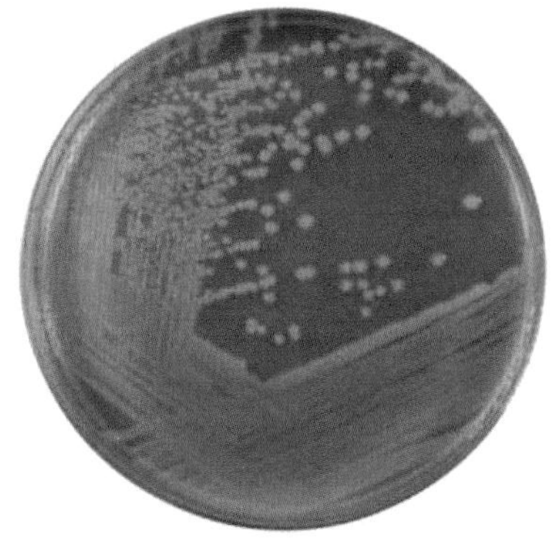

图 23-3 克罗诺杆菌属在 TSA 平板上的菌落形态

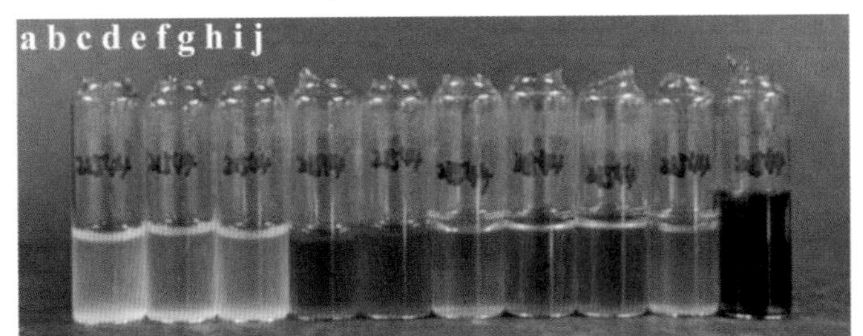


图 23-4 克罗诺杆菌属的生化特征

从左至右顺序：a. 蔗糖：阳性；b. 鼠李糖：阳性；c. 蜜二糖：阳性；d. 山梨醇：阴性；e. 苦杏仁甙：阴性；f. 赖氨酸脱梭酶：阴性；g. 鸟氨酸脱狡酶：阳性；h. 精氨酸双水解酶：阳性；i. 氨基酸空白对照；j. 西蒙氏柠檬酸盐：阳性

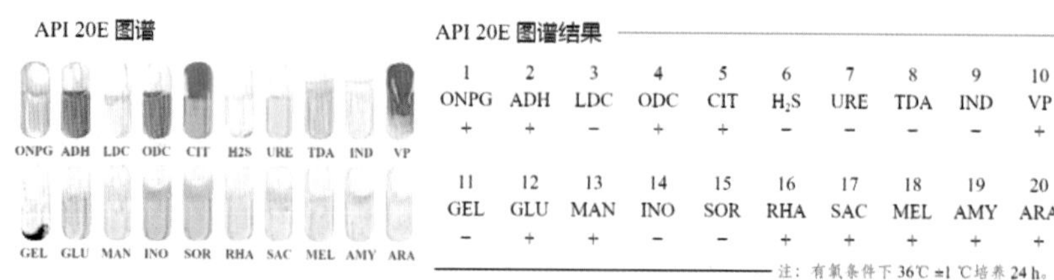


图 23-5　克罗诺杆菌属的生化特征（API20E）

## 2.3　定量检验（MPN 法）

2.3.1　固体和半固体样品：无菌称取样品 100g、10g、1g 各三份，分别加入 900mL、90mL、9mL 已预热至 44℃的 BPW，轻轻振摇使充分溶解，制成 1∶10 样品匀液，置 36℃ ±1℃培养 18h±2h。分别移取 1mL 转种于 10mL mLST-Vm 肉汤，44℃ ±0.5℃培养 24h±2h。

2.3.2　液体样品：以无菌吸管分别取样品 100mL、10mL、1mL 各三份，分别加入 900mL、90mL、9mL 已预热至 44℃的 BPW，轻轻振摇使充分混匀，制成 1∶10 样品匀液，置 36℃ ±1℃培养 18h±2h。分别移取 1mL 转种于 10mL mLST-Vm 肉汤，44℃ ±0.5℃培养 24h±2h。

2.3.3　轻轻混匀 mLST-Vm 肉汤培养物，各取增菌培养物 1 环，分别划线接种于两个阪崎肠杆菌显色培养基平板（显色培养基须符合 GB4789.28 的要求），36℃ ±1℃培养 24h±2h（或按培养基要求条件培养）。

2.3.4　挑取至少 5 个可疑菌落，不足 5 个时挑取全部可疑菌落，划线接种于 TSA 平板 25℃ ±1℃培养 48h±4h。

2.3.5　自 TSA 平板上直接挑取黄色可疑菌落，进行生化鉴定。（建议直接选择商品化的生化鉴定试剂盒或全自动微生物生化鉴定系统。）

2.3.6　综合菌落形态、生化特征，根据证实为克罗诺杆菌属的阳性管数，查 MPN 检索表，报告每 100g（mL）样品中克罗诺杆菌属的 MPN 值（表 23-1）。

**表 23-1　克罗诺杆菌属最可能数（MPN）检索表**

| 阳性管数 | | | MPN | 95% 可信限 | | 阳性管数 | | | MPN | 95% 可信限 | |
|---|---|---|---|---|---|---|---|---|---|---|---|
| 100 | 10 | 1 | | 下限 | 上限 | 100 | 10 | 1 | | 下限 | 上限 |
| 0 | 0 | 0 | <0.3 | -- | 0.95 | 2 | 2 | 0 | 2.1 | 0.45 | 4.2 |
| 0 | 0 | 1 | 0.3 | 0.015 | 0.96 | 2 | 2 | 1 | 2.8 | 0.87 | 9.4 |
| 0 | 1 | 0 | 0.3 | 0.015 | 1.1 | 2 | 2 | 2 | 3.5 | 0.87 | 9.4 |

续 表

| 阳性管数 | | | MPN | 95% 可信限 | | 阳性管数 | | | MPN | 95% 可信限 | |
|---|---|---|---|---|---|---|---|---|---|---|---|
| 100 | 10 | 1 | | 下限 | 上限 | 100 | 10 | 1 | | 下限 | 上限 |
| 0 | 1 | 1 | 0.61 | 0.12 | 1.8 | 2 | 3 | 0 | 2.9 | 0.87 | 9.4 |
| 0 | 2 | 0 | 0.62 | 0.12 | 1.8 | 2 | 3 | 1 | 3.6 | 0.87 | 9.4 |
| 0 | 3 | 0 | 0.94 | 0.36 | 3.8 | 3 | 0 | 0 | 2.3 | 0.46 | 9.4 |
| 1 | 0 | 0 | 0.36 | 0.017 | 1.8 | 3 | 0 | 1 | 3.8 | 0.87 | 11 |
| 1 | 0 | 1 | 0.72 | 0.13 | 1.8 | 3 | 0 | 2 | 6.4 | 1.7 | 18 |
| 1 | 0 | 2 | 1.1 | 0.36 | 3.8 | 3 | 1 | 0 | 4.3 | 0.9 | 18 |
| 1 | 1 | 0 | 0.74 | 0.13 | 2 | 3 | 1 | 1 | 7.5 | 1.7 | 20 |
| 1 | 1 | 1 | 1.1 | 0.36 | 3.8 | 3 | 1 | 2 | 12 | 3.7 | 42 |
| 1 | 2 | 0 | 1.1 | 0.36 | 4.2 | 3 | 1 | 3 | 16 | 4 | 42 |
| 1 | 2 | 1 | 1.5 | 0.45 | 4.2 | 3 | 2 | 0 | 9.3 | 1.8 | 42 |
| 1 | 3 | 0 | 1.6 | 0.45 | 4.2 | 3 | 2 | 1 | 15 | 3.7 | 42 |
| 2 | 0 | 0 | 0.92 | 0.14 | 3.8 | 3 | 2 | 2 | 21 | 4 | 43 |
| 2 | 0 | 1 | 1.4 | 0.36 | 4.2 | 3 | 2 | 3 | 29 | 9 | 100 |
| 2 | 0 | 2 | 2 | 0.45 | 4.2 | 3 | 3 | 0 | 24 | 4.2 | 100 |
| 2 | 1 | 0 | 1.5 | 0.37 | 4.2 | 3 | 3 | 1 | 46 | 9 | 200 |
| 2 | 1 | 1 | 2 | 0.45 | 4.2 | 3 | 3 | 2 | 110 | 18 | 410 |
| 2 | 1 | 2 | 2.7 | 0.87 | 9.4 | 3 | 3 | 3 | >110 | 42 | — |

注 1：本表采用 3 个检样量 [100g（mL）、10g（mL）和 1g（mL）]，每个检样量接种 3 管。

注 2：表内所列检样量如改用 1000g（mL）、10g（mL）和 1g（mL）时，表内数字应相应降低 10 倍；如改用 10g（mL）、1g（mL）和 0.1g（mL）时，则表内数字应相应增高 10 倍，其余类推。

1. 实验过程中，每批样品都要做空白对照。若空白对照平板上出现菌落，应废弃本次实验结果，并对稀释液、吸管、平皿、培养基、实验环境等进行污染来源分析；
2. 为了控制环境污染，在每次检验过程中，于检验工作台上打开两块阪崎肠杆菌显色培养基平板，并在检验环境中暴露不少于 15 分钟，将此平板与本批次样品同时进行培养，以掌握检验过程中是否存在来自检验环境的污染。
3. 显色培养基须符合 GB4789.28 的要求，至少对每批次的阪崎肠杆菌显色培养基划线接种典型菌落，以观察其生长菌落的特征是否正常。

操作要点与注意事项

1. 检验中所使用的实验耗材，如培养基、稀释液、平皿、吸管等必须是完全灭菌的，如重复使用的耗材应彻底洗涤干净，不得残留有抑菌物质。
2. 为保证显色培养基高压灭菌的效果，建议每瓶培养基高压时，体积不宜超过 400mL。
3. 高压灭菌后，培养基中的琼脂往往会分层在底部，应摇匀后使用。
4. 鉴于微量移液器移液头较短，为控制污染，在移液过程中应避免使用。
5. 本方法移液时，可使用可连接吸管的电动移液器。使用过程中，一旦液体进入电动移液器滤膜中，应立即对滤膜进行更换，以防止污染。
6. 处理正常样品时，处于室温（25℃左右）的缓冲蛋白胨水无需预热至 44℃，即可快速融化婴幼儿配方奶粉。
7. 用于增菌的 BPW 容器要留有足够的空间，且增菌过程中瓶口不能拧紧 / 袋口不能扎紧，以避免溢出。
8. 增菌培养后的 BPW 和 mLST-Vm 肉汤必须混匀后，再进行下一步的操作。
9. mLST 在灭菌后使用前加 Vm，不能立即使用的 mLST-Vm 必须 4℃冰箱存放，且放置时间不超过 24h。
10. mLST-Vm 要求 44℃培养，温度波动 $< 0.5$℃，也可放入恒温水浴锅培养。
11. 每个样品必须同时分别划线接种于两个阪崎肠杆菌显色培养基平板，以避免只划线一个，降低检出率。
12. 培养箱中，为防止中间平皿过热，高度不得超过 6 个平皿。

疑难解析

**问题 1** 通常情况下，每个平皿平板培养基的使用体积是 15~20ml，培养基体积的变化是否会影响检测结果？

TSA 平板需要在 25℃ ±1℃培养 48h±4h，建议使用体积达 20mL 左右，以避免培养 48h 后，菌落干燥，影响鉴定结果。

**问题 2** 是否可以直接使用商品化的 mLST-Vm？

可以。但需注意万古霉素溶液运输过程的保存条件，以避免其生物活性降低，甚至丧失。

**问题 3** 不同品牌显色培养基的使用是否影响检验结果？

目前我国市场上常见显色培养基品牌较多，质量参差不齐，建议实验室应向培养基生产厂家索要依照 GB 4789.28—2013 出具的第三方检验报告或实验室依照 GB 4789.28—2013，自己做好验收工作。

**问题 4** TSA 上有的菌落不能确定是否有黄色素产生怎么办？

部分克罗诺杆菌属不能产生明显的黄色素，在试验中应选中阴性对照（白色菌落）大肠埃希菌 ATCC 25922，以避免漏检。

**问题 5** 当商品化的鉴定系统鉴定结果显示“低鉴定率”时，可以下结论吗？

不可以，应进一步选择其他方法对菌株进行鉴定。

第二十四章

# 《食品安全国家标准 食品微生物学检验 诺如病毒检验》（GB 4789.42—2016）

诺如病毒属于杯状病毒科，诺如病毒属，是引起人类急性胃肠炎的主要病原体之一。诺如病毒为无包膜单股正链 RNA 病毒，病毒粒子直径约 27~40nm，基因组全长约 7.5~7.7kb，分为 3 个开放阅读框（ORFs），其中 ORF1 编码一个聚蛋白，翻译后被裂解为与复制相关的 7 个非结构蛋白。ORF2 和 ORF3 分别编码病毒的主要结构蛋白和次要结构蛋白。诺如病毒目前还不能进行有效的体外培养，也无法进行血清型分型鉴定。根据基因特征，诺如病毒至少被分为 6 个基因群（G Ⅰ-G Ⅵ），其中 G Ⅰ和 G Ⅱ是引起人类急性胃肠炎的两个主要基因群，G Ⅳ虽然很少被检出，但也可感染人。G Ⅲ、G Ⅴ和 G Ⅵ分别感染牛、鼠和狗。诺如病毒每个基因群中又包含不同的基因型，例如 G Ⅰ和 G Ⅱ中分别含有 9 个和 22 个基因型。

诺如病毒是一种重要的食源性病毒，污染的食物是诺如病毒传播的最主要载体。美国疾病预防控制中心对 1996—2000 年间发生的 348 次诺如病毒暴发事件调查中，食物污染、人与人传播和饮用水污染导致的诺如病毒感染分别占 39%、12%和 3%。2010 年欧盟发生了 84 起有明显证据的食源性诺如病毒暴发事件，主要涉及到的食物有贝类水产品（25%）、自助餐（22.6%）和水果（9.5%）。欧盟食品和饲料快速预警系统分析了 2000—2010 年间有关病毒引发的疫情事件通报中，91.7%（33/36）是由诺如病毒引起，其中 66.7%（22/33）是由于食用被诺如病毒污染的牡蛎引起。2012 年以来，诺如病毒已成为我国非细菌性感染性腹泻病暴发的优势病原体（60%~96%），尤其自 2014 年冬季起，诺如病毒感染暴发疫情大幅增加，2015 年 1—11 月通过突发公共卫生事件管理系统已报告 90 起，显著高于历年水平。

鉴于诺如病毒的广泛分布和对人群健康造成的危害及不断增加的疾病负担，食品安全国家标准制定了食品中诺如病毒检验方法，即 GB4789.42—2016，通过对食品中诺如病毒的分离、浓缩、病毒 RNA 的提取及荧光 RT-PCR 测定等过程，检测食品中的诺如病毒。

# 1 设备和材料（仅列出标准中不明确的内容）

◎ 恒温振荡器

◎ 试剂（仅列出主要试剂）

G Ⅰ、G Ⅱ基因型诺如病毒的引物、探针：附录 A。

过程控制病毒的引物、探针：附录 C。

外加扩增控制 RNA：制备见附录 D。

# 2 检验程序

诺如病毒检验程序见图 24-1。

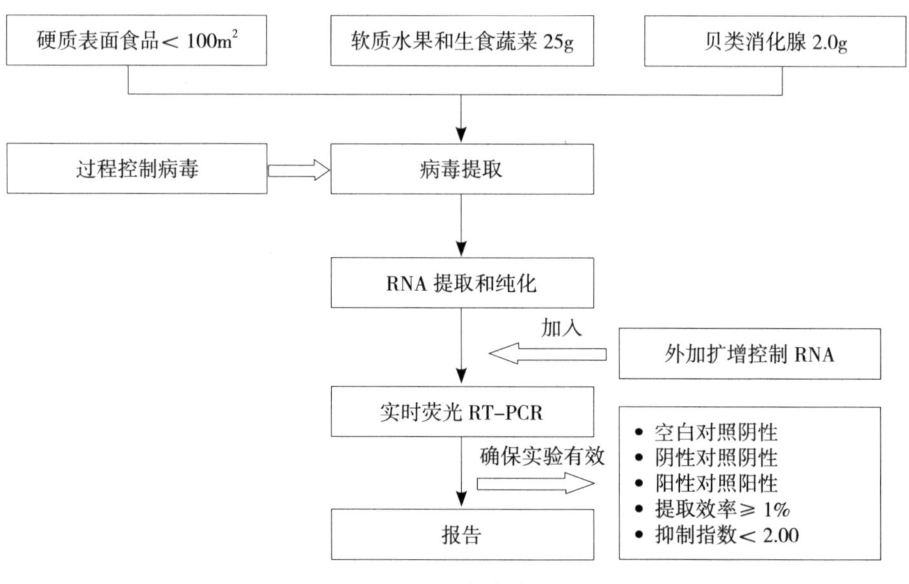


图 24-1 诺如病毒检验程序

# 3 操作步骤

## 3.1 病毒提取

### 3.1.1 软质水果（如草莓）和生食蔬菜（如生菜）

3.1.1.1 将 25g 软质水果或生食蔬菜切成约 2.5cm × 2.5cm × 2.5cm 的小块（如水果或蔬菜小于该体积，可不切）。

3.1.1.2 将样品小块移至带有400mL网状过滤袋的样品袋，加入40mL TGBE溶液(软质水果样品，需加入30U A.niger果胶酶，或1140U A.aculeatus果胶酶)，加入10μL过程控制病毒。

3.1.1.3 室温，60次/min，振荡20min。酸性软质水果需在振荡过程中，每隔10min检测pH，如pH低于9.0时，使用1mol/L NaOH调pH至9.5，每调整一次pH，延长振荡时间10min。

3.1.1.4 将振荡液转移至离心管，如体积较大，可使用2根离心管。10000r/min，4℃，离心30min。取上清液至干净试管或三角瓶，用1mol/L HCl调pH至7.0。

3.1.1.5 加入0.25倍体积5×PEG/NaCl溶液，使终溶液浓度为100g/L PEG，0.3mol/L NaCl。60s摇匀，4℃，60次/min，振荡60min。10000r/min，4℃，离心30min，弃上清。10000r/min，4℃，离心5min紧实沉淀，弃上清。

3.1.1.6 500μL PBS悬浮沉淀。如食品样品为生食蔬菜，可直接将悬浮液转移至干净试管，测定并记录悬浮液毫升数，用于后续RNA提取。如食品样品为软质水果，将悬浮液转移至耐氯仿试管中。加入500μL氯仿/丁醇混合液，涡旋混匀，室温静置5min。10000r/min，4℃，离心15min，将液相部分仔细转移至干净试管，测定并记录悬浮液毫升数，用于后续RNA。

3.1.2 硬质表面食品(如苹果)

3.1.2.1 将无菌棉拭子使用PBS湿润后，用力擦拭食品表面(<100cm$^2$)。记录擦拭面积。将10μL过程控制病毒添加至该棉拭子。

3.1.2.2 将棉拭子浸入含490μL PBS试管中，紧贴试管一侧挤压出液体。如此重复浸入和挤压3~4次，确保挤压出最大量的病毒，测定并记录液体毫升数，用于后续RNA提取。硬质食品表面过于粗糙，可能会损坏棉拭子，可使用多个棉拭子。

3.1.3 贝类(如牡蛎)

3.1.3.1 戴上防护手套，使用无菌贝类剥刀打开至少10个贝类(图24-2)。

3.1.3.2 使用无菌剪刀、手术钳或其他等效器具在胶垫上解剖出贝类软体组织中的消化腺，置于干净培养皿中。收集2.0g消化腺(图24-3)。

3.1.3.3 使用无菌刀片或等效均质器将消化腺匀浆后，转移至离心管。加入10μL过程控制病毒。加入2.0mL蛋白酶K溶液，混匀。

3.1.3.4 使用恒温摇床或等效装置，37℃，320次/min，振荡60min。

3.1.3.5 将试管放入水浴或等效装置，60℃，15min。室温，3000r/min，5min离心，将上清液转移至干净试管，测定并记录上清液毫升数，用于后续RNA提取。

图 24-2　开耗

图 24-3　消化腺剥离

## 3.2　病毒 RNA 提取和纯化

### 3.2.1　病毒裂解

将病毒提取液加入离心管，加入病毒提取液等体积 Trizol 试剂，混匀，激烈振荡，室温放置 5min，加入 0.2 倍体积氯仿，涡旋剧烈混匀 30s（不能过于强烈，以免产生乳化层，也可用手颠倒混匀），12000r/min，离心 5min，上层水相移入新离心管中，不能吸出中间层。

### 3.2.2　病毒 RNA 提取

离心管中加入等体积异丙醇，颠倒混匀，室温放置 5min，12000r/min，离心 5min，弃上清，倒置于吸水纸上，沾干液体（不同样品须在吸水纸不同地方沾干）。

### 3.2.3　病毒 RNA 纯化

3.2.3.1　每次加入等体积 75% 乙醇，颠倒洗涤 RNA 沉淀 2 次。

3.2.3.2　于 4℃，12000r/min，离心 10min，小心弃上清，倒置于吸水纸上，沾干液体（不同样品须在吸水纸不同地方沾干）。或小心倒去上清液，用微量加样器将其吸干，一份样本换用一个吸头，吸头不要碰到沉淀，室温干燥 3min，不能过于干燥，以免 RNA 不溶。

3.2.3.3　加入 16μL 无 RNase 超纯水，轻轻混匀，溶解管壁上的 RNA，2000r/min，离心 5s，冰上保存备用。

## 3.3　质量控制注意事项

3.3.1　空白对照：以无 RNase 超纯水作为空白对照（A 反应孔）。

3.3.2 阴性对照：以不含有诺如病毒的贝类，提取 RNA，作为阴性对照(B 反应孔)。

3.3.3 阳性对照：以外加扩增控制 RNA，作为阳性对照（J 反应孔)。

3.3.4 过程控制病毒

3.3.4.1 以食品中过程控制病毒 RNA 的提取效率表示食品中诺如病毒 RNA 的提取效率，作为病毒提取过程控制。

3.3.4.2 将过程控制病毒按 4.2 步骤提取和纯化 RNA。可大量提取，分装为 10μL 过程控制病毒的 RNA 量，-80℃保存，每次检测时取出使用。

3.3.4.3 将 10μL 过程控制病毒的 RNA 进行数次 10 倍梯度稀释（D-G 反应孔)，加入过程控制病毒引物、探针，采用与诺如病毒实时荧光 RT-PCR 反应相同的反应条件确定未稀释和梯度稀释过程病毒 RNA 的 Ct 值。

3.3.4.4 以未稀释和梯度稀释过程控制病毒 RNA 的浓度 lg 值为 X 轴，以其 Ct 值为 Y 轴，建立标准曲线；标准曲线 R2 应≥ 0.98。未稀释过程控制病毒 RNA 浓度为 1，梯度稀释过程控制 RNA 浓度分别为 $10^{-1}$、$10^{-2}$、$10^{-3}$ 等。

3.3.4.5 将含过程控制病毒食品样品 RNA（C 反应孔)，加入过程控制病毒引物、探针，采用诺如病毒实时荧光 RT-PCR 反应相同的反应体系和参数，进行实时荧光 RT-PCR 反应，确定 Ct 值，代入标准曲线，计算经过病毒提取等步骤后的过程控制病毒 RNA 浓度。

3.3.4.6 计算提取效率，提取效率 = 经病毒提取等步骤后的过程控制病毒 RNA 浓度 ×100%，即（C 反应孔）Ct 值对应浓度 ×100%。

3.3.5 外加扩增控制

3.3.5.1 通过外加扩增控制 RNA，计算扩增抑制指数，作为扩增控制。

3.3.5.2 外加扩增控制 RNA 分别加入含过程控制病毒食品样品 RNA（H 反应孔)、10-1 稀释的含过程控制病毒食品样品 RNA(I 反应孔)、无 RNase 超纯水（J 反应孔)，加入 G Ⅰ或 G Ⅱ型引物探针，采用附录 C 反应体系和参数，进行实时荧光 RT-PCR 反应，确定 Ct 值。

3.3.5.3 计算扩增抑制指数，抑制指数 =(含过程控制病毒食品样品 RNA+ 外加扩增控制 RNA）Ct 值 -（无 RNase 超纯水 + 外加扩增控制 RNA）Ct 值，即抑制指数 =(H 反应孔）Ct 值 -（J 反应孔）Ct 值。如抑制指数≥ 2.00，需比较 10 倍稀释食品样品的抑制指数，即抑制指数 =(I 反应孔）Ct 值 -（J 反应孔）Ct 值。

## 3.4 实时荧光 RT-PCR

实时荧光 RT-PCR 反应体系和反应参数详见附录 B。反应体系中各试剂的量可根据具体情况或不同的反应总体积进行适当调整。可采用商业化实时荧光 RT-PCR 试剂盒。也可增加调整反应孔，实现一次反应完成 G Ⅰ和 G Ⅱ型诺如病毒的独立检测。将 18.5μL 实时荧光 RT-PCR 反应体系添加至反应孔后，不同反应孔加入下述不同物质，检测 G Ⅰ或 G Ⅱ基因组诺如病毒。

A 反应孔：空白对照，加入 5μL 无 RNase 超纯水 +1.5μL G Ⅰ或 G Ⅱ型引物探针。

B 反应孔：阴性对照，加入 5μL 阴性提取对照 RNA+1.5μL G Ⅰ或 G Ⅱ型引物探针。

C 反应孔：病毒提取过程控制 1，加入 5μL 含过程控制病毒食品样品 RNA+1.5μL 过程控制病毒引物探针。

D 反应孔：病毒提取过程控制 2，加入 5μL 过程控制病毒 RNA+1.5μL 过程控制病毒引物探针。

E 反应孔：病毒提取过程控制 3，加入 5μL $10^{-1}$ 倍稀释过程控制病毒 RNA+1.5μL 过程控制病毒引物探针。

F 反应孔：病毒提取过程控制 4，加入 5μL $10^{-2}$ 倍稀释过程控制病毒 RNA+1.5μL 过程控制病毒引物探针。

G 反应孔：病毒提取过程控制 5，加入 5μL $10^{-3}$ 倍稀释过程控制病毒 RNA+1.5μL 过程控制病毒引物探针。

H 反应孔：扩增控制 1，加入 5μL 含过程控制病毒食品样品 RNA + 1μL 外加扩增控制 RNA+ 1.5μL G Ⅰ或 G Ⅱ型引物探针。

I 反应孔：扩增控制 2，加入 5μL $10^{-1}$ 倍稀释的含过程控制病毒食品样品 RNA+1μL 外加扩增控制 RNA+1.5μL G Ⅰ或 G Ⅱ型引物探针。

J 反应孔：扩增控制 3/ 阳性对照，加入 5μL 无 RNase 超纯水 + 1μL 外加扩增控制 RNA + 1.5μL G Ⅰ或 G Ⅱ型引物探针。

K 反应孔：样品 1，加入 5μL 含过程控制病毒食品样品 RNA + 1.5μL G Ⅰ或 G Ⅱ型引物探针。

L 反应孔：样品 2，加入 5μL $10^{-1}$ 倍稀释的含过程控制病毒食品样品 RNA+1.5μL G Ⅰ或 G Ⅱ型引物探针。（表 24-1，图 24-4）

**表 24-1　诺如病毒实验布局图**

| 1 | 2 | 3 | 4 | 5 | 6 | 7 | 8 | 9 | 10 | 11 | 12 |
|---|---|---|---|---|---|---|---|---|---|---|---|
| A 孔 | B 孔 | C 孔 | D 孔 | E 孔 | F 孔 | G 孔 | H 孔 | I 孔 | J 孔 | K 孔 | L 孔 |

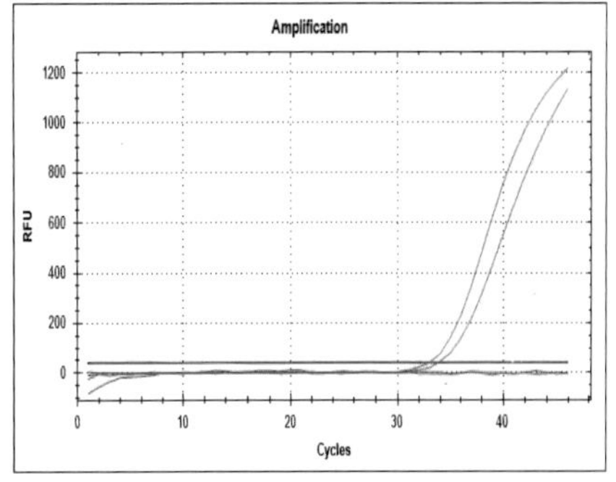


（a）门戈病毒荧光扩增图

（b）诺如病毒阳性样品荧光扩增图

图 24-4 诺如病毒荧光扩增 RT-PCR 图

# 4 结果与报告

## 4.1 检测有效性判定

4.1.1 需满足以下质量控制要求，检测方有效：空白对照阴性（A 反应孔）；阴性对照阴性（B 反应孔）；阳性对照（J 反应孔）阳性。

4.1.2 过程控制（C–G 反应孔）需满足：提取效率≥ 1%；如提取效率 <1%，需重新检测；但如果提取效率 <1%，检测结果为阳性，也可酌情判定为阳性。

4.1.3 扩增控制（H–J 反应孔）需满足：抑制指数 <2.00；如抑制指数≥ 2.00，需比较 10 倍稀释食品样品的抑制指数；如 10 倍稀释食品样品扩增的抑制指数 <2.00，则扩增有效，且需采用 10 倍稀释食品样品 RNA 的 Ct 值作为结果进行分析；如果 10 倍稀释食品样品扩增的抑制指数也≥ 2.00 时，扩增可能无效，需要重新检测；但如抑制指数≥ 2.00，检测结果为阳性，也可酌情判定为阳性。

## 4.2 结果判定

待测样品的 Ct 值大于等于 45 时，判定为诺如病毒阴性；待测样品的 Ct 值小于等于 38 时，判定为诺如病毒阳性；待测样品的 Ct 值大于 38，小于 45 时，应重新检测；重新检测结果大于等于 45 时，判定为诺如病毒阴性；小于等于 38 时，判定为诺如病毒阳性。

## 4.3 报告

根据检测结果，报告“检出诺如病毒基因”或“未检出诺如病毒基因”。

## 质量控制

1. 每份样品的检测，必须添加过程控制病毒。
2. 每份样品的检测，必须有相应的外加扩增控制。
3. 样品进行前处理、病毒提取、病毒 RNA 提取、预混液制备等操作时，需要分区操作，防止出现交叉污染带来的假阳性的结果。
4. 样品检测过程必须有阴性对照、阳性对照和空白对照。

## 操作要点与注意事项

1. 不同品牌的实时荧光 PCR 仪有不同的操作要求，有的需要加入 ROX 进行基线校准，并且加入 ROX 的浓度也根据仪器的不同而不同，因此在使用前需要仔细阅读仪器操作说明书。
2. 在 3.1.1.3 的操作中，调节 pH 值的次数最好控制在 3 次以内，以免影响病毒的回收效率。

## 疑难解析

**问题 1**　是否所有诺如病毒均对人有致病力？

不是所有诺如病毒对人都有致病力。诺如病毒至少分为 6 个基因群，其中 GⅠ和 GⅡ是引起人类急性胃肠炎的两个主要基因群，GⅣ也可感染人，但很少被检出。GⅢ、GⅤ和 GⅥ分别感染牛、鼠和狗。根据衣壳蛋白区系统进化分析，GⅠ和 GⅡ进一步分为 9 个和 22 个基因型，除 GⅡ.11、GⅡ.18 和 GⅡ.19 基因型外，其他可感染人。GⅥ分为两个基因型，GⅥ.1 感染人，GⅥ.2 感染猫和狗。

**问题 2**　本标准是否可以检测出所有基因型的诺如病毒？

本标准仅对诺如病毒 GⅠ和 GⅡ基因组中的诺如病毒进行检测。

## 问题 3 哪些病毒适合做过程控制病毒？

门戈病毒（$MC_0$）、噬菌体 MS2 和鼠诺如病毒（MNV-1）适合做过程控制病毒。

## 问题 4 荧光定量试剂盒的反应温度如果与标准中所述反应温度不一致怎么办？

不同的逆转录酶或者 Taq 酶需要的最佳温度条件是不一致的，因此需要根据所用试剂盒的实际情况，调整反应温度。

## 问题 5 外加扩增控制 RNA 的要求是什么？

按照 GB4789.42—2016 附录 D 制备外加扩增控制 RNA，需要满足的要求是：最终制备的 RNA 中，混有的残余质粒（dsDNA）应小于 0.1%，否则不能作为外加扩增 RNA 进行实验。

## 问题 6 诺如病毒可以进行多重 RT-PCR 检测吗？

可以。针对 G Ⅰ和 G Ⅱ型病毒的探针序列，可以标记不同的荧光信号，进行多重 RT-PCR 检测。

**问题 7** 在进行"检测有效性判定"时，空白对照、阴性对照和阳性对照的判断标准是什么？

空白对照的 Ct 值≥ 45，阴性对照的 Ct 值≥ 45，阳性对照的 Ct 值≤ 38。

**问题 8** 在进行软质水果中诺如病毒的提取时，如果最终的沉淀物体积过大，500 μ L PBS 不能悬浮沉淀（3.1.1.6），怎么办？

如果最终沉淀物体积过大，500μL PBS 不能悬浮沉淀，可以适当增加 PBS 的体积，例如可以用 1000μL PBS 悬浮沉淀（3.1.1.6）。

**问题 9** 在对 RNA 进行溶解时（3.2.3.3），"加入 16 μ L 无 RNase 超纯水"，如果 16 μ L 无法完成全部诺如病毒检测时，该如何处理？

可以适当增加液体体积，例如"加入 30μL 无 RNase 超纯水"。

**问题 10** 诺如病毒 RNA 的提取是否必须按照标准中所用的 Trizol 试剂提取？

诺如病毒 RNA 的提取不仅可以用 Trizol 试剂提取，也可以用商品化的病毒 RNA 提取试剂盒提取。

**问题 11** 哪些试剂可以作为阳性对照？

（1）诺如病毒 G Ⅰ 或 G Ⅱ RNA。

（2）按照标准版本（附录 D）制备的诺如病毒外加控制 RNA。

# 附 录

## 附 录 A
## 实时荧光 RT-PCR 引物和探针

GⅠ、GⅡ型诺如病毒实时荧光 RT-PCR 引物和探针见表 A.1。

**表 A.1 GⅠ、GⅡ型诺如病毒实时荧光 RT-PCR 引物和探针**

| 病毒名称 | 序列 | 扩增产物长度/bp | 序列位置 |
| --- | --- | --- | --- |
| 诺如病毒 GⅠ | QNIF4(上游引物):5'-CGC TGG ATG CGN TTC CAT-3';<br>NV1LCR(下游引物):5'-CCT TAG ACG CCA TCA TCA TTT AC-3';<br>NVGG1p(探针):5'-FAM-TGG ACA GGA GAY CGC RAT CT-TAMRA-3' | 86 | 位于诺如病毒(GenBank 登录号 m87661)的 5 291～5 376 |
| 诺如病毒 GⅡ | QNIF2(上游引物):5'-ATG TTC AGR TGG ATG AGR TTC TCW GA-3';<br>COG2R(下游引物):5'-TCG ACGCCATCTTCA TTC ACA-3';<br>QNIFs(探针):5'-FAM-AGC ACG TGG GAG GGC GAT GG-TAMRA-3' | 89 | 位于 Lordsdale 病毒(GenBank 登录号 x86557)的 5 012～5 100 |

## 附　录　B
## 实时荧光 RT-PCR 的反应体系和参数

B.1　实时荧光 RT-PCR 反应体系见表 B.1。

表 B.1　实时荧光 RT-PCR 反应体系

| 名称 | 储存液浓度 | 终浓度 | 加样量/μL | | |
|---|---|---|---|---|---|
| | | | GⅠ | GⅡ | 过程控制病毒 |
| RT-PCR 缓冲溶液 | 5× | 1× | 5 | 5 | 5 |
| $MgSO_4$ | 25 mmol/L | 1 mmol/L | 1 | 1 | 1 |
| dNTPs | 10 mmol/L | 0.2 mmol/L | 0.5 | 0.5 | 0.5 |
| 正义引物 | 50 μmol/L | 1 μmol/L | 0.5 | 0.5 | 0.5 |
| 反义引物 | 50 μmol/L | 1 μmol/L | 0.5 | 0.5 | 0.5 |
| 逆转录酶 | 5 U/μL | 0.1 U/μL | 0.5 | 0.5 | 0.5 |
| DNA 聚合酶 | 5 U/μL | 0.1 U/μL | 0.5 | 0.5 | 0.5 |
| 探针 | 5 μmol/L | 0.1 μmol/L | 0.5 | 0.5 | 0.5 |
| RNA 模板 | — | — | 5 | 5 | 5 |
| 水(无 RNase) | — | — | 11 | 11 | 11 |
| 总体积 | — | — | 25 | 25 | 25 |

B.2　实时荧光 RT-PCR 反应参数见表 B.2。

表 B.2　实时荧光 RT-PCR 反应参数

| 步骤 | | 温度和时间 | 循环数 |
|---|---|---|---|
| RT | | 55°,1 h | 1 |
| 预热 | | 95 ℃,5 min | 1 |
| 扩增 | 变性 | 95 ℃,15 s | 45 |
| | 退火延伸 | 60 ℃,1 min | |
| | | 65 ℃,1 min | |

# 附 录 C
# 过程控制病毒培养及引物、探针

## C.1 概要

本标准使用过程控制病毒进行过程控制,可使用门哥病毒或其他等效,不与诺如病毒交叉反应的病毒。门哥病毒是小核糖核酸病毒科的鼠病毒。门哥病毒株 MC0 是一种重组病毒,与野生型门哥病毒相比缺乏 poly[C],是与野生型门哥病毒具有相似生长特性的无毒表型。门哥病毒株 MC0 是一种转基因生物,如果检测实验室不允许使用转基因生物,可以使用其他的过程控制病毒。也可使用商业化试剂或试剂盒中的过程控制病毒。

## C.2 培养试剂和仪器

### C.2.1 HeLa 细胞

推荐使用 Eagle 最低必需培养液(Eagle's minimum essential medium,MEM)培养,并将 2 mmol/L L-谷氨酸和 Earle's BSS 调为 1.5 g/L 碳酸氢钠,0.1 mmol/L 非必需氨基酸,1.0 mmol/L 丙酮酸钠,1×链霉素/青霉素液,100 mL/L(生长)或 20 mL/L(维持)胎牛血清。

### C.2.2 仪器

为确保细胞培养和病毒生长,需细胞培养所需的 $CO_2$ 浓度可调培养箱,细菌培养耗材(例如培养皿)等。

## C.3 培养过程

门哥病毒培养在铺满 80%~90%单层 HeLa(ATCC® CCL-2™)细胞中,置于 50 mL/L $CO_2$ 的气氛中(开放培养箱)或不可调的气氛中(封闭培养箱),直至 75%出现细胞病理效应。细胞培养器皿经过一个冻融循环,将培养物 3 000 r/min 离心 10 min。将细胞培养物离心上清留存用于过程控制。

## C.4 引物、探针

过程控制病毒(门哥病毒)实时荧光 RT-PCR 的引物、探针见表 C.1。采用其他等效的过程控制病毒,需对应调整引物探针。

**表 C.1 过程控制病毒(门哥病毒)实时荧光 RT-PCR 的引物、探针**

| 病毒名称 | 序列 | 扩增产物长度/bp | 序列位置 |
|---|---|---|---|
| 门哥病毒 | Mengo 110(上游引物):5'-GCG GGT CCT GCC GAA AGT -3'<br>Mengo 209(下游引物):5'-GAA GTA ACA TAT AGA CAG ACG CAC AC -3'<br>Mengo147(探针):5'-FAM-ATC ACA TTA CTG GCC GAA GC -MG-BNFQ-3' | 100 | 位于门哥病毒缺失毒株 MC0(详见附录 D)的 110~209;相当于门哥病毒非缺失毒株 M(GenBank 登录号 122089)的序列 110~270 |

# 附 录 D
## 外加扩增控制 RNA 制备[1)]

### D.1 概要

通过将目标 DNA 序列连接至合适的质粒载体上，目标序列位于 RNA 聚合酶启动子序列的下游序列，从而表达出外部扩增控制 RNA。GⅠ型外部扩增 RNA 序列位于诺如病毒(GenBank 登录号 m87661)的 5 291～5 376。GⅡ型外部扩增 RNA 序列位于 Lordsdale 病毒(GenBank 登录号 x86557)的 5 012～5 100。

### D.2 试剂和设备

**D.2.1** 限制性酶：用于连接及相关的缓冲液。
**D.2.2** DNA 纯化试剂。
**D.2.3** 体外 RNA 转录试剂(RNA 聚合酶，NTPs，缓冲液等)。
**D.2.4** RNase-free DNase。
**D.2.5** RNA 纯化试剂。
**D.2.6** DNA 凝胶电泳试剂和设备。
**D.2.7** 培养箱：37 ℃。

### D.3 质粒 DNA 连接

添加 100 ng～500 ng 纯化的目标 DNA 和质粒载体加入含有合适的限制酶和缓冲液的反应体系中，限制酶和缓冲液的使用按照酶厂家推荐，并确保目标序列位于质粒中 RNA 聚合酶启动子序列的下游。37 ℃培养 120 min。DNA 纯化使用 DNA 纯化试剂纯化。使用凝胶电泳检查连接情况，比较连接前与连接后目标 DNA 和质粒情况。

### D.4 外加扩增控制 RNA 的表达

添加连接后的质粒至转化体系。该体系按照转化体系提供厂家建议配置。使用 RNA 纯化试剂纯化 RNA 后，分装，－80 ℃储存，每次检测前取出备用。

---

1) 可使用等效的商业化检测试剂盒中的外加扩增控制 RNA 储备液，或者请生物公司代为制备。

# 附 录 E
## RNase的去除和无RNase溶液的配制

### E.1 RNase的去除

**E.1.1** 配制溶液用的酒精、异丙醇等应采用未开封的新品。配制溶液所用的超纯水、玻璃容器、移液器吸嘴、药匙等用具应无RNase。操作过程中应自始自终佩戴抛弃式橡胶或乳胶手套,并经常更换,以避免将皮肤上的细菌、真菌及人体自身分泌的RNase染用具或带入溶液。
**E.1.2** 玻璃容器应在240 ℃烘烤4 h以去除RNase。
**E.1.3** 离心管、移液器吸嘴、药匙等塑料用具应用无RNase超纯水室温浸泡过夜,然后灭菌,烘干;或直接购买无RNase的相应用具。

### E.2 无RNase溶液的配制

#### E.2.1 无RNase超纯水

**E.2.1.1 成分**

| | |
|---|---|
| 超纯水 | 100 mL |
| 焦碳酸二乙酯(DEPC) | 50 μL |

**E.2.1.2 制法**

室温过夜,121 ℃,15 min灭菌,或直接购买无RNase超纯水。

#### E.2.2 Tris/甘氨酸/牛肉膏(TGBE)缓冲液

**E.2.2.1 成分**

| | |
|---|---|
| Tris基质[三(羟基甲基)氨基甲烷 tris(hydroxymetheyl)aminomethane] | 12 g |
| 甘氨酸 | 3.8 g |
| 牛肉膏 | 10 g |
| 无RNase超纯水 | 总体积1 000 mL |

**E.2.2.2 制法**

将固体物质溶解于水,将总体积调整至1 000 mL,如果有必要,25 ℃调节pH至7.3。高压灭菌。

#### E.2.3 5×PEG/氯化钠溶液(500 g/L PEG 8 000,1.5 mol/L氯化钠)

**E.2.3.1 成分**

| | |
|---|---|
| 聚乙二醇(PEG)8 000 | 500 g |
| 氯化钠 | 87 g |
| 无RNase超纯水 | 总体积1 000 mL |

**E.2.3.2 制法**

将固体物质溶解在450 mL的水中,如必要可缓慢加热。用水将体积调整至1 000 mL,混匀。高压灭菌后备用。

**E.2.4 磷酸盐缓冲液(PBS)**

**E.2.4.1 成分**

| | |
|---|---|
| 氯化钠 | 8 g |
| 氯化钾 | 0.2 g |
| 磷酸氢二钠 | 1.15 g |
| 磷酸二氢钾 | 0.2 g |
| 无 RNase 超纯水 | 总体积 1 000 mL |

**E.2.4.2 制法**

将固体物质溶解于水,如果有必要,25 ℃时调节 pH 至 7.3。高压灭菌。

**E.2.5 氯仿/正丁醇混合物**

**E.2.5.1 成分**

| | |
|---|---|
| 氯仿 | 10 mL |
| 丁醇 | 10 mL |

**E.2.5.2 制法**

将上述组分混匀。

**E.2.6 蛋白酶 K 溶液**

**E.2.6.1 成分**

| | |
|---|---|
| 蛋白酶 K(30 U/mg) | 20 mg |
| 无 RNase 超纯水 | 200 mL |

**E.2.6.2 制法**

将蛋白酶 K 溶于水中。彻底混合。储备液－20 ℃保存,最多可储存 6 个月。一旦解冻使用,4 ℃保存,1 周内使用。

**E.2.7 75%乙醇**

**E.2.7.1 成分**

| | |
|---|---|
| 无水乙醇 | 7.5 mL |
| 无 RNase 超纯水 | 2.5 mL |

**E.2.7.2 制法**

加无 RNase 超纯水 2.5 mL,现配现用。

**E.2.8 Trizol 试剂**

**E.2.8.1 成分**

| | |
|---|---|
| 异硫氰酸胍 | 250 g |

| | |
|---|---|
| 0.75 mol/L 柠檬酸钠溶液(pH≥7) | 17.6 mL |
| 10%十二烷基肌氨酸钠(Sarcosy)溶液 | 26.4 mL |
| 2 mol/L NaAc 溶液(pH≥4) | 50 mL |
| 无 RNase 超纯水 | 293 mL |
| 重蒸苯酚 | 500 mL |

**E.2.8.2 制法**

在 2 000 mL 的烧杯中加入无 RNase 超纯水,然后依次异硫氰酸胍、柠檬酸钠溶液、十二烷基肌氨酸钠溶液、NaAc 溶液,混合均匀;加入重蒸苯酚,混合均匀。Trizol 试剂需 4 ℃低温保存,保质期约一年。也可使用商业化的试剂。

# 第二十五章

# 《食品安全国家标准 饮用天然矿泉水检验方法》（GB 8538—2016）

铜绿假单胞菌（*Pseudomonas aeruginosa*），俗称绿脓杆菌，在自然界中广泛分布，空气、水、土壤中均有存在，是重要的水源和食源性致病菌，对消毒剂、干燥、紫外线等理化因素及不良环境有极强的抵抗力。铜绿假单胞菌是革兰阴性杆菌，在普通培养基上生长良好，专性需氧，菌落形态不一，多数直径2~3mm，边缘不整齐，扁平湿润，在血琼脂平板上形成透明溶血环。

我国国家标准《饮用天然矿泉水》（GB 8537—2008）和《食品安全国家标准 包装饮用水》（GB 19298—2014）中对铜绿假单胞菌的限量进行了明确要求，并规定按照食品安全国家标准《食品安全国家标准 饮用天然矿泉水检验方法》（GB 8538—2016）第57项开展检验。本方法采用滤膜法，将250mL水样用孔径为0.45μm的滤膜过滤，并将滤膜移至CN琼脂选择性培养基上，于36℃ ±1℃恒温箱中培养24~48h，典型菌落能够在CN琼脂培养基上生长并产生绿脓菌素，能够利用乙酰胺产氨的革兰阴性无芽孢杆菌，证实为铜绿假单胞菌。

以下内容对GB 8538—2016所涉及的操作过程进行了梳理，以便于检验工作的顺利开展。

## 1　仪器与耗材（仅列出标准中不明确或缺少内容）

◎ 百级洁净工作台　◎ 接种针
◎ 抽滤过滤系统　◎ 玻璃棒
◎ 火焰喷枪（火焰灭菌器）　◎ 滤纸（棉棒）
◎ 灭菌镊子　◎ 三氯甲烷
◎ 铂金丝接种环　◎ 1mol/L 盐酸

## 2　检验程序

水样菌落检验程序如图 25-1。

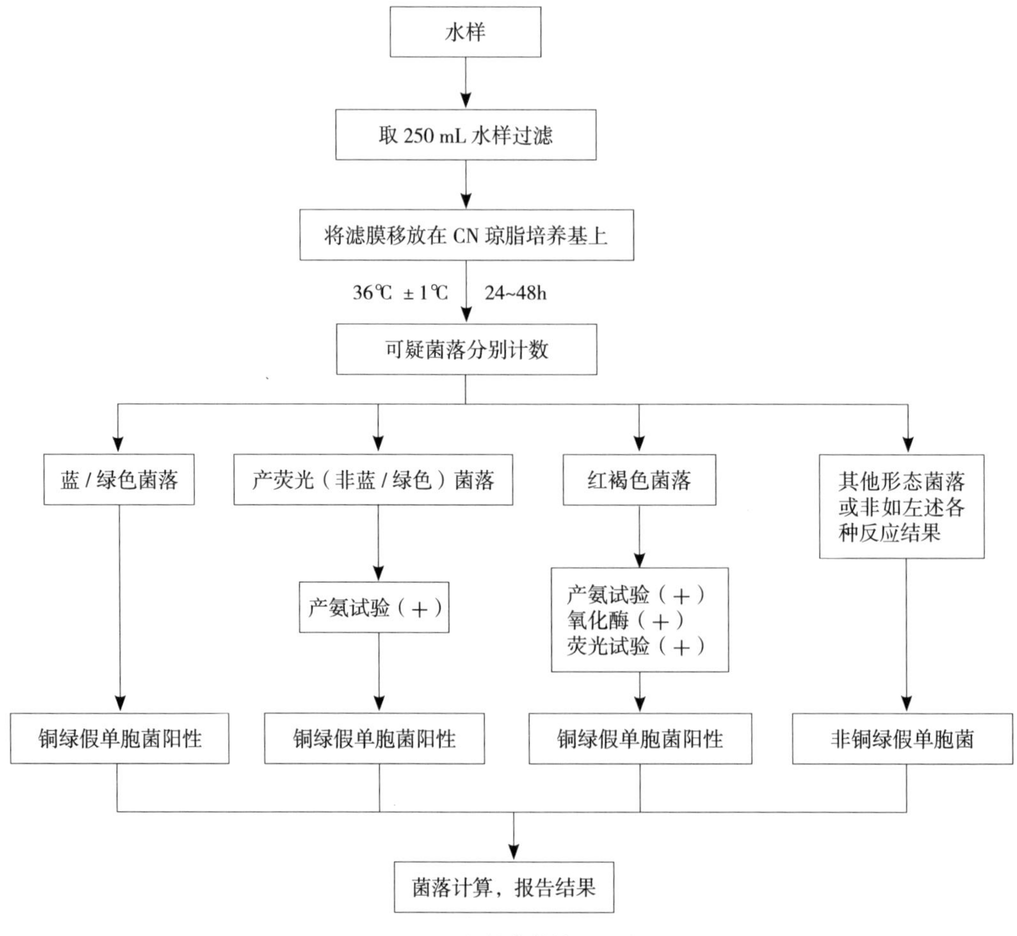


图 25-1　水样菌落检验程序图

# 3 检验步骤

3.1 在 100 级的洁净工作台进行过滤操作。

3.2 用无菌镊子夹取灭菌滤膜边缘部分，将粗糙面向上，贴放在已灭菌的滤床上，固定好滤器。

3.3 将 250mL 水样或稀释液通过孔径 0.45μm 的滤膜过滤。

3.4 将过滤后的滤膜贴在已制备好的 CN 琼脂平板上，平铺并避免在滤膜和培养基之间夹留着气泡。

3.5 将平板倒置于 36℃ ±1℃培养 24~48h，并防止干燥。

3.6 在培养 20~24h 和 40~48h 后观察滤膜上菌落的生长情况并计数。（图 25-2）

（a）

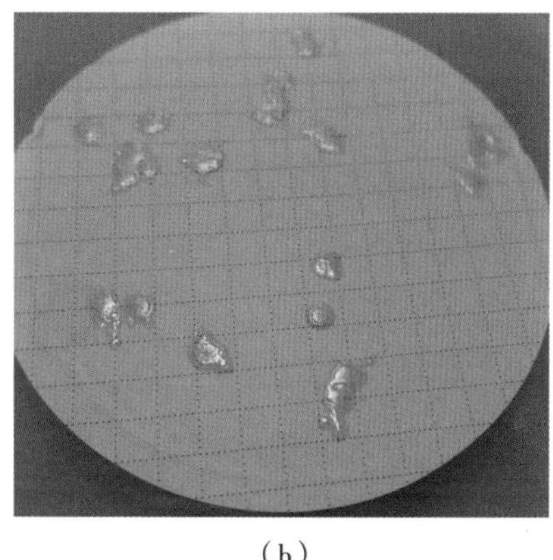

（b）

图 25-2 铜绿假单胞菌 CICC 21636 经 0.45μm 滤膜过滤后在 CN 琼脂平板上 36℃ ±1℃培养的菌落形态

（a）培养 24h 的菌落形态；（b）培养 48h 的菌落形态

3.7 计数所有显蓝色或绿色（绿脓色素）疑似铜绿假单胞菌的菌落，并进行绿脓菌素确证性试验。

3.8 计数滤膜上所有发荧光不产绿脓色素疑似铜绿假单胞菌的菌落，并进行乙酰胺肉汤确证性试验。

3.9 将其他所有红褐色不发荧光的菌落进行氧化酶测试、乙酰胺液体培养基、金氏 B 培养基确证性试验。（图 25-3）

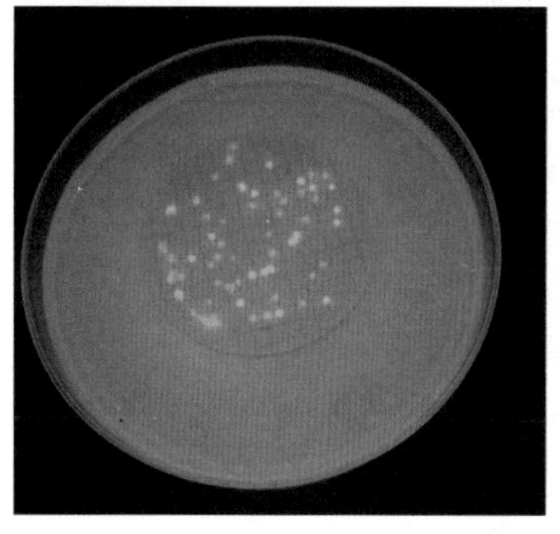

图 25-3 铜绿假单胞菌 CICC 21636 在 360nm±20nm 紫外光照射下荧光试验

3.10 在 CN 琼脂上生长的菌落选择和验证步骤见下表 25-1。

表 25-1　CN 琼脂上生长的菌落选择和验证步骤

| CN 琼脂上生长的菌落形态 | 乙酰胺肉汤 | 氧化酶试验 | 在金氏 B 培养基上产生荧光 | 判定为铜绿假单胞菌 |
|---|---|---|---|---|
| 蓝色 / 绿色 | NT[a] | NT | NT | 是 |
| 产荧光（非蓝 / 绿） | + | NT | NT | 是 |
| 红褐色 | + | + | + | 是 |
| 其他颜色 | NT | NT | NT | 否 |

[a] 备注：NT 表示不用测试。

3.11　营养琼脂将需验证的可疑菌落划线接种营养琼脂培养基，于 36℃ ±1℃培养 20~24h。检查再次纯化的菌落，并将最初显红褐色的菌落进行氧化酶试验。

3.12　氧化酶试验取 2~3 滴新鲜配制的氧化酶试剂滴到放于平皿里的洁净滤纸上，用铂金丝接种环或玻璃棒，将适量的纯种培养物涂布在预备好的滤纸上，在 10s 内显深蓝紫色的视为阳性反应（图 25-4）。也可以按照商品化氧化酶测试产品的说明书进行测试。

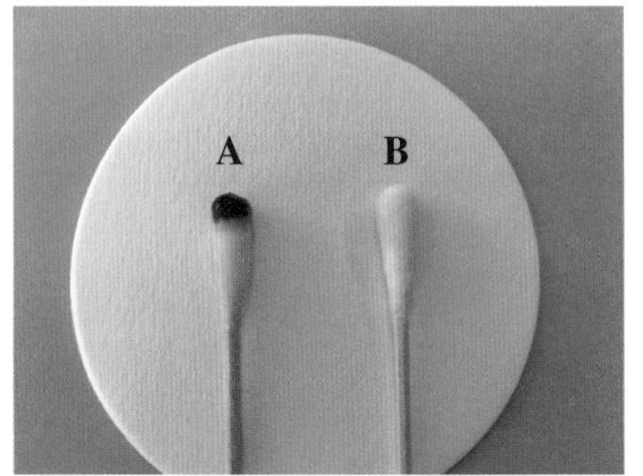

图 25-4　氧化酶试验
A：阳性；B：阴性

3.13　金氏 B 培养基将上述呈红褐色的且氧化酶反应呈阳性的培养物接种于金氏 B 培养基上，于 36℃ ±1℃培养 24h~5d。每天需取出在紫外灯下检查其是否产生荧光性，将 5d 内产生荧光的菌落记录为阳性（图 25-5）。

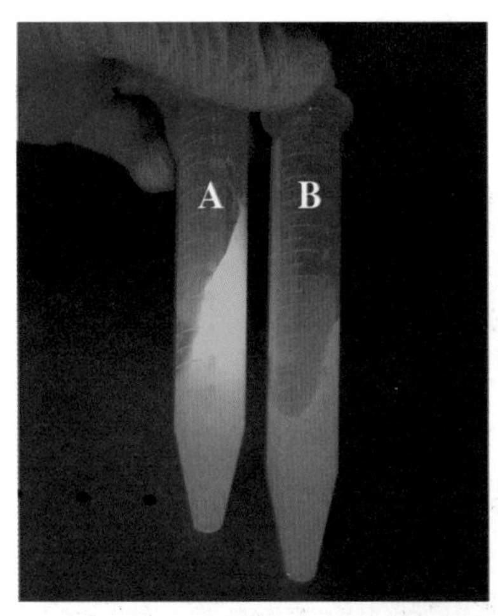

图 25-5　金氏 B 培养基试验
A：产荧光阳性；B：产荧光阴性

3.14　绿脓菌素试验取可疑菌落 2~3 个，分别接种在绿脓菌素测定培养基上，置 36℃ ±1℃培养 24h ± 2h，加入三氯甲烷 3~5mL，充分振荡使培养物中的绿脓菌素溶解于三氯甲烷内，待三氯甲烷提取液呈蓝色时，用吸管将部分三氯甲烷移到另一试管中并加入 1mol/L 的盐酸 1mL 左右，振荡后，静置片刻。如上层盐酸液内出现粉红色到紫红色时为阳性，表示被检物中有绿脓菌素存在（图 25-6）。

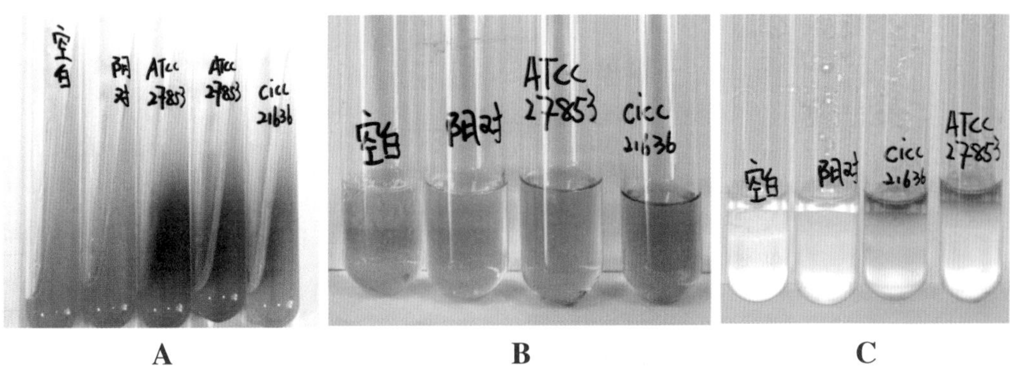


图 25-6 绿脓菌素试验

A：铜绿假单胞菌 CICC 21636 绿脓菌素测定培养基培养 24h 图；

B：三氯甲烷提取液图；

C：上层盐酸铜绿假单胞菌 CICC 21636 紫红色阳性

3.15 乙酰胺液体培养基将纯培养物接种到装有乙酰胺液体培养基的试管中，在 36℃ ±1℃下培养 20~24h。然后向每支试管培养物加入 1~2 滴纳氏试剂，检查各试管的产氨情况，如表现出从深黄色到砖红色的颜色变化，则为阳性结果，否则为阴性（图 25-7）。

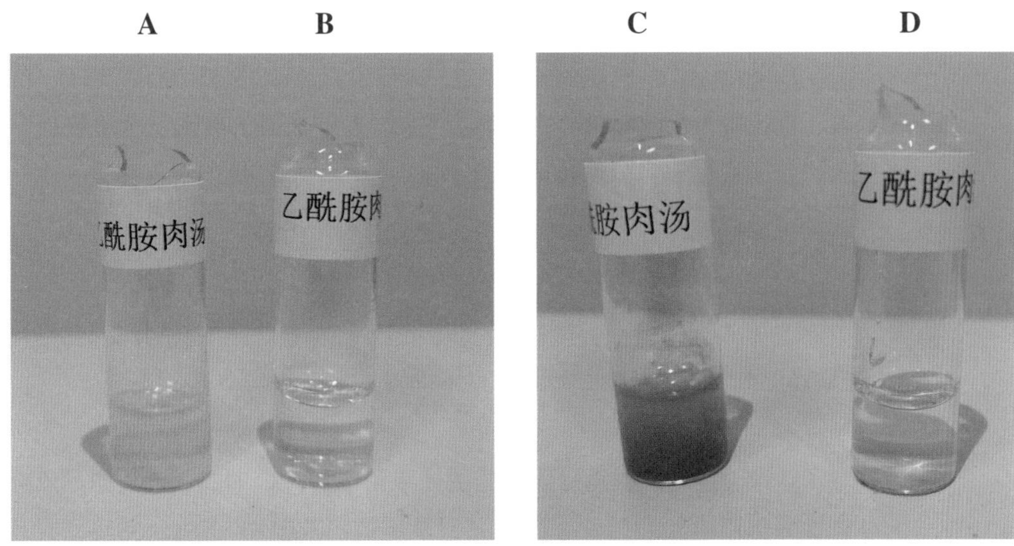


图 25-7 乙酰胺液体培养基试验

A：铜绿假单胞菌 CICC 21636 培养 20~24h，未加纳氏试剂；

B：空白，未加纳氏试剂；

C：铜绿假单胞菌 CICC 21636 培养 20~24h，加纳氏试剂，阳性；

D：空白，加纳氏试剂，阴性

## 4 结果计数

将产生绿脓色（蓝色 / 绿色）或氧化酶反应呈阳性，在紫外灯下产生荧光，且在乙酰胺肉汤中产氨的所有菌落证实为铜绿假单胞菌，并进行计数。其他呈红褐色的菌落需要进一步验证。

## 5 结果计算

根据蓝色或绿色菌落的计数和确证性试验的结果，计算每 250mL 水样中的铜绿假单胞菌数量。菌落计数按如下公式计算：

$$N=P+F\left(c_F/n_F\right)+R\left(c_R/n_R\right)$$

式中：

$P$——呈蓝 / 绿色的菌落；

$F$——显荧光的菌落数；

$c_F$——产氨阳性的显荧光菌落数；

$n_F$——进行产氨测试的显荧光菌落数；

$R$——呈红褐色的菌落数；

$c_R$——产氨、氧化酶、金氏 B 培养基上显荧光测试均呈阳性的红褐色菌落数；

$n_R$——进行产氨、氧化酶、金氏 B 培养基上显荧光测试的红褐色菌落数。

## 6 结果报告

结果以 CFU/250mL 计。

质量控制

1. 检验及计数过程中应以铜绿假单胞菌标准菌株 ATCC 9027，或其他等效标准菌株作为阳性对照菌株，以荧光假单胞菌标准菌株 ATCC 13525，或其他等效标准菌株作为阴性对照菌株。
2. 实验过程中，每批样品分离平板等都要做空白对照。如果空白对照平板上出现菌落时，则此次检测结果无效，并应对平皿、培养基、抽滤、过滤系统、实验环境等进行污染来源分析。

操作要点与注意事项

1. 配制假单胞菌琼脂基础培养基/CN琼脂平板时厚度至少高5mm，制备好的平板置于黑暗处于2℃~8℃保存，在1个月内使用；制备好的金氏B培养基和乙酰胺液体培养基于2℃~8℃黑暗条件下保存，在3个月内使用；乙酰胺具有刺激性且能够致癌，在称量、使用和丢弃乙酰胺液体培养基时应注意。
2. 过滤后将滤膜贴在已制备好的CN琼脂平板上时，先放一小半，再慢慢放，要注意贴紧，不得有气泡，否则容易翘起，计数不准确。
3. 在紫外线下检查滤膜时，应避免长时间在紫外灯下照射，否则可能会将平板上的菌落杀死，而导致无法在证实培养基上生长。
4. 在进行氧化酶测试、乙酰胺液体培养基、金氏B培养基确证性试验时，应使用新鲜的纯培养物。
5. 铜绿假单胞菌污染严重时，可由于滤膜上生长的菌落过于密集或蔓延生长而影响计数的准确性，此时应对样品进行稀释。
6. 绿脓菌素是铜绿假单胞菌一种很重要的毒力因子，不同来源的菌株在不同的生长条件下，其绿脓菌素和绿脓菌红素的产量有很大的差异。部分菌株在进行绿脓菌素试验时，可能会出现三氯甲烷液层在紫外光照射下产生明显(或弱)的蓝色荧光，而盐酸液层却无阳性(粉红色或紫红色)反应的现象产生。此时应结合金氏培养基和三氯甲烷液层的荧光特征做出正确的判读。

疑难解析

**问题1** **铜绿假单胞菌检测时将过滤后的滤膜贴在已制备好的CN琼脂平板上，截留细菌的滤膜面向上还是向下?**

过滤结束贴膜时，截留细菌的面(过滤面)朝上。

**问题2** **若水样中未检出铜绿假单胞菌，如何报告结果(未检出、0 CFU/250mL、<1 CFU/250mL)?**

在本标准中，未给出当样品中所有稀释度均无菌落生长时报告方式，因此可按本标准的要求直接报告铜绿假单胞菌的数量：0 CFU/250mL。

**问题 3** 实验中过滤 250mL 水样的时候，除了每次需更换滤膜外，还需更换滤床或者对滤床消毒吗？

过滤同一样品，因滤膜堵塞需更换滤膜时，不需要对滤床进行消毒。若过滤不同的样品，除了更换滤膜外，还应更换滤床或对滤床进行高压灭菌，如果滤床是不锈钢的，最方便快速的消毒方式就是用喷枪烧灼，但要注意安全；滤杯推荐使用一次性产品。

## 第二十六章

# 《食品安全国家标准 食品中泛酸的测定》（GB 5009.210—2016）

泛酸（Pantothenic acid）属于 B 族维生素，是辅酶 A（CoA）的一个组成部分，为所有生物必需的一种营养素，在动物、植物、微生物体内广泛存在。纯泛酸是一种黏稠的黄色油状物，易溶于水，在中性溶液中稳定，但能被酸、碱和长时间的干热所破坏。泛酸钙是一种白色、无臭、味苦的结晶性物质，常作为泛酸的商品形式出现，在水中易溶解并相当稳定。从食物来源的 CoA 在人体小肠内水解为泛酸后被吸收进入细胞，再由泛酸激酶催化将泛酸转化为人体细胞的 CoA。CoA 是组织代谢中最重要的辅酶之一，在所有组织中广泛存在，参与体内脂肪酸的合成与降解、三梭酸循环、神经冲动的传导物质——乙酰胆碱合成、体内一些激素和抗体合成、血红蛋白前体物质合成，对维持正常血糖浓度、帮助矿物质和微量元素的代谢都有重大作用。人体缺乏泛酸会影响到可的松与激素的分泌，会变得脾气暴躁、焦虑、血压降低，甚至出现眩晕、疲劳、四肢无力、嗜睡、胃痛、便秘等症状，长期缺乏导致肾上腺功能衰竭。

《食品安全国家标准 食品中泛酸的测定》（GB 5009.210—2016）检测食品中泛酸含量的原理是利用植物乳杆菌 *Lactobacillus plantarum* ATCC8014 生长过程中对泛酸的依赖性，将一定稀释度的食品样品加入不含泛酸的植物乳杆菌培养基中，在控制条件下培养后，根据泛酸含量与植物乳杆菌生长引起的透光率（或吸光度值）变化的相关关系，计算试样中泛酸的含量。

以下内容是结合目前实验室实际工作需要，对 GB 5009.210—2016 所涉及的操作过程进行了有效梳理，以便于检验工作的顺利开展。鉴于食品抽检具体工作需要针对泛酸强化食品进行检测，以下整理的方法未包括食品基质本底非游离泛酸的检测内容。

# 1 仪器与耗材（仅列出标准中不明确或缺少内容）

◎ 泛酸测定用培养基。

# 2 检验步骤

## 2.1 泛酸标准品溶液配制

2.1.1 泛酸标准储备溶液：精确称取 40~50mg 预干燥至恒重的 D—泛酸钙对照品，加超纯水溶解并转移至 1000mL 容量瓶中，加 10mL 0.2mol/L 乙酸溶液，100mL 0.2mol/L 乙酸钠溶液，用超纯水定容至刻度，计算溶液的具体浓度。储存于棕色瓶中，加入 3~5 滴甲苯，于 2℃ ~4℃冰箱中可保存 2 年。

2.1.2 泛酸标准中间液（1.00μg/mL）：准确吸取一定量的泛酸标准储备溶液置于 1000mL 容量瓶中，加入 10mL 0.2mol/L 乙酸溶液，100mL 0.2mol/L 乙酸钠溶液，用超纯水定容至刻度。加入 3~5 滴甲苯于 2℃ ~4℃冰箱中可保存 1 年。

2.1.3 泛酸标准工作溶液（20ng/mL）：准确吸取 10.0mL 泛酸标准中间溶液置于 500mL 容量瓶中，用水定容至刻度，混匀。临用前现行配制。

## 2.2 培养基配制

由试剂公司购买依照 GB 5009.210—2016 配制的泛酸测定用培养基，用前按说明书配制并灭菌。

## 2.3 实验菌种准备

2.3.1 将菌种植物乳杆菌 *L. plantarum* ATCC8014 转接至 MRS 琼脂培养基中，在 37℃ ±1℃厌氧培养 20~24h。

2.3.2 取 2mL 泛酸标准工作溶液和 4mL 泛酸测定用培养液混匀，分装于 2 支 5mL 培养管中，于 121℃高压灭菌 15min。

2.3.3 从 MRS 琼脂培养基上挑取单颗菌落，接种 2.3.2 中的培养基，37℃ ±1℃厌氧培养 20~24h 后备用。此菌种从厌氧环境取出后必须马上使用，且仅限于当天使用。

2.3.4 将上述培养液 3000g 离心 10min，弃上清液。

2.3.5 用无菌生理盐水淋洗 2 次，每次 3000g 离心 10min。

2.3.6 彻底去除上清后，加入灭菌生理盐水，振荡混匀，调节浓度至 1OD，制成接种液，立即使用。

### 2.4 营养素补充剂或强化剂样品处理

2.4.1 准确称取适量试样，固体试样称取 0.2~2g，精确至 0.001g；液态试样 5~10mL，精确至 0.01ml。转入 100mL 容量瓶中，加入 70ml 超纯水，1mL 0.2mol/L 乙酸溶液，10mL 0.2mol/L 乙酸钠溶液，超声振摇提取至试样完全溶解，用超纯水定容至刻度。

2.4.2 样品中间液（按标签标识，约 1.00μg/mL）：准确吸取一定量的泛酸标准储备溶液置于 100mL 容量瓶中，加入超纯水 70ml，1mL 0.2mol/L 乙酸溶液，10mL 0.2mol/L 乙酸钠溶液，用超纯水定容至刻度。

2.4.3 样品工作液配制（按标签标识，约 20ng/mL）：准确吸取 2.0mL 样品中间溶液置于 100mL 容量瓶中，用水定容至刻度，混匀。

### 2.5 样品测试

2.5.1 试样系列管准备：取 8 支试管，分别加入 1.0mL、2.0mL、3.0mL、4.0mL 样品工作液，每个浓度两个重复，用超纯水补至 5.0mL，加入 5.0mL 泛酸测定用培养液，混匀。

2.5.2 标准系列管准备：取 22 根试管，分别加入泛酸标准工作溶液 0.00mL、0.50mL、1.00mL、1.50mL、2.00mL、2.50mL、3.00mL、3.50mL、4.00mL、4.50mL、5.00mL 于试管中，每个浓度两个重复，补水至 5.0mL，相当于标准系列管中泛酸含量为 0ng、10ng、20ng、30ng、40ng、50ng、60ng、70ng、80ng、90ng、100ng 泛酸，再加入 5.0mL 泛酸测定用培养液，混匀。

2.5.3 将所有测定管塞好棉塞，于 121℃高压灭菌 15min。

### 2.6 接种和培养

2.6.1 待测定系列管冷却至室温后，在无菌操作条件下向每支测定管加接种液 50μL。

2.6.2 将所有试管于 37℃ ±1℃厌氧培养 20~24h。

### 2.7 测定

2.7.1 将培养好的标准系列管、试样系列管用漩涡混匀器混匀。

2.7.2 用厚度为 1cm 比色杯，于 550nm 处，以未接种的 0 对照管调节吸光度值为 0，依次测定标准系列管、试样系列管的吸光度值。

2.7.3 如果 0 对照管吸光度值在 0.2 以上，说明可能有杂菌或不明来源的泛酸混入，需重做试验。

2.7.4 标准系列管最高浓度吸光度值小于 0.4，说明实验过程中微生物生长不足，需重做试验。

## 3 结果计算

3.1 标准曲线绘制：以标准系列管泛酸含量为横坐标，每个标准点吸光度值均值为纵坐标，使用四参数回归的统计方法，使用专业统计软件绘制标准曲线。

3.2 试样结果计算：使用专业统计软件，通过回归方程计算样品工作液中泛酸浓度。

3.3 4 个浓度试样系列管中应有 3 个以上泛酸含量在 10~80ng 范围内，且各管之间相对偏差小于 15%，用这些样品计算平均值。

3.4 结合稀释浓度，计算原始样品中泛酸浓度。

3.5 每个样品应在重复性条件下获得两次独立测定结果，且两次结果绝对差值不得超过算术平均值的 15%。

## 4 结果报告

4.1 计算结果以重复性条件下，获得的两次独立测定结果的算术平均值表示，结果保留三位有效数字。

4.2 固态试样单位为毫克每百克（mg/100g），液态试样为毫克每百毫升（mg/100mL）。

**质量控制**

1. 每年应对检验用植物乳杆菌 *L. plantarum* ATCC8014 进行鉴定确认，并保留相关记录。
2. 每次检验时，必须使用有准确赋值的对照样品（如对照乳粉样品）进行检验，且对照样品的测定值应在标识的不确定度范围内。
3. 应对购买的泛酸检测用培养基进行质量检测。培养基泛酸 0 对照管吸光度值在 0.2 以上或标准系列管最高浓度吸光度值小于 0.4，该培养基不应用于样品检测。

**操作要点与注意事项**

1. 泛酸对照品配制时必须使用容量瓶，以保证标准溶液配制的准确。
2. 鉴于本方法对泛酸的高灵敏度，检验中所有试剂在配制与使用过程中均需防止泛酸的污染。
3. 本方法所使用的植物乳杆菌 *L. plantarum* ATCC8014 需在厌氧条件下培养，有氧条件下该微生物生长较差。
4. 本方法所使用与泛酸测定用培养基接触的器具应专用（如称量勺）或使用一次性耗材（如吸管、试管等）。

**问题 1** 泛酸检验用培养基应如何获取？

虽然本国标方法中提供了泛酸检验用培养基的具体配方，但由于该培养基配制过程过于复杂，不可控因素较多，建议检验实验室直接购买合格的商品化培养基开展检测工作。

**问题 2** 样品泛酸检验是否可以使用成品试剂盒？

可以使用泛酸检验用成品试剂盒开展检验工作。每次检验时，必须使用有准确赋值的对照样品（如对照乳粉样品）进行检验，且对照样品的测定值应在标识的不确定度范围内。

**问题 3** 营养素补充剂或强化剂样品处理时是否需要酶解？

鉴于营养素补充剂或强化剂样品中添加的泛酸浓度远高于样品本底中含有的天然泛酸，故此不需使用酶解方法进行测定。

**问题 4** 结果计算时是否可以使用简单的线性回归计算？

不可以。为准确计算结果，应使用四参数回归的统计方法，使用专业统计软件绘制标准曲线。

# 第二十七章 《食品安全国家标准 食品中叶酸的测定》（GB 5009.211—2014）

叶酸（Folic acid）属于 B 族维生素，又称维生素 $B_9$，是维持人体自然生长、发育和正常人体机能健康必要的一种营养素。它由蝶啶、对氨基苯甲酸和 L- 谷氨酸组成，也叫蝶酰谷氨酸。因其最早在菠菜中发现了这种生物因子，所以被命名为叶酸。天然叶酸广泛存在于动植物类食品中，尤以酵母、肝及绿叶蔬菜中含量比较多。但是天然的叶酸极其不稳定，易受阳光、加热的影响而发生氧化。水、磺胺药剂、阳光、雌激素、高温食品加工、阿司匹林、酒精、紫外线均可使叶酸失活，并且叶酸在碱性溶液中容易被氧化，在酸性溶液中对热不稳定。叶酸是人体在利用糖分和氨基酸时必要物质，是机体细胞分裂、生长和繁殖所必需的物质。人体缺少叶酸可导致红细胞异常、未成熟细胞的增加、贫血及红细胞减少，所以叶酸是孕妇胎儿发育不可缺少的营养素。叶酸和 $B_{12}$ 缺乏的临床症状相似，可引起消化道症状如食欲减退、腹胀腹泻、舌炎，神经系统症状如乏力、嗜睡手足麻木、感觉障碍、行走困难等。

国标方法《食品安全国家标准 食品中叶酸的测定》（GB 5009.211—2014）检测食品中叶酸含量的原理是利用鼠李糖乳杆菌 *Lactobacillus casei* spp.*rhamnosus* ATCC 7469 生长过程中对叶酸的依赖性，将鼠李糖乳杆菌液接种至含有试样液的培养液中，培养一段时间后测定吸光度值，根据叶酸含量与植物乳杆菌生长引起的吸光度值的标准曲线，计算试样中叶酸的含量。

以下内容是结合目前实验室实际工作需要，对 GB 5009.211—2014 所涉及的操作过程进行了有效梳理，以便于检验工作的顺利开展。

# 1 仪器与耗材（仅列出标准中不明确或缺少内容）

◎ 叶酸测定用培养基。

# 2 检验步骤

## 2.1 叶酸标准品溶液配制

2.1.1 叶酸标准储备溶液（20.0μg/mL）：精确称取 20.0mg 叶酸标准品，加氢氧化钠乙醇溶液（0.01mol/L）溶解并转移至 1000mL 容量瓶中，定容至刻度。浓度标定：准确吸取 1.0mL 标准储备液至 5mL 容量瓶中，用氢氧化钠乙醇定容至刻度，在波长 256nm 条件下，以氢氧化钠乙醇溶液调零，测定 3 次吸光度值，根据公式计算叶酸标准储备液浓度。储存于棕色瓶中，于 2℃ ~4℃冰箱中可保存 2 年。

2.1.2 叶酸标准中间液（0.200μg/mL）：准确吸取 10.00mL 的叶酸标准储备溶液置于 1000mL 容量瓶中，用氢氧化钠乙醇（0.01mol/L）定容至刻度。储存于棕色瓶中，于 2℃ ~4℃冰箱中可保存 1 年。

2.1.3 叶酸标准工作溶液（0.200ng/mL）：准确吸取 1.00mL 叶酸标准中间溶液置于 1000mL 容量瓶中，用超纯水定容至刻度，混匀。临用前现行配制。

## 2.2 培养基配制

由试剂公司购买依照 GB 5009.211—2014 配制的叶酸测定用培养基，用前按说明书配制并灭菌。

## 2.3 实验菌种准备

2.3.1 将菌种鼠李糖乳杆菌 *Lactobacillus casei* spp.*rhamnosus* ATCC 7469 转接至琼脂培养基中，在 37℃ ± 1℃厌氧培养 20~24h，连续传代 2~3 代，作为储备菌株。实验前将储备菌株接种至琼脂培养基中，在 37℃ ± 1℃厌氧培养 20~24h 以活化菌株，用以接种液的制备。

2.3.2 取 2mL 叶酸标准工作溶液和 4mL 叶酸测定用培养液混匀，分装于 2 支 5mL 离心管中，于 121℃高压灭菌 15min，即为种子培养液。

2.3.3 从琼脂培养基上挑取单颗菌落，接种 2.3.2 中的培养基，37℃ ± 1℃培养 20~24h 后备用。此菌种取出后必须马上使用，且仅限于当天使用。

2.3.4 培养完成后，将种子培养液混悬，无菌操作下吸取 0.5mL 转种至另外两支已消毒但不含叶酸的培养液中，37℃ ± 1℃培养 6h。振荡混匀，制成接种液，立即使用。

2.4 试样提取

2.4.1 食品：准确称取适量试样（约含 0.2~2.0μg 叶酸），精确至 0.001g，转入 100mL 锥形瓶中，加入 30mL 磷酸缓冲溶液，振荡 5min，具塞，121℃水解 15min。冷却后，加入 1mL 鸡胰腺液；含有蛋白质、淀粉的试样需另加 1mL 蛋白酶－淀粉酶液，混合。加入 3~5 滴甲苯，37℃ ±1℃酶解 16~20h。取出，转入 100mL 锥形瓶中，用水定容至刻度。另取一只锥形瓶，同试样操作，定容至 100mL，过滤，作为酶空白液。根据叶酸含量用水对试样提取液进行适当稀释，使试样稀释液中叶酸含量在 0.2~0.6ng/mL。

2.4.2 叶酸强化样品：固体试样 0.1~0.5g，液体试样 0.5~2g，转入 100mL 锥形瓶中，加入 80mL 氢氧化钠乙醇溶液（0.01mol/L）混匀，具塞，超声振荡 2~4h，至试样完全溶解或分散，用水定容至刻度。根据叶酸含量用水对试样提取液进行适当稀释，使试样稀释液中叶酸含量在 0.2~0.6ng/mL。

2.5 样品测试

2.5.1 试样系列管准备：取 12 支试管，分别加入 1.0mL、2.0mL、3.0mL、4.0mL 样品工作液，每个浓度三个重复，用超纯水补至 5.0mL，加入 5.0mL 叶酸测定用培养液，混匀。

2.5.2 标准系列管准备：取 33 根试管，分别加入叶酸标准工作溶液 0.00mL、0.25mL、1.00mL、1.50mL、2.00mL、2.50mL、3.00mL、4.00mL、5.00mL 于试管中，补水至 5.0mL，相当于标准系列管中叶酸含量为 0ng、0 .05ng、0.10ng、0.20ng、0.30ng、0.40ng、0.50ng、0.60ng、0.80ng、1.00ng，再加入 5.0mL 叶酸测定用培养液，混匀。

2.5.3 将所有测定管塞好棉塞，于 121℃高压灭菌 15min。

2.6 接种和培养

2.6.1 待测定系列管冷却至室温后，在无菌操作条件下向每支测定管加接种液 20μL。

2.6.2 将所有试管于 37℃ ±1℃厌氧培养 20~40h，直至获得最大浑浊度，即再培养 2h 吸光度值无明显变化。另准备一支标准 0 管不接种作为 0 对照管。

2.7 测定

2.7.1 将培养好的标准系列管、试样系列管、酶空白系列管用漩涡混匀器混匀。

2.7.2 用厚度为 1cm 比色杯，于 540nm 处，以未接种的对照管调节吸光度值为 0，依次测定标准系列管、试样系列管的吸光度值。

2.7.3 如果未接种空白对照管有明显的细菌增长，标准 0 管吸光度值大于 0.1，标准系列管最高浓度吸光度值小于 0.4，说明可能有杂菌或不明来源的叶酸混入，需重做试验。

# 3 结果计算

3.1 标准曲线绘制：以标准系列管叶酸含量为横坐标，每个标准点吸光度值均值为纵坐标，使用四参数回归的统计方法，使用专业统计软件绘制标准曲线。

3.2 试样结果计算：使用专业统计软件，通过回归方程计算样品工作液中叶酸浓度。

3.3 若试样的 3 个试样系列管中有 2 个以上叶酸含量在 0.10~0.80ng 范围内，且各管之间相对偏差小于 10%，用这些样品计算平均值。

3.4 结合稀释浓度，计算原始样品中叶酸浓度。

3.5 每个样品应在重复性条件下获得两次独立测定结果，一般食品获得的两次独立测定结果的绝对差值不得超过算术平均值的 15%，营养素补充剂或强化食品获得的两次独立测定结果的绝对差值不得超过算术平均值的 5%。

# 4 结果报告

4.1 计算结果以重复性条件下，获得的两次独立测定结果的算术平均值表示，结果保留三位有效数字。

4.2 固态试样单位为微克每百克（μg/100g），液态试样为微克每百毫升（μg/100mL）。

**质量控制**

1. 每年应对检验用鼠李糖乳杆菌 *Lactobacillus casei* spp.*rhamnosus* ATCC 7469 进行鉴定确认，并保留相关记录。
2. 每次检验时，必须使用有准确赋值的对照样品（如对照乳粉样品）进行检验，且对照样品的测定值应在标识的不确定度范围内。
3. 应对购买的叶酸检测用培养基进行质量检测。培养基叶酸 0 对照管吸光度值在 0.1 以上或标准系列管最高浓度吸光度值小于 0.4，该培养基不应用于样品检测。

**操作要点与注意事项**

1. 叶酸对照品配制时必须使用容量瓶，以保证标准溶液配制的准确。
2. 鉴于本方法对叶酸的高灵敏度，检验中所有试剂在配制与使用过程中均需防止叶酸的污染。
3. 本方法所使用的鼠李糖乳杆菌 *Lactobacillus casei* spp.*rhamnosus* ATCC 7469 活化后接种使用，保存数周以上的储备菌株不能立即使用，需传代 2~3 代以保证菌活力。

4. 本方法所使用与叶酸测定用培养基接触的器具应专用（如称量勺）或使用一次性耗材（如吸管、试管等）。

疑难解析

**问题 1** 叶酸检验用培养基应如何获取？

虽然本国标方法中提供了叶酸检验用培养基的具体配方，但由于该培养基配制过程过于复杂，不可控因素较多，建议检验实验室直接购买合格的商品化培养基开展检测工作。

**问题 2** 样品叶酸检验是否可以使用成品试剂盒？

可以使用叶酸检验用成品试剂盒开展检验工作。每次检验时，必须使用有准确赋值的对照样品（如对照乳粉样品）进行检验，且对照样品的测定值应在标识的不确定度范围内。

**问题 3** 营养素补充剂或强化剂样品处理时是否需要酶解？

鉴于营养素补充剂或强化剂样品中添加的叶酸浓度远高于样品本底中含有的天然叶酸，故此不需使用酶解方法进行测定。

**问题 4** 结果计算时是否可以使用简单的线性回归计算？

不可以。为准确计算结果，应使用四参数回归的统计方法，使用专业统计软件绘制标准曲线。

# 第二十八章

# 《食品安全国家标准 食品中生物素的测定》（GB 5009.259—2016）

生物素（Biotin）属于B族维生素，又称维生素H、维生素$B_7$、辅酶R，是维持人体自然生长、发育和正常人体机能健康必要的一种营养素。生物素为无色长针状结晶，较易溶于热水和稀碱液，常温下极微溶于水和乙醇，不溶于其他常见有机试剂，遇强碱或氧化剂易分解。它是多种羧化酶的辅酶，在羧化酶反应中起$CO_2$载体的作用。口服生物素迅速在胃和肠道被吸收，血液中的生物素80%以游离形式存在，分布于各个组织，在肝脏和肾脏中含量较多。生物素在机体内参与构成视沉细胞内感光物质，维持上皮组织结构的完整和健全，增强机体免疫反应和抵抗力，帮助脂肪、糖、氨基酸在体内的正常合成和代谢，维持正常生长发育，并且具有美容保健等功效。生物素缺乏会造成皮屑增多、皮炎湿疹、白发脱发、肤色暗沉发青、情绪抑郁、精神萎靡失眠、疲倦无力、肌肉痛、厌食、轻度贫血等症状。

国标方法《食品安全国家标准 食品中生物素的测定》（GB 5009.259—2016）检测食品中生物素含量的原理是利用植物乳杆菌 *Lactobacillus plantarum* ATCC 8014 生长过程中对生物素的依赖性，将一定稀释度的食品样品加入不含生物素的植物乳杆菌培养基中，在控制条件下培养后，根据生物素含量与植物乳杆菌生长引起的透光率（或吸光度值）变化的相关关系，计算试样中生物素的含量。

以下内容是结合目前实验室实际工作需要，对GB 5009.259—2016所涉及的操作过程进行了有效梳理，以便于检验工作的顺利开展。

# 1 仪器与耗材（仅列出标准中不明确或缺少内容）

◎ 生物素测定用培养基。

# 2 检验步骤

## 2.1 生物素标准品溶液配制

2.1.1 生物素标准储备溶液（100μg/mL）：精确称取 100mg 生物素标准品，加乙醇溶液（体积分数 50%）溶解并转移至 1000mL 容量瓶中，用定容至刻度。储存于棕色瓶中，于 2℃~4℃冰箱中可保存 1 年。

2.1.2 生物素标准中间液（1.0μg/mL）：准确吸取 10.0mL 的生物素标准储备溶液置于 1000mL 容量瓶中，加乙醇溶液（体积分数 50%）定容至刻度。储存于棕色瓶中，于 2℃~4℃冰箱中可保存 1 年。

2.1.3 生物素标准工作溶液（10ng/mL）：准确吸取 10.0mL 生物素标准中间溶液置于 1000mL 容量瓶中，用水定容至刻度，混匀。临用前现行配制。

2.1.4 标准曲线使用工作溶液（10ng/mL）：分别吸取 5mL 生物素标准工作溶液于 250mL 和 500mL 容量瓶中，用超纯水定容至刻度，溶液浓度分别为 0.2ng/mL、0.1ng/mL。临用前现行配制。

## 2.2 培养基配制

由试剂公司购买依照 GB 5009.259—2016 配制的生物素测定用培养基，用前按说明书配制并灭菌。

## 2.3 实验菌种准备

2.3.1 将菌种植物乳杆菌 *L. plantarum* ATCC8014 转接至 MRS 琼脂培养基中，在 37℃ ± 1℃厌氧培养 20~24h，作为储备菌株保存。

2.3.2 将储备菌株接种至 MRS 琼脂培养基中，37℃ ± 1℃厌氧培养 20~24h。

2.3.3 从 MRS 培养就上挑取单颗菌落，转接至已灭菌的乳酸杆菌肉汤培养基中，在 37℃ ± 1℃厌氧培养 16~20h。取出后马上使用，且仅限于当天使用。

2.3.4 将上述培养液 3000g 离心 10min，弃上清液。

2.3.5 用无菌生理盐水（0.85%）淋洗 3 次，振荡混匀，每次 3000g 离心 10min。

2.3.6 彻底去除上清后，加入灭菌生理盐水（0.85%），振荡混匀，调节浓度至透光率 80%，制成接种液，立即使用。

### 2.4 试样提取

2.4.1 婴幼儿配方食品、谷物类：准确称取适量试样（约含 0.2~0.5μg 生物素），精确至 0.001g，转入 250mL 锥形瓶中，加入 100mL 硫酸溶液，121℃水解 30min。冷却后调节 pH 约 4.5，再次转入到 250mL 容量瓶中，用超纯水定容至刻度，充分混合，滤纸过滤，弃去最初几毫升的滤液。吸取滤液 5mL，加入 20mL 水，调节 pH 约 6.8，转移至 100mL 容量瓶中，用水定容至刻度。

2.4.2 生物素强化样品：液体饮料试样，吸取 5~10mL 至 100mL 容量瓶中，加入 50mL 水混匀，用水定容至刻度。维生素预混料试样，准确称取适量试样，精确至 0.001g，转入 500mL 锥形瓶中，加入 300mL 水，混匀，调节 pH 约 8.0，转移至 1000mL 容量瓶中，用水定容至刻度。

2.4.3 其他天然食品：准确称取适量试样（约含 0.2~0.5μg 生物素），精确至 0.001g；转入 50mL 锥形瓶中，加入 30mL 柠檬酸溶液，121℃水解 15min。冷却后加入 1mL 蛋白酶－淀粉酶溶液，36℃ ±1℃孵育酶解 16~20h。95℃中水浴 30min，迅速冷却至室温，转移至 100mL 容量瓶中，用水定容至刻度。

### 2.5 样品测试

2.5.1 试样系列管准备：取 12 支试管，分别加入 1.0mL、2.0mL、3.0mL、4.0mL 样品工作液，每个浓度三个重复，用超纯水补至 5.0mL，加入 5.0mL 生物素测定用培养液，混匀。

2.5.2 标准系列管准备：取 33 根试管，分别加入生物素标准工作溶液 0.00mL（未接种空白）、0.00mL（接种空白）、1.00mL（0.1ng/mL）、2.00mL（0.1ng/mL）、3.00mL（0.1ng/mL）、4.00mL（0.1ng/mL）、5.00mL（0.1ng/mL）、3.00mL（0.2ng/mL）、4.00mL（0.2ng/mL）、5.00mL（0.2ng/mL）于试管中，每个浓度两个重复，补水至 5.0mL，相当于标准系列管中生物素含量为 0ng、0ng、0.1ng、0.2ng、0.3ng、0.4ng、0.5ng、0.6ng、0.8ng、1.00ng。每个浓度做 3 个重复，再加入 5.0mL 生物素测定用培养液，混匀。

2.5.3 将所有测定管塞好棉塞，于 121℃高压灭菌 5min。

### 2.6 接种和培养

2.6.1 待测定系列管冷却至室温后，在无菌操作条件下向每支测定管加接种液 50μL。

2.6.2 将所有试管于 37℃ ±1℃厌氧培养 19~20h。

### 2.7 测定

2.7.1 将培养好的标准系列管、试样系列管用漩涡混匀器混匀。

2.7.2 用厚度为 1cm 比色杯，于 550nm 处，以未接种的对照管调节吸光度值为 0，依次测定标准系列管、试样系列管的吸光度值。

2.7.3 如果未接种空白对照管有明显的细菌增长，说明可能有杂菌或不明来源的生物素混入，需重做试验。

2.7.4 标准系列管最高浓度吸光度值小于0.4，说明实验过程中微生物生长不足，需重做试验。

# 3 结果计算

3.1 标准曲线绘制：以标准系列管生物素含量为横坐标，每个标准点吸光度值均值为纵坐标，使用四参数回归的统计方法，使用专业统计软件绘制标准曲线。

3.2 试样结果计算：使用专业统计软件，通过回归方程计算样品工作液中生物素浓度。

3.3 若试样的3个测试管中有2个以上生物素含量在0.01~0.10ng范围内，且各管之间相对偏差小于10%，用这些样品计算平均值。

3.4 结合稀释浓度，计算原始样品中生物素浓度。

3.5 每个样品应在重复性条件下获得两次独立测定结果，且两次结果绝对差值不得超过算术平均值的10%。

# 4 结果报告

4.1 计算结果以重复性条件下，获得的两次独立测定结果的算术平均值表示，结果保留三位有效数字。

4.2 固态试样单位为微克每百克（μg/100g），液态试样为微克每百毫升（μg/100mL）。

质量控制

1. 每年应对检验用植物乳杆菌 *L. plantarum* ATCC 8014 进行鉴定确认，并保留相关记录。
2. 每次检验时，必须使用有准确赋值的对照样品（如对照乳粉样品）进行检验，且对照样品的测定值应在标识的不确定度范围内。
3. 应对购买的生物素检测用培养基进行质量检测。培养基生物素0对照管吸光度值在0.2以上或标准系列管最高浓度吸光度值小于0.4，该培养基不应用于样品检测。

操作要点与注意事项

1. 生物素对照品配制时必须使用容量瓶，以保证标准溶液配制的准确。
2. 鉴于本方法对生物素的高灵敏度，检验中所有试剂在配制与使用过程中均需防止生物素的污染。
3. 本方法所使用的植物乳杆菌 *L. plantarum* ATCC 8014需在厌氧条件下培养，有氧条件下该微生物生长较差。
4. 本方法所使用与生物素测定用培养基接触的器具应专用（如称量勺）或使用一次性耗材（如吸管、试管等）。

疑难解析

**问题 1** 生物素检验用培养基应如何获取？

虽然本国标方法中提供了生物素检验用培养基的具体配方，但由于该培养基配制过程过于复杂，不可控因素较多，建议检验实验室直接购买合格的商品化培养基开展检测工作。

**问题 2** 样品生物素检验是否可以使用成品试剂盒？

可以使用生物素检验用成品试剂盒开展检验工作。每次检验时，必须使用有准确赋值的对照样品（如对照乳粉样品）进行检验，且对照样品的测定值应在标识的不确定度范围内。

**问题 3** 结果计算时是否可以使用简单的线性回归计算？

不可以。为准确计算结果，应使用四参数回归的统计方法，使用专业统计软件绘制标准曲线。

# 第二十九章

# 《食品安全国家标准 婴幼儿食品和乳品中维生素 $B_{12}$ 的测定》（GB 5413.14—2010）

维生素 $B_{12}$ 是迄今为止发现最晚的一种 B 族维生素。因含有 3 价的钴离子，呈浅红色的针状结晶，所以又称钴铵素，是唯一一种含有金属元素的维生素，谷胺酰和甲基谷氨是 $B_{12}$ 的两种辅酶形式。维生素 $B_{12}$ 易于溶于水和乙醇，在 pH4.5~5.0 左右的弱酸条件下最稳定，强酸或强碱环境下易于分解，遇热、强光或紫外线易被破坏。自然界中的维生素 $B_{12}$ 都是微生物合成的，高等的动植物都不能制造。其广泛存在与动物食品中，植物中的大豆以及某些草药也含有一定量的维生素 $B_{12}$，肠道细菌也可以合成，但其无法被人体吸收，需要一种肠道分泌物的帮助才可以被吸收。食物中的维生素 $B_{12}$ 与蛋白质结合，进入人体消化道内，在胃酸、胃蛋白酶及胰蛋白酶作用下，维生素 $B_{12}$ 被释放，并与胃黏膜细胞分泌的糖蛋白因子结合，在肠道被吸收。所以，正常的饮食是不会缺乏维生素 $B_{12}$ 的，少数消化道疾病患者或吸收不良患者需特别注意。维生素 $B_{12}$ 可以促进红细胞的发育和成熟，维持肌体造血功能正常，以辅酶的形式存在可以增加叶酸的利用率，促进碳水化合物、脂肪和蛋白质的代谢，活化氨基酸并促进核酸和蛋白质的生物合成，维持神经系统功能健全，对婴幼儿的生长发育具有重要的作用。维生素 $B_{12}$ 的缺乏会造成恶性贫血、食欲不振、消化不良、精神情绪异常等症状。

《食品安全国家标准 婴幼儿食品和乳品中维生素 $B_{12}$ 的测定》（GB 5413.14—2010）检测食品中维生素 $B_{12}$ 含量的原理是利用莱士曼氏乳酸杆菌（*Lactobacillus leichmannii*）ATCC 7830 对维生素 $B_{12}$ 的特异性和灵敏性，将一定稀释度的食品样品加入不含维生素 $B_{12}$ 的乳酸杆菌培养基中，在控制条件下培养后，根据维生素 $B_{12}$ 含量与莱士曼氏乳酸杆菌生长引起的透光率（或吸光度值）变化的相关关系，计算试样中维生素 $B_{12}$ 的含量。

以下内容是结合目前实验室实际工作需要，对 GB 5413.14—2010 所涉及的操作过程进行了有效梳理，以便于检验工作的顺利开展。

# 1　仪器与耗材（仅列出标准中不明确或缺少内容）

◎ 维生素 $B_{12}$ 测定用培养基。

# 2　检验步骤

## 2.1　维生素 $B_{12}$ 标准品溶液配制

2.1.1　维生素 $B_{12}$ 贮备液（10μg/mL）：精确称取 1mg 维生素 $B_{12}$ 标准品，加体积分数为 25% 的乙醇溶液溶解并转移至 100mL 容量瓶中，定容至刻度，储存于棕色瓶中。可冰箱保存 3 个月。

2.1.2　维生素 $B_{12}$ 中间液（100ng/mL）：准确吸取 5.0mL 维生素 $B_{12}$ 贮备液于 500mL 容量瓶中，用体积分数为 25% 的乙醇溶液定容至刻度。可冰箱保存 3 个月。

2.1.3　维生素 $B_{12}$ 工作液（1ng/mL）：准确吸取 5.0mL 维生素 $B_{12}$ 中间液于 500mL 容量瓶中，用体积分数为 25% 的乙醇溶液定容至刻度。可冰箱保存 3 个月。

2.1.4　标准曲线工作溶液：分别吸取 5.0mL 维生素 $B_{12}$ 工作液于 250mL 和 500mL 容量瓶中，用超纯水定容至刻度，溶液浓度分别为 0.02ng/mL、0.01ng/mL。临用前现行配制。

## 2.2　培养基配制

由试剂公司购买依照 GB 5413.14—2010 配制的维生素 $B_{12}$ 测定用培养基，用前按说明书配制并灭菌。

## 2.3　实验菌种准备

2.3.1　将活化后的莱士曼氏乳酸杆菌（*Lactobacillus leichmannii*）ATCC 7830 转接至乳酸杆菌琼脂培养基上，36℃ ±1℃厌氧培养 24h，传代 2~3 代来增强活力。

从乳酸杆菌琼脂培养基上挑取单颗菌落接种到乳酸杆菌肉汤培养基中，在 36℃ ±1℃厌氧培养 18~24h。

2.3.2　将上述培养液以 2000rpm 离心 2~3min，弃上清。加入 10mL 生理盐水，充分混匀，离心 2~3min，弃上清，并反复 3~4 次。

2.3.3　吸适量菌悬液于 10mL 生理盐水中，混匀制成测试菌液。以生理盐水做空白，550nm 波长下测试菌液透光率，要求透光率在 60%~80% 之间，立即使用。

## 2.4　样品处理

2.4.1　样品裂解液的配制。

2.4.2 精确称取一定量的试样(要求维生素 $B_{12}$ 的含量约 50~100ng),加入 10mL 的样品裂解液,再加入 150mL 水,121℃水解 10min。

2.4.3 冷却后调节 pH 至 4.5 左右,转入 250mL 容量瓶中,加入超纯水定容至刻度。

2.4.4 将上述溶液用滤纸过滤,吸取滤液 5mL,加水 30mL,调节 pH 至 6.8 左右,用超纯水定容至 100mL,制成样品待测液。最终保证维生素 $B_{12}$ 的质量浓度为 0.01~0.02ng/mL。

### 2.5 样品测试

2.5.1 试样系列管准备:取 8 支试管,分别加入 1.0mL、2.0mL、3.0mL、4.0mL 样品待测液,每个浓度两个重复,用超纯水补至 5.0mL,加入 5.0mL 维生素 $B_{12}$ 测定用培养液,混匀。

2.5.2 标准系列管准备:取 20 根试管,分别加入维生素 $B_{12}$ 标准工作溶液 0.00mL、0.00mL、1.00mL(0.01ng/mL)、2.00mL(0.01ng/mL)、3.00mL(0.01ng/mL)、4.00mL(0.01ng/mL)、5.00mL(0.01ng/mL)、3.00mL(0.02ng/mL)、4.00mL(0.02ng/mL)、5.00mL(0.02ng/mL)于试管中,每个浓度两个重复,补水至 5.0mL,相当于标准系列管中维生素 $B_{12}$ 含量为 0ng、0ng、0.01ng、0.02ng、0.03ng、0.04ng、0.05ng、0.06ng、0.08ng、0.10ng 维生素 $B_{12}$,再加入 5.0mL 维生素 $B_{12}$ 测定用培养液,混匀。

2.5.3 将所有测定管塞好试管塞,于 121℃高压灭菌 15min。

### 2.6 接种和培养

2.6.1 待测定系列管冷却至室温后,在无菌操作条件下向每支测定管加测试菌液 50μL。

2.6.2 将所有试管于 36℃ ±1℃厌氧培养 20~24h。

### 2.7 测定

2.7.1 将培养好的标准系列管、试样系列管用漩涡混匀器混匀,并进行目测检查。未接种的 S1 管应为澄清,若浑浊,则测定无效。

2.7.2 用厚度为 1cm 比色杯,于 550nm 波长处进行检测。以接种空白管 S2 做对照,测定 S10 的吸光度,2h 后再次测定。若两次结果差值< 2%,则进行后续测定。

2.7.3 以 S1 作空白,检测 S2 的吸光度。再以 S2 作空白,依次测定各个试管的吸光度,待读数稳定 30s 后,读出吸光度数值。

## 3 结果计算

3.1 标准曲线绘制:以标准系列管维生素 $B_{12}$ 含量为横坐标,每个标准点吸光度值均值为纵坐标，使用四参数回归的统计方法，使用专业统计软件绘制标准曲线。

3.2　试样结果计算：使用专业统计软件，通过标准曲线回归方程计算样品待测液中维生素 $B_{12}$ 浓度，再根据稀释因子和称样量计算出试样中维生素 $B_{12}$ 的含量。

3.3　结合稀释浓度，计算原始样品中维生素 $B_{12}$ 浓度。

3.4　每个样品应在重复性条件下获得两次独立测定结果，且两次结果绝对差值不得超过算术平均值的 15%。如果符合该要求的管数少于所有的四个编号的待测液总管数的三分之二，则数据不充分，需重新检验。若符合该要求的管数多于所有的四个编号的待测液总管数的三分之二，需重新计算有效试管中维生素 $B_{12}$ 含量的平均值，并以次作为总平均值。

## 4　结果报告

4.1　计算结果以重复性条件下，获得的两次独立测定结果的算术平均值表示，结果保留两位有效数字。

4.2　试样中维生素 $B_{12}$ 的含量，单位为微克每百克表示（μg/100g）。

**质量控制**

1. 每年应对检验用莱士曼氏乳酸杆菌（*Lactobacillus leichmannii*）ATCC 7830 进行鉴定确认，并保留相关记录。
2. 每次检验时，必须使用有准确赋值的对照样品（如对照乳粉样品）进行检验，且对照样品的测定值应在标识的不确定度范围内。
3. 应对购买的维生素 $B_{12}$ 检测用培养基进行质量检测。培养基维生素 $B_{12}$ 0 对照管吸光度值在 0.2 以上或标准系列管最高浓度吸光度值小于 0.4，该培养基不应用于样品检测。

**操作要点与注意事项**

1. 维生素 $B_{12}$ 对照品配制时必须使用容量瓶，以保证标准溶液配制的准确。
2. 鉴于本方法对维生素 $B_{12}$ 的高灵敏度，检验中所有试剂在配制与使用过程中均需防止维生素 $B_{12}$ 的污染。
3. 本方法所使用的植物乳杆菌 *L. plantarum* ATCC8014 需在厌氧条件下培养，有氧条件下该微生物生长较差。
4. 本方法所使用与维生素 $B_{12}$ 测定用培养基接触的器具应专用（如称量勺）或使用一次性耗材（如吸管、试管等）。

疑难解析

**问题 1** 维生素$B_{12}$检验用培养基应如何获取?

虽然本国标方法中提供了维生素$B_{12}$检验用培养基的具体配方，但由于该培养基配制过程过于复杂，不可控因素较多，建议检验实验室直接购买合格的商品化培养基开展检测工作。

**问题 2** 检测试样时，取样需要注意什么?

样品开启前，应尽量充分摇匀试样。最好可以加大取样量，均质混匀后再称取相应质量的试样。

**问题 3** 样品维生素$B_{12}$检验是否可以使用成品试剂盒?

可以使用维生素$B_{12}$检验用成品试剂盒开展检验工作。每次检验时，必须使用有准确赋值的对照样品（如对照乳粉样品）进行检验，且对照样品的测定值应在标识的不确定度范围内。

**问题 4** 结果计算时是否可以使用简单的线性回归计算?

不可以。为准确计算结果，应使用四参数回归的统计方法，使用专业统计软件绘制标准曲线。